2,–

Walter Steiner

Die große Zeit der Saurier

WALTER STEINER

DIE GROSSE ZEIT DER SAURIER

ZWEIHUNDERTFÜNFZIG MILLIONEN JAHRE ERD- UND LEBENSGESCHICHTE VOM KARBON BIS ZUR KREIDEZEIT

URANIA-VERLAG
LEIPZIG · JENA · BERLIN

Illustrationen von Eugenie Tanger, Berlin
Karten von Heinz Kutschke, Baalsdorf

Autor: Dr. sc. techn. Dr. rer. nat. W. Steiner,
Hochschule für Architektur und Bauwesen, Weimar

Steiner, Walter:
Die Große Zeit der Saurier: 250 Millionen
Jahre Erd- u. Lebensgeschichte vom Karbon
bis zur Kreidezeit / Walter Steiner. [Ill.
von Eugenie Tanger. Kt. von Heinz Kutschke].
– 2. Aufl. – Leipzig; Jena; Berlin: Urania-Verlag, 1990. – 240 S.: 213 Ill. (z. T.
farb.), 26 Kt.

ISBN 3-332-00029-2

ISBN 3-332-00029-2

2. Auflage 1990

VLN 212-475 · LSV 1479
Lektor: Bernd Scheiba
Schutzumschlag; Einband: Helmut Selle
Typografie: Helmut Selle/Dietmar Senf
Printed in the German Democratic Republic
Lichtsatz:
INTERDRUCK Graphischer Großbetrieb Leipzig – III/18/97
Offsetreproduktionen, Druck und buchbinderische Verarbeitung:
Sachsendruck Plauen
Best.-Nr. 653 990 9
04200

Schutzumschlag-Vorderseite:
1922 wurden an den »Flammenden Klippen« in der Südgobi bei Dalansadgad (Mongolische Volksrepublik) aus Oberkreidesedimenten die ersten Dinosauriereier und zugehörige Saurierreste gefunden. Dazu gehört das darunter abgebildete vollständige Skelett des hornlosen Horndinosauriers Protoceratops.

Schutzumschlag-Rückseite:
Im Dinosaur National Monument bei Vernal im Bundesstaat Utah/USA werden unter dem schützenden Museumsdach gewaltige Knochen des bis 18 m langen Camarasaurus (Morosaurus) freigelegt.

Vorsatz:
Chirotherienfährten auf einer Sandsteinplatte des mittleren Buntsandstein (untere Trias) aus einem Steinbruch bei Heßberg unweit Hildburghausen. Sie wurden bereits 1835 geborgen, zwei Jahre nach den erstmals von Konsistorialrat Sickler an gleicher Stelle gefundenen Fährten. Die schöne Fundplatte befindet sich heute im Museum der Natur in Gotha.

Nachsatz:
Die Pelycosaurier-Fährte Ichnotherium cottae aus dem oberrotliegenden Tambacher Sandstein (Saxon, Unterperm) des Thüringer Waldes, Fährtenplatte in der geologischen Sammlung der Hochschule für Architektur und Bauwesen Weimar

Seite 2:
Das zentrale Exponat der Sammlung im Berliner Naturkundemuseum der Humboldt-Universität: das Skelett eines der größten Saurier aller Zeiten – Brachiosaurus brancai

Inhalt

Das Zeitalter der Saurier

Eine erdgeschichtliche Episode

Vor über 4 Milliarden Jahren schufen vulkanische Prozesse über der noch glutflüssigen heißen Erdoberfläche eine Uratmosphäre aus Wasser, Kohlendioxid, Stickstoff und Kohlenwasserstoffen. Als sich danach eine feste Kruste bildete, begann die geologische Geschichte der Erde. Erdgeschichte ist also in erster Linie Entstehungsgeschichte dieser Kruste, strenggenommen sogar nur die Geschichte ihres allerobersten Bereichs mit jenen komplizierten, untereinander verflochtenen physikalischen, chemischen und biologischen Prozessen, die schließlich unser heutiges Erdbild hervorbrachten. Auf dieser festen Kruste sammelte sich das kondensierte Wasser in Ozeanen, auf ihr häuften sich mächtige Sedimente an, und auf ihr entwickelte sich das Leben.

In warmen Lagunen kam es zunächst vor etwa 3 Milliarden Jahren bei komplizierten physikalisch-chemischen Vorgängen zu jenem bemerkenswerten Prozeß, den wir kurz die Entstehung der lebenden Materie nennen. Von da an liefen Entwicklungsprozesse des Lebens ab, die zu einer großen Vielfalt, zu spezialisierten Organisationsformen und extremen Anpassungsmechanismen führten.

Viele dieser geologischen und biologischen Prozesse auf der Erdkruste wurden auf verschiedene Weise aufgezeichnet in den Gesteinen. So gilt es, nach den Mineralien und ihrer Anordnung, nach den Ablagerungs- und Bauformen und nach den eingeschlossenen Resten einstigen Lebens zu suchen. In mühevoller wissenschaftlicher Kleinarbeit mit geologischen, paläontologischen, geophysikalischen und geochemischen Methoden hat der Mensch gelernt, aus den Gesteinen die aufgeprägten Informationen abzulesen. Es begann ein »Gespräch mit der Erde«, wobei sich ein erdgeschichtliches Weltbild herausbildete, von dem hier ein besonders interessanter Ausschnitt vorgestellt werden soll – das Zeitalter der Saurier, nämlich 250 Millionen Jahre Erdgeschichte von der Steinkohlen- bis zur Kreidezeit, eigentlich nur eine Episode, aber eine der interessantesten überhaupt.

Wichtig erscheint der Versuch, ein Zeitverständnis durch Übertragung der Jahrmillionen in menschliche Maßstäbe anzustreben. Nur dadurch kann der episodische Charakter unseres Zeitabschnittes wirklich sichtbar werden. 4500 oder auch »nur« 4000 Millionen Jahre dauerte die gesamte Erdgeschichte von der Entwicklung der festen Kruste bis heute. Stellen wir uns vor, diese riesige Zeitspanne mit einem Jahr zu vergleichen, wie dies auf der Grafik S. 8 zeichnerisch versucht wird. Im April etwa entstehen die ersten lebenden Zellen, im August beginnt das Zeitalter des sich entwickelnden Lebens im Meerwasser, das Proterozoikum. Unser Großzeitalter, das Phanerozoikum, setzt Mitte November ein und dauert etwa 550 Millionen Jahre. Die großen Dinosaurier des Erdmittelalters tauchen nicht vor Mitte Dezember auf, und schon in den Weihnachtstagen sterben sie aus! Die quartären Eiszeiten und den ersten Menschen erleben wir weniger als zwei Stunden vor dem Jahreswechsel. Erst eine Minute davor erscheint der seßhafte Mensch der Jungsteinzeit. Ein reifes Menschenleben würde etwa eine halbe Sekunde währen.

So übersichtlich dieses Bild für die gesamte Erdgeschichte ist – so wenig ist es dies für die letzten 550 Millionen Jahre. Zu eng liegen wichtige Ereignisse beieinander. Erneut bietet sich ein Zeitmaßstab an. Das Phanerozoikum allein soll nun mit dem Ablauf eines Jahres gleichgesetzt werden. Im Februar und März leben die Trilobiten des Kambriums und Ordoviziums,

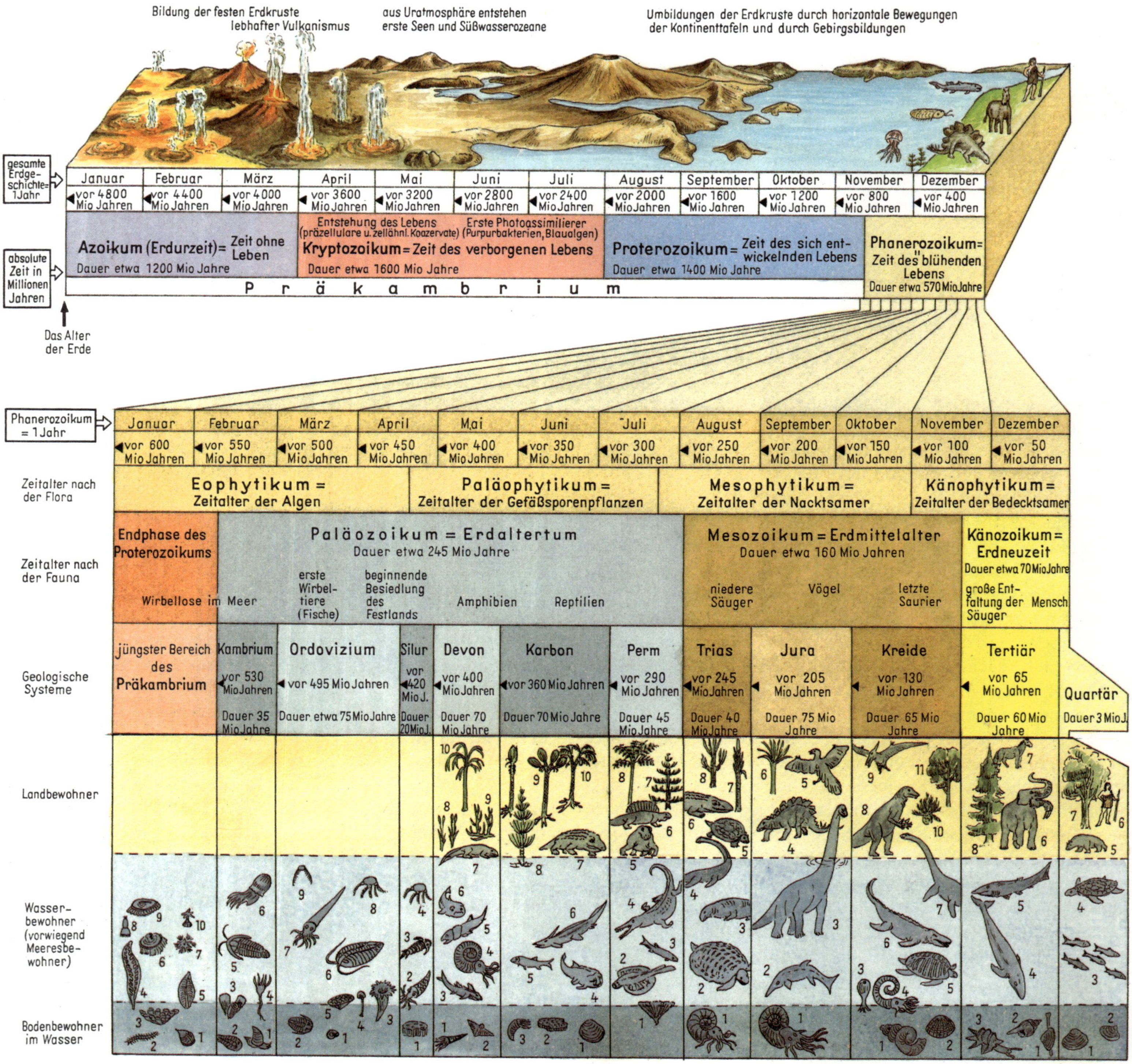

Die Graphik soll die geologisch lange Dauer der Erdgeschichte durch einen menschlichen Zeitmaßstab im Vergleich vorstellbar machen.

im April und Mai die großen Panzerfische des Silurs und Devons. An der Wende Mai/Juni entstehen im Oberdevon die ersten Amphibien, im Juni wachsen vielerorts die Steinkohlenwälder des Karbons. Von August bis November dauert das Erdmittelalter, die Blütezeit der Saurier. Die Entwicklung der Braunkohlensümpfe und die Explosion der Säugetiere erfolgen im Dezember. Die quartären Eiszeiten und den Menschen gab es erst einen Tag vor Silvester.

Das Zeitalter der Saurier reicht bei diesem Zeitvergleich von Anfang Juni bis Ende November. Es ist ein Zeitausschnitt aus einer Periode, in der sich das heutige geographische Bild allmählich und unter vielen Wandlungen in ersten Konturen herauszubilden beginnt. Es ist die Zeit, in der sich die Gesteine ablagern, die heute über weite Bereiche Europas und der Welt die Oberfläche bestimmen. Es ist aber auch eine Zeit des sich üppig entwickelnden Lebens, gekrönt schließlich von den Sauriern, einer Tiergruppe, die den forschenden Menschen seit der ersten Auffindung faszinierte. Aus den Gesteinen des zum ausgehenden Erdaltertum zählenden Oberkarbons und Perms, aus den Ablagerungen der Trias, des Jura und der Kreidezeit sollen die erdgeschichtlichen Wandlungen von Ländern und Meeren, die Entwicklungen der Pflanzen- und Tierwelt herausgelesen werden. Die Evolution der Lebewelt wird an bedeutenden Funden aus Europa, gelegentlich auch der ganzen Welt in wesentlichen Entwicklungsschritten vorgestellt. Dabei prägt der Lebens- und Arbeitsraum des Verfassers die regionale Blickrichtung – aus dem zentralen Mitteleuropa kommen die meisten Beispiele. Immer werden die geologisch-tektonischen Ereignisse, die Veränderungen der paläogeographischen Situation, die Wandlungen von Klima, Pollagen und anderen Phänomenen den Hintergrund der Betrachtung abgeben.

Brechen wir also auf zu einer geologischen Exkursion in das Zeitalter der Saurier, zunächst gedanklich mit diesem Buche, später vielleicht im wahrsten Wortsinn mit Hammer und Meißel, um draußen in der Natur, in den Gesteinen nach den Zeugnissen der Erdgeschichte zu suchen. So könnte es schließlich gelingen, daß 250 Millionen Jahre Erdgeschichte wirklich erlebbar werden.

Ein geologisches Vorspiel

Die Entwicklung der Erde und des Lebens bis zum Devon

Das hier zu betrachtende Saurierzeitalter umfaßt die Zeitspanne von etwa 250 bis 60 Millionen Jahren vor heute. Rechnet man das Zeitalter des Perms und des Oberkarbons mit hinzu, und dafür sprechen gewichtige Argumente, liegt der Anfang der Betrachtung bei etwa 310 Millionen Jahren vor heute. Diese 250 Millionen Jahre sind – wie wir sahen – im Rahmen der gesamten Erdgeschichte nur eine Episode, nach menschlichen Maßstäben aber eine unvorstellbar lange geologische Zeit. Wollen wir die Epoche der Saurier auch in ihrer Einbindung in die vorangegangene und nachfolgende Zeit verstehen und erleben, ist es nötig, einen Blick auf die erdgeschichtlichen Ereignisse zuvor zu werfen. Mit einem erdgeschichtlichen Vorspiel soll unser Ausflug in die Erdgeschichte beginnen.

Die Erdkruste bildet sich

Das Präkambrium, aus dem nur spärliche Informationen in vorwiegend metamorphen Gesteinen vorliegen, war eine zeitlich sehr lange Periode. Nach der »kalten« Entstehung der Erde als Himmelskörper vor etwa 5 Milliarden Jahren kam es zu einer gravitativen und radioaktiven Aufheizung. In einem komplizierten Differentiations- und Umbildungsprozeß bildete sich vor etwa 4,5 bis 4 Milliarden Jahren die feste Erdkruste. Mit dem Ende der »heißen« Periode an der Oberfläche der Erde war auch eine merkliche Abkühlung derUratmosphäre verbunden, aus der schließlich Wasser kondensierte. Es entstand eine Hydrosphäre mit Urseen und Urozeanen.

Die Entstehung des Lebens

In diesen Urgewässern kam es vor etwa 3 Milliarden Jahren aus Kohlenstoffverbindungen, Ammoniak und anderen Bestandteilen der Uratmosphäre durch Blitzschlag zur Bildung langkettiger Kohlenstoffverbindungen, darunter auch von Aminosäuren (Grundsubstanzen der Eiweiße). In warmen lagunären Bereichen entstanden Riesenmoleküle, die in Stoffaustausch mit ihrer Umgebung traten. Der Energiestoffwechsel dieser »einzelligen Eobionten« fußte auf der Milchsäuregärung. Solche Großmoleküle bildeten schließlich Membranen, Kernsubstanzen und organähnliche Gebilde. Die ersten lebenden Zellen waren entstanden, Einzeller mit einem individuellen Leben

Der über 1 Milliarde Jahre alte Görsdorfer Flammengneis aus dem erzgebirgischen Flöhatal ist ein aus Sedimenten entstandenes metamorphes Gestein. Lebensreste sind nicht erhalten geblieben.

ohne Tod, denn durch immer wiederkehrende Zellteilung blieb dieses Leben »dauerhaft« erhalten. Einige dieser Zellen, primitive Algen, gingen vor etwa 2,5 Milliarden Jahren dazu über, mit Hilfe der Sonnenenergie aus dem Kohlendioxid der Luft und aus Wasser Zucker und Zellulose aufzubauen. Bei dieser Photosynthese, die später die höheren Pflanzen beibehielten, wurde Sauerstoff frei. Diese »Erfindung« wurde die Grundvoraussetzung für die Entwicklung des höheren Lebens. Der nun einsetzende Abbau des vulkanischen Kohlendioxids in der frühen irdischen Lufthülle und die langsame Herausbildung einer Sauerstoffatmosphäre waren Grundbedingungen für die Entwicklung des tierischen Lebens in allen Lebensräumen.

Allerdings hatte die Erde selbst eine Reihe von Sonderbedingungen aufzuweisen, die die Entstehung des Lebens und vor allem seine Weiterexistenz überhaupt erst ermöglichten. Vielleicht liegt in diesen »glücklichen« Zufällen die Sonderstellung der Erde. Das irdische Magnetfeld nämlich verhindert das Eindringen todbringender Korpuskularstrahlung der Sonne. Die Ozonschicht in der höheren Atmosphäre schirmt starke ultraviolette Höhenstrahlung ab. Eine Schicht mit geringerer Temperatur in der höheren Atmosphäre verhindert eine stärkere Verdunstung des irdischen Wassers. Das Wasser selbst ist die bemerkenswerteste Sonderbedingung.

In dieser Anfangsphase des Lebens, dem sogenannten Kryptozoikum, vegetierten in Meeren und Seen die gerade entstandenen Einzeller. Es war eine Zeit des verborgenen Lebens im Meerwasser. Im Altproterozoikum vor 2,0 bis 1,1 Milliarden Jahren entstanden bereits niedere Wasserpflanzen. Algen schieden Kalk und Kieselsäure ab. Die ersten organogenen Sedimente bildeten sich. Unter den Einzellern fanden sich Bakterien. Das Jungproterozoikum vor etwa 1,1 bis 0,6 Milliarden Jahren brachte deutliche Differenzierungen. Im Wasser lebten vor etwa 700 Millionen Jahren tierische Organismen – Hohltiere, Ringelwürmer, Gliederfüßer – zunächst mit ungeschützten Weichkörpern, später mit hornigen Schutzschalen und anderen Außenhüllen und Innengerüsten.

Das Zeitalter der Lebensblüte

Vor etwa 550 Millionen Jahren begann schließlich mit dem Kambrium das Zeitalter der Lebensblüte, das Phanerozoikum. Zu diesem Abschnitt gehört das hier vorzustellende Zeitalter der Saurier.

Die Pflanzenwelt schickte sich an, der Entwicklung der Tierwelt jetzt und in der Folgezeit immer einen entscheidenden Schritt vorauszueilen. Aus Algen entstanden Pflanzen mit inneren Transportgefäßen, die bald das Festland eroberten. Die Tierwelt, mit Panzern, Schalen und Skeletten bewehrt, ergriff im Laufe der Zeit gar von allen drei Lebensräumen der Erde Besitz. Neben dem Wasser wurden in zeitlichem Abstand ebenfalls das Festland und schließlich gar der Luftraum erschlossen.

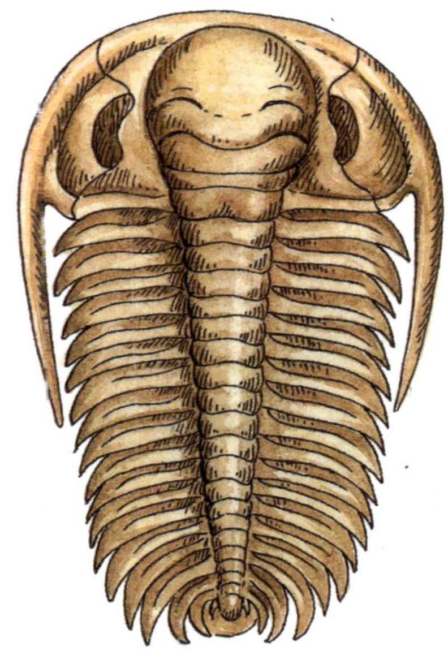

Ein charakteristischer mittelgroßer bis großer Trilobit für das böhmische Mittelkambrium ist Paradoxides.

Aber so weit war es noch nicht. Das Meer, genauer das Wasser, gab noch lange ganz allein dem Leben die notwendigen Existenzbedingungen. In Kambrium, Ordovizium und Silur lebten die Dreilapperkrebse, die Trilobiten, in großer Zahl und in rascher biologischer Entwicklung am Ozeanboden, so daß sie heute zu den wichtigsten marinen Leitfossilien dieser Zeit gehören. Starke Schutzhüllen der Tiere waren Gewähr für ihre gute Erhaltung. In Ordovizium und Silur schwebten an Schwimmblasen filigrane Schrifttierchen, die Graptolithen, durch das Meerwasser. Am Meeresgrund lebten Muscheln und Armfüßer. So ist man berechtigt, die Periode vom Proterozoikum bis zum Silur als die Zeit der marinen Wirbellosen zu bezeichnen. Stellt man die Pflanzenwelt in den Vordergrund der Betrachtung, so muß man noch immer vom Algenzeitalter sprechen.

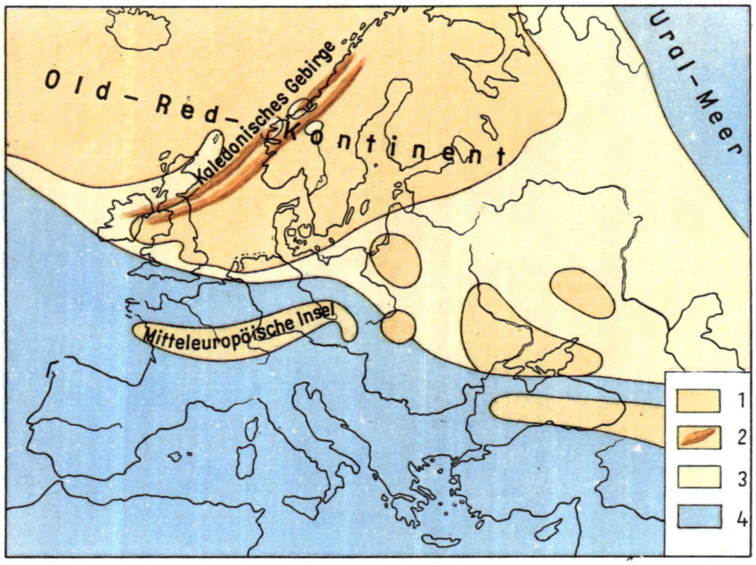

An der Wende vom Silur zum Devon war in Nordeuropa aus einem älteren Geosynklinalmeer eine große Landmasse entstanden – der Old-Red-Kontinent mit dem Kaledonischen Gebirge. Mittel- und Südeuropa waren weiterhin vom Meer bedeckt. Die Verteilung von Land und Meer zur Zeit des Devon in Europa
1 Festland, z. T. mit terrestrischer Sedimentation,
2 aufragende Gebirgsketten des Kaledonischen Gebirges, 3 Teile des Old-Red-Kontinents mit kontinentalen Rotsedimenten, gelegentlich von flachen Meeren überflutet (marine Einschaltungen), 4 Geosynklinalmeer (mächtige marine Sedimente mit Magmatiteinschaltungen)

Die ersten Landpflanzen

In der Folgezeit aber geschahen geologische Ereignisse, die biologische Entwicklungen nach sich zogen. An der Wende Ordovizium/Silur – vor etwa 420 Millionen Jahren – entstand ein großer Urkontinent, und zwar durch das Zusammendriften kleinerer Erdplatten während eines Prozesses, der noch zu erläutern sein wird (s. S. 27). Diese Landmassen boten sich gleichsam als neue Lebensräume an. Sie wurden zunächst von der Pflanzenwelt angenommen.

An der Zeitwende Silur/Devon – vor etwa 400 Millionen Jahren – bestand also vom südlichen Europa bis nach Grönland ein weites Festlandsgebiet, der »Old-Red-Kontinent«. An dessen buchtenreichen Ufern »kletterten« die ersten primitiven Gefäßpflanzen im Unterdevon auf das feste Land. Es waren die Psilophyten (Nacktpflanzen), echte Urlandpflanzen mit einer Mischung noch primitiver Algenmerkmale und schon progressiver Kennzeichen. Das Äußere war algenartig mit typischer zweifach geteilter (dichotomer) Vergabelung der Sproßachse. Es entstanden Anhängsel, also urtümliche »Blätter« unterschiedlicher Form und Größe. Auch der innere strukturelle Aufbau wurde durch neue Merkmale, wie zentrale Leitgefäße und eine Epidermis mit Spaltöffnungen, bereichert. Vor allem aber entstanden widerstandsfähige Sporen als Fortpflanzungskörper. Diese Psilophyten entwickelten sich durch Anpassung an das Landleben recht schnell weiter. Es hatte eine Entwicklung begonnen, während der es zu einer ständigen Verbesserung der Stützeinrichtungen, der statischen Bauelemente, der Flüssigkeitstransportgefäße, des Verdunstungsschutzes, besonders aber der Fortpflanzungsorgane und des Befruchtungsmechanismus kam. Schon im Oberdevon überflügelten höhere Sporenpflanzen diese niedrig organisierten Psilophyten. Nicht die Veränderungen der Pflanzengestalt waren entscheidend. Die wesentliche Entwicklung erfolgte im Fortpflanzungsapparat. Viele Landpflanzen wurden verschiedensporig, mit männlichen Mikro- und weiblichen Makrosporen. Bald aber kam es auch zu deutlichen Gestaltveränderungen. Es entstanden schließlich Bärlappe, Schachtelhalme und Farne, und zwar bereits baumförmige Vertreter. Diese Pflanzengemeinschaft des Oberdevons wurde zum Ausgangspunkt für die artenreiche und üppige Flora der Steinkohlenzeit, des Karbons.

Die tierische Lebewelt existierte bis zu dieser Zeit fast ausschließlich im Wasser. In den Meeren und Seen des Ordoviziums hatten sich kieferlose Wirbeltiere, die Panzerfische mit ihren schweren nahtlosen Knorpelpanzern, entwickelt. Im Silur standen sie in ihrer Lebensblüte. Im Devon kamen die ersten Knochenfische dazu. Es waren Lungenfische (Dipnoer) und Quastenflosser (Crossopterygier). Ihre Organausstattung erlaubte erste Ausflüge aufs Land, denn sie besaßen Lungen, Nasen- und Rachengänge sowie Andeutungen von Gliedmaßen. Freilich mußten sie sich in Wassernähe aufhalten. Sie blieben Lebewesen des Wassers.

Die ersten Amphibien fanden sich in Grönland

Im Jahre 1931 untersuchte eine dänische Geologenexpedition unter der Leitung von Lauge Koch verschiedene Bereiche Grönlands hinsichtlich ihrer erdgeschichtlichen Entwicklung. Diese Kundfahrten gingen in die Geschichte der Paläontologie ein. Nicht einer der graduierten Wissenschaftler, sondern der teilnehmende Student SÄVE SÖDERBERGH machte eine aufsehenerregende Entdeckung. Im etwa 370 Millionen Jahre alten oberdevonischen Rotsandstein Grönlands, speziell auf der Insel Yuers und auf der Gaußhalbinsel, fand er mehrere Schädel und Skelettreste eines bis dahin unbekannten Wirbeltieres. Es besaß vier Extremitäten, ein fünfzehiges Fußskelett, ein mit Knochenplatten belegtes amphibisches Schädeldach mit großen kegelförmigen Zähnen. Die ältesten Dachschädler, die Stegocephalia, waren erstmals gefunden worden. Der noch schwache Bau der Wirbelsäule, die Position der Nasenöffnungen und die Anordnung mancher Schädelknochen zeigten Ähnlichkeiten mit dem Bau der Lungenfische. SÖDERBERGH beschrieb deshalb 1932 dieses Tier als *Ichthyostega*, was soviel wie Fischschädellurch bedeutet. 1952 schließlich konnte durch weitere Funde am Schwanz ein strahlenförmiges Gerüst aus feinen Knochenstäben nachgewiesen werden. Also besaß *Ichthyostega* auch einen flossenbewehrten Fischschwanz und insgesamt ein Mosaik von Fisch- und Amphibienmerkmalen, wobei letztere dominierten. *Ichthyostega* ist somit das erdgeschichtlich älteste primitive Amphibium, das sowohl schwimmen als auch auf das feste Land kriechen konnte. Der Übergang zum Landleben war den Wirbeltieren geglückt.

Eine der ältesten Landpflanzen auf der Nordhalbkugel ist Drepanophycus *aus dem Unterdevon, zu den Psilophyten (Nacktpflanzen) gehörend. Von kriechenden Rhizomen erhoben sich aufrechte, bis zu einem halben Meter hohe Sprosse mit dornartigen Blättchen und Sporangien.*

Während des Devon lebten in Seen auf dem Old-Red-Kontinent räuberische Fische, die direkten Ahnen der Wirbeltiere. Zu den Arthrodiren (Panzer- oder Nackengelenkfische) gehört der gigantische, bis 8 m lange Dinichthys *aus dem mittleren und oberen Devon Europas, Nordamerikas und Nordasiens (oben). Darunter: Lebensbild des nur 40 cm langen* Coccosteus *mit stark gepanzertem Körper*

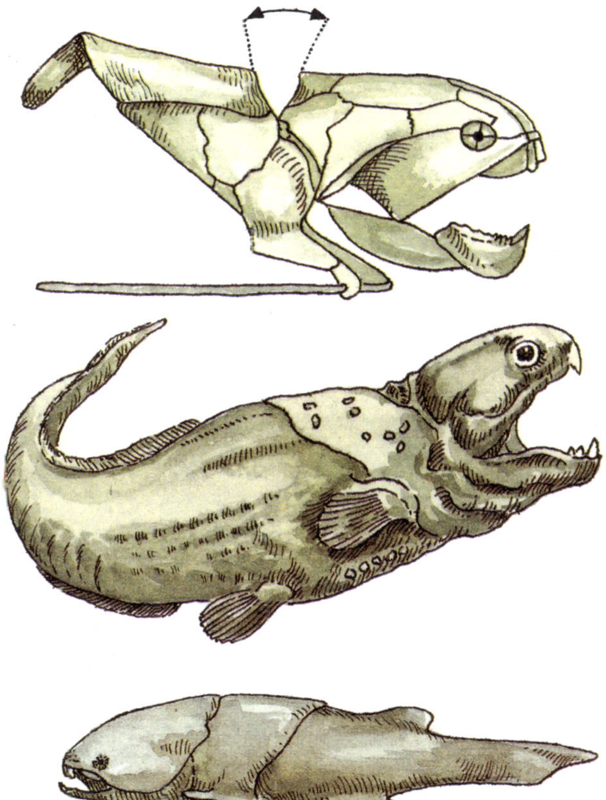

Mit diesen ersten Landwirbeltieren begann eine Evolution mit vielen Verzweigungen, Sackgassen und eindrucksvollen »Schöpfungen«. Einer der Höhepunkte dieser Entwicklungen wird ohne Zweifel das Auftreten der großen Saurier im Erdmittelalter werden!

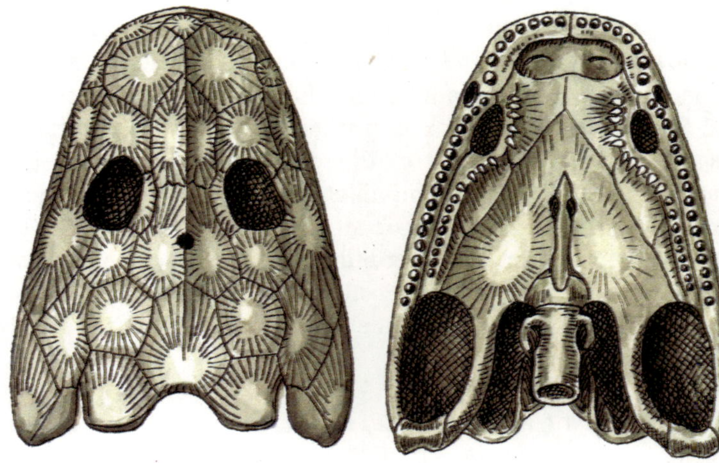

Als erdgeschichtlich ältestes Amphibium gilt bislang Ichthyostega *aus dem Oberdevon Grönlands. Der Schädel (von oben und unten) ist kräftig, mit einem dritten Auge (Pinealauge) und doppelten Zahnreihen ausgestattet. Das etwa 1 m lange Tier mit feiner Beschuppung, einem Flossensaum am Schwanz und Schwimmhäuten an den Gliedmaßen, lebte vorwiegend im Wasser, konnte sich aber auch auf dem trockenen Lande mit durchhängendem Bauch durch ein »Schiebkriechen« fortbewegen.*

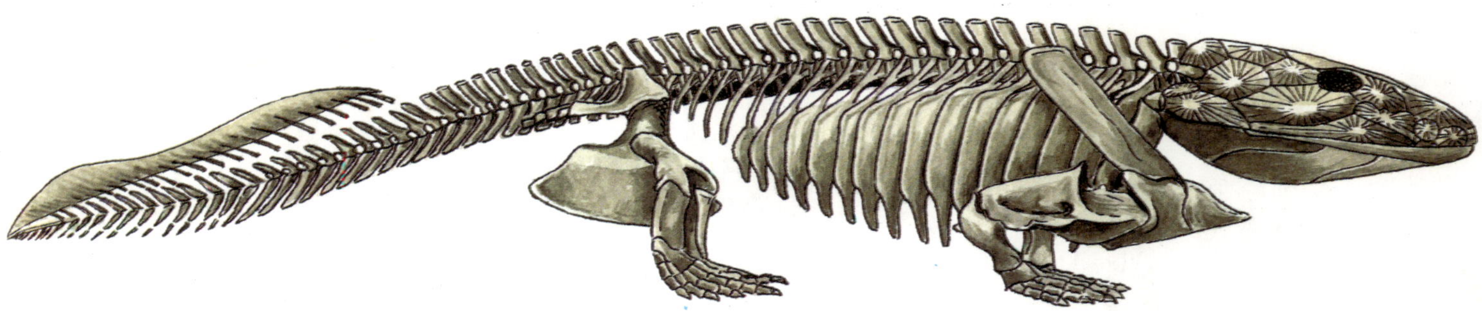

Steinkohlenmoore in aller Welt

Die Zeit des Karbon

Mit dem Fischschädellurch *Ichthyostega*, dem ersten Landwirbeltier aus dem Oberdevon, sind wir zu jenen Erdgeschichtsperioden vorgestoßen, die dem eigentlichen Saurierzeitalter unmittelbar vorangehen.

Das folgende Karbon war eine Periode mit bedeutenden tektonischen Veränderungen auf der Oberfläche Europas. Inmitten dieses Zeitabschnittes endete eine seit dem Devon andauernde geologische Entwicklungsperiode. Dieses Ende war aber zugleich der Beginn einer neuen Zeit.

Das Unterkarbon – Ende einer Meeresperiode in Europa

Hätten wir während des Unterkarbons vor 360 bis 320 Millionen Jahren mit einem Ballon aufbrechen können zu einer geologischen Exkursion über unsere Erde, so hätten wir das geographische Bild gegenüber dem vorangegangenen Abschnitt des Devons nicht sonderlich verändert gefunden. Die Kontinentplatten der Erde waren vereinigt und bildeten eine einzige große Landmasse, die »Pangäa«. Sie war jedoch durch Meeresbuchten unterschiedlicher Breite, Größe und Tiefe gelegentlich gegliedert. Im Norden Europas, im Bereich der heutigen Norddeutsch-Polnischen Tiefebene, dem Ost- und Nordseebecken, im Norden Englands bis nach Skandinavien, Island und Grönland ragte ein großes Festland, der große »Alte Rote Kontinent« (Old-Red-Kontinent), mit den Resten eines langgestreckten älteren Gebirges empor. In devonischer Zeit war dieses Land zu einem Ablagerungsraum roter Sandsteine und zu einem äußerst günstigen Lebensraum und zu einem Entwicklungsgebiet von Riesenkrebsen, Panzerfischen, Haien, Quastenflossern und den ersten Amphibien geworden. Danach aber, im Unterkarbon, wurden flache Randbereiche dieses Kontinents, wie beispielsweise der Nordwesten Mitteleuropas (Belgien) und Teile Englands, von einem flachen Randmeer (Epikontinentalmeer) überflutet, in dem sich der viele hundert Meter mächtige dunkle Kohlenkalk ablagerte. In diesem Meer lebte eine unvorstellbar große Menge von Kammer- oder Lochtierchen (Foraminiferen), Korallen, Armfüßern (Brachiopoden) und altertümlichen Kopffüßern (Cephalopoden), lebten die kugligen Goniatiten.

Weiter im Süden, durch das zentrale Europa, von der westeuropäischen Atlantikküste bis an den heutigen Karpatenbogen und noch weiter südlich, erstreckte sich ein schmales Tiefmeer mit stetig absinkendem Meeresboden. Die Geologen bezeichnen es als Geosynklinalmeer. Es ist die »Variskische Geosynklinale«, nach einem germanischen Volksstamm in Franken so benannt. Aus diesem großen Meer ragten Inseln teilweise schon seit der Devonzeit auf: die schmale Südwest-Nordost gestreckte Mitteleuropäische Schwelle vom Saargebiet über den Thüringer Wald zum heutigen Ostharz und die erheblich größere Alemannisch-Böhmische Insel, die ein südliches von einem mitteleuropäischen Unterkarbonmeer trennte. In diesen Meeren entstanden oft über tausend Meter mächtige Sedimente, im zentralen Europa vorwiegend feinkörnige Trümmersedimente wie Grauwacken und Quarzite (alte Sandsteine) und Tonschiefer, die man als Kulmsedimente bezeichnet. Es ist das Abtragungsmaterial von benachbarten Festländern. Nützlich wurden dünnspaltende Kulmtonschiefer als Dachschiefer.

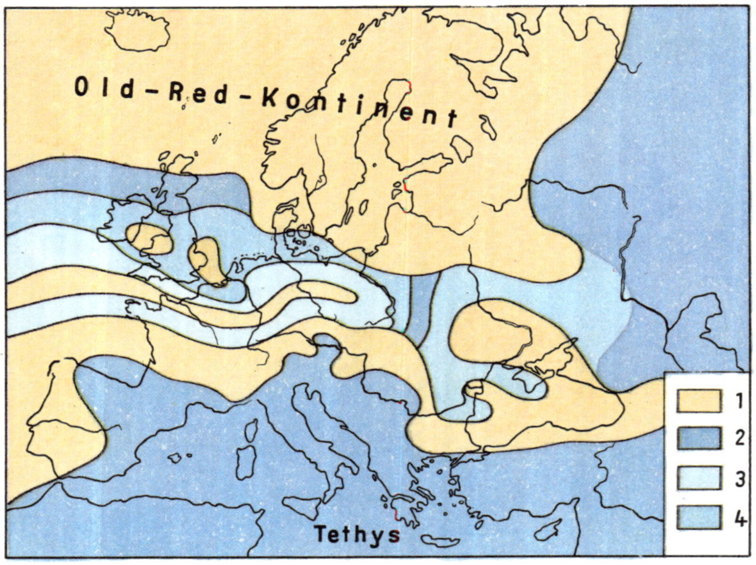

Die Verteilung von Land und Meer in Europa während des Unterkarbon (Visé)

1 Festland ohne Sedimente und mit lückenhafter festländischer Sedimentation, 2 Geosynklinalmeere und Randmeere mit z. T. spezifischer Sedimentation, 3 sandig-tonige Kulmsedimente (Flysch) – Tonschiefer und Grauwacken, 4 Kohlenkalksedimentation

Meerestiere und Landpflanzen aus Magdeburgs Untergrund

1891 begannen an der Neustädter Stromelbe in Magdeburg umfangreiche Bauarbeiten. Neue Hafenbecken für die aufblühende Industrie und Elbschiffahrt sollten entstehen. Es kam zu bedeutenden Erdbewegungen. Ortsansässige Paläontologen suchten in dem Gesteinsaushub nach Fossilien – nicht lange ohne Erfolg. Es gelang ein Einblick in die Lebewelt des Unterkarbons.

Bei den nicht unerheblichen Ausschachtungen legte man großflächig fossilführende unterkarbonische Tonschiefer und Grauwacken frei, die eindeutig in einem Randmeer des variskischen Geosynklinalozeans abgelagert wurden. In den vorherrschenden Kulmtonschiefern kam eine eindeutig marine Fauna ans Tageslicht. Charakteristisch waren flachgedrückte Kopffüßer, also alte Ammonshörner, die man Goniatiten nennt und die zur frei beweglichen nektonischen Fauna gehörten. *Eumorphoceras tornquisti* beispielsweise ist ein dort gefundenes Leitfossil für das oberste Visé, eine Zeitstufe des Unterkarbons, während der das Fundgestein abgelagert wurde. Sehr häufig sammelte man die gut berippte, biostratigraphisch wichtige Muschel *Posidonia becheri* auf. Sie gehörte zur Meeresbodenfauna, zum Benthos, wie der Tribolit *Paladin pitzi*, ein Leitfossil des tiefen Namurs. Man nennt diese marinen unterkarbonischen Tonschiefer Posidonienschiefer.

Kaum hatten sich die Paläontologen an das eindeutig marine Ablagerungsmilieu dieser Magdeburger Unterkarbonsedimente gewöhnt, kamen Funde ans Tageslicht, die sie zunächst verwirrten. In den gleichen Gesteinsserien fanden sich, allerdings vorwiegend in Grauwacken, fossile Reste von Landpflanzen, Baumstämme nämlich und Zweigstücke. Es handelte sich um artikulate Gliederpflanzen wie *Asterocalamites*, um Reste vom Schuppenbaum *Lepidodendron* und einer ganzen Reihe von Farnen. Es waren also Landpflanzen darunter, die durch ihren hohen Wuchs und ihre speziellen inneren Besonderheiten neue Entwicklungstendenzen aufzeigten. Sie besaßen nämlich leistungsfähige Leitgefäße, die einen gut funktionierenden pflanzeninternen Stofftransport garantierten und die den Größenwuchs ermöglichten. Alle diese Pflanzen waren Vertreter einer gewiß umfangreicheren Vegetation auf den nahen Küstenländereien. Als Treibgut gelangten ihre Reste in das marine Milieu.

Viele dieser schönen Fundstücke, vor allem die ansehnlichen Pflanzenreste aus Magdeburg und aus den Grauwackensteinbrüchen des Flechtinger Höhenzuges zwischen Magdeburg und Hundisburg, gelangten in Museen von Berlin, Magdeburg und Haldensleben.

So weit der kurze Rückblick in die Zeit des Unterkarbons, des letzten Abschnitts aus der langen Periode altpaläozoischer Meeresbedeckung in Mitteleuropa.

Posidonia becheri – *eine massenhaft auftretende Muschel im mitteleuropäischen Unterkarbon der sogenannten Kulmfazies. Tonschiefer mit diesem Leitfossil werden Posidonienschiefer genannt.*

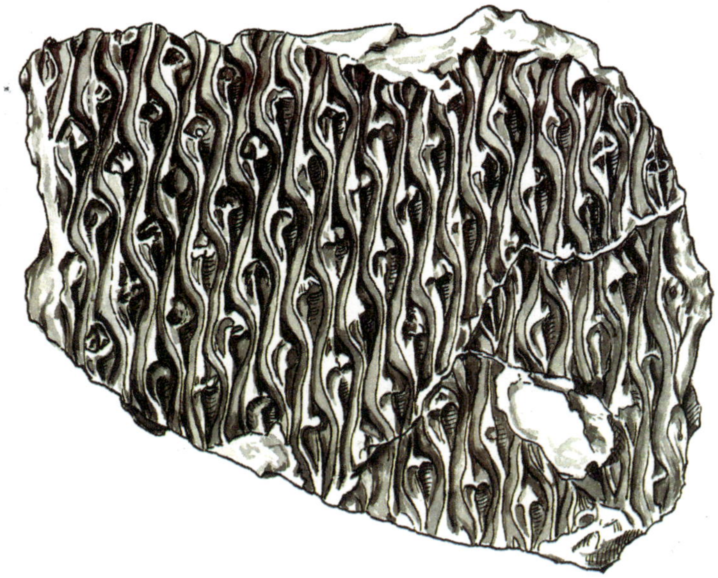

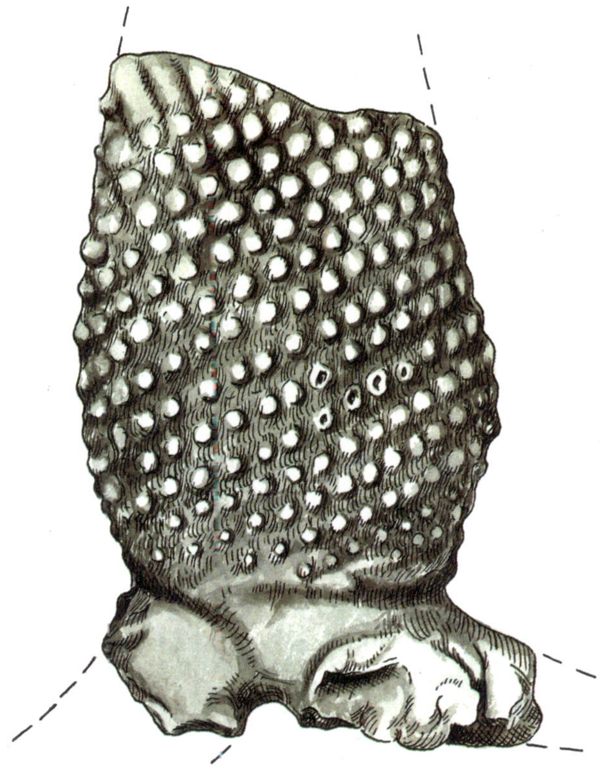

Landpflanzenfunde aus dem Unterkarbon von Magdeburg und Umgebung
Links: der Schuppenbaum Lepidodendron veltheimi; *etwa 15 cm breiter Stammabdruck mit Blattnarben*
Rechts: die Stammbasis eines Schuppenbaumes in Knorria-*Erhaltung mit Resten der unterirdischen Wurzel. Höhe des Fundstücks etwa 10 cm*

Die variskische Gebirgsbildung – aus dem Meer wird ein Gebirge

Jetzt überschauen wir das gleiche Europa in der Zeit von 320 bis 290 Millionen Jahren vor heute. Es war die Zeit des Oberkarbons, die eigentliche Steinkohlenzeit, die man international die Pennsylvanische Periode (Pennsylvanian) nennt. Das Erdbild hatte sich stark verändert. Die variskischen Meere Europas waren verschwunden, und an ihren Stellen sahen wir jetzt vorwiegend Festland, und zwar Gebirge im geographischen Sinne. Bedeutende Veränderungen in der Geographie und im geologischen Bau des Untergrundes hatten sich vollzogen. Ein großes erdgeschichtliches Ereignis hatte in der Übergangszeit Unterkarbon zum Oberkarbon die europäischen Geosynklinalmeere betroffen. Infolge großräumiger Platten- und Kontinentbewegungen, über deren Mechanismen noch zu berichten sein wird, kam es während dieser Zeit zu starken räumlichen Einengungen, also zu Pressungen im obersten Krustenbereich. Die mächtigen Sedimentpakete mit eingeschalteten Magmakörpern in den Geosynklinalmeeren wurden zusammengeschoben und dabei unterschiedlich intensiv gefaltet. Kaum war diese horizontal wirkende Beanspruchung vorüber, folgten vertikale Aufstiegsbewegungen, also Hebungen. Das Meer wurde mehr und mehr zurückgedrängt. Der gefaltete Meeresboden stieg auf zum morphologischen Gebirge, teilweise zum Hochgebirge. Die Geologen sagen: Aus einem verborgenen »Tektogen« wurde ein sichtbares »Morphogen«. Zunächst stiegen Inseln aus dem Meer, schließlich ganze Gebirge. In dieser Periode der Emporhebungen kam es in besonders mobilen Krustenbereichen in der Tiefe zur Ausbildung von Wärmekonzentrationen. In sogenannten Wärmedomen, in denen die Temperaturerhöhungen bis an die Schwelle der Mineralaufschmelzung heranreichten, entstanden unterschiedlich große und unterschiedlich tief gelegene Körper aus sauren Gesteinsschmelzen, die zu mächtigen Granitmassiven in den aufsteigenden Gebirgen im Untergrund erstarrten.

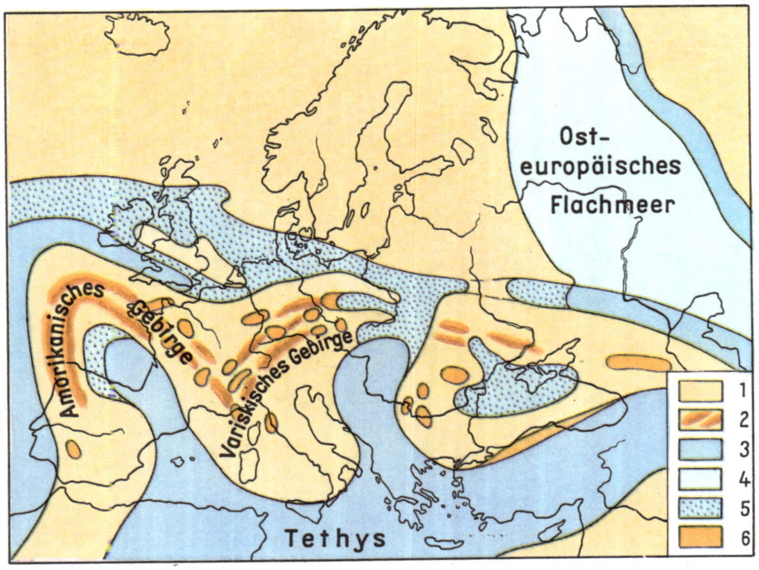

Mit der Faltung und Emporhebung des Variskischen Gebirges waren große Teile Mitteleuropas zum Festland geworden. Die Verteilung von Land und Meer sowie die Ablagerung wichtiger Gesteine während des Oberkarbon (oberes Namur bis unteres Westfal)
1 Festland ohne Sedimente, 2 Gebirgsbögen des Variskischen Gebirges, 3 Geosynklinalmeer mit mächtigen marinen Sedimenten, 4 Flachmeer auf Festlandstafel, 5 marine und terrestrische Sedimente mit Steinkohlenvorkommen in Festlandsnähe – sog. paralische Steinkohlen, 6 festländische Binnenbecken mit Steinkohlenvorkommen – sog. limnische Steinkohlen der Innensenken

Das Oberkarbon – die eigentliche Steinkohlenzeit

Diese neuentstandenen Gebirgskämme in Europa besaßen deutlich sichtbare Raumorientierungen. Sie zeichneten den bei der Gebirgsbildung entstandenen Falten- und Schollenbau nach. Ein großer Gebirgsbogen zog von Mittelspanien über die westliche Biskaya und Südwestengland, die Bretagne in Richtung französische Mittelmeerküste – das »Armorikanische Gebirge«. Und wo dieses endete, begann ein zweiter, nur leicht geschwungener Gebirgsast. Mit etwa 500 km Breite lief er quer durch Mitteleuropa in zunächst Südwest-Nordost-Orientierung. Er erstreckte sich über die Vogesen, den Schwarzwald, den Odenwald, das Rheinische Schiefergebirge, den Harz, das Thüringisch-Fränkische Schiefergebirge, um dann unter Richtungsänderung die Sudeten und die polnischen Mittelgebirge zu erreichen. Es ist das »Variskische Gebirge«, das heute nur in den eben genannten Mittelgebirgen in stark abgetragenem Zustand und in kleinen »fensterartigen« Ausschnitten sichtbar wird. Zwischen diesen ist es in der Tiefe verborgen.

Das geologische Bild Europas zu dieser oberkarbonischen Zeit ist aber erst dann vollständig skizziert, wenn man weiß, daß im Ausgleich zu den genannten Gebirgshebungen in den angrenzenden Regionen Senkungen der Erdoberfläche begannen. Es bildeten sich sogenannte Vortiefen, auch Randsenken genannt, die sich bald langsamer, bald schneller absenkten. Bei intensiven Abwärtsbewegungen geriet das Land unter Meeresniveau. Meereseinbrüche von den umgebenden Meeren in diese Vortiefen hinein waren die Folge. Zwischen die entstehenden terrestrischen Sedimente lagerten sich gelegentlich marine Gesteine und Fossilien ein. Die Abtragung in den Gebir-

Altpaläozoische Sedimentgesteine findet man im alten Variskischen Gebirge gefaltet – Sattel in unterkarbonischen Grauwacken im oberen Saaletal bei Ziegenrück

gen und die Sedimentation in den Senken waren bemerkenswert, da bedeutende Reliefunterschiede auf engem Raum bestanden. Auf diese Weise wurden die Gebirge schnell geebnet und die Senken ebenso schnell aufgefüllt.

Pflanzenexplosion und Kohlebildung

Ein ganz wesentliches Merkmal dieser Periode in Mitteleuropa bildete das klimatische Geschehen. Das Oberkarbon war eine Zeit warmen Klimas mit hohen Niederschlägen, denn der Südpol lag im Süden Afrikas, der Nordpol im Pazifik – die Position Europas befand sich in Äquatornähe! In sich senkenden Becken und Talzügen in den Gebirgen und in den weitläufigen Senkungsräumen vor den Gebirgen und in der Nähe der Meeresküsten entstanden ausgedehnte Sumpfwälder mit einer gewaltigen Produktion organisch-pflanzlichen Materials. Lagen in den vorangegangenen erdgeschichtlichen Zeiträumen die »pflanzlichen Überschußgebiete« mit Kohlebildung im Meer (z. B. Algenkohlen), so verlagerten sie sich im jüngeren Paläozoikum in die feuchten Bereiche des Festlands. Diese üppigen Wälder aus höheren Sporenpflanzen und neu entstandenen Nacktsamern besaßen tropisches bis subtropisches Gepräge. Die absterbenden Planzensubstanzen gerieten durch Absenkung des Untergrundes und den damit verbundenen Anstieg des Grundwasserspiegels unter Wasser. Es begann eine Vertorfung. Durch geologische Alterungsprozesse infolge weiterer Sedimentüberlagerung wurde aus dem Torf Kohle, schließlich unter tektonischem Druck und Hitzeeinwirkung sogar Steinkohle. Immer wieder wurden auch Schluffe, Sande und Kiese in diese Kohlensenken eingespült. So findet man heute in der Schichtenfolge dieser oberkarbonischen Waldsenken oft einen rhythmischen Wechsel von wirtschaftlich wertvollen Steinkohlenflözen und tonig-sandigen, oft sogar konglomeratischen Zwischenmitteln. Marin beeinflußte »paralische« Kohlenprofile, gelegentlich von schwachen Faltungen betroffen, finden sich in Südengland, in Belgien und im rheinisch-westfälischen Revier sowie im Südwesten der VR Polen. Rein terrestrisch-limnische Kohlen wurden in den Innensenken des Saargebietes (BRD), von Wettin, Löbejün und Plötz nördlich Halle/S. und des Erzgebirgsbeckens (Zwickau, Lugau, Oelsnitz) in der DDR sowie der ČSSR bei Plzeň und Kladno und der VR Polen um Wałbrzych abgelagert.

Die paralischen Kohlenbecken Europas gehören zu den reichsten der Erde. Allein in SW-Polen wurden mehr als 200 bauwürdige Flöze gezählt, deren mächtigstes über 20 m mißt.

Schachtelhalme gehören zu den typischen Pflanzenresten der Steinkohlenmoore und ihrer Umgebung im Oberkarbon.
Oben senkrechte Einbettung eines großen Calamiten im Oberkarbon des Ruhrgebietes
Unten flachgedrückter Steinkern eines Calamiten

Blick auf eines der weiträumigen, stetig absinkenden Steinkohlenmoore des Oberkarbon zwischen einer meeresbeeinflußten Lagune (links) und relativ trockenen Gebirgszügen (im Hintergrund) – regionale Gliederung in verschiedene Vegetationsbereiche und die dazugehörenden Steinkohlenarten im Untergrund

Sumpfwälder und Meereslagunen

Um das Leben in den oberkarbonischen Sumpfwäldern zu erfassen, stellen wir uns einen Augenblick lang vor, wir stünden über einem der Steinkohlenschächte im Ruhrgebiet. Nicht die Fördertürme und Aufbereitungsanlagen sind sichtbar, sondern eine tropische Landschaft mit meeresbeeinflußten Lagunen, mit Seebuchten und Seen. Es liegt ein Surren in der Luft, das von schwebenden großen Libellen und anderen Fluginsekten

herrührt. Aus dem Sumpfland ragen gewaltige Bäume empor. Ein lichtdurchfluteter Säulenwald ist dieser Oberkarbonwald, denn die meisten Bäume sind nur schütter beblättert. Da die Karbonbäume nur wenig Wasser speichern konnten, mußten sie sich an den Lagunen und in der Nähe anderer offener Wasserflächen ansiedeln. Diese oberkarbonischen Sumpfwälder waren ästhetisch wie ökologisch großartige Landschaften, die seltsamsten Wälder, die es je gegeben hat.

Die hoch aufragenden Riesenbäume dieser Steinkohlensümpfe hatten unterschiedliches Aussehen, gehörten also offensichtlich verschiedenen Gattungen an. Die größten Vertreter erreichten Höhen von 40 m mit Stammdurchmessern von 1 bis 2 m, im Stubbenteil sogar bis 5 m. Es waren die nur im Kronenteil verzweigten Schuppenbäume, die Lepidodendren. Sie gehörten ebenso zu den heute nur 10 bis 15 cm hohen Bärlappgewächsen (Lepidophyten/höhere Sporenpflanzen) wie ein anderer, etwas kleinerer und unverzweigter bis einfach gegabelter Baum, der durch eigentümliche elliptische Blattbüschel ganz besonders auffiel. Diese Siegelbäume oder Sigillarien erreichten Höhen von 25 bis 30 m. Andere Bäume – die Baumfarne – waren niedriger und besaßen weit ausladende beblätterte Wedel. Im Wasser und in Wassernähe ragten gerade Stangen bis 10 oder gar bis 15 m, gelegentlich sogar höher, in den Himmel. Meist waren sie kleiner. An wiederkehrenden Querringen dünn bezweigt oder schütter beblättert, erinnerten sie an heutige Bambuspflanzen oder an Zuckerrohr. Es waren Schachtelhalme, baumförmige Calamiten verschiedener Gattungen und Arten. Die Bäume mit der höchsten Organisation trugen auf hohen Stämmen eine Krone bandförmiger Blätter – die Cordaiten. Unter diesen Bäumen mit lichtdurchbrochenem Schatten gab es eine unterschiedlich üppige Bodenvegetation. In den Lagunen wuchsen verschiedene Wasserpflanzen, auf dem feuchten festen Land Farne und Farnsamer!

Wir besuchen noch einige andere Orte, um das Bild zu ergänzen. In Schottland, im Viktoriapark von Whiteinch bei Glasgow, wurde die ehemalige Bodenfläche eines solchen Steinkohlenwaldes am Westrand des großen zentralen schottischen Steinkohlenbeckens (Clydebecken) freigelegt und glück-

Begrabener Steinkohlenwald mit senkrecht im Hochwassersediment eingebetteten Siegelbäumen, Schuppenbäumen und Calamiten aus der Zeit des Oberkarbon (Westfal A). Westwand der ehemaligen Ziegeleigrube Klotz in Essen-Kupferdreh

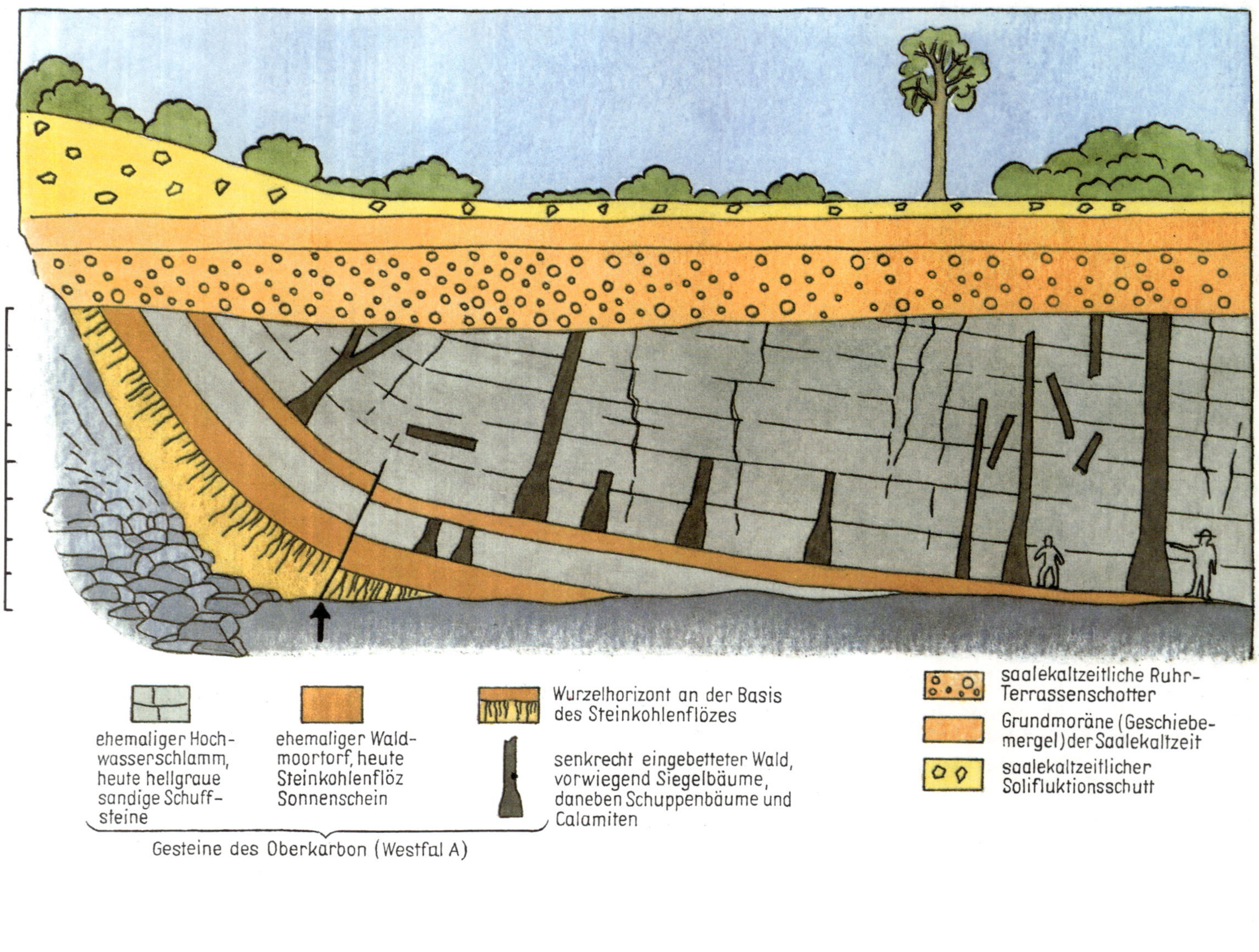

Die Steinkohlenzeit wird auch Insektenzeit genannt. Ein berühmter Vertreter ist die Riesenlibelle Meganeura monyi *mit einer Flügelspannweite bis 66 cm aus dem Oberkarbon (oberes Stefan) von Commentry (Frankreich). Etwa ein Drittel natürlicher Größe*

licherweise auch erhalten. Elf große versteinerte Wurzelstöcke von *Lepidodendron* mit kräftig verzweigten Wurzeln, sogenannten Stigmarien, stehen in Meterabständen nebeneinander und bezeugen, daß es sich wirklich um Wälder gehandelt haben muß. 1887 wurde über dem »fossil grove« ein Glashaus errichtet. Ein einzigartiges Naturdenkmal blieb dadurch erhalten. Ein ganz ähnliches Stubbenfeld aus Siegelbäumen fand sich über dem Steinkohlenflöz »Zweibänke« am Piesberg bei Osnabrück.

Gar nicht selten wurden solche Wälder von plötzlich und schnell eingeschwemmten Sand- und Schluffströmen aus den nahen Gebirgszügen in kurzer Zeit begraben. In harten Schluff- und Sandsteinen stehen dann die Stämme senkrecht eingebettet, direkt an der Aufschlußwand den Eindruck der ehemaligen Wälder vermittelnd. Diesbezüglich berühmt wurde der ehemalige Treuil-Steinbruch bei Saint-Étienne (Frankreich). Aber auch im Ruhrgebiet in der BRD sind, beispielsweise in der Ziegeleigrube Essen-Kupferdreh, im Südwesten der VR Polen und an anderen Stellen ähnliche beeindruckende Aufschlußbilder bekannt geworden.

Die Tierwelt des Oberkarbons

Unter dem schützenden Dach der Steinkohlenwälder, auf den benachbarten Trockengebieten und in den angrenzenden Meeren geschahen bedeutende Veränderungen auch in der Tierwelt. Nur einige wesentliche Ereignisse können hier skizziert

Eine Flügelspannweite von fast einem halben Meter besitzt die Riesenlibelle Stephanotypus schneideri, *die 1981 von dem Physiker und Paläontologen Wolfgang Zessin auf oberkarbonischen Haldensedimenten (Stefan C) einer ehemaligen Steinkohlengrube bei Plötz (Bez. Halle) gefunden wurde.*

werden. Einmal ist eine Entwicklung der Gliedertiere bemerkenswert. Es waren große seltsame Gliederfüßer entstanden, mit 1,50 m sensationell lang, stark segmentiert und vermutlich mit den Trilobiten verwandt. Sie lebten im Schlammboden der Steinkohlenwaldlagunen, in den Seen und Flüssen und drangen gelegentlich bis in das feuchte Unterholz vor. Da gab es Spinnentiere, Skorpione und Tausendfüßer bis 50 cm Länge. Insbesondere aber die seit dem mittleren Devon bekannten und inzwischen hochspezialisierten Insekten erlebten eine Entwicklungsexplosion. Der Luftraum wird von ihnen in Besitz genommen, lange bevor es irgendein Wirbeltier wagte, es ebenfalls zu versuchen. Im obersten Karbon gab es etwa 1300 Insektenarten. Man könnte von einem Zeitalter der Insekten sprechen, wenn nicht die charakteristische Steinkohle schon 1806 für die populärwissenschaftliche Benennung dieser Erdgeschichtsperiode benutzt worden wäre. Besonders beflügelte Insekten waren sehr auffällige Lebewesen, kurios solche mit zwei oder gar drei Flügelpaaren. Sie erreichten gewaltige Spannweiten. In der Steinkohlenzeit und im nachfolgenden unteren Perm lebten die größten Insekten aller Zeiten. Riesige oberkarbonische Urlibellen (Familie Meganeuridae) erreichten Spannweiten von 66 cm, wie von Funden aus dem Oberkarbon von Commentry (Frankreich) bekannt wurde. Erst in neuerer Zeit sind aus oberkarbonischen Tonschiefern eines Steinkohlenschachtes bei Plötz nördlich von Halle/Saale die Reste einer Urlibelle von etwa 45 cm Flügelspannweite gefunden worden. Aus den Grenzschichten Oberkarbon/Perm von Nordamerika stammt das bislang größte Insekt aller Zeiten, die Riesenlibelle *Meganeuropsis* mit einer Flügelspannweite von 75 cm. Die heutigen Libellen erreichen Spannweiten von 10 cm bei uns und von 20 cm in tropischen Biotopen. Mit deutlich hörbarem Surren überfliegen diese Großlibellen die Lagunen und Sümpfe der Steinkohlenzeit, stehen in der Luft und lassen sich nieder auf den unzähligen umgestürzten Riesenbäumen.

Labyrinthzähner und erste Reptilien

Ganz gewiß hätte der faszinierende Anblick dieser exotischen Wälder die Aufmerksamkeit lange auf sich gezogen. Erst nach längerer Zeit hätte man bemerkt, daß in der Dunkelheit der Bodenvegetation in und am Wasser der Sumpfseen Wirbeltiere lebten, die gerade zu dieser Zeitperiode nicht unwesentliche Veränderungen erfuhren. Manche Gruppen verloschen oder wurden unbedeutend, andere wieder entwickelten sich explosiv. Die Panzerfische starben bis auf einige unbedeutende Agnathen aus. Lungenfische und Quastenflosser ereilte fast das gleiche Schicksal. Die im Oberdevon erstmals aufgetretenen Amphibien aber entwickelten sich in den Lagunen und Seen deutlich weiter, insbesondere die Panzerlurche, die Stegocephalen, deren geschlossenes massives Schädeldach mit dem Schultergürtel verbunden war. Sie lebten im Jugendstadium kiemenatmend im Wasser, später lungenatmend, zwischen Wasser und Land pendelnd. Man nennt sie auch Labyrinthodontia, die Labyrinthzähner, weil ihre spitzen, langen Zähne komplizierte labyrinthische Verfältelungen von Zahnschmelz und Dentin aufweisen. Einige Amphibiengruppen entwickelten eine besondere Vorliebe für das feste Land, das nach der variskischen Gebirgsbildung zu Beginn des Oberkarbons in großer Flächenausdehnung vor ihnen lag. Es wurde von ihnen in Besitz genommen.

Die neue Entwicklung wurde geprägt durch Anpassungsprozesse an das Landleben. Irgendwann im Karbon entstanden in mehreren parallelen Entwicklungslinien aus den noch amphibischen Stegocephalen die an die Trockenheit angepaßten Reptilien. Neben knochenanatomischen Veränderungen des Schädels und des Skeletts war eine weitere Neuentwicklung notwendig, die diesen »Sprung« auf das trockene Festland erst möglich machte – nämlich die des dotterreichen Amnioteneies mit fester Schale. Leben und Fortpflanzung waren nun auf dem festen Lande möglich. Es erfolgte eine endgültige Lösung vom Leben im Wasser, wobei später einige Reptilien sekundär wieder zum Wasserleben zurückkehrten.

Diese ersten Reptilien des Oberkarbons gehören zu den Cotylosauriern. Sie besaßen ein massives, primär geschlossenes, hochgewölbtes Schädeldach aus meist skulpturierten Deckknochen ohne Schläfendurchbrüche und einen ständigen fünften Finger (Daumen) am Vorderfuß. Unsere Kenntnisse über die Frühgeschichte der ersten Reptilien sind noch immer sehr gering. Als Modell eines Reptilvorfahren mit noch amphibischer Fortpflanzungsart wird gegenwärtig der oberkarbonische Labyrinthodontier *Gephyrostegus* angesehen. Die ältesten echten Kriechtiere wurden im Oberkarbon Neuschottlands (Nordamerika) aufgefunden. *Romeriscus* und *Lymnostygis* sind aber so spezialisiert, daß sie als Stammformen kaum in Frage kommen.

Steinkohlenwald in einer Lagune zur Zeit des Oberkarbon in England. Hier lebten große Amphibien, die sich bereits deutlich im Verhältnis zu den Ichthyostegalia weiterentwickelt hatten. Zu den Embolomeri gehört die 4 bis 5 m lange Kohlenechse Anthracosaurus *mit 50 cm langem Schädel. Sie ernährte sich vermutlich von Fischen und anderen Lebewesen der Sümpfe.*

Häufiger als durch Knochen sind diese frühen Reptilien durch Fährtenfunde auf den Schichtflächen von Sedimentgesteinen belegt. So kennt man aus dem Namur Pennsylvaniens und Englands die Fährten eidechsenartiger Reptilien, während aus dem Westfal und Stefan an verschiedenen Stellen Europas und der übrigen Erde zahlreiche Funde die weitere Aufspaltung dieser neuen Tiergruppe belegen.

Rote Trockensteppen am Ende der Steinkohlenzeit

Noch einmal wollen wir uns vorstellen, von großer Höhe aus das Europa der ausgehenden Steinkohlenzeit zu überblicken. Eine Klimaveränderung hatte jetzt während der Zeit des Stefan die mitteleuropäischen Festlandsbereiche geprägt. Es war trokkener geworden, die Kohlenbildung war abgeklungen oder zumindest stark verringert. Weite kiesig-sandige Steppen mit roten Böden waren entstanden. Da eine Pflanzendecke mit Humusstoffen fehlte, die eine Mobilisierung des Eisens hätte bewirken können, blieben diese oxidischen Eisenverbindungen in den Tonen und Sanden erhalten und färbten diese intensiv rot. Dies geschah jetzt zur Zeit des obersten Karbons, aber auch im nachfolgenden Rotliegenden, zur Zeit des Buntsandsteins und später während des Keupers. An nicht wenigen Stellen Europas prägen noch heute diese auffälligen roten oberkarbonischen Sedimentabfolgen das Landschaftsbild. Nicht selten sind rote Oberkarbongesteine prächtig aufgeschlossen. In der DDR ist das beispielsweise im Saaledurchbruch bei Rothenburg nördlich von Halle/Saale und insbesondere im kleinen Kyffhäusergebirge der Fall. An letztgenannter Stelle hat man in diesen Rotsandsteinen gar nicht selten verkieselte, bis 20 m lange Baumstämme vom Typ Dadoxylon gefunden. Diese versteinerten Cordaitenbäume mit prächtig erhaltenen Zellstrukturen zeigen an, daß es auch zu dieser Trockenzeit in feuchten Senken und Talzügen ein bescheidenes Fortleben der einst üppigen Karbonwälder gegeben hatte. Ringsum aber war trockenes Festland, und die durch die roten Sedimente repräsentierten warmtrockenen Festlandsräume bildeten den günstigen Entwicklungsraum für die Reptilien, die am Beginn ihrer großen Entwicklung standen.

Erdgeschichte ist Drift der Kontinente

Eine theoretische Erörterung

Erdgeschichte ist – wie bereits auf den ersten Seiten dieses Buches deutlich wurde – die Entwicklungsgeschichte von Festländern und Meeren, ist die Geschichte von Klimaveränderungen und vom Formenwandel des Lebens. Bevor wir für Mitteleuropa und für andere Bereiche der Erde die speziellen Betrachtungen fortsetzen, soll ein wenig geowissenschaftliche Theorie dazu beitragen, die großen erdgeschichtlichen Entwicklungsvorgänge an der Oberfläche der Erde zu verstehen, die zugleich Auskunft geben über so wichtige Lebensbedingungen wie das Klima.

Die hier vorzutragenden Zusammenhänge sind das Ergebnis einer jahrhundertelangen Forschung an der Erde. Noch nicht allzu lange weiß man, daß sich die obere 80 bis 100 km starke Gesteinsschale der Erde, die Lithosphäre, nach durchaus erkennbaren Regeln auch horizontal bewegt. Diese horizontale Drift erfolgt auf einer Gesteinsschicht, die sich offenbar wie eine zähe Flüssigkeit verhält.

Viele Belege für diese Theorie wurden bei der Erforschung der Ozeanböden erbracht. Als das Echolot technisch so weit entwickelt war, daß es zur exakten morphologischen Kartierung der Tiefseeböden eingesetzt werden konnte, entdeckte man ein relativ schmales untermeerisches Hochgebirge gewaltiger Längserstreckung von Island bis in den südlichen Atlantik, von dort in den Indik reichend, und eine Aufgabelung erstreckt sich sogar in den Pazifik. Immer sind es zwei parallele Bergketten, die durch ein mehr oder weniger deutlich ausgebildetes Zentraltal getrennt werden. Man bezeichnet eine solche Struktur der Erdkruste in der modernen geologischen Nomenklatur als »Rift« (wörtlich übersetzt »Spalte«, »Ritze«). Alle Atlantikinseln, wie Island, die Azoren, St. Helena und viele andere, erwiesen sich als die aus dem Wasser auftauchenden höchsten Erhebungen dieses »zerspalteten« Gebirges.

Die genaue Erforschung dieser untermeerischen Regionen erfolgte mit geophysikalischen Methoden, mit Hilfe der Geomagnetik vor allem, indem man die Einregelung magnetisierbarer Minerale im basaltischen Ozeanboden untersuchte. Ein überraschendes Ergebnis stellte sich ein: Auf der einen Seite der Riftkette lagen schmale Meeresbodenstreifen mit rhythmisch wechselnder Einregelung, also ein Streifenmuster, das erstaunlicherweise in spiegelbildlicher Gleichartigkeit auch auf der anderen Seite des Rifts wiederkehrte. Da man inzwischen wußte, daß sich im Laufe der Erdgeschichte das magnetische Feld häufig umgepolt hatte, während der letzten 4 Millionen Jahre beispielsweise 21mal, bestand plötzlich die Möglichkeit, über diese Streifenmuster die Meeresbodensedimente zu datieren. Absolute Altersbestimmungen von Meeresbodengesteinen ergänzten das Bild. Es ergab sich, daß die basaltischen Vulkangesteine des Ozeanbodens um so jünger sind, je näher sie an der zentralen Riftkette liegen. Daraus wiederum konnte zwingend gefolgert werden, daß sich aus dem Rift heraus durch einen Fließbandmechanismus nach zwei Seiten hin offenbar ständig neuer Meeresboden bildet. Anderenorts, in den sogenannten Subduktionszonen, soll dagegen alter Meeresboden verschluckt werden. Mit diesen Beobachtungen und theoretischen Deutungen waren horizontale Bewegungen an der Erdoberfläche nachweisbar und erklärbar geworden. Die horizontale Drift konnte bald mit Zahlenangaben untermauert werden. Geschwindigkeiten von 3 bis 6 cm im Jahr waren durchaus keine Seltenheit. Diese neuen Theorien bedeuten – vermutlich berechtigt – eine »Revolution im geologischen Denken«.

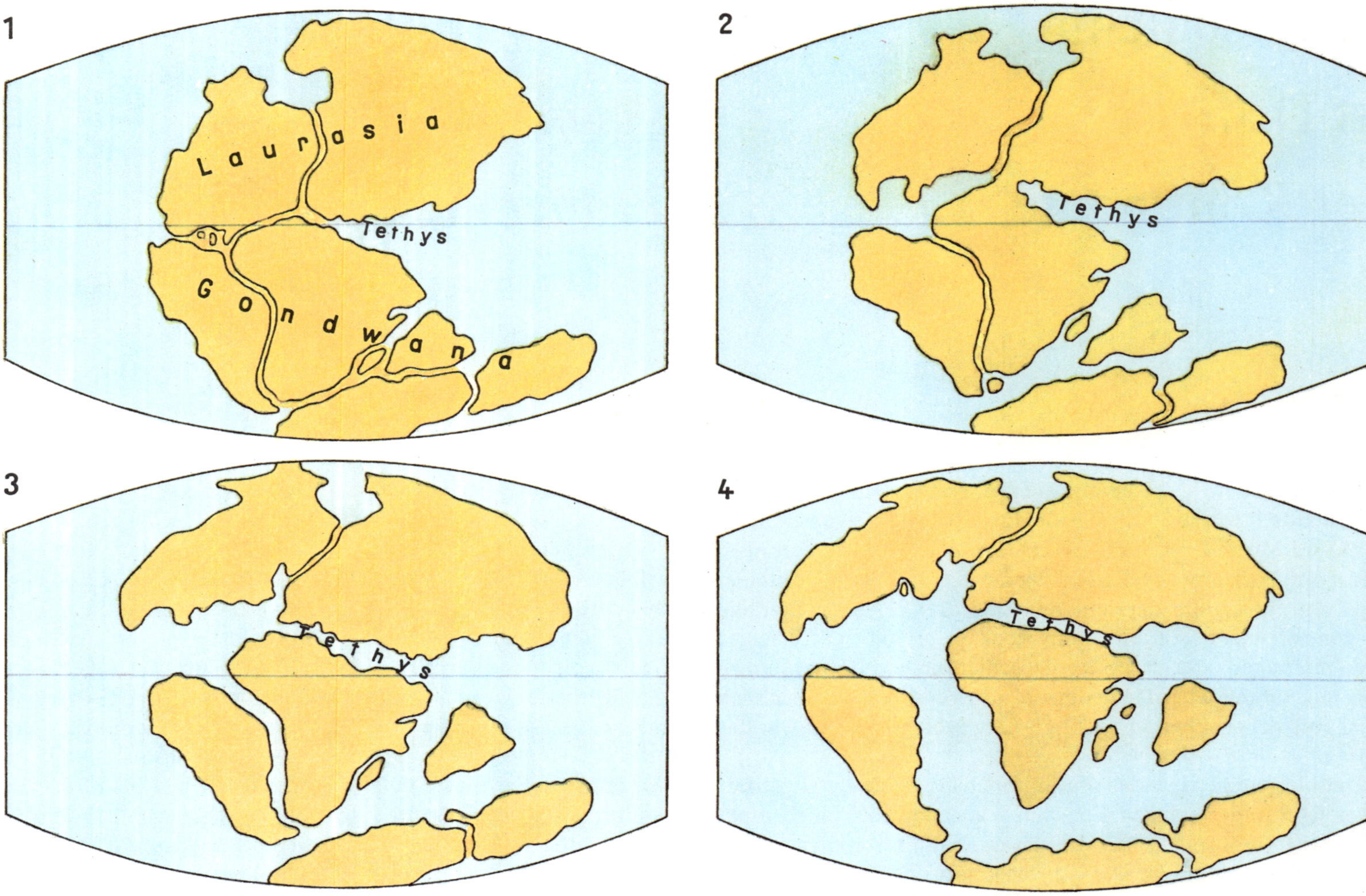

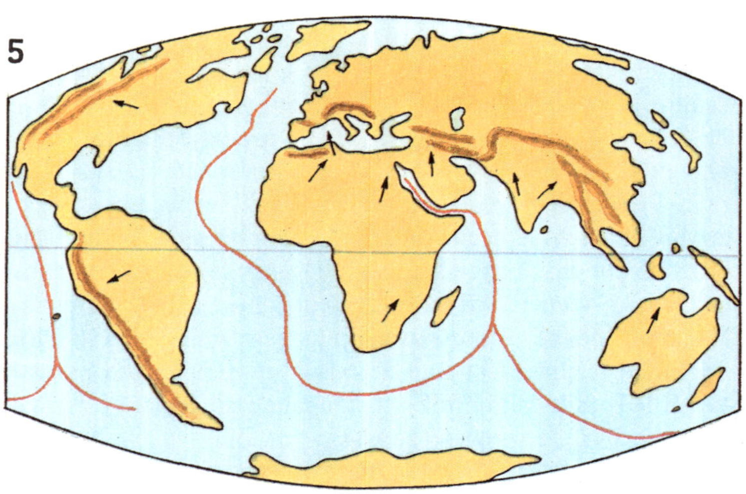

Erdgeschichte ist Drift der Kontinente
Erklärung der einzelnen Karten auf Seite 29
Erklärung der Erläuterungskästchen:
1 Festland mit den Konturen der späteren Kontinente, 2 Meer, 3 Mittelozeanische Schwellen mit Zentralgräben, 4 Bewegungsrichtungen der kontinentalen Platten

Diese horizontalen Bewegungen waren bereits 1910 von dem deutschen Gelehrten Alfred Wegener theoretisch wahrscheinlich gemacht worden, als er die größtenteils skeptisch aufgenommene These von der Drift der Kontinente erstmals formulierte. Die Paßförmigkeit der heutigen Kontinente auf der Südhalbkugel, also die Möglichkeit eines fast lückenlosen Zusammenschiebens zu einem einzigen großen Landblock, hatte den geistreichen Gelehrten dazu angeregt. Heute ist diese Wegenersche Theorie zur sogenannten Plattentektonik ausgebaut. Die geophysikalische Entwicklung der Erdoberfläche läßt den Eindruck entstehen, als würden seit mehr als 400 Millionen Jahren die heutigen Kontinente wie Eisschollen über den Erdball getrieben. Diese Kontinente sind Bruchstücke eines einst umfassenden Urkontinents »Pangäa«, der vor etwa 420 Millionen Jahren an der Wende Ordovizium/Silur durch Zusammendriften mehrerer früherer Kontinentschollen entstanden war. Das danach gebildete, heute in Norwegen und in Schottland sichtbare »Kaledonische Gebirge« war das Ergebnis des Zusammenpralls eines alten nordamerikanischen Kontinents mit dem alten Kern von Europa im Rahmen dieses Vereinigungsprozesses der Landmassen. Dieser Urkontinent Pangäa war aber durchaus nicht immer »reines« Festland, sondern immer wieder gegliedert von eindringenden Meeresarmen unterschiedlicher Breite und Tiefe. Man konnte einen Nordkontinent von einer Süderde unterscheiden. Als sich schließlich vor rund 300 Millionen Jahren dieser Nordkontinent mit dem afrikanischen Teil des Südkontinents Gondwana vereinigte, kam es zur Bildung eines weiteren, des sogenannten Variskischen Gebirges, das für den Bau Mittel- und Westeuropas große Bedeutung besitzt und dessen Überreste im Harz, im Thüringer Wald und im Rheinischen Schiefergebirge zu sehen sind.

Uns interessiert speziell in diesem Buch das Zeitalter der Saurier. Gegen Ende des Perms begannen Entwicklungen der Erdoberfläche, die in ihrer Tendenz bis heute andauern. Anhand der Abbildung auf Seite 28 werden diese Veränderungen etappenweise geschildert.

1. Vor rund 245 Millionen Jahren, gegen Ende des Perms, riß der an der Wende Ordovizium/Silur entstandene Urkontinent Pangäa auf. Es bildeten sich Grabenbrüche analog dem heutigen ostafrikanischen Grabensystem.
2. 45 Millionen Jahre später, vor 200 Millionen Jahren, am Ende der Trias, hatte sich der alte Urkontinent in einen nördlichen und einen südlichen Teil aufgespaltet.
3. Vor 135 Millionen Jahren, zur Zeit des obersten Jura, begann die Trennung der südamerikanischen von der afrikanischen Scholle. Dies führte in der Kreidezeit und danach zur Herausbildung des Mittel- und Südatlantiks. Süd- und Nordamerika waren noch getrennt.
4. Dieses Bild zeigt den Zustand vor etwa 65 Millionen Jahren an der Zeitwende Kreide/Tertiär. Danach erst löste sich Nordamerika von Eurasien ab und verband sich mit Südamerika. Arabien vereinigte sich mit Asien. Indien driftete nach Norden und kollidierte mit Südostasien, vor sich die zentralasiatischen Hochgebirge zusammen- und aufschiebend. Australien trennte sich von Antarktika ab.
5. Dies ergab schließlich die heutige Kontinentverteilung und das heutige Relief.

Wenn diese Bewegungstendenzen gleichsinnig in der geologischen Zukunft anhalten, müßten sich die heutigen Kontinente im Bereich des gegenwärtigen Pazifiks wieder zu einer neuen Großerde, der »Pangäa nova«, vereinigen.

Wenn also bei der Behandlung der erdgeschichtlichen Geschehnisse in Europa immer wieder von verschiedenen Positionen zum Äquator oder von der verschiedenen Lage des Nordpols die Rede ist, so liegen die Ursachen dieser Tatsachen und der ursächlich damit verknüpften Klimaänderungen in erster Linie in der Wanderung der Kontinente begründet. Echte Polwanderungen hat es vermutlich nie gegeben.

Somit ist dieses zwischengeschobene theoretische Kapitel wesentlich für das Verständnis der großen geologischen und biologischen Entwicklungsvorgänge auf der Erdoberfläche in den folgenden Erdgeschichtsperioden.

Flußnetze, Farnwälder und Vulkane

Die Zeit des Rotliegenden

An verschiedenen Stellen Mitteleuropas, beispielsweise im Thüringer Wald, in der Umgebung von Halle (Saale), in Nordwestsachsen und im Erzgebirgsvorland, aber auch am Harz und im Saar-Nahe-Gebiet südlich des Hunsrück oder im französischen Zentralplateau, fallen auch dem Nichtgeologen rote Gesteinsabfolgen an Felswänden und in Steinbrüchen ins Auge. Gleichartige rote Gesteine wurden aber auch in alten Stollen und Schächten des zentralen Mitteleuropas unter einem erzführenden Horizont, dem marinen Kupferschiefer, angefahren. Da sie keinerlei abbauwürdiges Kupfererz enthielten, nannten die Bergleute diese roten Sedimente schon im ausgehenden Mittelalter das »Rothe Todte Liegende«. Daraus wurde ein bis heute gültiger deutschsprachiger Zeitbegriff der Erdgeschichte – das »Rotliegende«. Mit diesem Rotliegenden sind wir in eine neue Erdgeschichtsperiode eingetreten, die vor etwa 290 Millionen Jahren auf das Oberkarbon folgte und nach etwa 45 Millionen Jahren Dauer in die Trias überging. Diese Periode, in der das Rotliegende nur den unteren Abschnitt repräsentiert, wurde von dem englischen Geognosten R. I. Murchison 1841 in ihrer Ganzheit nach bunten Gesteinsvorkommen im Vorland des Ural nach einer alten Rayonbezeichnung »Perm« genannt.

Es ist eine Erdgeschichtsperiode mit einem ausgesprochenen Übergangscharakter, der auf der Nordhalbkugel und speziell in Europa so ausgeprägt ist, daß man gelegentlich an der Existenzberechtigung dieser ganzen »Formation« zweifelte. Es ist das Ende des Erdaltertums und zugleich der Anfang des Erdmittelalters.

Das Perm weist aber zugleich genügend eigene Merkmale auf, die den Bestand als selbständiges System rechtfertigen.

Europa zur Zeit des Unterrotliegenden

Wieder soll ein geographischer Überblick über das Europa jener Zeit und eine Übersicht über die dort vor sich gehenden geologischen Prozesse folgen, und zwar zunächst aus jener Periode, die direkt auf das Karbon folgt. Die Geologen nennen die 25 Millionen Jahre umfassende Zeitspanne zwischen 290 und 265 Millionen Jahren vor heute das Unterrotliegende. International wird diese Zeit nach Gesteinsvorkommen im französischen Zentralplateau als Autun (oder Autunien) bezeichnet.

Erinnern wir uns zunächst an das Bild der zu Ende gehenden Steinkohlenzeit. Das sich quer durch Europa erstreckende, kurz zuvor erst entstandene Variskische Gebirge war zu einem Hügelland abgetragen und erniedrigt worden, dessen Bergreste zwischen Sedimenten zu »ertrinken« drohten. Morphologische Senken im Gebirge und am Rande waren mit Gesteinsschutt gefüllt worden. Zuvor waren während der feuchten tropischen bis subtropischen Steinkohlenzeit in den Depressionen Waldmoortorfe entstanden, aus denen später Steinkohlen wurden und die längst von Sedimenten überdeckt waren. Die Klimaentwicklung aber führte gegen Ende des Oberkarbons mehr und mehr zu einem warmen Wechselklima mit längeren trockenkontinentalen Perioden und zur Ablagerung rotgefärbter Sedimente.

Zum folgenden Zeitabschnitt gibt es an vielen Stellen keine scharfe Grenze. Es ist vielerorts eine kontinuierliche Fortentwicklung des geologischen Geschehens beobachtbar.

Obere Karte: Marine und terrestrische Sedimentationsbecken in Europa zur Zeit des Unterrotliegenden (Autun)
1 Festland ohne Sedimente (Abtragungsgebiet), 2 kontinentale Innenbecken mit festländischer Sedimentation, 3 Meere mit mariner Sedimentation
Untere Karte: Die festländischen Sedimentationsbecken im zentralen Mitteleuropa während des Unterrotliegenden (Autun)
1 heute an der Oberfläche anstehende vorpermische Gesteine und solche unter geringer Bedeckung, 2 sich senkende Ablagerungsbekken (in ihrer Umgrenzung sich verändernd), 3 Hebungs- und Abtragungsgebiete ohne Sedimentation

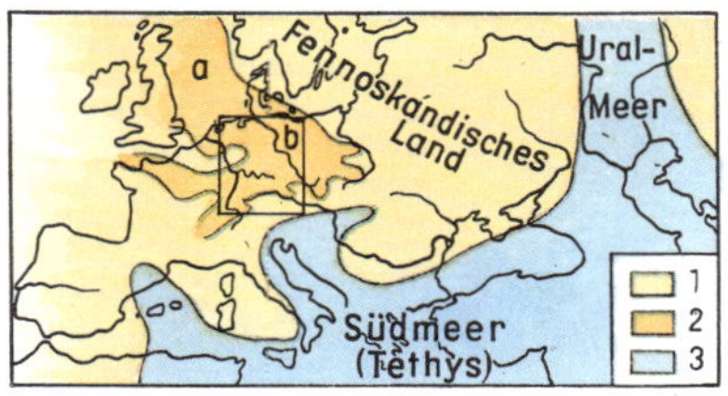

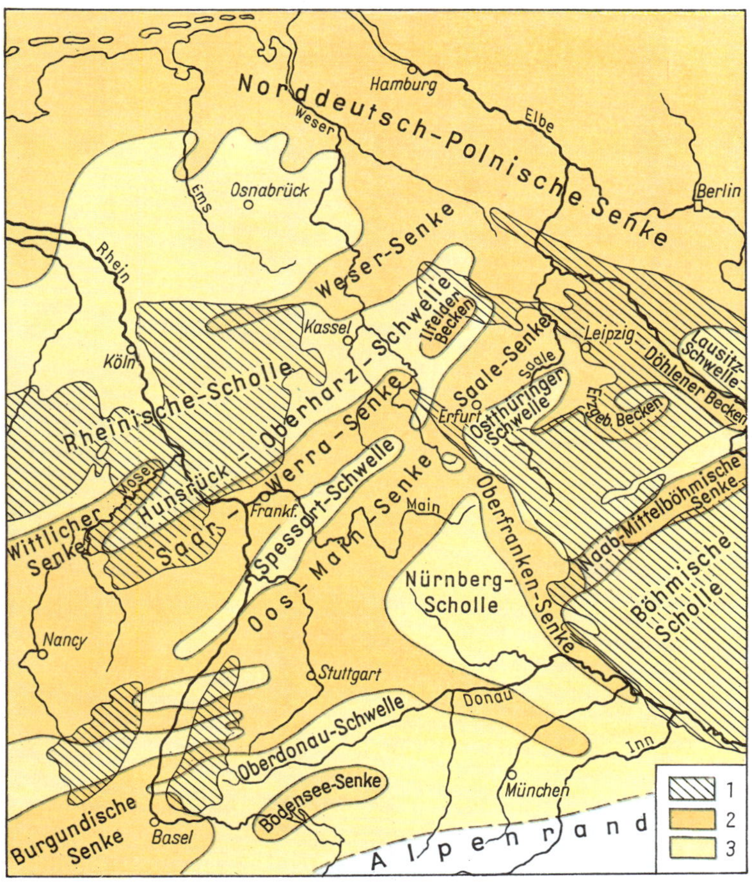

Rote Bodenfarben – Ergebnis eines warmen Wechselklimas

Dieses klimatische Milieu setzte sich im Zeitabschnitt des Unterrotliegenden fort. Europa lag auch jetzt in Äquatornähe, der magnetische Pol im nordwestlichen Pazifik. Der Blick auf die Oberfläche Europas zeigt weitverbreitet rote Bodenfarben. Rotverwitterung aber kommt immer dann zustande, wenn bei hohen Jahresdurchschnittstemperaturen ein periodischer Wechsel von Regen- und Trockenperioden das Klima prägt. Das Unterrotliegendklima war also über weite Zeiträume warm und wechselfeucht und immer wieder durch längere Trockenzeiten unterbrochen, in denen sich »steppen«hafte Landschaften herausbildeten.

Bergzüge und breite Täler gliedern Mitteleuropa

Hätten wir auf das unterrotliegende Mitteleuropa schauen können, wäre auch jetzt eine deutliche morphologische Gliederung in Bergzüge mit vorherrschender Abtragung und in Senkungsbereiche mit vorherrschender Sedimentation aufgefallen. Die räumliche Orientierung dieses Reliefs stand in einer deutlichen Abhängigkeit zum inneren Bau der Erdkruste, der im Karbon entstanden war. Bergketten und Talzüge waren wie die tektonischen Sättel und Mulden im variskischen Untergrund generell Südwest-Nordost orientiert, in einer Richtung also, die von den deutschsprachigen Geologen die »erzgebirgische« genannt wird.

Diese Reliefgliederung in Europa, die in der nebenstehenden Karte dargestellt ist, war natürlich das Ergebnis einer erdgeschichtlichen Entwicklung. Aus dem weitgehend eingeebneten Europa gegen Ende des Oberkarbons entstanden durch erdinnere Hebungs- und Senkungsbewegungen entlang älterer tektonischer Strukturen (vor allem an Verwerfungen) und insbesondere an deren Kreuzungen zunächst räumlich begrenzte Senkungswannen. Diese verbanden sich nachfolgend miteinander in der erzgebirgischen Richtung zu weiten Talungen und langgestreckten Zwischengebirgsbecken. Das unterrotliegende Mitteleuropa bestand schließlich aus mehreren langgestreckten wadiartigen breiten Talzügen mit einem schwachen Gefälle nach Nordosten, getrennt durch hügelig-mittelgebirgige Schwellen. Stiegen solche Bergrücken höher auf, wirkten sie als Regenfänger. Es kam in den Gipfelregionen zur Kondensation und in den benachbarten Tälern zu einem reichlichen Wasserangebot trotz größerer Trockenheit ringsum. So zeigte die unterrotliegende Landschaft eine oft typische Gliederung. In

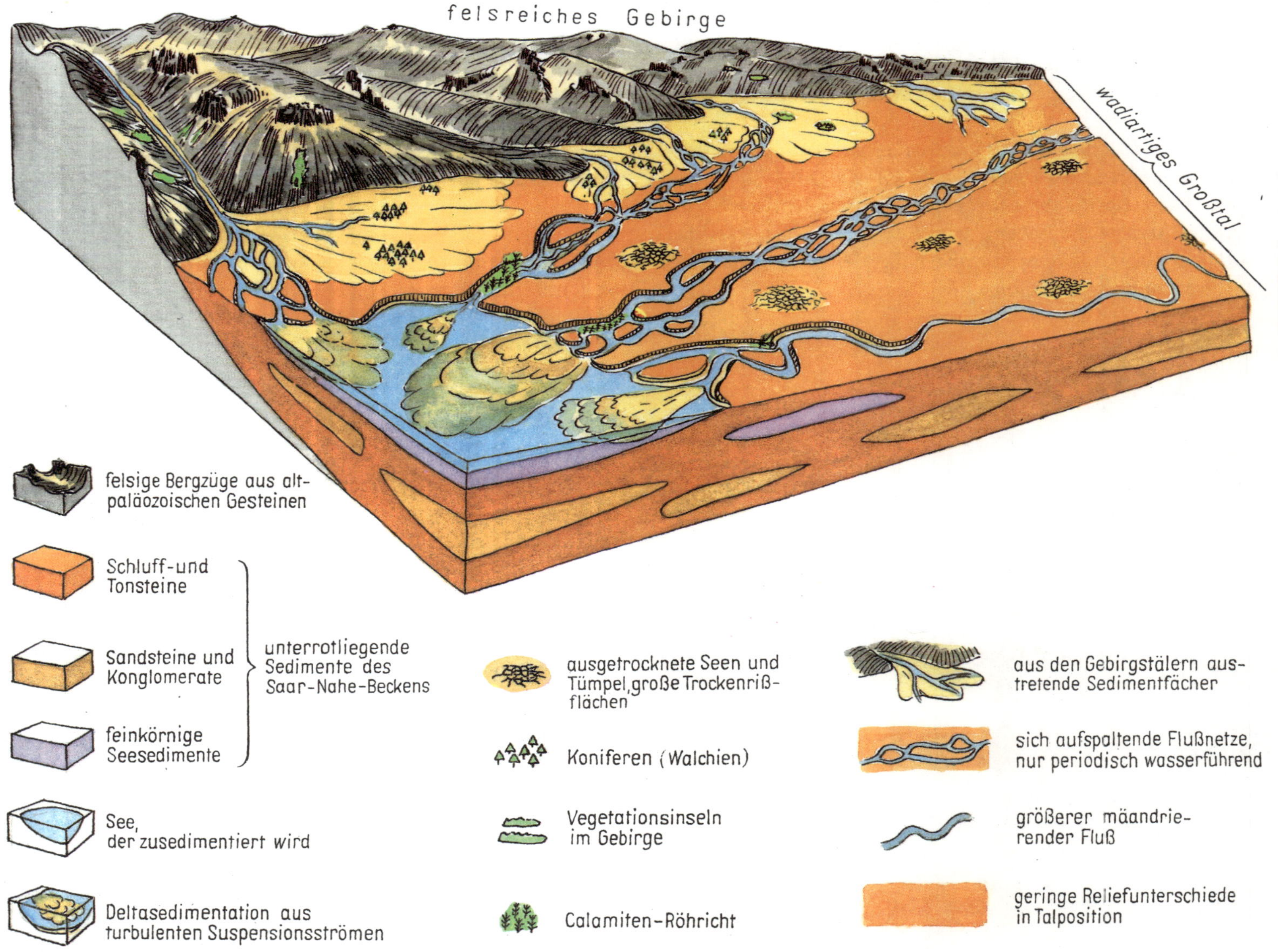

feuchten Tiefländern stand genügend Grund- und Oberflächenwasser zur Verfügung. Manchmal kam es sogar zur Moorbildung. Anschließend folgten wechselfeuchte Hochflächen mit einer die Bodendurchfeuchtung überschreitenden Verdunstungsrate. In den wechseltrockenen bzw. trockenen Gebirgsregionen schließlich konnten die geringen Niederschläge nicht festgehalten werden. Sie flossen in die Tiefländer ab oder verdunsteten.

Im folgenden lernen wir einige unterrotliegende Landschaften kennen.

Landschaftsbild vom Nordrand eines wadiartigen Großtals zur Zeit des höheren Unterrotliegenden, das wir heute das Saar-Nahe-Becken nennen. Der Blick nach Nord zeigt im Hintergrund als Abtragungsgebiet ein felsiges Mittelgebirge aus alten Schiefern, die heute im Hunsrück zutage treten.

Grobkörnige Konglomerate und Brekzien des Rotliegenden sind der Abtragungsschutt des alten Variskischen Gebirges, hier bestehend aus wenig abgerollten Grauwacken- und Kieselschiefergeröllen.

Endseen, Flußnetze und Überflutungsflächen im Saar-Nahe-Becken

Der erste Besuch gilt dem heutigen Saar-Nahe-Rotliegendbekken, gelegen südlich des westlichen Rheinischen Schiefergebirges. Wieder wollen wir uns in der schon gewohnten Weise vorstellen, aus größerer Höhe zwischen Bad Kreuznach und Saarbrücken auf die unterrotliegende Landschaft hinabzuschauen. Deutlich wäre ein langgestrecktes, 40 bis 80 km breites, von Südwest nach Nordwest orientiertes, talartiges Becken zu erkennen gewesen, vom heutigen Saargebiet bis in das Werragebiet an der Nordspitze des Thüringer Waldes hinreichend. Es war die rotliegende Saar-Werra-Senke, ein wadiartiges Großtal, das eingerahmt wurde von mittelgebirgigen Bergketten des alten Variskischen Gebirges. Sedimentfächer zogen sich in das Becken, das selbst fast völlig flache, reliefarme Landschaft war.

Flache Seen, gelegentlich zu Seenplatten vereint, zeigten an, daß sich der Untergrund senkte. Die Seen waren durch Flüsse und Stromgeflechte verbunden. Ringsum bestimmte trockene Landschaft aus rotgefärbten Tonen, Schluffen und Sanden das Bild. Nicht wenige dieser Seen bildeten Endseen, in die die Wasser mit den Feststoffen einströmten, ohne Ausfluß. Es entstanden Deltabildungen. In den Seen selbst lagerten sich papierblätterartig geschichtete Sedimente ab, in denen heruntergesunkene Tierleichen eingeschlossen wurden, wie der zu den Haien zählende *Acanthodes*, der schmelzschuppige Knochenfisch *Amblypterus* und der schwimmende Krebs *Uronectes*. Am Seeboden lebten Muscheln wie Anthracosien, Gliedertiere wie Conchostraken (Estherien) und Ostracoden. In seichten Bereichen fluteten Blaugrünalgen (Cyanophyceen), die aus dem Kalkgehalt des Wassers unter Mitwirkung von Bakterien knollige Kalkaggregate, die Stromatolithen, aufbauten. Am Ufer war ein Röhrichtgürtel aus schütter stehenden Schachtelhalmen (Calamiten) nicht zu übersehen. Direkt dahinter wuchsen der Farn *Pecopteris* und der Farnsamer *Callipteris*, und landeinwärts bildeten weitere Farne und Farnsamer inselartigen Niedrigbewuchs. Hier, im Grenzbereich zwischen Wasser und trokkenem Land, lebte der über 1 m große Panzerlurch *Archegosaurus*. Auf flacheren Erhebungen weiter seeab standen Trockenheit liebende Koniferen, die Walchien, in schütteren Beständen.

In anderen Regionen hatten einmündende Flüsse mit ihren deltaartigen Schuttfächern die Seen und damit die ganze Landschaft einnivelliert. Auch der beschriebene See nahm diese Entwicklung. Man konnte hier weite mäandrierende und sich aufspaltende Flußnetze mit vielen Totarmen und verwilderten Rinnen, in denen das Wasser träge dahinströmte, beobachten. Tags darauf waren diese Flüsse trockengefallen. Ganz plötzlich aber konnten sie nach kräftigen Niederschlägen wieder zu reißenden Flüssen werden. Sie transportierten dann groben Schotter und setzten ihn flächenhaft ab, besonders intensiv am Beckenrand. So konnte schließlich aus einem Flußnetz eine weite sandig-kiesige, oft aber auch schlammige Überflutungsfläche mit Tümpeln, Sedimentfächern, alten Flußresten und trockengefallenen Seen werden, ein »Ruhezustand« der Landschaft, der oft lange erhalten blieb. In dieser Zeit trockneten die Sedimentkörper unter der Sonneneinstrahlung langsam aus, sie schrumpften. Es entstanden Trockenrisse, nachdem zuvor Amphibien und Reptilien ihre Fußabdrücke im weichen Schlamm hinterlassen hatten. Der 60 cm lange Riesensalamander *Sclerocephalus* mit einem 20 cm langen Schädel hatte hier gelebt. Ebenso hinterließ die Permeidechse *Araeoscelis* die Fährte *Dromopus.* Ein kurzperiodischer Hochwasserschub konnte Sand darüber breiten. Die Lebensspuren wurden dadurch ebenso erhalten wie die Trockenrisse oder das schüttere Calamitenröhricht, das gar nicht so selten in senkrechter Lebensstellung fossilisierte.

Durch solche Prozesse entstanden in diesem Becken schließlich 2000 m mächtige, vorwiegend rotgefärbte Sedimentgesteine. Die Periode endete mit Heraushebungen der Beckenränder. Dabei entstanden Risse und größere Brüche nach der Tiefe, aus denen silikatische Schmelzen aufstiegen. Eine vulkanische Tätigkeit begann. Das Bad Kreuznacher Porphyrmassiv und der Melaphyrkörper von Idar-Oberstein entstanden.

Der etwa 1 m lange Fischräuber Archegosaurus decheni *war ein Bewohner unterrotliegender Seen und Flüsse in Europa. Häufig und in guter Erhaltung wurde das labyrinthodonte Amphibium in Geoden des Unterrotliegenden (Autun) von Lebach bei Saarbrücken in allen Alters- und Wachstumsstadien gefunden. Das abgebildete etwa 50 cm lange Fundstück zeigt den vorderen Teil eines ausgewachsenen Tieres. In der gavialartig verlängerten Schnauzenregion trägt jeder Kieferast des 20 cm langen Schädels etwa 40 Zähne.*

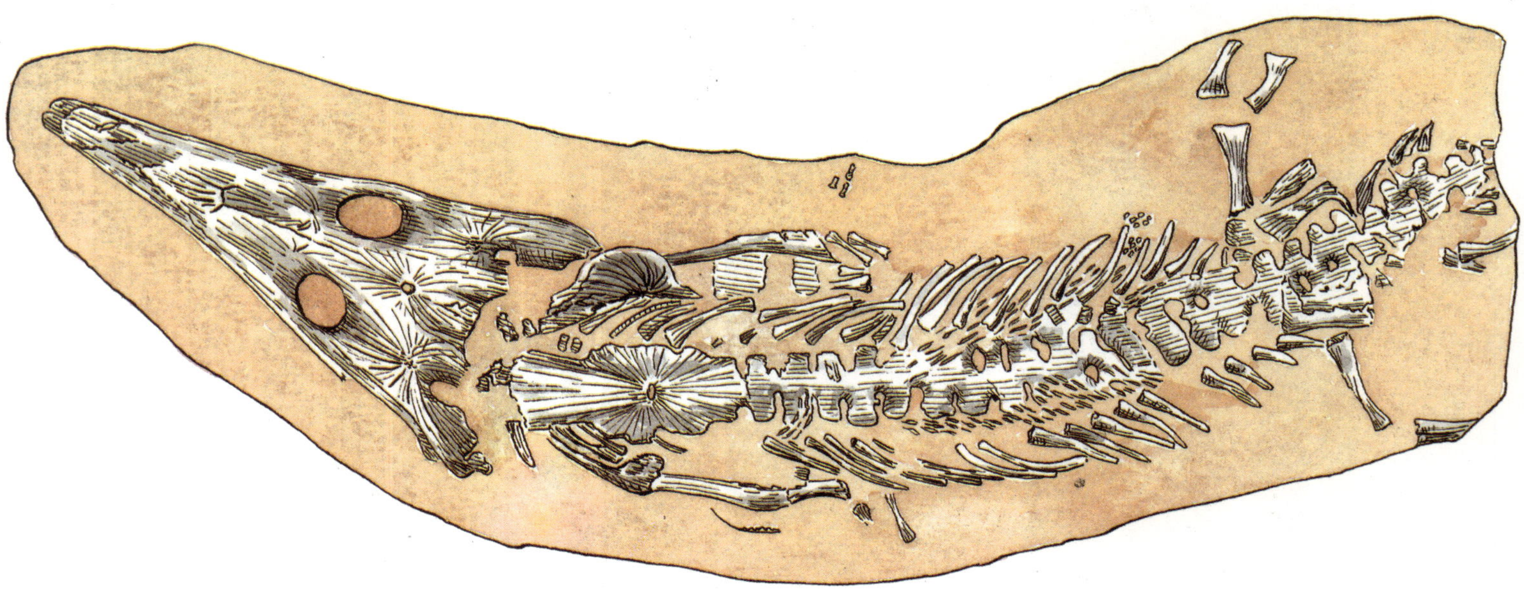

Zwei charakteristische Pflanzen des unterrotliegenden Manebacher Kohlenmoores (Thüringer Wald)
Links Stamm und Wedel des Kammfarns Pecopteris. *Länge des Wedels etwa 25 cm*
Rechts Annularia stellata – *die Beblätterung des großen Moorschachtelhalms* Calamites multiramis

Das Rotliegende des Thüringer Waldes

Ein wadiartiges Großtal liegt unter uns. Nordost-Südwest orientiert, hier etwa 40 km breit, in der Längserstreckung nicht zu übersehen. Auch hier begrenzen Bergzüge den »intermontanen« Talzug. Wir kennen das Bild aus dem Saar-Nahe-Gebiet.

Wir befinden uns im Raum des heutigen Thüringer Waldes. Das Großtal ist die Saalesenke der frühen Rotliegendzeit. Bei näherer Betrachtung fällt auf, daß die Talsenke sich gliedert. Ein von den Randbergen kommender Fluß hat sich erosiv eingeschnitten in eine Landschaft aus roten Sedimenten und mächtigen vulkanischen Gesteinen, entstanden in der vorangegangenen Erdgeschichtsperiode der Gehrener Zeit. Wir erleben die Manebacher Zeit.

Seiten 36/37:
Das unterrotliegende Steinkohlenmoor von Manebach im Thüringer Wald war vermutlich ein versumpfter Talurwald aus Baumfarnen [vorwiegend Pecopteris (Scolecopteris) arborescens*], die sich gegenseitig stützten. Hinzu gesellten sich Farnsamer mit den Gattungen* Neuropteris, Odontopteris *u. a. Den Schuppenbaum* Lepidodendron *gab es nicht mehr. Der Siegelbaum* Sigillaria *mit den großen Blattschöpfen war mit einer einzigen Art nur noch vereinzelt vertreten. In und in der Nähe offenen Gewässers hatten sich verschiedene Schachtelhalme angesiedelt. An den trockneren Talflanken wuchsen vereinzelt baumförmige Cordaiten, die sich auch bis ins Moor vorwagten, bergwärts allein die Koniferen* Lebachia *und* Ernestiodendron. *Von den Berghängen zogen Schuttfächer ins Tal.*

E. Tanger '82

Die Baumfarnwälder von Manebach

Wir schauen auf die unterrotliegende Landschaft während der Manebacher Zeit. Das Klima ist warm. In den nicht weit entfernten Randbergen kondensieren offenbar reichlich Niederschläge. Der Fluß im gefällearmen breiten Tal ist deshalb wasserreich, die Aue versumpft. Auf dem feuchten morastigen Boden wächst ein Talurwald, der sich bereits auf den ersten Blick von den Urwäldern der Steinkohlenzeit deutlich unterscheidet. Neben einer geringeren Ausdehnung hat sich das Pflanzenbild verändert. Es ist kein Wald aus baumförmigen Bärlappgewächsen mehr.

Die Lepidophyten stellten die Moorbäume der Steinkohlenzeit dar. Wenn die Charakterisierung der Rotliegendflora als »verarmte Oberkarbonflora« richtig sein soll, dann in bezug auf diese Pflanzengruppe. Jetzt gibt es Siegelbäume nur noch vereinzelt – und in einem einzigen Formenkreis: *Sigillaria brardi.* Die großen Schuppenbäume (Lepidodendren) fehlen völlig. An ihre Stelle sind nun Farne und Farnsamer getreten. Sie wachsen zu großen Bäumen empor. Diese Psaroniales-Baumfarne bestimmen das Waldbild im Talmoor. Am häufigsten ist ein bis 10 oder gar 15 m hoher Baumfarn, der im Wipfelbereich bis zu 3 m lange, fast ebenso breite, dreifach gefiederte Wedel entwikkelt. Der schlanke, nur unten sich verdickende Stamm ohne sekundäres Dickenwachstum wird von einem Mantel aus Luftwurzeln auf der Erde befestigt. Zwischen den freien äußeren Wurzeln ranken Lianenfarne nach oben. Versteinert nennt man diese Stämme Psaronien (Starsteine). Die grüne Beblätterung der Wedelkrone besteht aus zungenförmigen Fiederchen, die wie Zinken eines Kammes an den Achsen ansitzen. Davon wurde der Name Kammfarn – *Pecopteris (Scolecopteris)* – abgeleitet. Aber auch Farnsamer, die ältesten Samenpflanzen der Lebensgeschichte mit einem Merkmalsmosaik aus Farn- und Gymnospermeneigenschaften, sind in größerwüchsigen Formen zu finden. *Odontopteris* und *Neuropteris* mit zungen- und kreisförmigen Blättern und *Sphenopteris* mit keilförmiger Beblätterung gehören hierzu. Die Manebacher Wälder sind also Baumfarnwälder, stellenweise dicht und schattig, nicht selten aber licht- und sonnendurchfunkelt. Eine Durchquerung wäre schwierig gewesen, der ästhetische Anblick umso reizvoller.

Die Manebacher Schachtelhalme

In dem Sumpfwald finden sich offene Wasserflächen – träge fließendes Flußwasser und stehendes Teichwasser, sicher die Folge von Untergrundsenkungen. Umgeben werden diese Wasserareale von Schachtelhalmdickichten, die an schüttere Bambuswälder erinnern. Diese Calamiten gehören zu den häufigen Elementen in der moorbildenden Pflanzengemeinschaft, deren

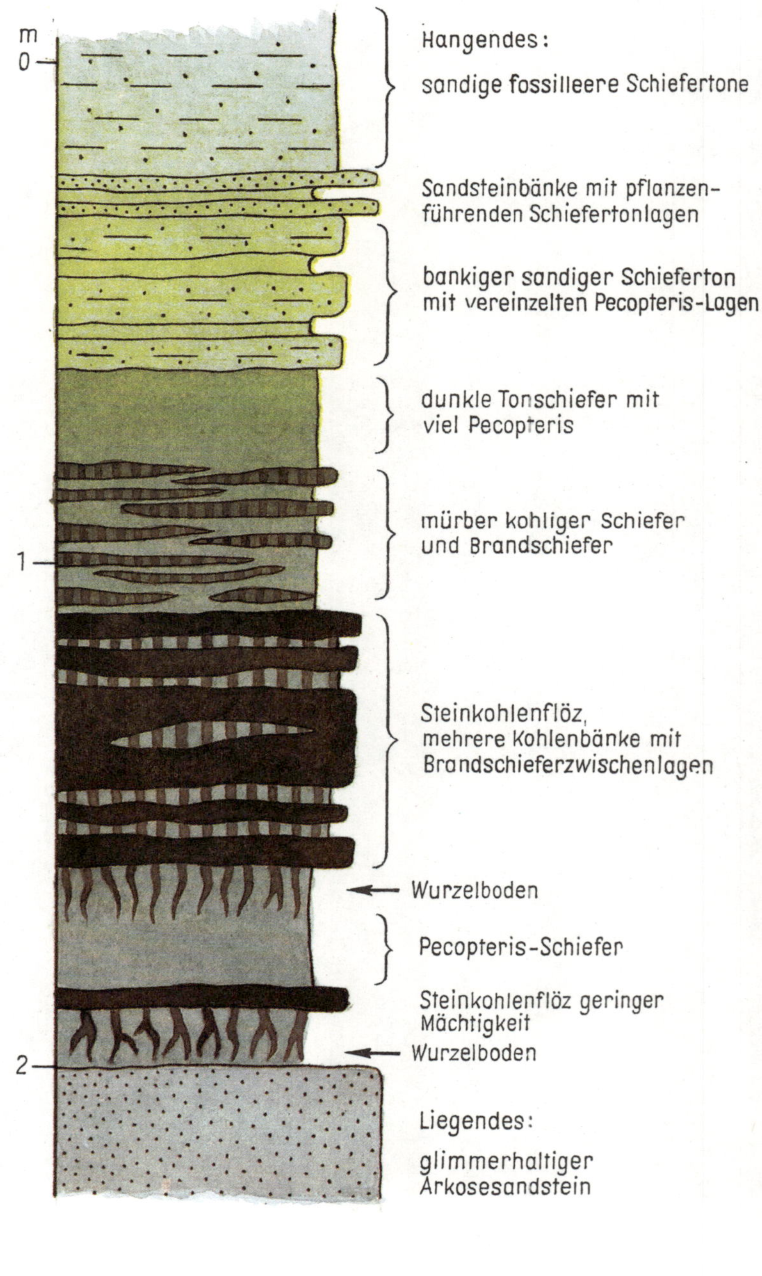

Ein geologisches Profil aus der Flözabfolge der unterrotliegenden Manebacher Schichten aus dem Thüringer Wald, aufgenommen in den ehemaligen Steinkohleschächten bei Manebach und Kammerberg

Reste oft in die Fazies der »Kräuterschiefer« aus dunklen Schiefertonen, Schluffsteinen und feinkörnigen Sandsteinen eingelagert werden. Die Manebacher Steinkohlenwälder sind also, genauer formuliert, Calamiten-Baumfarnwälder.

Einige der Calamiten sind in der Tat baumförmig, bis 15 m hoch und mit Stammdurchmessern bis zu einem Meter. Sie besitzen einen Holzkörper. Drei dieser baumförmigen Calamitenarten sind als ganze Pflanzen inzwischen recht gut bekannt, obwohl diese meist schon vor ihrer Einbettung im Sediment in einzelne Organteile zerfallen. Zwei dieser Schachtelhalme sind typische Moorcalamiten und überkommene oberkarbonische Elemente in der Flora des Unterrotliegenden: *Calamites multiramis* und *Calamites alternans-varians.* Hauptmerkmal ist, daß die Calamitenbäume einer unterirdisch horizontal kriechenden Hauptwurzel entspringen. Wie kompliziert im einzelnen die wissenschaftliche Erforschung der Calamitenpflanzen ist, beweist die Tatsache, daß zu dem vorwiegend als Steinkern erhaltenen Schachtelhalm *Calamites multiramis* die Organarten *Annularia stellata* (Blätter) und *Calamostachys tuberculata* (bis zu 15 cm lange Ähren) eindeutig zuzuordnen sind, also zu einer Pflanze gehören. Das äußere Bild der meist mittelgroßen, in der Regel 2 bis 3 m hohen Schachtelhalme ist vielfältig. Völlig unverzweigte stehen neben solchen mit einem Wirtel verzweigter Äste an jedem Stammknoten. Die Zweige der Calamiten tragen lanzettliche Blätter in quirliger Anordnung. Nicht wenige der unterschiedlich hohen Bäume sind umgestürzt, und an den Bruchstellen sieht man den Innenhohlraum der verholzten Stämme. Oft wird nur der Steinausguß dieser Hohlräume erhalten werden. Während des späteren Kohlebergbaus wurden die Nischen ausgebrochener großer Calamitenstämme in den Stollen von den Bergleuten nicht selten als Ruheplätze genutzt.

Für limnisch fluviatile Standorte mit mineralischen Böden am Rande der Moore ist die freistämmige Schachtelhalmart *Calamites gigas* mit sehr kleinen Laubzweigen an mächtigen aufrechten Stämmen charakteristisch. Diese Wasserpflanze tritt dann oft in reinen Beständen auf. Senkrechte Einbettung wurde des öfteren bekannt. Die sehr zahlreich gefundenen Fruktifikationen belegen reiches Blühen, das im Zusammenhang mit der offenbar fehlenden vegetativen Vermehrung und Ausbreitung steht. Unterirdische Kriechwurzeln findet man nämlich nicht.

Diese großen baumförmigen verholzten Schachtelhalme des Oberkarbon und Perm verlöschen am Ende dieser Periode. Ihre Erforschung ist nicht ganz abgeschlossen. Zwei Gruppen gibt es – die rhizombürtigen Schachtelhalme mit *C. multiramis* und *C. varians* und die freistämmigen Calamiten *C. gigas.*

Die Pflanzen der trockenen Umgebung

Das urwaldbestandene Manebacher Tal wurde zur Zeit des Unterrotliegenden von höher gelegenen Hängen umgeben, die mit zunehmender Entfernung von den Talungen immer trockener wurden. Der Vorstoß der Pflanzenwelt in diese Trockengebiete war seit dem höheren Oberkarbon im Gange. So verwundert es nicht, daß auch die höheren Bereiche dieser Hänge mit den frei liegenden rotbraunen Gesteinen an vereinzelten Stellen schütter von Pflanzen besiedelt waren.

Im noch feuchten Bereich der Hänge wuchs der mesophile Farnsamer *Callipteris* mit mittelgroßen doppeltgefiederten Wedeln – ein echtes Leitfossil für die Rotliegendzeit, eine der am längsten bekannten versteinerten Pflanzen überhaupt. Schon 1723 hatte J. J. SCHEUCHZER (1672–1733) aus Zürich diesen Fossilrest in seinem bekannten Buch »Herbarium Diluvianum« abgebildet. Alle Callipteris-Arten meiden Moorstandorte, ohne auf ein gewisses Feuchtigkeitsangebot verzichten zu können.

Nur wenig trockener ist der Standort der bis 20 m hohen, glattrindigen, oben verzweigten, nadelholzartigen Cordaiten, deren schmale, bandförmige Blätter bis zu 1 m lang werden. Zusammen mit den herzförmigen Samen gehören diese Blätter zu den häufigsten Rotliegendfossilien überhaupt. Sehr selten stößt man auf die verkieselten Stämme, auch hier als *Dadoxylon* bezeichnet (s. S. 26). Diese Cordaiten finden sich aber – ob mit anderen Arten, ist fraglich – auch in den Moorbereichen, so daß sie gar nicht selten zu den Kohlebildnern beispielsweise für Glanzstreifenkohlen gehören.

Erstmals begegnen wir im Unterrotliegenden einer neuen Gruppe, den Nadelbäumen, den xerophilen Koniferen. Sie werden von nun an im Landschaftsbild auf trockenen Arealen vorherrschen. Wir finden sie hier auf den höheren Hangstandorten. Die schlankstämmigen, nicht sehr großen Bäume der Gattungen *Lebachia* und *Ernestiodendron*, früher zusammengefaßt *Walchia* genannt, erinnern nach Wuchsform und Benadelung an die heutige Zimmertanne *Araucaria excelsa.* An quirligen, horizontal weit ausgestreckten Seitenzweigen hängen relativ große weibliche und männliche Zapfen. Alle Organteile dieser Koniferen, Zweige, Blätter und Früchte, werden von den Trockenhängen in das Tal verfrachtet und dort eingebettet.

Unter dem sonnendurchlässigen grünen Blätterdach der Calamiten- und Farnwälder und auf den benachbarten Höhen lebt eine artenarme und nicht sehr individuenreiche Tierwelt, in Tümpeln Ganoidfische und Muscheln (z. B. Anthracosien) und auf dem festen Land Schabenartige, Käfer und andere Insekten sowie gewiß auch Amphibien und Reptilien.

Unter den Nadelgehölzen der Rotliegendzeit dominierten die »Walchien«. Oben Ernestiodendron filiciforme, *darunter* Lebachia piniformis

Steinkohlenbergbau und »fossile Kräuter«

Der Manebacher Wald war also eine Schachtelhalm-Baumfarm-Gemeinschaft, ein lichtdurchfluteter Urwald mit einer enormen Pflanzenproduktion, und da sich der Untergrund senkte, addierten sich die biologischen Substrate aus umgestürzten Bäumen, aus Stamm-, Ast- und Blattwerk. Es entstanden mächtige braune Waldmoortorfe, die sich durch Diagenese und durch Tektonik zu Steinkohlenflözen veränderten, zu Flözen geringerer Mächtigkeit und geringerer räumlicher Ausdehnung als im Oberkarbon. Bis acht solcher Flöze von 25 bis 70 cm Mächtigkeit treten innerhalb der Manebacher Schichten auf. Von 1730 bis 1950 wurden sie mit Unterbrechungen im Raum Manebach-Kammerberg bergmännisch unter Tage abgebaut. In den alten Stollen und Schächten wurden von Bergleuten und Geologen, darunter so berühmte wie J. W. GOETHE (1749–1832), J. C. W. VOIGT (1752–1821) und J. K. FREIESLEBEN (1774–1846), bemerkenswerte Beobachtungen zur Geologie und Paläontologie zusammengetragen. Aus den Manebacher Schichten, insbesondere aus den »Kräuterschiefern« im Hangenden der Flöze, wurden von Anbeginn des Bergbaus zahlreiche gut erhaltene Pflanzenfossilien geborgen, die heute in Museen und wissenschaftlichen Sammlungen in Berlin, Halle, Gotha und anderen Orten große Kostbarkeiten darstellen. Berühmt wurde die wissenschaftliche Bearbeitung der Manebacher Pflanzen durch den Gothaischen Kammerpräsidenten E. F. VON SCHLOTHEIM (1765–1832). Sie steht am Beginn der Paläobotanik als Wissenschaft. In den jüngeren Jahrzehnten haben sich so bekannte Paläobotaniker wie H. POTONIÉ, W. GOTHAN, K. MÄGDEFRAU und W. REMY mit Manebach beschäftigt. In jüngster Zeit haben die Bergung fossiler Pflanzenreste und die Analyse der Moorgeographie neuen Aufschwung erhalten. Initiator und Leiter ist der Direktor des Berliner Naturkundemuseums Prof. Dr. M. BARTHEL. Alle diese Untersuchungen erbrachten das Bild vom Manebacher Steinkohlenmoor.

Panzerlurche und Haifische in Seen der Goldlauterer Zeit

In der Folgezeit verringerten sich im Bereich des heutigen Thüringer Waldes die stetigen Niederschläge auch in den Bergen. Die sumpfigen Talniederungen trockneten aus. Die Schachtelhalm- und Farnwälder in ihnen verschwanden. Periodische Wasserfluten brachten grobe unsortierte Geröllmassen, aber auch Sande und Tone heran. Die Landoberfläche wurde nivelliert. Ein beginnender Vulkanismus setzte eine erste weitverbreitete Tufflage ab. Die Goldlauterer Zeit hatte begonnen.

Durch lokale Untergrundsenkungen entstanden erneut flache und abflußlose Seen mit einem sauerstoffarmen, für die Fossilerhaltung recht günstigen Bodenmilieu. Fehlende Wasserumschichtung und Algenblühen verstärkten die eutrophen Bedingungen. Die sich ablagernden, dünnblättrigen, dunkelgrauen bis schwarzen und grauvioletten Faulschlamme umschlossen niedersinkende Tierkörper. Der Fossilreichtum mancher Schichtflächen weist auf ein Massensterben hin. Ein häufiges Tier war der kleine haiähnliche Fisch *Acanthodes* mit verknöcherten Augenringen. Es handelt sich um eine Sammelgattung der ältesten kiefertragenden Wasserwirbeltiere, der Acanthodii, die im Oberkarbon und Perm Eurasiens und auch Grönlands auftraten. Die oft gut erhaltenen »Fische« der Arten *Acanthodes bronni* und *Acanthodes gracilis* gaben diesen dunklen Sedimenten den Namen »Acanthodes-Schiefer«, die zum Beispiel im Pochwerksgrund bei Goldlauter, im Sperbersgrund unterhalb der Schmücke und am Raubschloß bei Dörrberg aufgeschlossen sind. Ähnliche Sedimente aus höheren Profilbereichen im alten Plattenbruch unterhalb des Gottlobfelsens am südlichen Ortsausgang von Friedrichroda sind ebenfalls sehr fossilreich.

Der 20 bis 40 cm große haiähnliche Fisch Acanthodes bronni *aus unterrotliegenden Seen des Thüringerwald-Rotliegenden (Unterperm)*
Oben: Kopf von der Seite. 1 Sklerodikalring als Augenschutz, 2 Palatoquadratum (oberer Kieferbogen), 3 Hyomandibulare, 4 Mandibulare (Unterkiefer), 5 Ceratohyale, 6 extramandibularer Knochen
Mitte: Gesamtrekonstruktion mit Flossenstacheln (dunkelgrau)
Unten: die oft gefundenen 4 bis 5 cm langen Flossenstacheln in Längsansicht und im Querschnitt

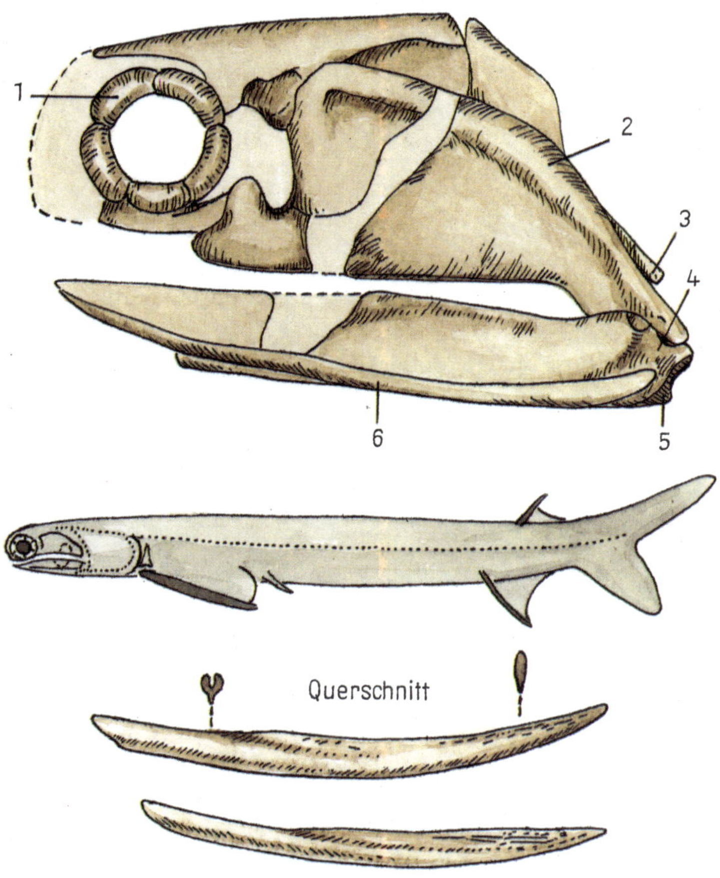

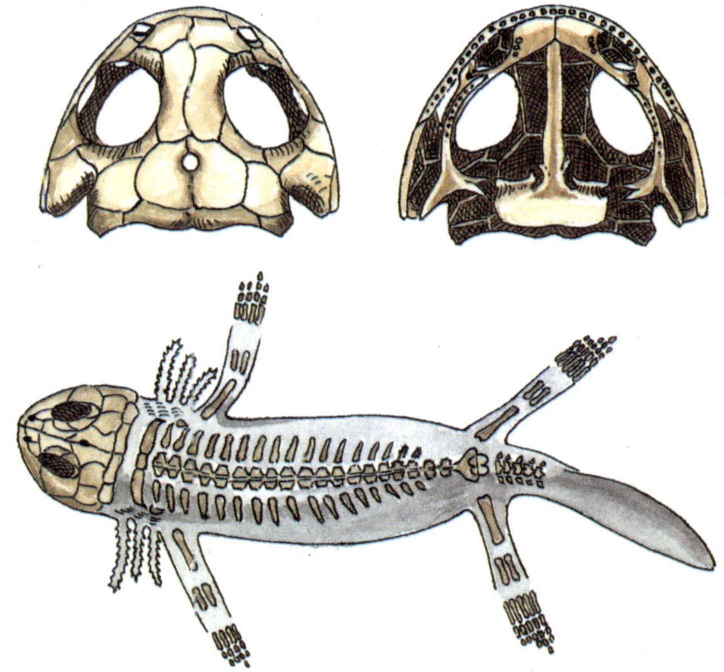

Im Schlamm flacher, sauerstoffarmer Seen zur unterrotliegenden Goldlauterer Zeit im Thüringer Wald lebte ein 6 bis 7 cm langer amphibischer Molch, der früher Protriton petrolei *hieß, heute* Branchiosaurus petrolei *genannt wird. Das Tier ist ein geschlechtsreifes Larvenstadium eines Labyrinthodonten. Skelett und Körperumriß mit den äußeren Kiemen zu beiden Seiten des Halses von oben. Darüber das 2,5 bis 3 cm lange Schädeldach von oben und in Gaumenansicht*

An eben dieser Stelle lebte ein kleiner amphibischer Molch, der früher *Protriton petrolei* genannt wurde. Heute trägt er den wissenschaftlichen Namen *Branchiosaurus petrolei.* Das am Ufer und im Grundschlamm lebende fingerlange salamanderartige Tier stellte ein geschlechtsreifes Larvenstadium eines Labyrinthodonten dar. Die Wirbelsäule war nur unvollkommen verknöchert. Am skulpturlosen und flachen, vorn breitgerundeten Schädel hingen gelegentlich freie Kiemen. Erheblich größer, nämlich bis zu 1,50 m, wurde ein ebenfalls labyrinthodonter Panzerlurch mit seitlich zusammengedrücktem Schwanz und langer schmaler Schnauze – *Archegosaurus decheni.* Einen Schädel fand man im Gottlobsteinbruch. Die vorwiegend bauchgepanzerten Tiere waren vermutlich Wassertiere und Fischfresser.

Deshalb verwundert es nicht, daß in der gleichen Schicht weitere Fischfunde neben dem *Acanthodes* nicht selten sind, wie beispielsweise der bis 40 cm große haiartige Knorpelfisch *Xenacanthus decheni* mit einem langen dornenbesetzten Stachel und einer stark verlängerten Rückenflosse. Knorpelganoidfische mit vorwiegend rhombischen Ganoidschuppen wie verschiedene Arten der Gattungen *Amblypterus, Palaeoniscum* und *Pygopterus* vervollständigen das Bild der Fischfauna. Auch die Nahrung dieser Fische wurde fossil – massenhaft finden sich Konchostraken (Estherien) auf den Schichtflächen, gelegentlich der höhere Krebs *Uronectes (Gampsonyx) fimbriatus.* Hydromedusenfunde belegen ebenfalls die Wasserbedeckung.

Fossilführende Faulschlammsedimente charakterisieren die Schichtenfolge der oberen Goldlauterer Schichten (Unterrotliegendes) aus dem bekannten Plattenbruch am Gottlob südlich Friedrichroda/Thüringer Wald.
1 Konglomerate, 2 Sandsteine, 3 Schluffsteine, 4 ehem. Faulschlamm 5 Tuffe (Pyroklastite), 6 Pflanzenreste, 7 Amphibien- und Reptilfährten, 8 Amphibienreste, 9 Fischreste

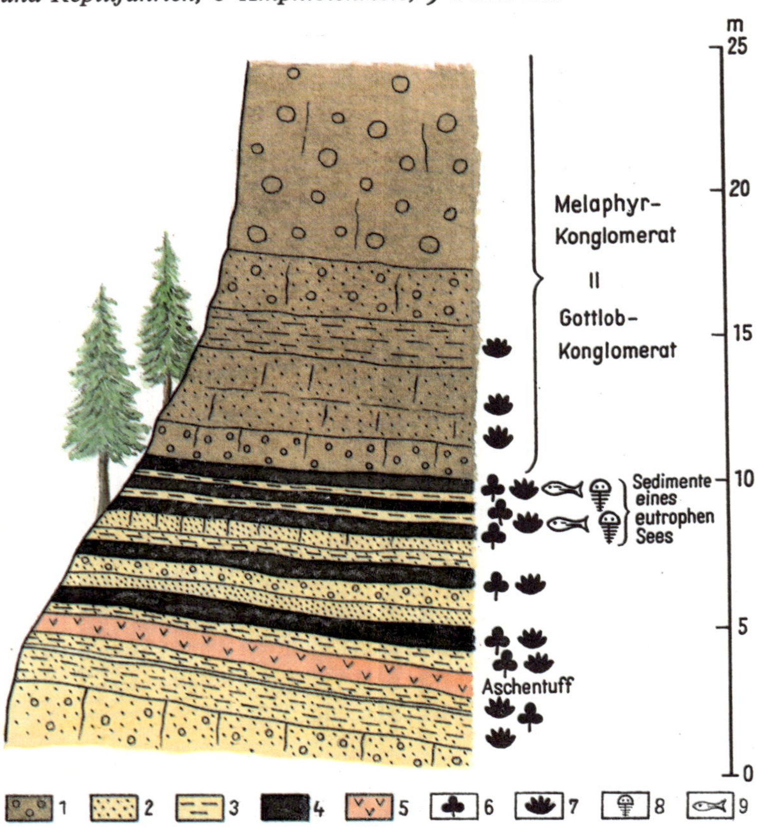

An den Seeufern lebten zwischen Annularien, Pecopteriden und anderen feuchtigkeitsliebenden Pflanzen nicht nur die genannten Amphibien, sondern auch Reptilien, die aus den benachbarten, schütter mit Farnsamern, Cordaiten, den allerersten Gingkogewächsen *(Sphenobaiera)* und Nadelbäumen bestandenen Trockenräumen hierher zur Tränke kamen. Sie hinterließen neben später versteinerten Kotballen, den Koprolithen, im weichen Uferschlamm ihre Trittsiegel. Die häufigste Fährte ist *Dromopus*, erzeugt von der kleinen, bis 30 cm langen »Permeidechse« *Araeoscelis.* Diese leicht gebauten Tiere mit sehr schlanken Gliedmaßen hatten wir bereits im Saar-Nahe-Becken näher kennengelernt. Alle diese Fossilien wurden in dem schwarzen dünnblättrigen Acanthodes-Schiefer eingebettet, und diese Schiefer wurden dann fast überall überschüttet mit grobem Geröll, abgesetzt erneut aus periodischen Wasserfluten. Und wo diese groben Konglomerate besonders große Mächtigkeiten erreichten und im heutigen Relief als Felsen in Erscheinung treten, dort hat man ihnen lokale Namen gegeben. Bei Manebach kennt man das aus Quarzporphyrgeröllen bestehende Emmafelsenkonglomerat, bei Gehlberg das bis 75 cm große Gerölle führende Raubschloßkonglomerat und bei Friedrichroda das aus unterschiedlich großen Melaphyrgeröllen bestehende Gottlobkonglomerat. Mit diesen Schotterfluren endete die insgesamt ruhige Goldlauterer Zeit.

Lavaströme und Glutwolken zur Oberhöfer Zeit

Danach begann eine an dramatischen Ereignissen reiche Periode – die sogenannte Oberhöfer Zeit. Es kam zu geologischen Vorgängen, die einerseits das Relief und damit das ganze exogene Geschehen auf der Erdoberfläche wesentlich beeinflußten und die andererseits infolge oft katastrophenartiger Geschehnisse zum Zeitsymbol des Unterrotliegenden wurden.

Zwischen Inselsberg und Großem Beerberg stiegen an einer Vielzahl von Brüchen, Spalten und Schloten vorwiegend zähflüssige siliziumreiche Gesteinsschmelzen empor. Infolge der hohen Viskosität blieben sie oft oberflächennah in den Schuttsedimenten als Magmadome stecken. Brachen sie aber bis zur Oberfläche durch, so bildeten sie steilwandige Quellkuppen und durch seitliches Aufplatzen engbegrenzte Lavaströme, die träge talwärts flossen und bald zu steilrandigen Quarzporphyrkörpern erstarrten. Gar nicht selten führte die Abkühlung zu glasigem Gefüge. Da diese hochviskosen Laven in der Kruste den Gasgehalt nur sehr schwer abgaben, entstanden im Innern oftmals hohe Gasdruckspannungen. Der saure Por-

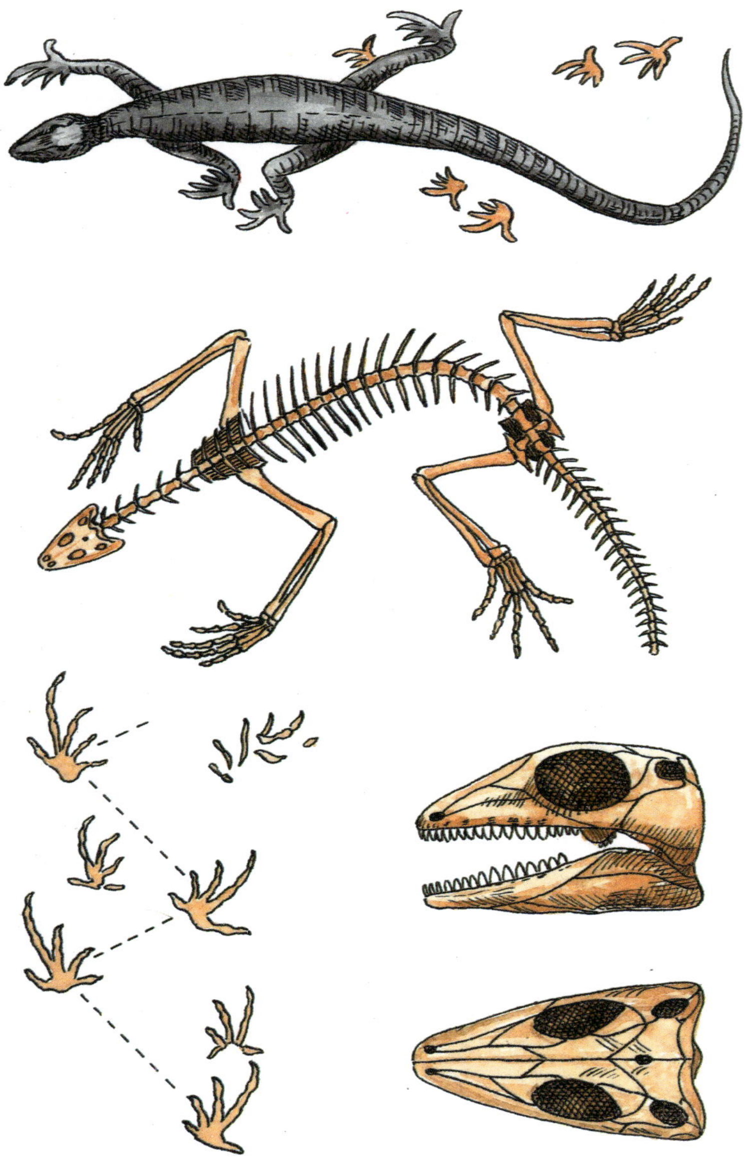

Die 30 bis 40 cm lange Permeidechse Araeoscelis *aus dem europäischen Rotliegenden gehört zu den Vorfahren späterer Seereptilien. Skelett von oben und der etwa 5 cm lange Schädel von der Seite und von oben, darüber ein Lebensbild von oben. Die Permeidechse erzeugte die Fährte* Dromopus.
Unten links: die Fährtenart Dromopus lacertoides *aus den Goldlauterer Schichten des Thüringer Waldes (Gottlobsteinbruch und Kesselgraben bei Friedrichroda). Länge des Einzeleindrucks etwa 3 cm*

phyrvulkanismus hatte deshalb in der Regel explosiven Charakter. Alle größeren Vulkankatastrophen, die der Unterrotliegendzeit ebenso wie die historischen, hängen mit solchen kieselsäurereichen Magmen und den zugehörigen charakteristischen Ausbruchsmechanismen zusammen. Ganze Bergmassive wurden in die Luft gesprengt. Dabei und während weniger dramatischer Eruptionen gelangten vulkanische Lockerprodukte, zerspratzte Lava unterschiedlicher Korngröße und zertrümmertes Nebengestein hoch in die Luft. In weitem Umkreis lagerten sich Bomben, Lapilli und oft mächtige feinkörnige poröse Aschen (Tuffe) ab, die man zusammenfassend Pyroklastite (griech. pyros – Feuer, klasis – zerbrochen) nennt. In diesen vulkanischen Aschen konnten Vertreter der Lebewelt dieser Periode konserviert werden. Vor allem in umgelagerten Tuffiten der Oberhöfer Schichten finden sich Reste von Koniferen sowie Arthropoden-, Insekten- und Reptilfährten. Aus dem Spittergrund bei Tambach wurde beispielsweise die Schreitspur eines vogelspinnengroßen Arachniden, also einer Spinne, von 10 cm Gangbreite und 8 cm Schrittweite geborgen.

Ebenso katastrophenartig wie diese Tufferuptionen verliefen andere Ausbruchsgeschehnisse. In geringer Tiefe unter der Oberfläche kam es zu kräftiger Magmaentgasung mit einhergehender enormer Volumenzunahme. Ohne größere Explosionen traten »Suspensionen« aus heißen Lavatröpfchen und Glassplittern in einem glühendheißen Gasstrom zutage. Derartige Glutwolken quollen aus vielen Spalten hervor und bewegten sich mit erheblicher Geschwindigkeit über weite Gebiete, alles niederbrechend und verbrennend, was sich in den Weg stellte. Dabei konnten größere Reliefhindernisse spielend überwunden werden. Kam die Glutwolke zur Ruhe, versinterte alles zu einer glühend verformbaren Lava, aus der nach der Erstarrung Vulkangesteine entstanden, die man Ignimbrite (lat. ignis – Feuer, nimbus – Wolke) nennt. Sie sind charakterisiert durch plattige Absonderung und ein oft gut ausgebildetes Fließgefüge. Lebensreste sind nicht erhaltungsfähig.

Lavaaustritte großen Umfangs wie die zur Oberhöfer Zeit hatten Massedefizite im Untergrund zur Folge. Über leeren Magmakammern brachen ringförmige Kraterstrukturen (Calderen) ein, auf deren Boden neue Staukuppen und neue Lavafelder entstanden. Konnten auskühlende Schmelzen durch oberflächliche Krustenbildung nicht mehr entgasen, so wurden die Gasblasen bei der völligen Erstarrung als Hohlräume fixiert. Diese Drusen wurden mit Achaten, Bergkristallen und Amethysten ausgefüllt. In den Quarzporphyren des Thüringer Waldes nennt man sie Schneekopfkugeln. Sie sind begehrte Sammelobjekte.

In den unterrotliegenden Vulkangebieten entstanden neben den weitverbreiteten Quarzporphyren (Rhyolithen) auch Melaphyre, wie hier ein Melaphyrmandelstein mit schönen Mineralfüllungen in ehemaligen Gasblasenhohlräumen.

Bei aller Kompliziertheit der parallel und nacheinander ablaufenden vulkanischen Prozesse entstand schließlich eine geschlossene Porphyrplatte von etwa 400 bis 600 m Mächtigkeit, die sich heute im Landschaftsbild durch hohe Berge (Großer Beerberg 982 m, Schneekopf 978 m, Inselsberg 916 m) und steilwandig-felsige Täler (z. B. Schmalwassergrund mit Falkenstein, Hohe Möst u. a.) recht gut anzeigt.

Während der Oberhöfer Zeit kam es lokal auch zur Entstehung von Sedimentgesteinen. Durch ruhiges Absetzen bildeten sich Stillwasserablagerungen in oft jahreszeitlicher Rhythmik, in denen Lebensreste, wie der Lurch *Branchiosaurus (Protriton)*, der Krebs *Uronectes (Gampsonyx)* und nichtflözbildende Pflanzen wie »Walchien«, eingebettet wurden. Diese »Protriton-Schichten« sind durch kohlige und bituminöse Substanzen grau bis schwarz gefärbt.

Die unterrotliegende Oberhöfer Zeit war im Thüringer Wald eine Periode starken Vulkanismus. An einer Stelle im Bilde ist es zu einem katastrophalen Glutwolkenausbruch gekommen, aus dem sich bald mächtige »Schweißtuffe« absetzen werden. Zu Felsgestein erstarrt nennen wir sie Ignimbrite. Im Mittelgrund ist eine im Innern noch nicht erkaltete Ignimbritdecke eines vorangegangenen Ausbruchs zu sehen. Aus Spalten entweicht überhitzter Wasserdampf. Rechts daneben echte Lavaströme. Im Vordergrund der Rand eines calderaartigen Einbruchs über einer leergeförderten Magmakammer. Die für Ignimbrite typische plattige bis prismatische Absonderung ist gut zu sehen. Am Ende dieser Periode wird die Landschaft von einer viele hundert Meter starken vulkanischen Festgesteinsdecke unterschiedlicher Gesteinsvarietäten bedeckt sein.

Als gegen Ende der Oberhöfer Zeit die vulkanische Tätigkeit schnell nachließ, sanken am Rand über entleerten Magmakammern begrenzte Gebiete mehr oder weniger schnell ein. Beispiele sind das Rotteröder und das Tambacher Becken. Die nun einsetzende Zufüllung dieser Senken mit roten Trümmersedimenten erfolgte bereits in einer neuen Zeit. Zuvor aber soll ein Blick in das sächsische Rotliegende das Bild von der unterrotliegenden Landschaft und Lebewelt abrunden.

Saurierfunde im Döhlener Becken

Heute fließt die Weißeritz zwischen Wilsdruff und Maxen westlich von Dresden durch eine Landschaft, die zur Zeit des Unterrotliegenden ein typisches intermontanes Sedimentationsbecken war. Gemeint ist das Döhlener Becken am Nordrand des Erzgebirges. In Nordwest-Südost-Erstreckung ist es wenig mehr als 30 km lang und dabei rund 5 km breit.

Die Ablagerungen dieses Döhlener Beckens wären in diesem Buche gewiß wegen des lange Zeit abgebauten 2 bis 3 m starken Steinkohlenflözes zu erwähnen gewesen, oder auch wegen der in weißen tuffitischen Tonsteinen prachtvoll erhaltenen Pflanzenwelt. Daß es aber in einem separaten Abschnitt vorgestellt wird, hat einen anderen Grund: Es kamen hier bemerkenswerte Reste von kleinen Sauriern ans Tageslicht.

Der bekannt gewordene Fundplatz ist der Fuß des Windberges bei Niederhäßlich. Die Fundschichten sind Gesteine über dem erwähnten Steinkohlenflöz, die man heute Niederhäßlicher Schichten nennt. Speziell handelte es sich um zwei schmale Kalkbänkchen, aus denen man in der zweiten Hälfte des vorigen Jahrhunderts gut erhaltene Panzerlurche (Stegocephalen) und einige Reptilien freilegte. Der sächsische Geologe Heinrich Credner lieferte von 1881 bis 1893 die erste wissenschaftliche Beschreibung. Die amphibischen Stegocephalen, im Rotliegenden noch reich entwickelt, obwohl ihnen das trockene Binnenland verschlossen blieb, gehörten überwiegend zu den Labyrinthodontia, den Labyrinthzähnern. Hierzu sind *Sclerocephalus* und der schon aus dem Saargebiet und dem Thüringer Wald bekannte *Archegosaurus* zu zählen. Larvenstadien mit Kiemenanhängen aus dieser Gruppe fanden sich, prachtvoll erhalten. Hierzu zählen *Branchiosaurus* und *Pelosaurus.* Die wissenschaftlich bedeutsamsten Funde aber gehören zur Ordnung der Seymouriamorpha, einer Gruppe mit Übergangscharakter. Der hier gefundene *Discosauriscus,* eng verwandt mit dem nordamerikanischen *Seymouria,* zeigt amphibische Merkmale wie das geschlossene Schädeldach oder die labyrinthodonte Zahnstruktur und zugleich reptilische Skelettbildungen. Man rechnet sie deshalb bald den Amphibien, bald den Reptilien zu. Eine wirklich bewiesene Einstufung kann aber erst erfolgen, wenn man wissen wird, ob sie ihre Eier im Wasser oder auf dem festen Lande abgelegt haben.

In die weitverbreiteten rotliegenden Trockensteppen drangen nun verstärkt die Reptilien vor, die sich im Oberkarbon mit den zahlreiche Übergangsmerkmale besitzenden Cotylosauriern erstmals vorgestellt hatten. In Europa trat eine bereits fortentwickelte Reptiliengruppe nun im Rotliegenden mit neuen Ordnungen in das Blickfeld, die Synapsida mit einem unteren Schläfenfenster im Schädel als typischem Merkmal. Gemeint ist vor allem die Ordnung der Pelycosaurier mit langschwänzig-eidechsenartigen Formen, die sich durch eine kriechend-schiebende Fortbewegungsweise auszeichneten. Hierzu gehörte auch der populärste Saurierfund aus dem Döhlener Rotliegendbecken. Aus den Begleitschichten des Steinkohlen-

In weißen Tonsteinen des Döhlener Unterrotliegenden haben sich Pflanzenreste vorzüglich erhalten – hier eine etwa 5 cm lange beblätterte Farnachse von Sphenophyllum oblongifolium.

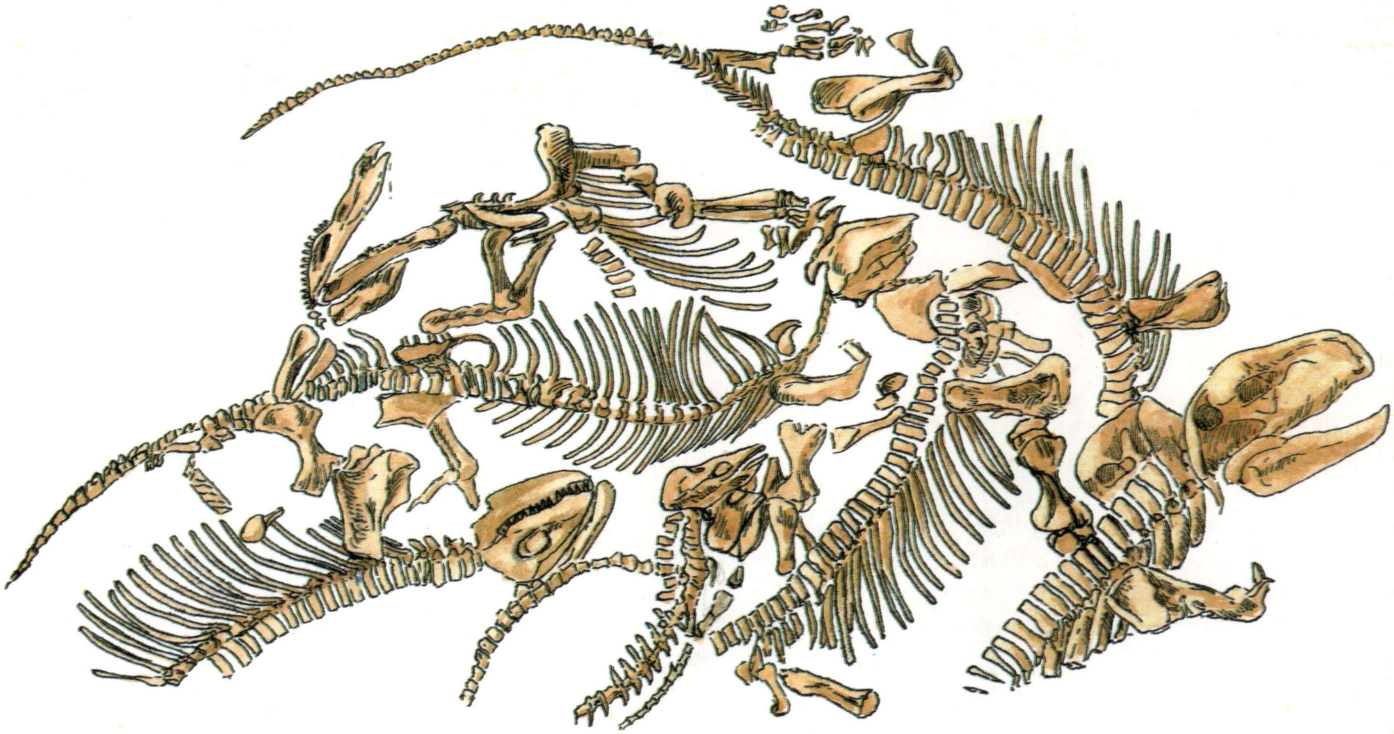

*Die bekannte »*Pantelosaurus*-Fundplatte« aus dem Unterrotliegenden des Döhlener Beckens bei Freital*

Kleine Amphibien und Reptilien gehörten zur Lebewelt des Unterperm (Unterrotliegenden) des Döhlener Beckens westlich von Dresden

Links: das etwa 1,5 cm lange Reptil-Schädelchen Batropetes truncatus *in dorsaler Ansicht. Auffällig sind die Reduktion des Supratemporale, die Größe des Scheitelbeins Parietale und die starke Entwicklung der Occipitalknochen (Hinterhauptknochen).*

Rechts: Pelosaurus laticeps *ist ein 10 bis 15 cm langes Larvenstadium eines Amphibiums mit Kiemenanhängen. Dargestellt ist die Rekonstruktion des Skeletts von oben. Die Augen schützte ein Sclerodicalring.*

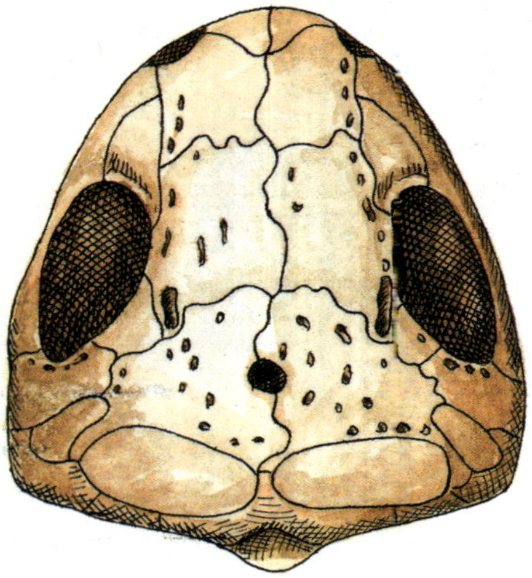

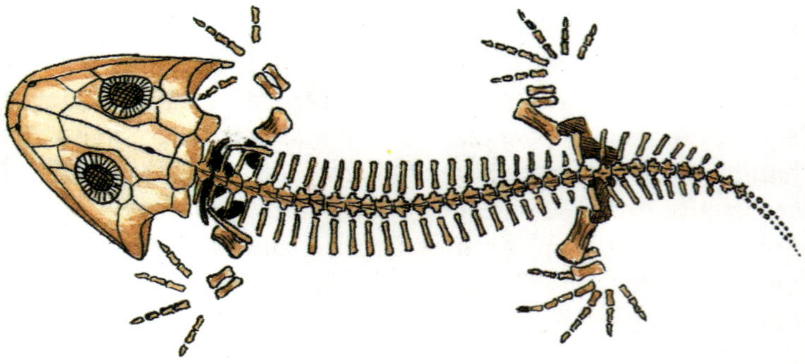

flözes im früheren Carolaschacht (der späteren Paul-Bernd-Grube) wurde 1901 in der sogenannten grünen Schale der Bergleute eine Platte mit sechs bis zu 1 m langen Reptilien aufgefunden. Es handelt sich um eine zusammengeschwemmte Totengemeinschaft, die im Strömungsschatten eines fließenden Gewässers abgesetzt wurde. Der bekannte Reptilfachmann Professor FRIEDRICH FREIHERR VON HUENE gab ihnen 1925 den Namen *Pantelosaurus saxonicus.* Heute werden diese Funde zu *Haptodus baylei* GAUDRY gestellt. Das jetzt im Dresdner Museum für Mineralogie und Geologie liegende Fundstück ist leider von einem unaufhaltsamen Verfall bedroht, da die Knochen pyritisiert sind und deshalb durch »Ausblühen« der FeS_2-Minerale im Laufe der Zeit zerbröckeln werden. Die berühmte Fundplatte ist in zahlreichen Büchern abgedruckt worden und wird auf diese Weise erhalten bleiben. Sie gehört zu den bedeutenden Gruppenfunden fossiler Saurier in der Welt.

Die gewiß urtümlichste Echse aus dem Niederhäßlicher Kalkstein aber war ein bis 3 m langes Tier von schreckenerregendem Äußeren. *Edaphosaurus* besaß einen eidechsenartigen Körper, auf dem sich ein aufrechtstehendes hautüberzogenes Rückensegel erhob, aufgespannt zwischen den verlängerten dornig-knotigen Dornfortsätzen der Hals- und Rückenwirbel. Die lange umstrittene Funktion scheint heute enträtselt zu sein. Man glaubt darin ein Regulationsorgan für die Körpertemperatur der wechselwarmen Reptilien zu sehen. Kälte führte bei ihnen bekanntlich zu gefahrbringender Apathie und zu große Hitze unweigerlich zum Tode. Das große Hautsegel erlaubte Aufheizstellungen senkrecht zur Sonne und entgegengesetzte Abkühlpositionen. Dies stellt einen ersten Schritt in der Entwicklung zur Warmblütigkeit dar und zugleich zu den säugetierähnlichen Reptilien. *Edaphosaurus* war zudem einer der ersten Pflanzenfresser in der Geschichte der Landtiere.

In der unterrotliegenden Landschaft des Döhlener Beckens bei Dresden lebte der verbreitete synapside Pelycosaurier Edaphosaurus. *In einem schwerfälligen Schiebegang bewegten sich diese plumpen, langschwänzigen Pflanzenfresser von 2 bis 3 m Länge vorwärts. Auffällig und ungewöhnlich war das von den knotigen Dornfortsätzen der Rückenwirbel getragene Hautsegel auf dem Rücken. Es diente vermutlich der Wärmeregulierung.*

Der versteinerte Wald aus dem unterrotliegenden Zeisigwaldtuff von Karl-Marx-Stadt – Hilbersdorf
Links verkieselte Stämme von Cordaiten und araukarienähnlichen Koniferen vor dem Naturkundemuseum
Mitte Querschnitt durch einen verkieselten Baumfarn Psaronius *mit inneren bandförmigen Leitbündeln und einem Luftwurzelmantel. Durchmesser 15 cm*
*Rechts Querschnitt durch den Luftwurzelmantel eines verkieselten Baumfarns (*Psaronius*). Jede Luftwurzel stellt eine kleine Achatmandel dar. Größe des Stückes 9 × 11 cm*

Der »Versteinerte Wald« von Hilbersdorf

Zu den Wahrzeichen einer sächsischen Großstadt gehört eine geologische Sehenswürdigkeit. Unübersehbar ragen vor dem Karl-Marx-Städter Naturkundemuseum haushohe Säulen aus Stein empor, Baumstämme aus Kieselsäure, der berühmte »Versteinerte Wald«.

Der primäre Standort dieses Waldes war das Erzgebirgsbekken zur Zeit des Unterrotliegenden. In einem weiten flußdurchströmten Tal mit einzelnen Totgewässern und Seen ragten schüttere Waldinseln in den Himmel, die sich gelegentlich auch zu lichten Waldungen verdichteten. Sie bestanden aus Baumfarnen und Schachtelhalmen, aber auch aus Cordaiten an den feuchten Standorten, und auf trockenen Arealen wuchsen Koniferen. Hier und da brachen Bäume um. Sie wurden vom fließenden Wasser abtransportiert und dabei teilweise entrindet. Andere verloren dabei nicht einmal ihre Rankenpflanzen. Nun aber folgten Ereignisse, die zur Erhaltung dieser Hölzer führten.

An nicht genau lokalisierten Stellen in der Umgebung von Karl-Marx-Stadt begann vulkanische Tätigkeit. Aus Spalten und Schloten wurde während explosionsartiger Eruptionen saures vulkanisches Lockermaterial in den Himmel geschleudert. Ringsum lagerten sich bis 50 m mächtige Quarzporphyrtuffe ab. Sie werden heute als Zeisigwaldtuffe bezeichnet. Sie verschütteten die Landoberfläche und deckten auch die Stämme zu, die zusammengeschwemmten in erster Linie, selten auch die aufrechtstehenden. Die Asche »schneite« sie ein. Die Quarzporphyrtuffe versinterten zu einem festen rötlichen Gestein, das 280 Millionen Jahre später im Zeisigwald zu Bausteinen abgebaut wird. Dabei und beim Baugrubenaushub im Raum Hilbersdorf stieß man auf die verschütteten, inzwischen

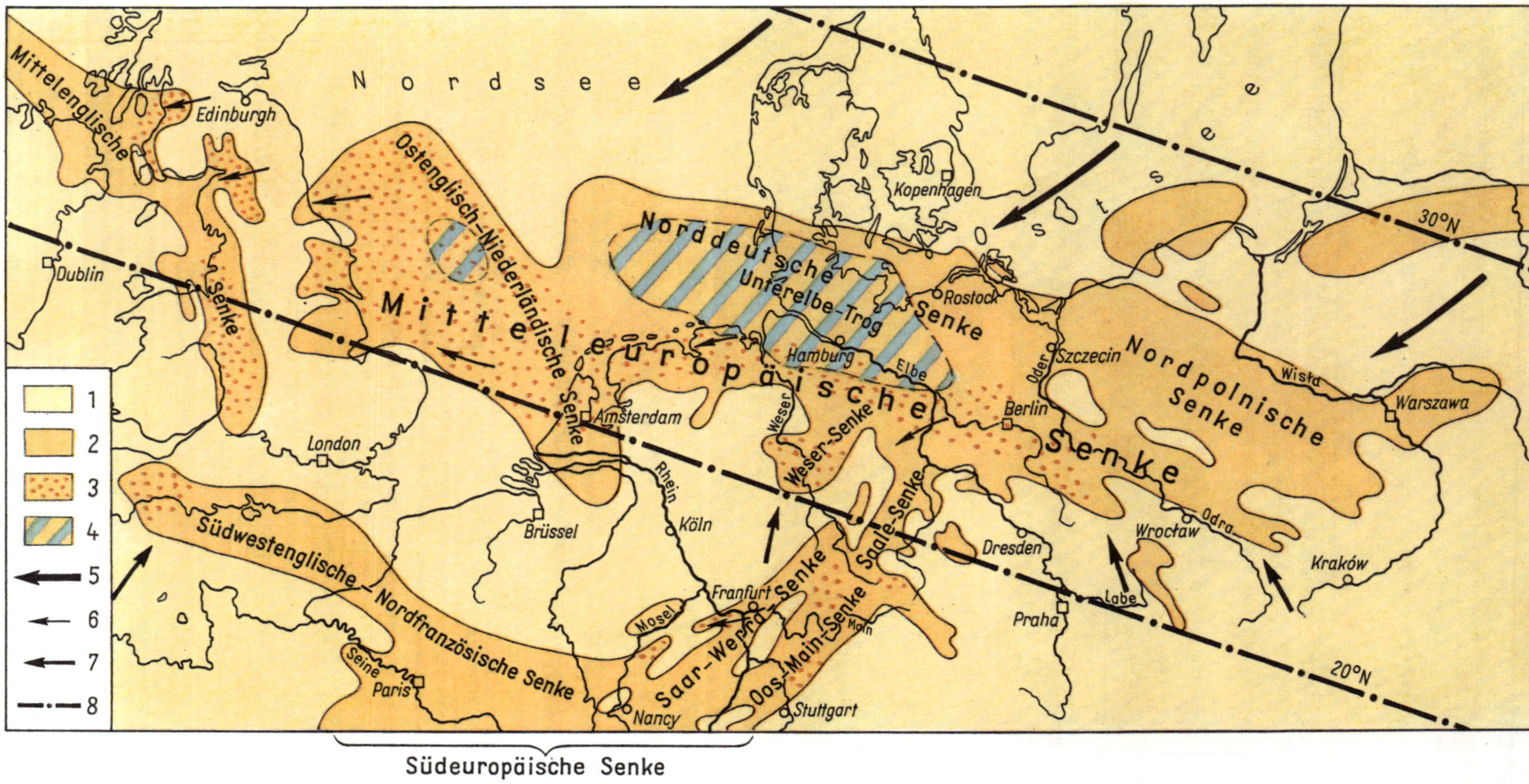

Das große Sedimentationsbecken zur Zeit des Oberrotliegenden (Saxon) im zentralen Mitteleuropa ist die Mitteleuropäische Senke. Die Saale-Senke ist ein südliches Verbindungsglied zu weiteren Becken im Südwesten.

1 Festland ohne Sedimentation, vorwiegend Abtragung durch stetige Hebung

2 oberrotliegende Sedimentationsbecken mit primär geschlossener Verbreitung oberrotliegender Sedimente

3 Verbreitung äolischer Dünensande (Sandsteine)

4 Steinsalz-Sedimentation

5 vorherrschende Windrichtung

6 lokale Windrichtung zur Zeit der Dünensandablagerung

7 vorherrschende Schüttrichtung der Flüsse

8 Breitenkreise zur Zeit des Oberrotliegenden

versteinerten Baumstämme. Die bis 30 m langen Baumstämme waren unmittelbar nach der Einbettung im vulkanischen Tuff körperlich erhalten und verkieselt worden. Die niederfallenden vulkanischen Aschen enthielten aufgeheizte wäßrige Kieselsäurelösungen. Diese drangen in die Stämme ein und imprägnierten Zelle für Zelle. In größeren Hohlräumen wandelte sich die kolloidale Kieselsäure in farbigen Opal, Chalzedon und Quarz um. Die bekanntesten Hölzer sind sogenannte Psaronien oder Starsteine. Es sind die verkieselten Stämme von Baumfarnen, die hier bis 12 m hoch wurden bei Durchmessern von 20 bis 30 cm, maximal 80 cm. Der innere Stamm zeigt bandförmige Leitbündel, die sich kurioserweise nach unten verdünnen. Drum herum liegt ein Luftwurzelmantel, der sich stammabwärts so verdickt, daß der Stamm nach unten an Umfang zunimmt. Die Luftwurzeln erhöhten die Festigkeit der schlanken hohen Stämme und dienten einem verbesserten Stofftransport.

Die meisten der verkieselten Hölzer gehören nach den holzanatomischen Kennzeichen zur Nacktsamersammelgruppe *Dadoxylon*, unter der sich Cordaiten wie araucarienähnliche Koniferen verbergen. Hierzu zählen die längsten und die stärksten der gefundenen Stämme. 1911 wurde mit 26,3 m der längste Stamm ausgegraben, bereits 1900 der dickste mit 5,25 m Umfang. Die Stämme des »Versteinerten Waldes« vor dem Karl-Marx-Städter Naturkundemuseum gehören sämtlich zu *Dadoxylon*. Die unterrotliegenden Wälder von Karl-Marx-Stadt waren also vorwiegend Cordaitenwälder.

Europa zur Zeit des Oberrotliegenden

Als im Thüringer Wald, in Nordwestsachsen, am Erzgebirgsrand und an anderen Stellen Europas der unterrotliegende Vulkanismus ausklang, zeichneten sich in Mitteleuropa unübersehbare Veränderungen in der geographischen und morphologischen Situation ab. Das stark gegliederte und tektonisch immer wieder aktivierte Relief des Unterrotliegenden wurde – vor etwa 265 Millionen Jahren beginnend – im Oberrotliegenden (Saxon) flacher und immer mehr einnivelliert. Diese Periode dauerte etwa 15 Millionen Jahre. Unter semiariden bis ariden Klimabedingungen wurden rotgefärbte Trümmersedimente unterschiedlicher Korngrößen abgesetzt. Zu diesen gehörte auch der Tambacher Sandstein im Thüringer Wald, abgelagert in einer flußdurchzogenen, südwärts ausgestülpten Bucht der großen Mitteleuropäischen Senke.

Die Saurierfährten von Tambach

Als zur Oberhöfer Zeit im Thüringer Wald ein kräftiger Vulkanismus die über 500 m starke Porphyrplatte zwischen Beerberg und Inselsberg aufgebaut hatte, waren zeitlich nacheinander an verschiedenen Stellen im Untergrund Magmakammern leer gefördert worden. Über diesen Hohlräumen kam es zu Absenkungen der Erdoberfläche. Das jüngste Ereignis dieser Art war die Entstehung des Tambacher Beckens, nach Norden geöffnet zur Mitteleuropäischen Senke. Von den felsigen Porphyrrandbergen zogen sich Grobschuttfächer in die Senkungsgebiete. Im Tambacher Becken entstanden Konglomerate aus Porphyrgeröllen bis Metergröße. In ihnen bildeten sich später die bekannten steilwandigen Felsentäler von Tambach-Dietharz wie Marderbachgrund, Mittelwassergrund, Tammichgrund und Spittergrund. Dieses untere Tambacher Konglomerat wird von einigen Fachleuten neuerdings noch zum jüngsten Unterrotliegenden gerechnet.

In der Folgezeit, jetzt zweifelsfrei zur Zeit des Oberrotliegenden, erstreckte sich ein Flußsystem nach Nordost durch das Tambacher Becken. Unter semiaridem Klima kam es zu einem Wechsel von Flutereignissen mit mächtigen Sandablagerungen,

Oberrotliegende Sedimentfolgen sind oft durch einen Wechsel von rotgefärbten Konglomeratlagen, Sandsteinbänken und Tonsteinhorizonten gekennzeichnet, wie hier wenig unterhalb der Wartburg bei Eisenach.

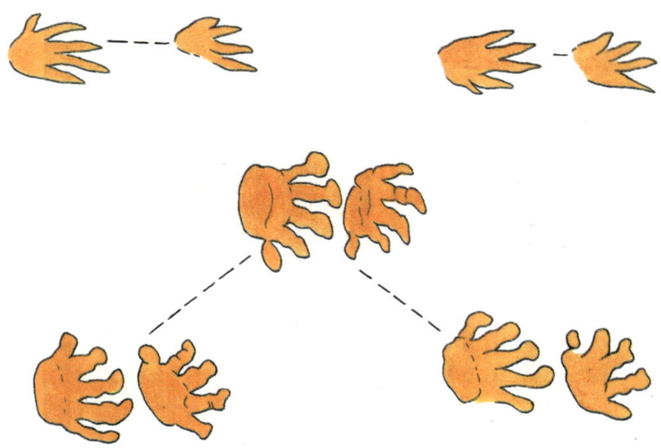

Die beiden häufigen Pelycosaurier-Fährten aus dem oberrotliegenden Tambacher Sandstein des Thüringer Waldes. Unten die Klumpzehfährte Ichnotherium cottae, *oben die Spitzzehfährte* Dimetropus leisnerianus.

von langsam abströmenden Hochfluten mit Tonsedimentation in dünnen Schichten bis zu Austrocknungsperioden und der Entstehung weitverbreiteter Trockenrißnetze. In zeitweiligen Auseen entstanden mächtige Tonabfolgen. Von den Randbergen zogen sich Schwemmfächer ins Tal.

Der auffälligste Horizont ist der rotgefärbte Tambacher Sandstein, der viel später als geschätzter Bau- und Werkstein abgebaut wurde. Schon bald kamen »Nebenprodukte« ans Tageslicht, die einen beträchtlichen Verkaufswert und eine noch größere wissenschaftliche Bedeutung hatten: Sandsteinplatten mit Fährtenabdrücken von Sauriern. Es handelt sich um die sandigen Ausgüsse der ursprünglich auf feuchten Tonlagen erzeugten primären Trittsiegel, Schwanzschleppspuren und Abdrücke der Bauchpanzerung. In den Museen der DDR liegen etwa 120 Fährtenplatten mit einer Gesamtfläche von 50 m^2, die meisten im Museum der Natur in Gotha. Solche Fährten aus Tambach und etwa gleichalte aus dem Cornberger Sandstein im Richelsdorfer Gebirge und den Kreuznacher Schichten bei Nierstein am Rhein besitzen viele Museen in Europa.

Die in vielen Jahrzehnten zusammengetragene Fährtenfauna von Tambach zeichnet sich durch folgende Besonderheiten aus: Bis in unsere Tage kannte man von den fährtenerzeugen-

Ein kleiner Tambacher Saurier lief über den feuchten Tonboden eines austrocknenden Tümpels und sank tief ein. Es entstanden Schleifspuren der bekrallten Extremitäten und des langen Schwanzes. Unter der Sonne trocknete der Ton aus und wurde von Trockenrißnetzen zerteilt.

Das Ende der Rotliegendzeit wird durch mächtige Dünen mit weiter bogiger Schrägschichtung gekennzeichnet, hier an der Roten Ley bei Bad Kreuznach im Saar-Nahe-Rotliegendbecken.

den Tieren nicht ein einziges Knochenstück und keinen einzigen Zahn. Nur die Spuren der etwa hundegroßen Tetrapoden gaben Zeugnis von ihrer einstigen Existenz. In sorgfältiger wissenschaftlicher Analyse wurde von Prof. Pabst um die Jahrhundertwende und von Dr. H. Haubold in unseren Tagen erkannt, daß fast alle Tambacher Fährten von Reptilien erzeugt wurden. Dies ist ein Ausdruck der inzwischen perfekt gelungenen Anpassung der Kriechtiere an trockenwarme Landschaften. Etwa 80 % aller Tambacher Fährten gehören zur Fährtenart *Ichnotherium cottae.* Das etwa 50 bis 70 cm lange, offenbar in Herden lebende Erzeugertier mit stumpfen Grabklauen (»Klumpzehfährte«) muß zu den ersten pflanzenfressenden Pelycosauriern gehört haben, die direkt von den Stammreptilien, den Kotylosauriern, abstammen. Möglicherweise war es der in Sachsen (Döhlener Becken) gefundene *Edaphosaurus.* Als Nahrung dienten Pflanzen wie der Farnsamer *Callipteris* und das Nadelholz *Lebachia,* die man auf den Sandsteinplatten in meist schlammumkrusteten Zweigbruchstücken gefunden hat. Ringsum gab es also auf den höher gelegenen, trockenen Schuttfächern vereinzelte Vegetationsinseln. Von diesen Fährten deutlich zu unterscheiden sind die spitzbekrallten Eindrücke der Fährtenart *Dimetropus leisnerianus.* Die etwas kleineren Erzeuger waren fleischfressende Pelycosaurier, vermutlich der ebenfalls im Rotliegenden Sachsens gefundene *Haptodus (Pantelosaurus).* Aus dem Fährtenbild ist ablesbar, daß eine oft wechselnde Fortbewegungsgeschwindigkeit charakteristisch für diese jagenden, etwa 20 kg schweren Tiere war. Man darf annehmen, daß diese Saurier die Erzeuger von *Ichnotherium cottae* ebenso jagten und erlegten wie die Erzeugertiere der recht seltenen und bedeutend kleineren Fährten *Tambachichnium schmidti, Varanopus microdactylus* und *Palmichnus tambachensis.* Erst in allerjüngster Zeit gelang es, bei Ausgrabungen des Gothaer Museums der Natur unter der Leitung von Dr. Th. Martens, aus roten Sedimenten vom Bromacker schwer bestimmbare Skeletteile von Tetrapoden zu bergen. Bis 1983 wurden aus tonigen Auseeablagerungen vier vollständige Skelette von 10 bis 110 cm Länge freigelegt. Das 1 m lange Tier war vermutlich ein Kotylosaurier, der der Gattung *Limnocelis* nahesteht, ein in Mooren lebendes Reptil, das man ganz genau von nordamerikanischen Fundorten kennt. Mit der Gattung *Trematops* wurde auch das erste Amphibium nachgewiesen – und wieder zeigen sich Beziehungen zwischen Europa und Nordamerika.

In unmittelbarer Nachbarschaft dieser Wirbeltierfunde wurden am Bromacker massenhaft schalentragende primitive Crustaceen gefunden, die man Konchostraken nennt. Im Buntsandstein werden wir sie näher kennenlernen (s. S. 89). In eintrocknenden Resttümpeln fanden bis 100000 Individuen auf einem Quadratmeter Schichtfläche den Tod und eine filigrane Einbettung. Es wurden sogar Weichteile fossil. Die Fortsetzung dieser Grabungen verspricht weitere Informationen zu den Fährtenerzeugern im Tambacher Sandstein zur Zeit des beginnenden Oberrotliegenden.

Salzseen und Dünenfelder am Ende dieser Zeit

In der randkontinentalen großen Mitteleuropäischen Senke gab es auch großräumige Gebiete, in denen Untergrundsenkungen intensiver abliefen als ringsum, so beispielsweise im Unterelbetrog, dem sogenannten Hamburger Loch, oder im Niederländisch-Ostenglischen Becken. Dort bildeten sich schließlich große Endseen, die im ariden Klima zu Eindampfungspfannen wurden. Neben charakteristischen Tongesteinen entstanden in ihnen chemische Sedimente, zunächst Karbonate, dann aber auch Sulfate (Gips, Anhydrit) und schließlich mächtige Steinsalzschichten nichtmariner Herkunft. Es fehlen Meeresfossilien in ihnen und in den Begleitsedimenten. Die Endseen waren zu Salzseen geworden wie heute viele Seen in den abflußlosen Becken Zentralasiens.

An anderen Stellen bliesen kräftige, von Nordost nach Südwest wehende Passatwinde (bezogen auf die Breitengrade der Rotliegendzeit) mächtige fossilfreie Windsedimente auf, vor allem äolische Dünensande mit weiter bogiger Schrägschichtung. Es entstand ein Dünengürtel von den Britischen Inseln quer durch Mitteleuropa bis in die Volksrepublik Polen. Zu ihm gehören beispielsweise die Kreuznacher Sandsteine im Saar-Nahe-Gebiet, die Elgersburger Sandsteine im Thüringer Wald, der Altengottener Sandstein im Untergrund des Thüringer Beckens und die Walkenrieder Sandsteine im Harz sowie der Bebertaler Bausandstein am Flechtinger Höhenzug. Die Aridität in Europa hatte ihren Höhepunkt erreicht.

Binnenmeer mit wichtigen Gesteinen

Die Zeit des Zechsteins

Vor etwa 250 Millionen Jahren endete die Rotliegendzeit. Eine einheitliche Kontinentalsenke war im nördlichen Mitteleuropa entstanden, in der sich ein flaches, nur wenige 10 m tiefes Meer schnell von Norden aus dem Skandik her ausbreiten konnte. Dieses Meer war ein südlicher Ausläufer einer Nord-Süd-verlaufenden epikontinentalen Meeresstraße von einem einheitlichen Nordmeer (Nordatlantik). Die neue Zeit am Ende des Perms nennt man die Periode des Zechsteins. Dieser Name wurde vor mehr als 200 Jahren von den Mansfelder Bergleuten geprägt, weil in diesen Gesteinen ihre Bergwerke, die Zechen, fündig wurden. Über die absolute Dauer dieser Erdgeschichtsperiode weiß man nicht viel. Gewöhnlich wird die Zechsteinperiode heute mit 5 Millionen Jahren bemessen. Die Zechsteinzeit endete vor 245 Millionen Jahren.

Die südliche Küstenlinie dieses mitteleuropäischen Zechsteinmeeres kann durch Ufersedimente relativ gut verfolgt werden. Buchtenreich war diese Küste am Ostrand des Rheinischen Schiefergebirges, dann sprang sie weit nach Süden vor bis über den Neckar, um dann nach Nordosten durch das östliche Thüringen zum Nordrand der Sudeten zu ziehen, weiter in die polnischen Mittelgebirge hinein und schließlich in eine Bucht in der Gegend von Krakow. Eindeutige Zeugen dieser Küste sind klotzartige Saumriffe, die schon zu Beginn der Zechsteinzeit zu wachsen begannen und sich bis in die mittlere Zechsteinzeit weiter aufbauten. Ebenso entstanden kreuzgeschichtete Dünensande, die als Stranddünen an Flachküsten zu deuten sind. An Felsküsten bewegte die Brandung groben Schutt, der beckenwärts in das feinerkörnige Zechsteinkonglomerat übergeht als Dokument eines ersten Meeresvorstoßes, denn in seinem kalkigen Bindemittel finden sich marine Armfüßer (Brachiopoden) wie *Productus* und *Rhynchonella* und Muscheln wie *Pecten*. Meist besteht dieses Konglomerat nur aus dem aufgearbeiteten rotliegenden Untergrund.

Diese ersten Sedimente des mitteleuropäischen Zechsteinmeeres liegen mit scharfer Grenze und mit oft eindrucksvoller Winkeldiskordanz auf dem gefalteten und eingeebneten variskischen Unterbau. Gut zu sehen ist diese Situation noch immer an der einst berühmten Felswand des Bohlen bei Saalfeld, zugänglicher aber am Kirchfelsen des Dorfes Schwaara bei Gera oder in Aufschlüssen am Südrand des Harzes.

Das Kupferschiefermeer und seine Fossilreste

Das Zechsteinmeer hatte also durch eine im Skandik liegende Meeresstraße Verbindung zum Weltmeer, bewiesen beispielsweise durch Übereinstimmungen der Meeresfauna bei uns und der Ostgrönlands. Sehr bald wurde diese Verbindung gestört. Das mitteleuropäische Zechsteinmeer verwandelte sich in ein abgeschnürtes buchtenreiches flaches Seebecken mit begrenztem Wasseraustausch in einer warmen subtropischen Klimazone. Vom Lande zufließendes Süßwasser legte sich auf das Salzwasser. Das Bodenwasser wurde bald sauerstoffarm, schließlich sauerstoffffrei und lebensfeindlich, eventuell verstärkt oder sogar hervorgerufen durch eine sehr hohe Phytoplanktonproduktion in der Oberschicht. Es entstanden ein Sauerstoffdefizit im Wasser und eine stabile Wasserschichtung. Absinkende Lebensreste verfielen einer bakteriellen Zersetzung und führten zu einer Anreicherung bituminöser Stoffe in einem schwefelwasserstoffreichen Milieu.

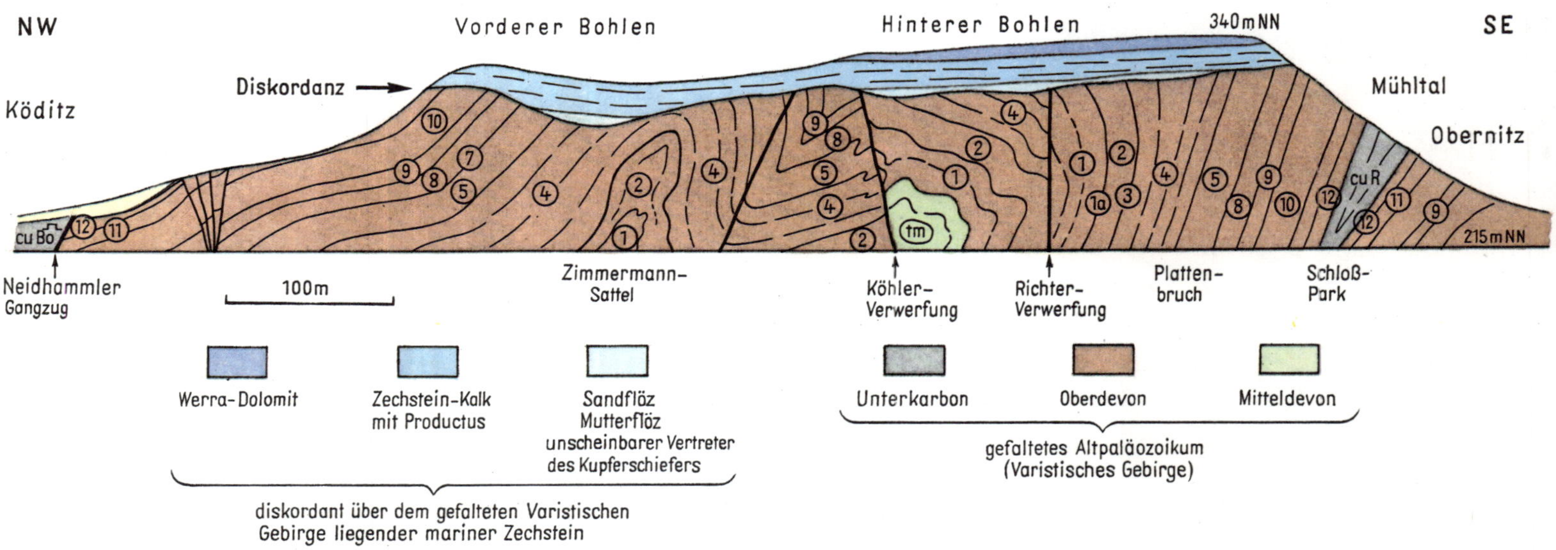

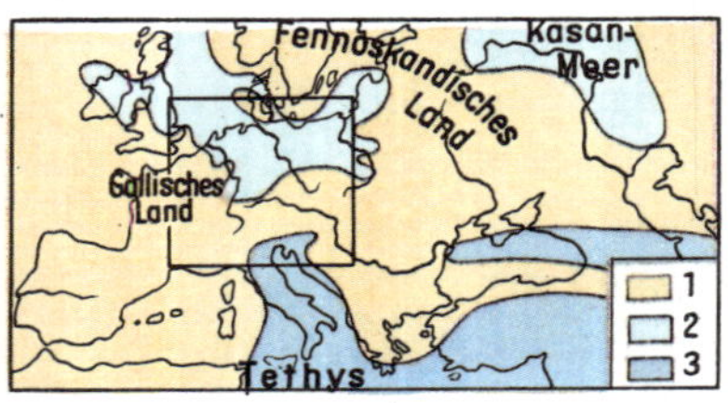

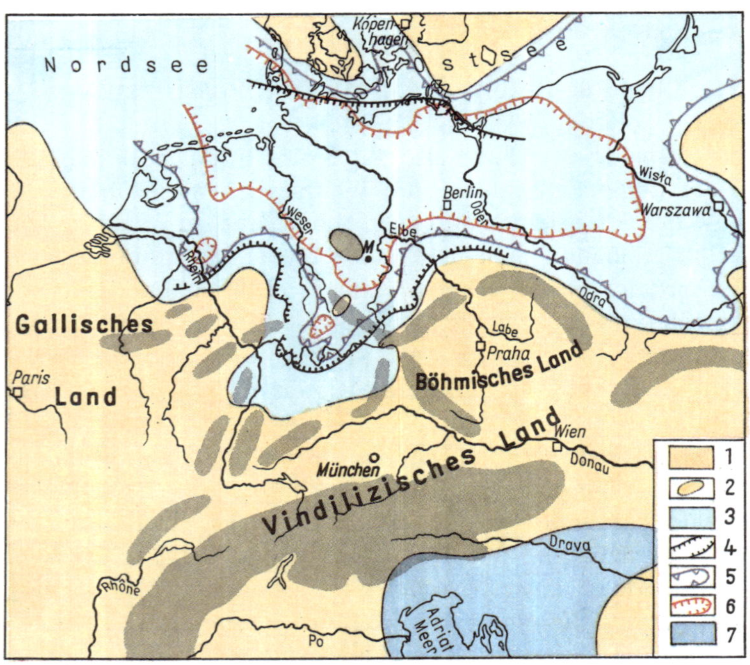

Das bekannte geologische Profil am Bohlen bei Saalfeld – das gefaltete und abgetragene variskische Gebirge wird winkeldiskordant von den horizontal liegenden Sedimenten des Zechsteinmeeres überlagert.

Erläuterung der Gesteinsschichten: 1–12 Oberdevon

1 Braunwacken und Braunschiefer, 1a Unterer Alaunschiefer, 2 Wetzschiefer, 3 Oberer Alaunschiefer, 4 Trimerocephalus-*Schiefer, 5 kleinknotiger Kalk, 6 Trennschicht, 7 Wagner-Kalkbank, 8 untere Clymenienschichten, 9 Hauptquarzit, 10 obere Clymenienschichten, 11 hangender Quarzit, 12 oberste Kalkknotenschiefer (z. T. bereits Unterkarbon)*

Unterkarbon: cu R Rußschiefer, cu Bo Bordenschiefer

Das paläogeographische Kartenbild Europas zur Zeit des Zechsteins (Oberperm)

1 Festland, 2 Mitteleuropäisches Zechsteinmeer als südlicher Ausläufer einer Nord-Süd-verlaufenden Meeresstraße, 3 Geosynklinalmeer

Untere Karte: Land und Meer in Mitteleuropa zur Zeit des Zechstein (Oberperm)

1 Festland, 2 größere Inseln zur Zeit des tieferen Zechsteins, 3 mitteleuropäisches Zechsteinmeer (siehe darüberstehende Karte), 4 Verbreitung des Kupferschiefers (in Richtung der Zacken), 5 Sedimentation von Steinsalz (in Richtung der Zacken), 6 Verbreitung der Kaliflöze (in Richtung der Zacken), 7 Geosynklinalmeer, M Mansfeld

Der Erzgehalt des schwarzen Schiefers

Es entstand ein schwarzes kohlenstoffreiches Faulschlammsediment (Sapropel) von einst erheblich größerer, heute 30 bis 40 cm Mächtigkeit, das durch lokale Buntmetallkonzentrationen (Kupfer, Zink, Blei, Silber u. a.) charakterisiert wird. Alle nennenswerten Kupferanreicherungen sind an spezielle geologische Verhältnisse, und zwar an mehr oder weniger ausgedehnte Bereiche rotgefärbter Gesteine des älteren Untergrundes mit Magmatiten, gebunden. Das transgredierend-übergreifende Zechsteinmeer traf auf der rotliegenden Landoberfläche auf Erzkonzentrationen und nahm diese auf. Eine weitere Metallzufuhr erfolgte eventuell aus untermeerisch ausfließenden frühzechsteinzeitlichen warmen Quellen (Hydrothermen). Durch den Schwefelwasserstoff wurden die Metalle als feinverteilte Sulfide ausgefällt. 32 verschiedene Minerale sind bekannt geworden. Da Kupfer zumindest in den stark bituminösen Schiefern der schlecht durchlüfteten tieferen Meeresteile dominierte, nennt man dieses Gestein Kupferschiefer.

Die abbauwürdigen Schiefer, die bis 2% Kupfer enthalten, beschränken sich auf die alten Bergbaugebiete der Mansfelder und Sangerhäuser Mulde im Harzvorland und des Richelsdorfer Gebirges in Hessen sowie in Lubiń-Sieroszowice im nördlichen Vorland der Sudeten (VR Polen). Allein der mitteldeutsche Kupferschiefer enthielt bei $20\,000\ km^2$ Flözfläche etwa 40 Millionen Tonnen Kupfer, etwa 150 Millionen Tonnen Blei und etwa 250 Millionen Tonnen Zink.

Die Kupferschieferfische

Die in dem Kupferschiefer schon seit dem frühen Mittelalter durch den Bergbau aufgefundene Lebewelt enthält festländische Vertreter und solche des Wassers. Eine weitere Unterteilung in limnisch-fluviatile, lagunäre oder echt marine Lebensweise ist meist schwierig. Durch die nachgewiesenen Festlandsvertreter wurde nämlich ein starkes Eindriften von Lebensresten aus der Uferregion und den angrenzenden Festländern in fernere Meeresregionen sicher belegt. Die Lebewelt des Kupferschiefers ist also keine Lebensgemeinschaft, sondern eine recht komplex zusammengesetzte Totengemeinschaft aus unterschiedlichen Lebensräumen.

Schon früh wird diese »gemischte« Lebewelt Gegenstand wissenschaftlicher Erörterungen. 1546 äußert sich G. Agricola über Kupferschieferfische, 1565 folgt K. Gesner, 1718 beispielsweise G. F. Mylius und 1719 P. Wolfarth. 1710 beschreibt der Leibarzt des preußischen Königs Ch. M. Spener einen 1706 bei Suhl gefundenen und nach England verkauften *Proterosaurus* als Krokodil. Er kommt damit der Wahrheit sehr nahe. Danach sind L. Agassiz, H. M. D. Blainville, J. C. Freiesleben, E. F. Germar, Georg Graf zu Münster, H. von Meyer, dann J. Weigelt, R. Florin und K. Mägdefrau und in neuester Zeit G. Schaumberg und andere mit der wissenschaftlichen Analyse beschäftigt.

Die wichtigsten Fische des mitteleuropäischen Kupfersschiefers (Oberperm) in ihrer systematischen Stellung und in einem relativen Größenvergleich. Zeichnerisch dargestellt ist die am häufigsten vorgefundene Länge, der Linearmaßstab gibt minimale und maximale Größen an.

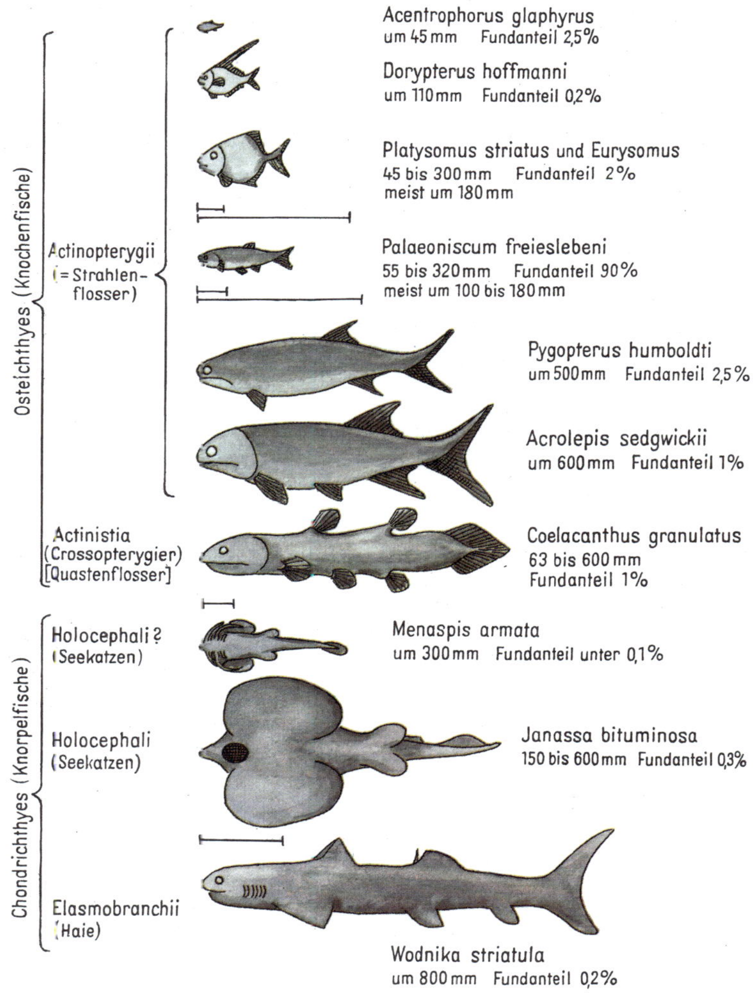

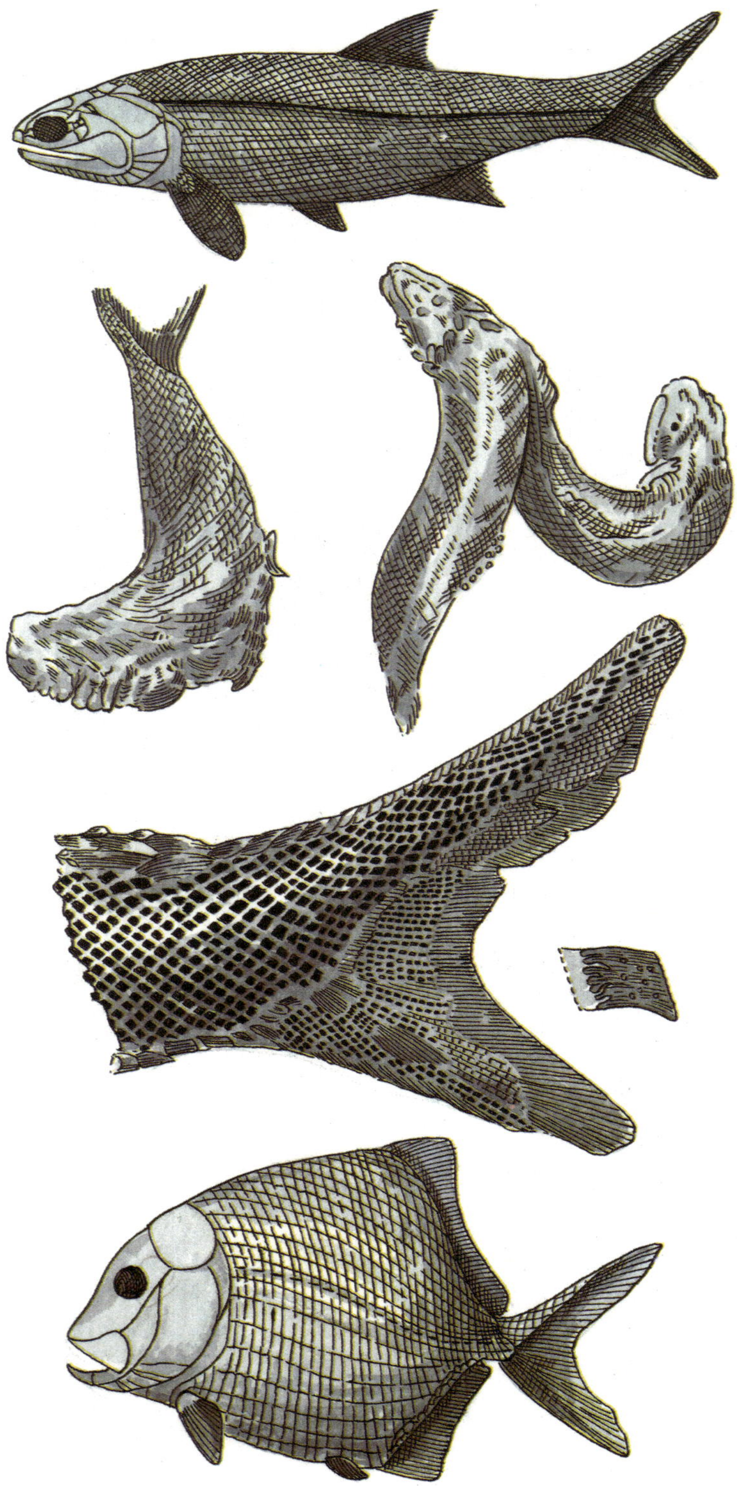

Zu den Seltenheiten im mitteleuropäischen Kupferschiefer und im zeitgleichen englischen Marl slate gehört der 9 bis 13 cm große Knochenfisch Dorypterus *mit lanzenartiger Dorsalflosse und einem übermäßig großen Kopf.*

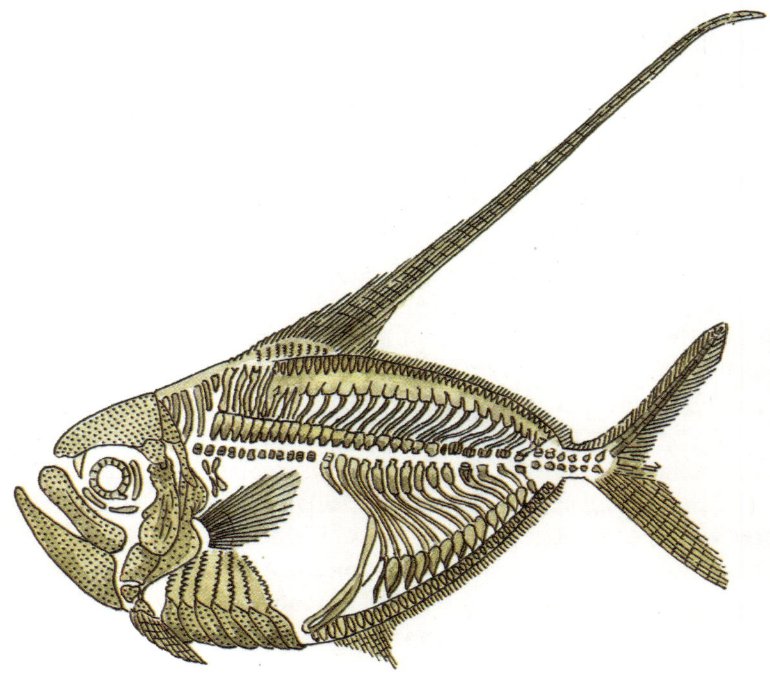

Unter den versteinerten Kupferschieferfischen ist der »Eisleber Schieferfisch« Palaeoniscum freieslebeni *bei weitem der häufigste. Die Mehrzahl dieser schlanken Ganoidfische ist 10 bis 18 cm lang.*
Oben: in Lebenshaltung eingebettetes Exemplar
Darunter: hakenförmig gekrümmte Todeshaltung mit Spuren von Verwesung
Vergrößert darunter: heterozerke Schwanzflosse mit Ganoidbeschuppung
Daneben: einzelne Ganoidschuppe aus dem mittleren Flankenbereich (Länge 2,5 mm)
Unten: der um 20 cm lange »Kupferschiefermeerbutt« Platysomus

Kennzeichnend für die meist stark verdrückten fossilen Lebensreste des Kupferschiefers ist das Überwiegen der Wirbeltiere. Wirbellose wie Moostierchen (Bryozoen), Seelilien, Seesterne, Armfüßer (Brachiopoden) und Muscheln treten bis zur

Zwischen den steilwandigen Riffelsen des Zechsteinmeeres lebte der 17 cm lange Fisch Platysomus striatus – *im Kupferschiefer des Richelsdorfer Gebirges wurde er fossil und durch Eisenhydroxide buntgefärbt.*

Bedeutungslosigkeit zurück. Unter den Wirbeltieren dominieren die Fische. Es sind Knochenfische (Osteichthyes), genauer Strahlenflosser (Actinopterygier), die oft in ästhetisch schöner Erzimprägnierung erhalten sind.

Mehr als 90% aller Fischfunde gehören einer einzigen Art an – *Palaeoniscum* freieslebeni.* Dieser wahrscheinlich marine »Eisleber Schieferfisch«, der ein ausgezeichnetes Leitfossil für den Kupferschiefer darstellt, ist ein schlanker Schmelzschupper (Ganoide). Er hatte nahe Verwandte in der Rotliegendzeit, die Süßwasserformen waren. Merkmale sind die heterozerke asymmetrische Schwanzflosse, in der die Wirbelsäule in den oberen Flossenlappen einmündet, ein knorpeliges Skelett sowie die in etwa 70 Querreihen angeordneten Ganoidschuppen. Die Mehrzahl der Tiere ist 10 bis 18 cm lang, solche bis 30 cm sind selten. Sehr oft wird dieser Fisch verbogen und verkrümmt gefunden, gewiß eine Folge von Totenstarre und von Aufblähungen durch Verwesungsgase. Letztgenanntes Phänomen kann zu einem weiten Verdriften der Fischkörper nach dem Tode führen. Ein weiterer mit *Palaeoniscum* verwandter Fisch ist *Acrolepis* mit etwa 60 cm Länge. *Platysomus* ist ein 15 bis 25 cm langer hochrückiger Ganoidfisch, der ähnlich den heutigen Korallenfischen in den küstennahen Riffen gelebt haben wird.

* 1818 durch H. M. D. Blainville als *Palaeoniscum* bezeichnet. 1833–1843 änderte L. Agassiz den Namen in *Palaeoniscus,* was sich durchsetzte. Entsprechend der Prioritätsregel muß aber der erstvergebene Name verwendet werden.

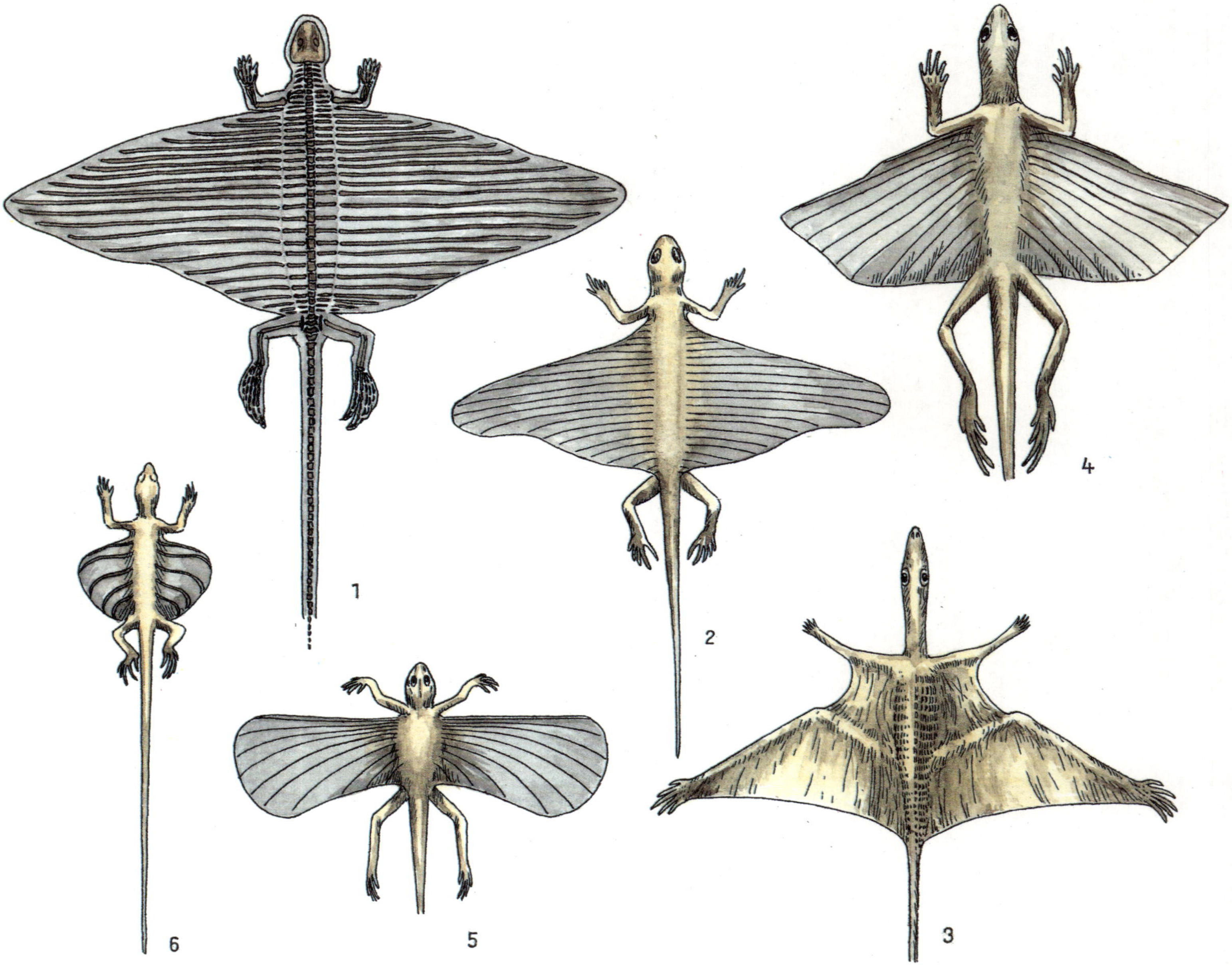

Die ältesten Gleitreptilien der Erdgeschichte aus dem oberen Perm und der Trias im Rekonstruktionsbild (gleicher Verkleinerung)
1 Weigeltisaurus *aus dem deutschen Kupferschiefer und dem englischen Marl slate (Gesamtlänge etwa 50 cm)*
2 Daedalosaurus *aus dem Oberperm Madagaskars (Gesamtlänge etwa 40 cm)*
3 Podopteryx *aus der unteren Trias der UdSSR (Kirgisische SSR)*
4 Kuehneosaurus *aus der oberen Trias Englands*
5 Icarosaurus *an der Obertrias Nordamerikas*
6 der rezente Draco, *ein lebendes Gleitreptil aus Ostasien und Ozeanien*

Auch Vertreter der Salachier (Haie) wurden im Kupferschiefer selten gefunden, so der rochenähnliche *Janassa bituminosa.* Fundstücke liegen vom Niederrhein, aus dem Richelsdorfer Gebirge, der Mansfelder Mulde sowie aus Gesteinen von Dänemark, England, Grönland und Nordamerika vor. Es ist ein 15 bis 70 cm langer, abgeplatteter, träger Bodenbewohner mit breiten, halbkreisförmigen Brustflossen, seltsam gelappten Schwanzflossen und mit mehrreihigen Mahlzähnen, spezialisiert zum Zerknacken von Muscheln, Schnecken, Brachiopoden und Krebsen. *Janassa* lebte zwischen küstennahen Riffen und nicht im Bodenschlamm des Kupferschiefermeeres.

Ein stattlicher, bis 80 cm langer Salachier ist *Wodnika,* einer der großen Vertreter der Kupferschieferfauna. Er steht verwandtschaftlich dem *Hybodus* nahe und ist damit nur wenig von den modernen Haien zu unterscheiden. Der torpedoförmige Körper weist auf einen guten Schwimmer. Dem Gebiß nach war er ein Planktonfresser. Auch diese Haie besaßen enge Verwandte in der vorangegangenen Rotliegendzeit, die zweifelsfrei im Süßwasser lebten.

Landwirbeltiere aus dem Meeressediment

So wenig also das spezielle Lebensmilieu der Fische feststeht, so eindeutig ist dieses bei den ebenfalls im marinen Kupferschiefer aufgefundenen Amphibien und Reptilien. Sie lebten auf dem kupferschieferzeitlichen Uferland, sie starben dort, und als Kadaver, oft als stark verkrümmte, in der Sonne zusammengetrocknete Mumien ohne Kopf, wurden sie in den marinen Einbettungsraum verdriftet.

Fossile Reste von Amphibien sind äußerst selten; lediglich ein aus dem Geraer Kupferschiefer geborgener *Branchiosaurus* war eindeutig bestimmbar. Vertreter landbewohnender Reptilien wurden häufiger gefunden. Sie sind bereits 1857 von dem bekannten Wirbeltierpaläontologen H. von Meyer als »Saurier aus dem Kupferschiefer« beschrieben worden.

Zu den Altfunden aus dem Kupferschiefer gehört *Proterosaurus,* bereits 1706 und 1718 im Kupferschiefer bei Suhl/Thüringen geborgen und früh als »Krokodil« beschrieben. 1790 wurde eine Vorderextremität als »Richelsdorfer Kinderhand« publi-

Die unter der heißen Sonne der frühen Zechsteinzeit mumifizierten Kadaver des 1 bis 1,5 m langen eidechsenartigen Reptils Proterosaurus *trieben hinaus aufs offene Kupferschiefermeer, sanken dort ab und wurden im kupfererzreichen Schiefer fossil. Nur durch diese Funde in Meeressedimenten wissen wir von ihrer Existenz auf dem kupferschieferzeitlichen Küstenland.*

ziert, eine kuriose und deshalb sehr bekannt gewordene Fehldeutung in der frühen paläontologischen Literatur. Trotz seiner Seltenheit besitzt *Proterosaurus* unter den Saurierfunden des Kupferschiefers eine vorherrschende Stellung. Das etwa 1,50 bis über 2 m lange eidechsenartige Reptil lebte am Uferland, zwischen den Dünen sicher ebenso wie in den noch vorzustellenden schütteren Wäldern und vegetationsarmen Hochflächen. Gelegentlich wird *Proterosaurus* auch das Wasser aufgesucht haben. Der Schädel ist urtümlich bezahnt.

Das wissenschaftlich bemerkenswerteste Fossil des Kupferschiefers ist *Weigeltisaurus jaekeli*, ein an das heute lebende Chamäleon erinnerndes zierliches Tier von etwa 30 bis 50 cm Länge. Es wurde deshalb zunächst von JOHANNES WEIGELT *Palaeochamaeleo* genannt. In einigen Besonderheiten allerdings unterschied sich dieses Tier. Der Schädel war bestachelt, auf dem Rücken trug es Bündel langer Knochenspangen, die lange in ihrer Funktion umstritten blieben. J. WEIGELT glaubte zunächst, es handele sich um zufällig zu dem Reptil geratene Fischflossen. Laiensammler aber sprachen schon damals von einem »Flugsaurier des Kupferschiefers«, weil sie die langen, schmalen Knochenstäbe als Spannelemente für Flughäute deuteten. In dieser Zeit erhielt das Fossil von O. KUHN den gültigen Namen *Weigeltisaurus*. Erst vor kurzem bestätigten Spezialisten, darunter der Kupferschieferfachmann H. SCHAUMBERG, in sorgfältiger Analyse diese Erklärung. Die Knochenspangen gehörten zu einem hautüberzogenen Gleitflugorgan. Damit ist *Weigeltisaurus* nicht nur ein hochspezialisierter Baumbewohner, sondern die bislang älteste Gleitflugechse. Ähnliche »gliding reptils« wurden in allerjüngster Zeit aus dem Oberperm Madagaskar und dem nordenglischen Marl slate, dem Äquivalent des mitteleuropäischen Kupferschiefers, bekannt. *Daedalosaurus* ist dem *Weigeltisaurus* sehr ähnlich und vermutlich mit *Coelurosauravus* identisch.

Im Oberperm also versuchen die Reptilien, in den Luftraum vorzustoßen, um ihn als Nahrungsquelle (Insekten) zu erschließen und um ihn zu schnellerer Flucht zu nutzen. Den Wirbeltieren gelingt jetzt in allerersten Ansätzen das, was den Insekten schon im Devon möglich wurde – die Eroberung des Raumes über der Erdoberfläche.

Diese und alle anderen mehr oder weniger zufällig in das Kupferschiefermeer eingedrifteten Tierkadaver geben ganz gewiß nur einen kleinen Einblick in die viel reichhaltigere Tierwelt auf den oberpermischen Festländern, über die wir etwas genauer informiert werden, wenn berühmte Wirbeltierfunde aus Nordamerika, aus der Sowjetunion und aus Afrika kurz vorgestellt werden.

Am Ufer des Kupferschiefermeeres wuchsen Nadelbäume (Koniferen) der Formengruppe Ullmannia. *Auf dem Bild ein 12 cm langes Zweigstück aus dem Kupferschiefer der Mansfelder Mulde*

Landpflanzen von der Zechsteinküste

Über die mitteleuropäischen Festlandsbereiche erfahren wir auch aus dem Kupferschiefer selbst noch etwas mehr, wenn wir die ebenfalls eingeschwemmten Pflanzenreste von so bekannten Fundorten wie Ilmenau, Mansfeld, Trebnitz bei Gera, Schweina bei Bad Liebenstein, Bottendorf südlich Artern, Richelsdorf in Hessen (Frankenberg/Eder) und Dinslaken am Niederrhein nachfolgend betrachten. Die Kupferschieferflora, deren Einzelstücke im endenden 18. und beginnenden 19. Jahrhundert als Carpolithen (»versteinerte Früchte«) bezeichnet wurden, ist sehr artenarm, gewiß Ausdruck eines warmtrockenen, vermutlich wüstenartigen Klimas. Deshalb überwiegen trockenheitsliebende Koniferen in schütteren Beständen auf den Landstrichen am Rande des Kupferschiefermeeres. Gewiß ist zu beachten, daß auch die Pflanzenwelt sich nur lückenhaft im Fundgut abbildet.

Die Pflanzenwelt vom Uferland des Zechsteinmeeres, als Fossilien im mitteleuropäischen Kupferschiefer gefunden

1 die Konifere Ullmannia frumentaria, *links heterophyller Zweig, rechts dichtbenadelter Sonnenzweig, 1a männlicher Zapfen von 4 cm Länge, 1b weiblicher Zapfen von 5 cm Länge*

2 Pseudovoltzia liebeana, *links heterophyller Sproß, rechts 4 cm langer weiblicher Zapfen*

3 der Bandfarn Taeniopteris (Lesleya) eckardti, *Länge des linken Blattes 18 cm*

4 Cordaitenblatt von 17 cm Länge

5 vollständiger 17 cm langer Wedel des Farnes Callipteris martinsi

6 das Ginkgogewächs Sphenobaiera digitata, *Länge des Blattes etwa 6 cm*

7 das einzige rezente Ginkgogewächs: Ginkgo biloba, *in der Mitte weibliche Blüte, rechts Kurztrieb mit männlicher Blüte*

Hätte man die fast vegetationslosen Dünenzüge hinter dem direkten Meeresufer übersteigen können, so wäre in unterschiedlicher Entfernung dieser luftige, schattenarme Zechsteinwald sichtbar geworden. Die erste Aufmerksamkeit hätte gewiß eine häufige mehrere Meter hohe »Zimmertanne« auf sich gezogen. Dichtbenadelte, lange Zweige schwingen in weitstehenden Quirlen von den geraden Stämmen. Betrachtet man diese Zweige genauer, so entdeckt man einen Wechsel jener langen, schuppigen Benadelung mit Abschnitten aus kürzeren, normalen Nadeln. Die immer wieder beobachtbare Verschiedenblättrigkeit ist einerseits bedingt durch unterschiedliche Sonnenexposition und andererseits Ausdruck unterschiedlichen Wasserangebots. An den Zweigen mit den kornähnlichen Triebspitzen, die unter dem Namen »Frankenberger Kornähren« bekannt geworden sind, wird man männliche und weibliche Zapfen sehen. Dieser schöne Nadelbaum trägt den wissenschaftlichen Namen *Ullmannia.* Eine sehr ähnliche Konifere, erheblich lockerer benadelt, wird *Pseudovoltzia libeana* genannt. Von ihr kennt man nur weibliche Zapfen.

Durch gänzlich andere Wuchsform und ein helleres Grün der Belaubung hebt sich ein vereinzelt zwischen den Koniferen stehender Laubbaum ab, ein sicher hohes Gingkogewächs, das heute in einer einzigen Art, dem lebenden Fossil *Ginkgo biloba,* einen rezenten Nachkommen hat. Hat dieser heutige Ginkgo zweigelappte Blätter, so besitzen die Blätter des erstmals zur Rotliegendzeit aufgetretenen Kupferschieferginkgos *Sphenobeiera digitata* bei ebenfalls dichotomer Blattspreitenvergabelung bis zu 18 freie Endlappen.

Diese Zechsteinpflanzenreste zeigen insgesamt ein neues Pflanzenzeitalter an. Das Mesophytikum hat mit dem obersten Perm begonnen. Es ist gekennzeichnet durch eine Dominanz der Nacktsamer (Gymnospermen). Reste der im Karbon und unteren Perm verbreiteten Farnsamer (Pteridospermen) sind mit *Callipteris, Sphenopteris* und *Taeniopteris* sowie mit Gefäßsporenpflanzen (Pteridophyten) durch *Neocalamites mansfeldicus* in der »Kupferschieferflora« nur noch spärlich vertreten.

Insgesamt zeigt diese Florengemeinschaft Trockenheit an. Die Entwicklung der Flüssigkeitstransportleitungen, des Verdunstungsschutzes und der Fortpflanzungsorgane befähigte die Nacktsamer, auch auf wasserarmen Arealen zu existieren. Nur *Neocalamites* und *Sphenopteris* sind an feuchte Standorte gebunden. *Taeniopteris* und *Sphenobaiera* wuchsen in trokkenen Tallagen, die häufigen Koniferen *Ullmannia, Pseudovoltzia* und *Quadrocladus* sowie der Farnsamer *Callipteris* auf sonnentrockenen Hängen und selten auch auf strandnahen Dünen. So könnte man sagen, daß die im Kupferschiefer konservierte Flora die schüttere Vegetationsdecke der endoberrotliegenden-frühzechsteinzeitlichen Fastebene darstellt, in die das Kupferschiefermeer vordrang.

Die erzreichen Zonen des Kupferschiefermeeres werden heute an nicht wenigen Stellen Europas durch auffällige Halden eines alten und jungen Kupferschieferbergbaues markiert. Auf diesen Halden sind die genannten Fossilien des Kupferschiefers auch heute noch zu finden. Die hohen pyramidenartigen Spitzhalden im inzwischen stillgelegten Mansfelder Revier und die des heute noch aktiven Sangerhäuser Kupferschieferbergbaues gehören zu den markantesten Landschaftspunkten des Bezirkes Halle.

Das Meer des Zechsteinkalkes

Recht schnell ging vermutlich die Zeit des Kuferschiefermeeres mit den beschriebenen extremen Bedingungen zu Ende. Eine Verbindung zum Weltmeer kam zustande, und frisches, durchlüftetes Wasser strömte ein. Die stabile Wasserschichtung brach zusammen. Für kurze Zeit entstanden normale marine Sedimentations- und Lebensbedingungen.

Foraminiferen belegen für das Meer des Zechsteinkalkes in Mitteleuropa wieder normal-marines Milieu mit frischem durchlüftetem Meerwasser.
Von links die Gattungen Nodosaria *(2),* Dentalina, Lingulina, Ammodiscus *(etwa 1 mm groß) und* Geinitzia

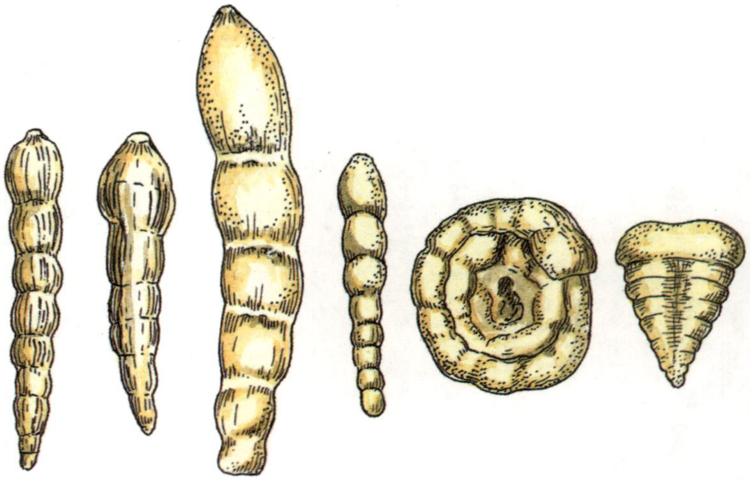

Das Gesteinsdokument dieser Zeit ist der meist nur wenige Meter mächtige Zechsteinkalk. Eine mehr als 100 Arten zählende Meeresfauna, hauptsächlich aus Brachiopoden, Muscheln und Schnecken, daneben auch Kopffüßern und Foraminiferen, wanderte aus dem Norden ein. Oft massenhaft findet sich an der Basis des Zechsteinkalkes der silberschalige Brachiopode *Productus (Horridonia) horridus*, bewehrt mit bis zu 10 cm langen, röhrenförmigen Stacheln, die als Anker und zum Schutz gegen das Einsinken im weichen Kalkschlick und auch gegen schalenfressende Feinde dienten. Gerade diese Armfüßer belegen gut die Beziehungen zum offenen Weltmeer, gibt es doch mächtige zeitgleiche *Productus*-Kalke in der Salt Ranges in Indien und anderen weit entfernten Orten.

Andere häufige Brachiopoden sind die kleine *Camarophoria schlotheimi*, der breitgeflügelte *Neospirifer alatus* sowie die kurzbestachelten *Strophalosia*-Arten. Der Kopffüßer *Nautilus freieslebeni* ist bereits eine Seltenheit. Einzellige kalkschalige Kammertiere, die Foraminiferen mit den Gattungen *Lingulina, Nodosaria, Ammodiscus* u. a., belegen das intakte weltmeerische Milieu, das jedoch bald wieder gestört wurde. Verengungen und Verflachungen des Meeressundes werden erneut zu Abschnürungen führen.

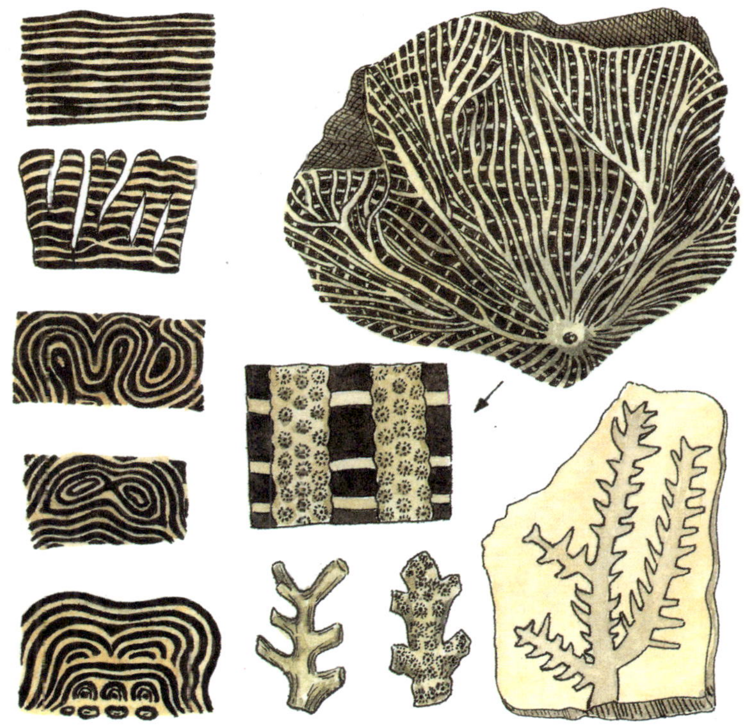

Charakteristische Fossilien aus den Küstenriffen des mitteleuropäischen Zechsteinmeeres (Oberperm)
Links: Blaualgenrasen in verschiedenen Wuchsformen, sogenannte Stromarien, sind die Hauptriffbauer.
Rechts: Zusätzliche Sedimentfänger waren Bryozoen (Moostierchen).
Oben: Fenestella retiformis
Unten: Acanthocladia anceps, *Gesamtorganismus und Detail*

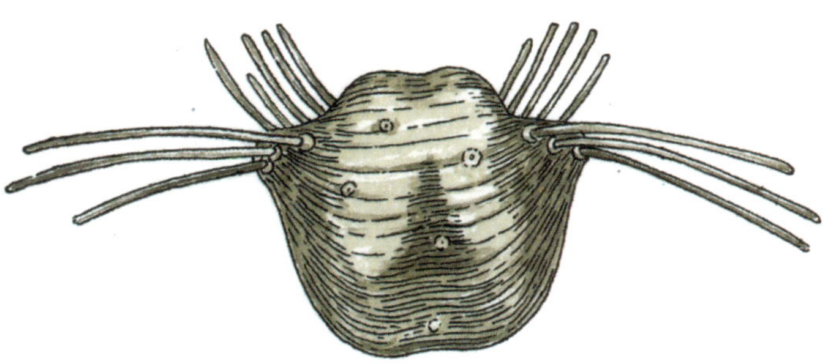

Sehr häufig findet sich im mitteleuropäischen Zechsteinkalk der silberschalige, etwa 3,5 cm breite Brachiopode Productus (Horridonia) horridus. *Die bis 10 cm langen Stacheln sollten das Einsinken in den weichen Kalkschlamm am Meeresboden verhindern, dienten zugleich als Verankerung und boten Schutz gegen Schalenfresser.*

Algenriffe markieren Küsten und Untiefen

Im Küstensaum und auf klippenartigen Untiefen dieses zechsteinzeitlichen mitteleuropäischen Binnenmeeres fehlten sehr oft die vorgestellten Meeressedimente der frühesten Zechsteinzeit, wie Zechsteinkonglomerat und Kupferschiefer. Zur gleichen Zeit, an manchen Stellen aber erst in der Periode des offenen Zechsteinkalkmeeres, begannen in Thüringen nördlich des Thüringer Schiefergebirges, im Orlagau, am Rande des Thüringer Waldes, im Untergrund des östlichen Thüringer Beckens, am südlichen Harzrand oder auch an der englischen Nordseeküste oder im Süden Polens mächtige klotzartige Karbonatriffe

An den Küsten und auf klippenreichen Untiefen des Zechsteinmeeres wuchsen vom Ende des unteren bis in den mittleren Zechstein bis 80 m mächtige Riffkörper aus Kalkstein und Dolomit empor. Hauptriffbildner waren blaugrüne Kalkalgen, die krustig-schichtige Kalkkörper, die Stromarien, entstehen ließen. Bryozoen wie die 10 bis 15 cm hohen Trichter von Fenestella *und die Bündel von* Acanthocladia *(im Vordergrund) und* Thamniscus *wirkten als »Fänger« von feinem Kalkschlamm.*

zu wachsen, und zwar unterschiedlich lange in die Zechsteinzeit hinein. Gleiches geschah zur selben Zeit in Grönland, in Texas und in New Mexiko, wo die gewaltigen Capitanriffe entstanden. Fast immer wurden küstennahe Flachwasserriffe und küstenfernere Tiefwasserriffe aufgebaut, zwischen denen Stillwassergebiete als Lagunen abgeschnürt wurden.

Schon 1816 erkannte der Geheime Rat Ernst Friedrich von Schlotheim in den frei stehenden Felsen in der Umgebung von Bad Liebenstein am Südrande des Thüringer Waldes »ein Korallenriff der Vorzeit«. Damit war zum allerersten Mal auf der Welt ein fossiles Riff erkannt worden. 1853 entdeckte Karl Theodor Liebe, daß nicht Korallen, sondern »Mooskorallen«, die Bryozoen, am Riffaufbau maßgeblich beteiligt waren. Heute wissen wir, daß mit ansteigendem Salzgehalt die hauptsächlich koloniebildenden Cyanophyceen (blaugrüne Kalkalgen) beteiligt waren. Die koloniebildenden Algen umgaben sich mit einer Gallerthülle, in die sich Kalk einlagerte und an der durch passives Aufkleben Kalksplitter angelagert wurden. Indem ständig neue Algenlager darüberwuchsen, entstand eine Lamellenanordnung. Diese Formen, die man Stromarien nennt (die entstehenden Gesteinskörper Stromatolithen), bewirkten das schnelle Riffwachstum. Daneben bildeten diese Algen auch ursprünglich frei auf der Riffoberfläche liegende karbonatische Körper, deren runde Form man als Ooide und deren asymmetrische Form man als Onkoide bezeichnet.

Häufige Bewohner der Riffe waren Bryozoen, die Moostierchen, so daß lokal die Bezeichnung Bryozoenriff durchaus zutrifft. Die auffälligen Trichter von *Fenestella* und die Rasen von *Thamniscus* wirkten als Sedimentfänger.

Im heutigen Landschaftsbild bilden diese Riffe oft auffällig steile und höhlenreiche, gar nicht selten burgengekrönte Berge, wobei die Erosion sehr oft die alte Form der Riffe und der ehemaligen Lagunen freigelegt hat. Die schönen Thüringer Landschaften des Orlagaus und am Rande des Thüringer Waldes bei Bad Liebenstein, Ruhla und Saalfeld zeigen etwa die Reliefformen der zechsteinzeitlichen Küste vor 250 Millionen Jahren.

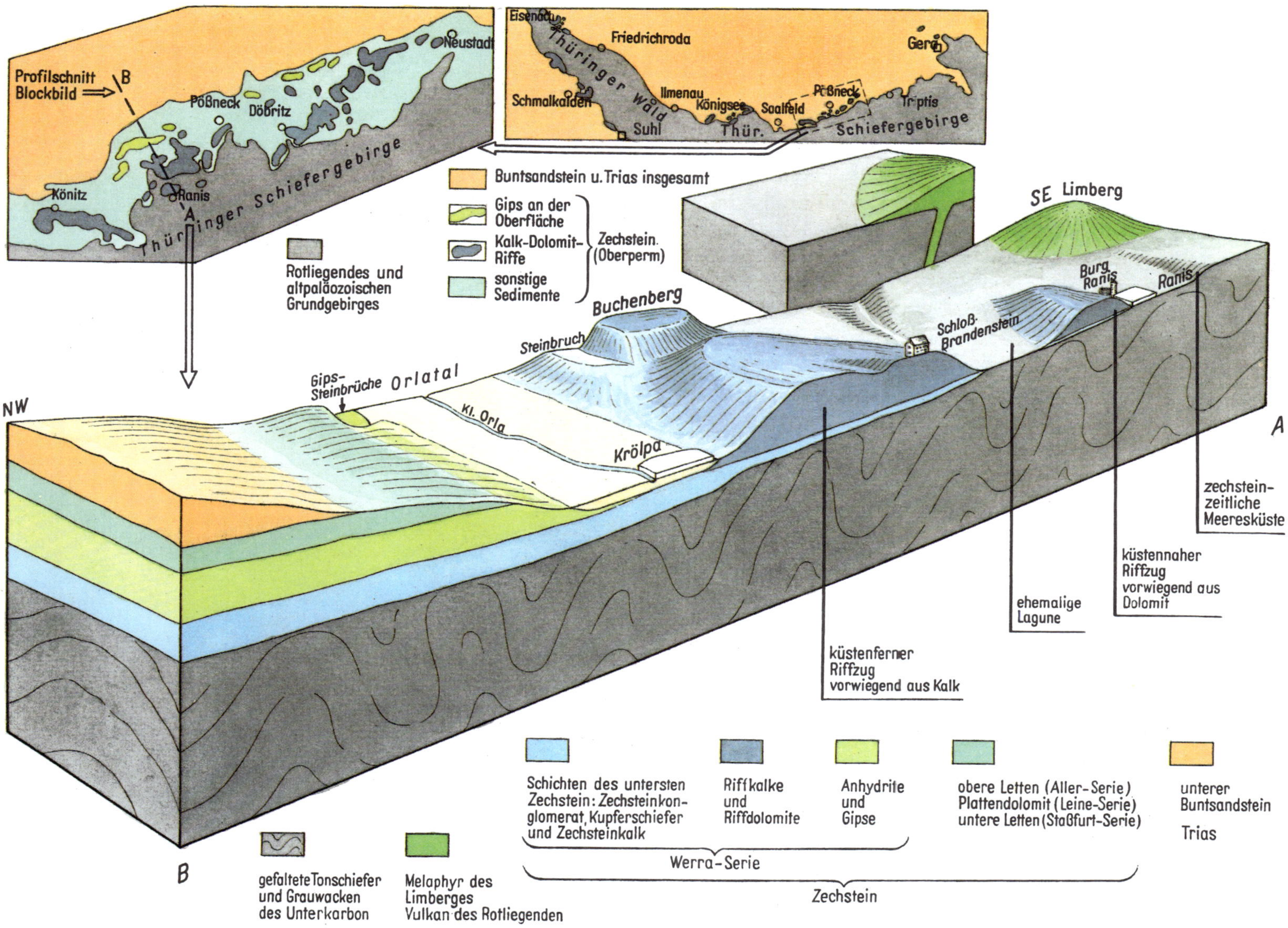

Algenriffe markieren die Küste des Zechsteinmeeres in Europa. Die Riffe am Rande von Thüringer Wald und des Thüringer Schiefergebirges in zwei Kartendarstellungen (oben) und die spezielle Situation der ehemaligen Meeresküste im Raum Krölpa-Ranis (Bezirk Gera) in einem geologischen Blockbild

Das Zechsteinmeer wird zur Salzpfanne

Das geologische Geschehen im mitteleuropäischen Zechsteinmeer als einem typischen Binnenmeer war auch in der folgenden Zeit in hohem Maße von der Verbindung mit dem offenen Weltmeer abhängig. Wiederholte Weitungen und Verengungen, Vertiefungen und Verflachungen der Wasserstraße zum Ozean führten zu rhythmischem Wechsel der Ablagerungsbedingungen. Als die Verbindung zum nördlich gelegenen Weltmeer gestört wurde, schließlich weitgehend abriß, endete die

Ablagerung der an das frische Meerwasser gebundenen Zechsteinkalke und Riffkarbonate. Das eingeströmte und über eine flache Barre weiter einfließende Meerwasser wurde jetzt unter einem verdunstungsintensiven ariden Klima bei Wassertemperaturen von 30 bis 50 °C angereichert mit chemisch gelösten Stoffen. Diese Versalzung führte über eine zunehmende Verarmung schließlich zu einem Abwandern oder Aussterben des marinen Lebens. Die äußerst günstigen Salzbildungsbedingungen hatten ihren Grund in der geographischen Position des heutigen Mitteleuropas inmitten einer riesigen Landmasse im nördlichen ariden Klimagürtel (Lage etwa 30° Nord).

Die Morphologie des Meeresbodens, die noch immer bestimmt wurde von den durchschimmernden Südwest-Nordost orientierten rotliegenden Bergzügen und Querschwellen, wie dem Nordwestmecklenburger Rücken oder dem Porphyrrücken des Thüringer Waldes, ist hauptverantwortlich für die spezielle Gesteinsentwicklung. Es kam zur Ausfällung chemischer Sedimente entsprechend ihren Löslichkeitseigenschaften. Weiträumig setzten sich zunächst Gipsgesteine ab, in den übertieften Beckenteilen wie im Werra-Fulda-Becken darüber bis zu 200 m starke Steinsalze mit eingelagerten Kalisalzflözen. Man nennt diese Sedimentfolge den Werrazyklus.

In den späteren Perioden der Zechsteinzeit wiederholten sich diese Öffnungs- und Schließungsvorgänge zum Weltmeer. Viermal noch wurde eine untermeerische Barre wirksam, über die salzhaltiges Meerwasser nur einströmen und nicht zurückfließen konnte und in diesem Binnenmeer verdunstete. Es mußte zur Salzsedimentation kommen. Auf diese Weise entstanden vier weitere Sedimentzyklen mit Gips- und Anhydritgesteinen sowie Stein- und Kalisalzen, nämlich die der Staßfurt-, Leine-, Aller- und Ohre-Zeit.

In Europa liegen die Zechsteinsalze heute oft in größerer Tiefe, sind aber gelegentlich durch Salzaufstieg, durch Salzstöcke und andere Strukturen in Oberflächennähe gelangt.

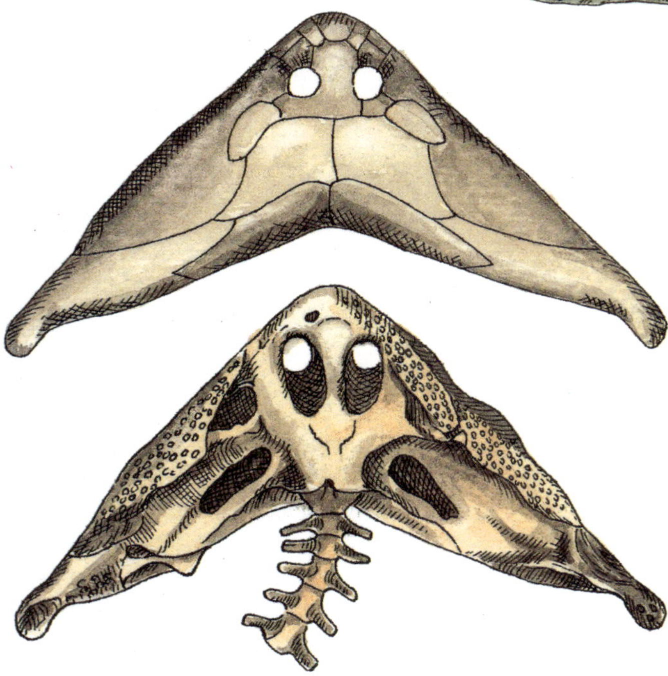

Betrachtet man diese Periode der Zechsteinzeit zusammenfassend, so kann man sagen: Mitteleuropa war eine große »Eindampfschale«, in der sich die wirtschaftlich wichtigen Gips- und Anhydritgesteine und die Stein- und Kalisalze ausschieden.

Zur Zeit des unteren Perm lebte in Nordamerika (Texas) ein grotesk aussehendes Amphibium – der bis 60 cm lange Diplocaulus
Der etwa 30 cm breite dreieckige Schädel von Diplocaulus *besaß seitliche Auswüchse. Das Bild zeigt einen solchen Schädel (von oben und unten) mit einigen Halswirbeln.*

Der Große Canyon des Colorado in Arizona (USA) vom Südrand aus. Das berühmte Schichtprofil vom Algonkium über Kambrium, Devon und Unterkarbon schließt oben mit permischen Schichtfolgen ab, in denen Saurierreste gefunden wurden. Ganz oben liegt der permische Kaibab-Kalk.

Amphibien und Reptilien im Perm der übrigen Welt

Einen idealen Lebensraum für Amphibien und Reptilien boten die warmen küstennahen Gebiete des Superkontinents Pangaea mit den Deltaschüttungen großer Ströme. In den weitverbreiteten permischen Rotsedimenten Nordamerikas wurde die festländische Lebewelt konserviert. Häufige Fundstellen lagen in den »New Red Sandstones« in Utah, Colorado, Arizona und New Mexiko sowie in Oklahoma und Texas. In einigen Nationalparks der Vereinigten Staaten, wie im Grand Canyon im Staate Colorado oder im Monument Valley an der Grenze von Arizona zu Utah, sind diese Gesteine eindrucksvoll aufgeschlossen.

Skelett eines etwa 2 m langen Eryops, *eines großen Amphibiums aus den permischen Red Beds von Texas, aufgestellt im Britischen Museum in London*

Die Lebewelt der Red Beds von Texas

Die permischen Rotsedimente (Red Beds) von Texas wurden zum aufsehenerregenden Fundplatz urweltlicher Amphibien und Reptilien. Die Lurche, am Anfang des Perms auf dem Höhepunkt ihrer Entwicklung angekommen, gingen unter dem Einfluß des trockenen Festlandsklimas einem Niedergang entgegen. Einige erhielten ein seltsames Äußeres wie der bis zu 60 cm lange *Diplocaulus* mit seinem grotesk-schildartigen Kopf. Flüsse und Sümpfe mit der näheren Umgebung bildeten den Lebensraum.

Kleine wie große rhachitome Labyrinthzähner bevölkerten Nordamerika, Europa, die UdSSR und den Süden Afrikas, also die gesamte zusammenhängende Großerde. Aber wieder wurden besonders interessante Vertreter und gut erhaltene Fossilreste in den texanischen Red Beds aufgefunden. Der 1,50 bis 2 m lange *Eryops* mit einem ungewöhnlich großen, flachen Schädel und mit spitzer Bezahnung war ohne Zweifel ein Raubtier. Auch der gepanzerte, nur 20 cm lange *Cacops* jagte im Flachwasser von Sümpfen und Seen. Der Stammvater der Seymouriamorpha, einer Gruppe mit amphibischen wie reptilischen Merkmalen, fand sich ebenfalls in Texas. Der 60 cm lange *Seymouria* hatte einen typischen Amphibienkopf, während das übrige Skelett Reptil war. Hätte man dieses Fossil im Karbon gefunden, müßte es als das »missing link« oder besser »connecting link« (»fehlendes« oder »verbindendes Glied«) zwischen Amphibien und Reptilien gelten. So bleibt das späte Auftreten ein wenig rätselhaft.

Gegen Ende des Perms dominierten schließlich die Reptilien. Besonders die Ordnung der Kotylosaurier (Stammreptilien), auf die alle Kriechtiere zurückgehen, war für die weitere Entwicklung bedeutsam. Es wurden in den Red Beds Skelette primitiver, schwerfälliger Pflanzenfresser wie leicht beweglicher Fleischfresser gefunden. *Limnocelis* – inzwischen mit einiger Wahrscheinlichkeit auch im höheren Rotliegenden des Thüringer Waldes (Tambacher Becken) nachgewiesen – ist ein etwa 1,50 m langer Kotylosaurierfleischfresser, *Diadectes* ein mehr als 2 m langer plumper Pflanzenfresser. Sie gleichen großen gedrungenen Eidechsen.

Im unteren Perm wurden die Reptilien die führenden Wirbeltiere auf dem Festland. Aus den Red Beds von Texas (USA) wurden drachenähnliche Pelycosaurier geborgen, die von karbonischen Formen abstammen und die ihrerseits später zur Stammgruppe der Säugetiere wurden.
Oben: Dimetrodon *mit langen Knochenfortsätzen der Rückenwirbel*
Unten: Ophiacodon, *ein besonders hochentwickelter Pelycosaurier*
Beide waren Fleischfresser und etwa 2 bis 2,50 m lang.

Aber auch Pelycosaurier, aus denen sich in der Trias die Säugetiere entwickelt haben, wurden bekannt. Sie überflügelten noch im Unterperm die Kotylosaurier. Zu diesen Reptilien gehörten außergewöhnliche Tiere. Die nach texanischen Funden rekonstruierten Formen glichen den Feuerdrachen der mittelalterlichen Sagenwelt. Ein einziger sei vorgestellt: *Dimetrodon*, ungefähr 2,50 m lang, auf dem Rücken lange, hochstehende Knochenstäbe an den Wirbeln, zwischen denen eine Hautmembran einen hohen, zackigen Rückenkamm entstehen ließ. Die Funktion dieses Rückenkammes wurde bereits bei der

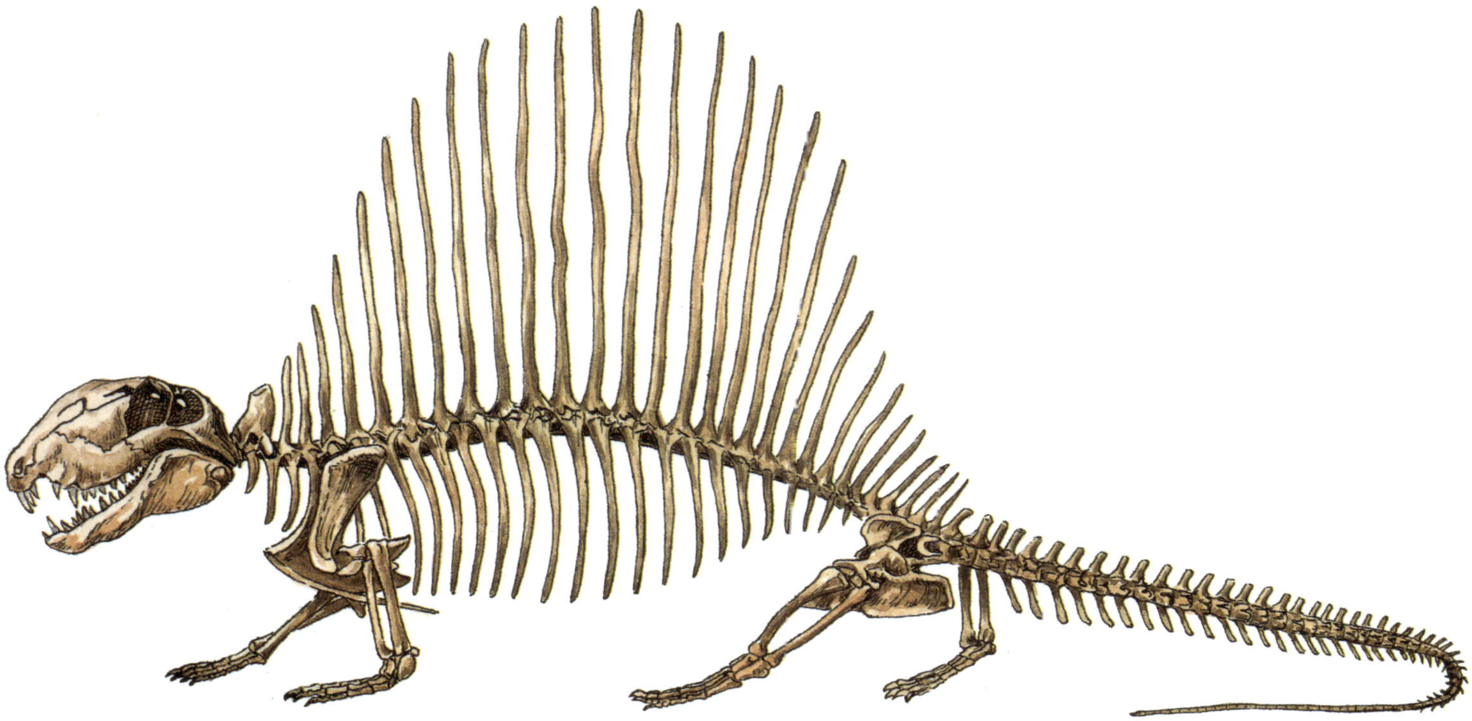

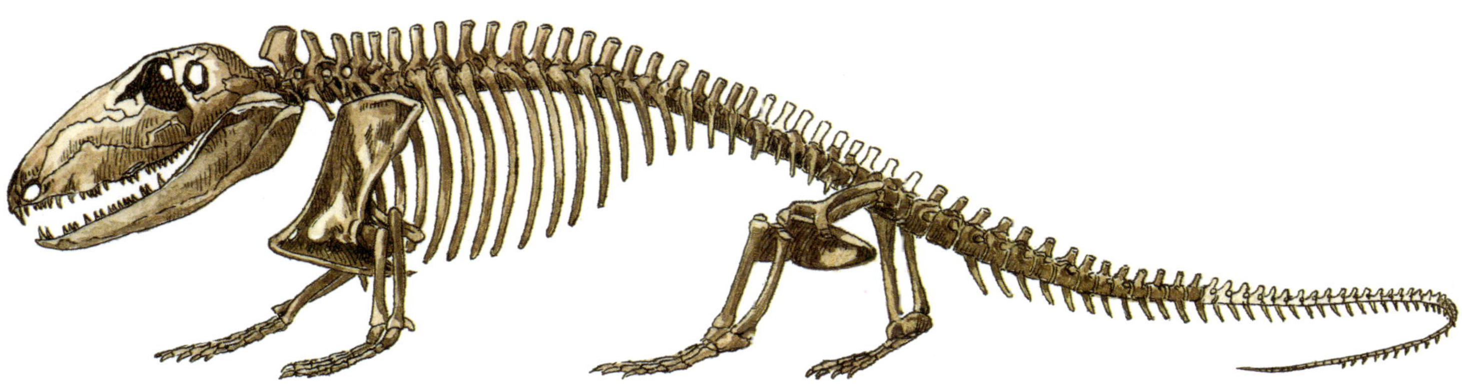

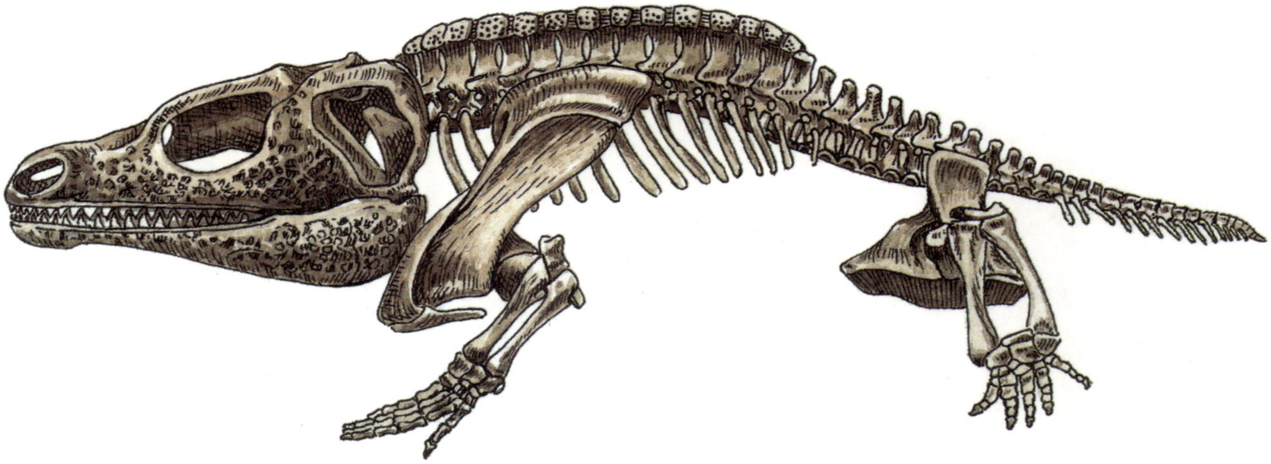

Vorstellung des über 3 m großen Pflanzenfressers *Edaphosaurus* aus dem Rotliegenden des Döhlener Beckens bei Dresden ausführlich beschrieben. Das Gebiß von *Dimetrodon* mit verlängerten Vorderzähnen zeigt eine deutliche Entwicklung hin zum Gebiß der Säuger, speziell der Raubsäuger. *Dimetrodon* war das größte Raubtier des unteren Perms.

Kopflastig war das 40 bis 50 cm große räuberische Amphibium Cacops, *das durch eine Hautpanzerung und einen knochengepanzerten Rücken recht gut für ein festländisches Leben während der trokkenen unterpermischen Red-Bed-Zeit in Texas angepaßt war. Der etwa 15 cm lange Schädel besaß ein kräftiges Gebiß.* Cacops *jagte Insekten, amphibische Larven, kleine Amphibien und Reptilien.*

Säugetierartige Raubsaurier aus der Sowjetunion

Im mittleren Perm des Uralgebietes und in den Sedimenten des Oberperms (Kasan-Stufe) im Bereich der mittleren Wolga und im Dwinagebiet wurden schon frühzeitig – erstmals 1838 – Formen gefunden, die zu einer neuen progressiven Ordnung der Reptilien, den Therapsida, gehören. Diese individuenreiche Gruppe hatte im oberen Perm das Maximum der Formenmannigfaltigkeit erreicht. Die Tiere besaßen neben reptilischen bereits deutlich sichtbare Säugetiermerkmale. Die Zähne hatten sich in Schneide-, Eck- und Backenzähne differenziert. Beutetiere konnten mit diesem Gebiß zertrümmert und zerrissen werden, denn in der Regel verfügten sie über riesige obere Eckzähne. Die durchweg schlanken Tiere entwickelten eine aufrechte und dabei elegante Fortbewegungsart. Griffen sie Beutetiere an, sperrten sie die Mäuler weit auf, um ihre spitzen Fangzähne in die Opfer zu stoßen. Schlossen sie das Maul, ragten die langen Eckzähne nach außen, was ihnen ein gefährliches Aussehen gab. Sie hatten größere äußere Ähnlichkeit mit Wölfen, Schakalen oder gar Panthern als mit Reptilien, und man darf sicher annehmen, daß wenigstens einige von ihnen bereits warmblütige Tiere waren. So verwundert es nicht, daß in dieser Reptilgruppe die Vorfahren der am Ende der Trias erstmals auftretenden Säuger zu suchen sind.

In kleinen Rudeln wanderten derartige räuberische Titanosuchier durch weite steppenartige Räume der östlichen Sowjetunion. 3 m lang wurde *Titanophoneus*, während *Doliosaurus* sogar über 5 m Körperlänge erreichte. An anderen Stellen lebten fleischfressende Gorgonopsier, wie der 3 m lange *Inostrancevia*, durch Funde von der Dwina belegt. Der einen halben Meter lange und von der Seite sehr hohe Schädel gab dem Tier ein kopflastiges Aussehen. Die Beutetiere waren ebenfalls Reptilien wie die in Herden lebenden pflanzenfressenden Dinocephalier, zu denen *Deuterosaurus* gehörte, ein Verwandter des südafrikanischen *Moschops*.

Die Lebewelt der Karruformation in Afrika

Tief im Süden Afrikas, in den Halbwüsten der Karru, wurden durch Flußerosion in geologisch junger Zeit permische und triassische Festlandsedimente auf natürliche Weise sehr gut aufgeschlossen. Dabei gelangten gar nicht so selten Reptilskelette ans Tageslicht.

Die Karruregion war im mittleren und oberen Perm ein relativ trockenes Land mit spärlicher savannenartiger Vegetation und einzelnen Seen, die den herumziehenden Tierherden als Tränkplätze dienten. Sandstürme und plötzliche Überschwemmungen schufen spezielle Lebensbedingungen. Gegen Ende des Perms lebten auch in dieser Landschaft Herden von schwerfälligen Pflanzenfressern, dazwischen kleinere Rudel beweglicher Fleischfresser – und alle waren Reptilien. Es muß ein Biotop im ökologischen Gleichgewicht gewesen sein. Unter den Karrureptilien, die neben anderen von dem englischen Arzt und Australopithecinen-Forscher ROBERT BROOM untersucht wurden, sind an erster Stelle die bereits bekannten säugerähnlichen Reptilien (Therapsida) zu nennen. Sie zeigen eine höhere Entwicklungsstufe gegenüber den vorangegangenen Pelycosauriern. Die Herausbildung eines zweiten Gaumens erlaubte gleichzeitiges Kauen und Atmen. Sie entwickelten sich zu warmblütigen Nahrungsspezialisten – darin lag zugleich ihre »Anfälligkeit«. Ihr Untergang zur Jurazeit war vorprogrammiert. Unter den Therapsida der Karrufauna gab es Räuber und Pflanzenfresser. Unter den Fleischfressern fanden sich wieder Formen der Titanosuchier, die beispielsweise Körperlängen bis über 4,50 m erreichten.

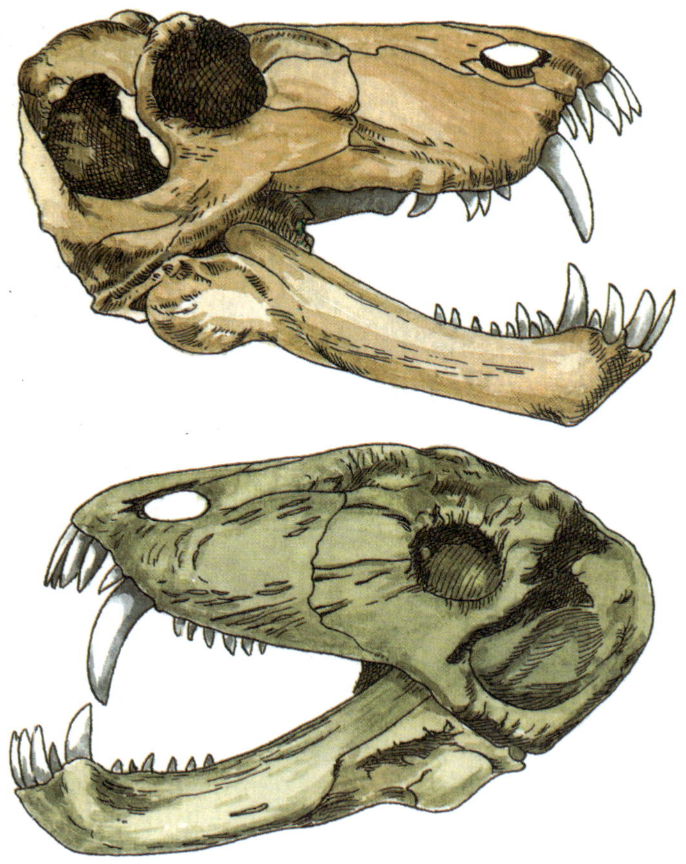

Unter den Reptilien des Perm hatten säugerähnliche Therapsida einen eleganteren Fortbewegungsapparat und eine säugerartige Gebißdifferenzierung in Schneide-, Eck- und Backzähne entwickelt. Neben in Herden lebenden Pflanzenfressern gab es wolf- bis tigerartige Räuber. Zwei Vertreter dieser Titanosuchier aus dem oberen Perm (Kasan-Stufe) der UdSSR:
Oben: der 3 m lange Titanophoneus *besitzt einen 0,5 m langen Schädel. Südlich Kasan an der Wolga*
Unten: der bis 5 m lange Deliosaurus *mit einem 0,65 m langen Schädel. Östliche UdSSR*

In Flüssen und Seen der Süderde (Gondwana) lebte während des unteren Perm der 30 bis 50 cm lange Mesosaurus. *Dieses sehr gut an das Wasserleben angepaßte Reptil ernährte sich vermutlich von Fischen, wie die reusenartige Anordnung der spitzen scharfen Zähne anzeigen könnte.*

Der 3 m lange Bradysaurus *aus dem mittleren Perm Südafrikas ist ein charakteristischer Pareiasaurier, also ein altertümliches »Stammreptil« mit massigem knotigem Schädel und vom Körper abgewinkelten Beinen.*

Unter den Pflanzenfressern gab es zunächst noch primitive Anapsida, und zwar Cotylosaurier mit meist vollständig geschlossenem Schädeldach. Allein die Gruppe der plumpen Pareiasaurier war übriggeblieben. Ein langer, großköpfiger Vertreter war der bis 3 m lange, namengebende *Pareiasaurus* aus der Verwandtschaft des amerikanischen *Diadectes*, und der bis 3 m lange *Bradysaurus*. Aber auch erheblich modernere Vertreter finden sich unter den Pflanzenfressern, und zwar die genannten Säugerreptilien. Hierher gehört beispielsweise der synapside Dinocephalier *Moschops* von der Größe eines Nashorns oder der etwa 2,50 m große *Keratocephalus* mit einem Knochenhorn auf dem Schädel. Da ihre Schädel beweglich am Hals saßen, konnten sie Gefahren gewiß schnell erkennen.

Gegen Ende des Perms bestanden die Herden der plumpen, schwerfälligen Pflanzenfresser vorwiegend aus Dicynodontiern, während die kleinen Raubtiergruppen zu den Gorgonopsiern und Therocephaliern gehörten. Es war eine Tiergemeinschaft der Säugerreptilien (Therapsida) – eben die »Karrureptilien«. Einige heutige Steppenbiotope Afrikas drängen sich als Vergleichsbild auf: Statt der rezenten Antilopen und Zebras lebten in der permischen Karru pflanzenfressende Reptilien; statt der Rudel rezenter Schakale oder Leoparden hat man sich räuberische säugetierähnliche Reptilien vorzustellen. In Flüssen und Seen jagten echsenartige, etwa 30 bis 50 cm große Mesosaurier nach Fischen.

Gondwana und die Tierwelt am Ende der Permzeit

Südlich der Festlandmasse, zu der im Perm der größte Teil Europas gehörte, lag ein äquatoriales Meer – die »Tethys«, nach einer griechischen Göttin, der Gemahlin des Okeanos, benannt. In diesem geosynklinalen Ozean mit kontinuierlich sich senkendem Meeresboden setzten sich mächtige marine Sedimente ab wie Tone und Kalke. Dieses Südmeer gliederte das geographische Erdbild des Perms in eine Norderde (zu der das heutige Europa gehörte) und eine Süderde, die man »Gondwana« nennt.

Aus Gondwana bildeten sich später durch Auseinanderdriften einzelner Teilplatten Südamerika, Afrika, Antarktika, Australien und Indien. Gegen Ende des Perms aber war diese gewaltige Landmasse noch ein Ganzes. Kontinentalität, ferne Lage vom Äquator, die große Nähe des Südpols bewirkten seit dem endenden Oberkarbon ein von der Nordhalbkugel völlig verschiedenes Klimabild. Ein Inlandeiskörper, größer als das heutige antarktische Eis, bedeckte den südlichen Großkontinent. Permische Eiszeitsedimente und Gletscherschliffe waren weit verbreitet. Im eisfreien Raum hatte sich eine »kühle« Flora mit dem charakteristischen Farnsamer *Glossopteris* angesiedelt. Reste dieser Pflanze wurden in Südafrika, Indien, Australien und Südamerika gefunden.

In den Weltmeeren der Erde ging mit der höheren Permzeit das Paläozoikum, die Altzeit des tierischen Lebens, endgültig zu Ende. Eine ökologische Krise reduzierte viele Tiergruppen oder ließ sie aussterben. Die Ursachen sind umstritten. Einmal könnten erhebliche geologische Veränderungen auf der Erde in das Ökosystem eingegriffen haben. Zum anderen verdichten sich Vermutungen über katastrophenartige außerirdische Einflüsse. (Auf S. 219–223 berichten wir über die Ursachen der gewaltigen Veränderungen der Lebewelt am Ende der Kreidezeit.)

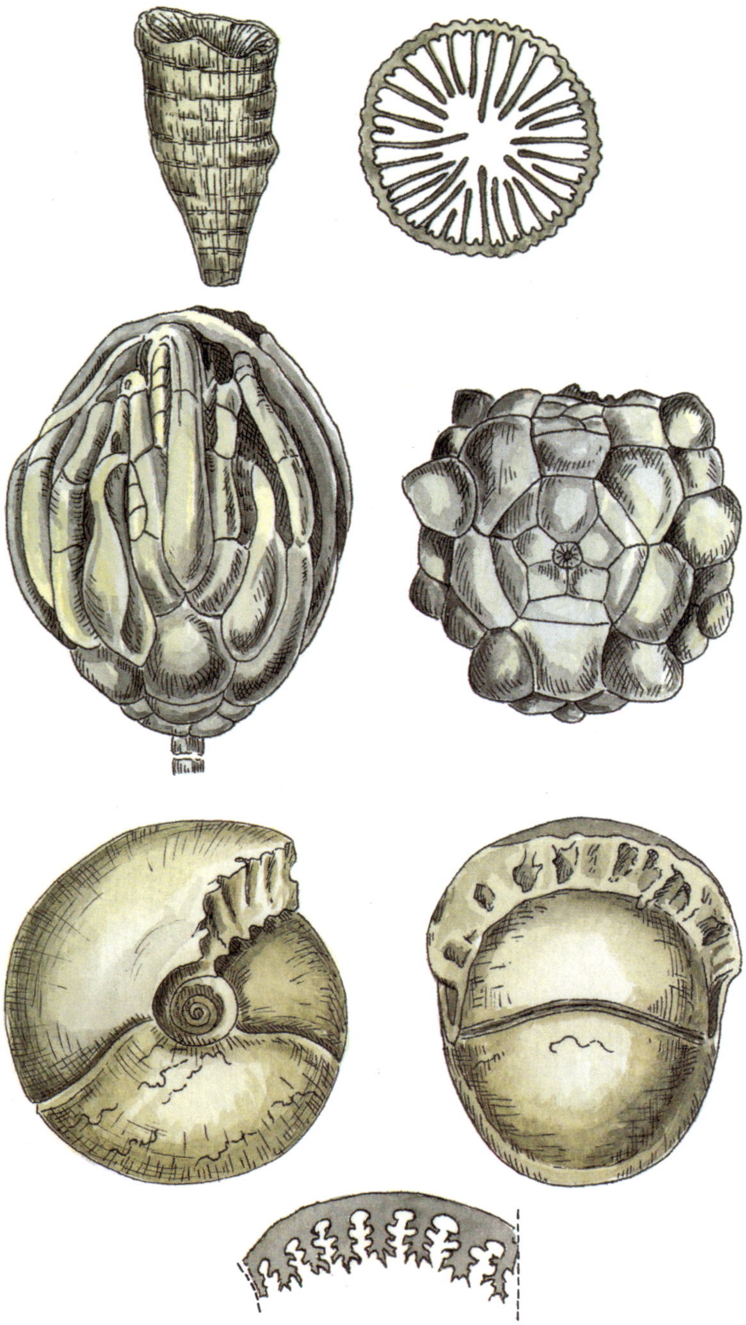

Lebensreste aus den geosyklinalen Meeren der Permzeit
Oben: Die Tetrakoralle Pterophyllum *aus dem Perm von Timor und aus dem Himalaya. Links das 4 cm hohe Gesamttier, rechts der vergrößerte Axialschnitt*
Darunter: Die Seelilie Timorocrinus *aus dem Perm von Timor. Links die 3 cm hohe Krone von der Seite, rechts Blick von unten*
Unten: Der Ammonit Waagenoceras *aus dem Mittelperm Südeuropas (Sosiokalk Siziliens) von der Seite und von vorn, darunter die Lobenlinie*

Am Ende des Paläozoikums starben die Altammoniten aus. Nur wenige überlebten – und aus diesen entwickelten sich in der Folgezeit einige lebensstarke Seitenäste in einer wahren Lebensexplosion zu neuer Blüte. So steckte in der permischen Krise zugleich der Ansatz für eine Neuerweckung. Im Mesozoikum kam es zu einer unglaublichen Formenvielfalt, deren Wurzel jene Krisenzeit war.

Ganz anders gestaltete sich das Schicksal der Dreilappkrebse, der Trilobiten, die sich in den Meeren des Erdaltertums immer wieder den sich ändernden Umweltbedingungen anpassen konnten, die viele Krisen überstanden hatten und sich vieler Feinde erwehrten. Jetzt, am Ende des Perms, aber waren sie den neuen Umweltbedingungen nicht gewachsen, sie starben aus.

Auch bei den Fischen sind Veränderungen nicht zu übersehen. Viele der alten Knorpelfische verschwanden gegen Ende der Permzeit, andere jedoch überdauerten diese »Zeitenwende«. Die Lungenfische sowie die mit ihnen verwandten Quastenflosser wurden arg reduziert. Die Knochenfische aber brachten neue Klassen hervor.

Die Schwelle zu einem neuen Zeitalter war erreicht, es begann das Mesozoikum.

Wichtig aber erscheint die Tatsache, daß sich in der auffällig in klimatische Provinzen gegliederten Lebewelt unter den Wirbeltieren die Amphibien und Reptilien besonders weiterentwickelt hatten. Darin liegt der Ausgangspunkt für jene Entwicklungen in der folgenden Zeitepoche.

Im folgenden wird über die Höhepunkte dieser Zeit ebenso berichtet werden wie über das rätselhafte Aussterben am Ende des Mesozoikums.

Das Erdmittelalter beginnt

Die Zeit der Trias

Das nun folgende Mesozoikum, das Erdmittelalter, umfaßt mit einem absoluten Zeitumfang von 180 Millionen Jahren nur etwa 1/10 bis 1/15 der erdgeschichtlichen Zeitspanne, in der es Leben gibt. Es bedeutet zeitlich die gute Hälfte des Erdaltertums. Wie in der Weltgeschichte das Mittelalter wesentlich kürzer ist als das Altertum, so ist es also auch in der Erdgeschichte. Dieses zeitlich relativ kurze Mesozoikum war aber eine Periode vielfältiger Entwicklungen in der Tektonik, in der Paläogeographie der Erde, im Klima wie in der Lebewelt. Das bereits bekannte äquatororientierte Südmeer, die Tethys, umspannte während des gesamten Erdmittelalters die Erde vom heutigen Mittelmeer und von den Alpen über den Kaukasus und Iran bis nach Zentralasien und bis zum Malaischen Archipel und mündete dort in einen schon damals vorhandenen Pazifik. Dieses Meer wurde zum Ablagerungsraum außerordentlich mächtiger Sedimente mit vielfältigen marinen Fossilien, wie Gastropoden, Lamellibranchiaten, Cephalopoden und Echinodermen. Außerhalb Europas sind in diese Sedimentfolgen auch mächtige Magmatite eingeschaltet. Später dann wurden diese Ablagerungen zusammengefaltet und emporgehoben. Sie sind heute in den jungen Kettengebirgen, in vielen Hochgebirgen der Erde, sichtbar. Man bezeichnet die Gesteinsserien summarisch als die »alpine Trias«. Wir werden sie hier nicht näher vorstellen.

Dieses Tethysmeer gliederte die festländische Erde in zwei Hälften. Die aus dem Perm »ererbte« Einheitlichkeit der Süderde geht im Laufe des Erdmittelalters verloren. Gondwana zerfällt ab der Jurazeit durch das Abdriften der südamerikanischen Platte von der afrikanischen in jene zwei großen Kontinente, die wir heute südlich des Äquators kennen.

Die Norderde blieb im Erdmittelalter als einheitliche Landmasse im großen erhalten. Erst in der beginnenden Erdneuzeit werden sich die heute bekannten geographischen Konturen herausbilden. Wie sich allerdings das geologische und tektonische Geschehen in einigen begrenzten regionalen Ausschnitten Mitteleuropas darstellt, lernen wir im folgenden näher kennen.

Dreigegliederte Epoche – die mitteleuropäische Trias

Das Mesozoikum begann vor etwa 245 Millionen Jahren mit der Trias, die vor etwa 205 Millionen Jahren endete. Sie umfaßt eine Zeitspanne von etwa 40 Millionen Jahren. Für Mitteleuropa ist der Name Trias – 1834 von dem württembergischen Bergrat und Geologen FRIEDRICH AUGUST VON ALBERTI (1795–1873) vorgeschlagen – berechtigt, sind doch die Gesteinsschichten nicht nur für den Fachmann in drei deutlich unterscheidbare Großhorizonte gliederbar. Oft weithin sichtbare Farbunterschiede lassen allein schon diese Unterscheidung zu. Unten findet sich der meist rotgefärbte, vorwiegend festländische Buntsandstein, darüber folgt der durch helle fossilreiche Kalksteine gekennzeichnete marine Muschelkalk, der überlagert wird vom buntgefärbten Keuper mit festländischen wie marinen Sedimenten.

Insgesamt gesehen, ist diese Triasperiode hier in Mitteleuropa eine Zeit der Landvorherrschaft, allerdings immer wieder von Vorstößen und Überflutungen flacher Meere unterbrochen. Ähnliche Verhältnisse wie in Mitteleuropa finden wir im westli-

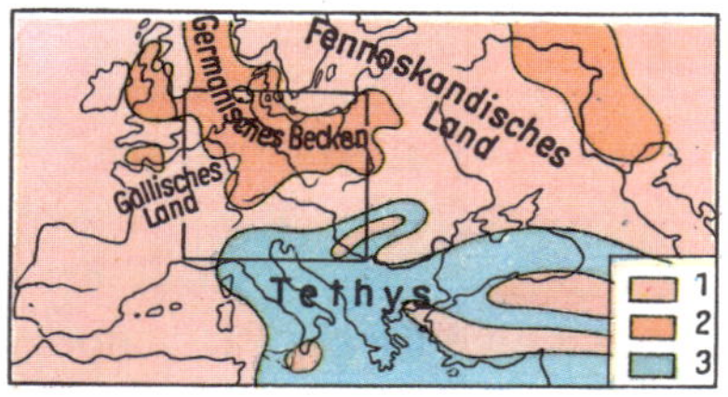

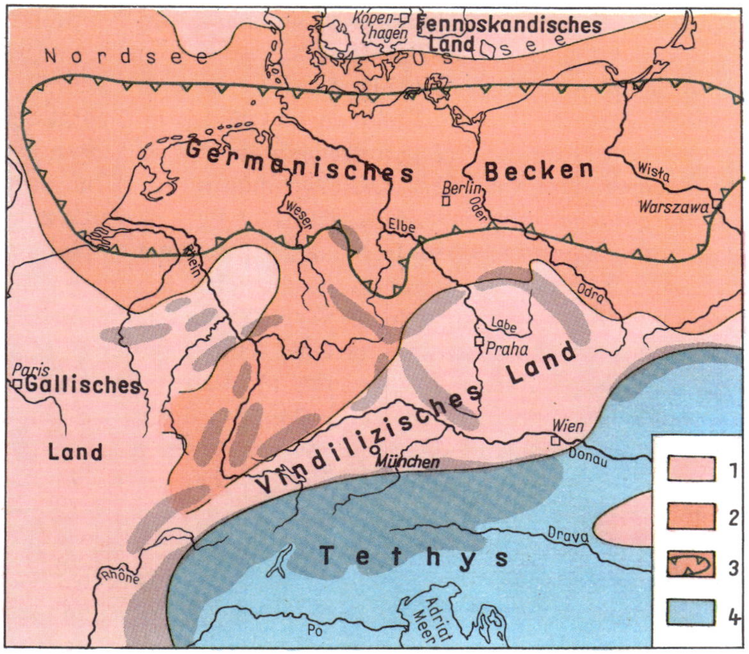

Das Kartenbild Europas zur Zeit des unteren Buntsandsteins – Obere Karte:
1 Festland, vorwiegend Abtragungsgebiet, 2 Becken mit festländischer Sedimentation, 3 Geosynklinalmeer mit mächtigen marinen Sedimenten
Untere Karte: Die Verteilung von Meeren, festländischen Ablagerungsbecken und festländischen Abtragungsgebieten zur Zeit des unteren Buntsandsteins
1 Festland ohne Sedimente (Abtragungsgebiet), 2 sich senkende Becken mit festländischer Sedimentation, 3 Verbreitung der Rogensteine (ooidische Kalksteine) [in Richtung der Zacken], 4 Geosynklinalmeer mit sinkendem Meeresboden

chen Mittelmeergebiet, in Teilen der Sowjetunion und in China. Zeitgleiche kontinentale Ablagerungen sind beispielsweise in Afrika die aus dem Perm sich entwickelnde Karruformation oder in Indien die mächtigen Gondwanaschichten.

Wüsten, Binnenseen, Lagunen – die Buntsandsteinzeit

Zwischen Vogesen und Schwarzwald im Süden und der felsigen Nordseeinsel Helgoland im Norden treten in verschiedenen Landschaften Mitteleuropas bis über 1 km mächtige, buntgefärbte, meist rote Schichtfolgen aus horizontalgeschichteten Sand- und Tonsteinen an die Oberfläche. Sie werden Buntsandstein genannt, nachdem der Thüringer JOHANN LUDWIG HEIM (1741–1819) im Jahre 1800 erstmals vom »Bunten feinkörnigen Sandstein« gesprochen hatte. Die Buntsandsteinzeit umfaßte eine absolute Zeitspanne von etwa 8 bis 10 Millionen Jahren. Die roten Sandsteine dieser Periode bilden nicht selten bizarre Felswände, wie den berühmten Teufelstisch im Pfälzerwald, die Sandsteinwände im Unstruttal oder die Felstürme an der Brandungsküste Helgolands.

Für die diese Sedimente untersuchenden Geologen war außer der auffallenden Farbigkeit das fast völlige Fehlen von fossilen Lebensresten – von Ausnahmen abgesehen – ein wesentliches Merkmal. So kam der weitgereiste, die Wüsten der Erde sehr gut kennende Professor für Geologie an der jenaischen, später halleschen Universität JOHANNES WALTHER (1860–1937) etwa um 1900 ganz zwangsläufig zu der Annahme, daß diese untertriassischen roten Sedimente Europas in einer weitflächigen Buntsandsteinwüste abgelagert worden seien. Da dieser bedeutende Forscher im Buntsandstein seiner Thüringer Heimat aber auch örtlich konzentriert zahllose kleine limnische Muscheln auffand, folgerte er: In dieser Wüste fehlt auch das fließende wie stehende Wasser nicht. Kaum ausgesprochen, stand diese WALTHERsche »Buntsandsteinwüste« auch schon im Schußfeld der Kritik vieler Fachkollegen. Meinung und Gegenmeinung zwangen zu intensiver Feldforschung. Trotz lithologischer Einförmigkeit und Fossilarmut wurde durch oft mühsame Feldarbeit und Laboruntersuchungen ein bemerkenswerter Erkenntniszuwachs erreicht. Heute, gut acht Jahrzehnte später, können wir ein Bild jener mitteleuropäischen Buntsandsteinzeit aufzeichnen, von dem wir glauben, daß es der Wahrheit nahekommt. Doch zunächst sei die geographische Situation Mitteleuropas vorgestellt.

Das Germanische Buntsandsteinbecken

Das geographische Bild der Permzeit hatte sich in groben Zügen erhalten. Der noch zusammenhängende nördliche euro-

In den Buntsandsteinfelsen der Steilküste von Helgoland fand man 1910 den Schädel eines über 2 m langen Riesenamphibiums.

päisch-nordamerikanische Kontinent lag in der Nähe der Äquatorzone. Wie schon während des Zechsteins war der mitteleuropäische Teil zur Triaszeit gekennzeichnet durch eine südwärts gerichtete Fortsetzung der Nordseestraße (die ihrerseits Verbindung zu einem Nordmeer besaß) bis an den Oberrhein. Diese morphologische Senke wird auch jetzt als »Germanisches Becken« bezeichnet. Vorwiegend als Tiefland, in dem sich Sedimente sammeln, werden wir es kennenlernen. Nur gelegentlich wird es von flachen Meeren überdeckt sein.

Das Germanische Buntsandsteinbecken war ringsum von sich hebenden und dadurch morphologisch höher gelegenen Gebieten mit vorherrschenden Abtragungsprozessen umgeben. Diese hauptsächlich mittelgebirgigen Landbereiche bestanden vorwiegend aus geröteten alten kristallinen Gesteinen. Im Süden lag als Grenzraum zum Tethysmeer das Vindilizische Hochland mit einer Ausbuchtung nach Norden, der Böhmischen Landmasse, zu der auch das heutige Erzgebirge gehörte. Im Westen lag das Gallische Land sowie die nach Nordost vorspringende Ardennisch-Rheinische Landmasse. Im Nordosten grenzte das Germanische Becken buchtenreich an das sogenannte Fennoskandische Hochland.

Mit Beginn der Buntsandsteinzeit hatten sich in diesem Sedimentationsraum die Ablagerungsbedingungen im Gegensatz zur Zechsteinzeit verändert. Die Verbindung zur Urnordsee war unterbrochen worden, das Germanische Becken wurde zum großräumigen Sammelkessel festländischer Sedimente. Nur am Anfang, zur Zeit des unteren Buntsandsteins, könnten gelegentlich flache Meeresvorstöße im Nachklang der Zechsteinzeit den Raum der südlichen DDR erreicht haben. Gesteinzeugen sind oolithische Kalksteinbänke, die als Bau- und Pflastersteine oft verwendeten Rogensteine. Merkwürdig ist lediglich, daß man zwischen den Ooiden nie marine Fossilien hat finden können. Die vermutlich wandernde, oft nur brackische Strandsedimentation mit den Kalkooiden blieb auf die Tiefgebiete beschränkt, in denen mit fortschreitender Zeit der Versalzungsgrad immer geringer wurde. Endseen schieden lokal Gips und Steinsalz aus. Salztone dürften viel weiter verbreitet gewesen sein, als wir sie heute nachweisen können.

Am Beckenrand herrschte durchgängig festländische Sedimentation. Es gab also in dieser Anfangszeit des Buntsandsteins deutlichere Unterschiede im Milieu zwischen Beckenzentrum und Beckenrand als später. Von den sich hebenden Beckenrändern wurden großflächige Sedimentationsfächer mit groben Geröllhorizonten in die Tiefgebiete des Germanischen Beckens geschüttet. Diese Prozesse glichen die morphologischen Unterschiede allmählich aus. Nun beginnen die eigentlich typischen Sedimentablagerungsprozesse für die Zeit vom unteren Buntsandstein bis zur Sollingfolge (zum mittleren Buntsandstein), die es nun etwas genauer vorzustellen gilt.

Gab es die Buntsandsteinwüste doch?

Europa lag in Äquatornähe und zudem inmitten eines großen Festlandblocks. Also herrschte ein kontinentales semiarides bis arides Klima mit relativ hohen Temperaturen. Das Klima bedeutete geringe Niederschläge bei unregelmäßiger zeitlicher

Verteilung. Die Verdunstung war erheblich größer als der Niederschlag, der nur in den höheren Bergregionen fiel. Selten schossen episodische Wasserfluten talwärts, weil weder Bodenüberdeckung noch Pflanzenbewuchs das Wasser festhielt. Weite Bereiche der felsigen Hochflächen waren vegetationslose Steinwüsten.

Einige größere Täler mit nur periodisch wasserführenden Flüssen traten aus dem Gebirge in das Vorland, in das eigentliche Germanische Becken ein. Zu Zeiten intensiver Wasserführung wälzten sich rotgefärbte Suspensionen durch die aufgespalteten Flußarme. Am Rande des Gebirges ließ das Gefälle nach – hier begann der Sedimentationsraum des Buntsandsteins, zunächst mit einigen nur hier zu findenden geographischen Besonderheiten. Die Täler hatten das Aussehen von Wadis mit randlichen Felswänden und Zeugenbergen. Auf dem

Ein Teil Mitteleuropas zur Zeit des unteren Buntsandsteins. Im Vordergrund der gebirgige Rand des großen triaszeitlichen Ablagerungsraumes, des Germanischen Beckens. Alte kristalline Gesteine bildeten ein felsiges, weitgehend vegetationsloses Mittelgebirge. Hier, vor allem in den höher gelegenen zentralen Teilen dieser Randgebirge, herrschte Abtragung. Ein wadiartiges Flußtal mit Aufspaltungen und Vernetzungen trat aus dem Gebirge. Eine der seltenen Regenperioden war vorangegangen. Die Flüsse führten Wasser und transportierten Abtragungssedimente ins Vorland. Dort war Wüste bzw. Halbwüste mit einzelnen im Sediment ertrinkenden Zeugenbergen und wandernden Sanddünen. Im Hintergrund wurde in der weitsichtigen kontinentalen Atmosphäre das zentralere Germanische Becken sichtbar, das von einem großen brackigen See bedeckt wurde. In ihm lagerten sich vorwiegend rotgefärbte feinkörnige Sedimente wie Sande und Tone mit einer weitreichenden horizontalen Schichtung ab.

Talboden lagerten sich rote Sedimente ab, Schotterbänke, Sande und Pelite. In den Kiesen und Sanden findet sich häufig unverwitterter frischer Feldspat, der das bisher beschriebene Klimabild weiter untermauert.

Gelegentlich entstanden hinter Talverengungen und anderen Hindernissen natürliche Stauseen. In die sich am Grund absetzenden Sande und Schluffe wurden limnische Lebensreste, wie die Muschel *Avicula (Gervilleia) murchisoni* und die Schnecke *Turbonilla weissbachi*, eingebettet.

Auf Zeiten mit Wasserangebot folgten lange Trockenperioden. Auch die Großtäler fielen jetzt trocken und waren für lange Zeit wasserfrei. Zeitweise entstanden echte Wüsten, besonders zur Zeit des unteren Buntsandsteins. Jedes Gesteinskorn, das beweglich war, wurde vom Winde verweht. Auf den Sandflächen entstanden Eisen- und Karneolkrusten. Sandgeschliffene Gerölle, sogenannte Windkanter, beweisen den intensiven Windtransport des Sandes. Dünenfelder wanderten jetzt über das Buntsandsteinland. Selbst große Sicheldünen, die Barchane, fehlten nicht. Im Inneren dieser Dünen entstand eine weitflächige bogige Schrägschichtung. Die zuvor genannten Wadis und Zeugenberge wurden von den wandernden äolischen Sanden zugedeckt.

Diese morphologisch bewegte Landschaft kennzeichnet den Rand des Germanischen Beckens. Mit zunehmender Entfernung von den Randgebirgen verringerten sich die Reliefunterschiede immer mehr. Es entstand schließlich eine sogenannte Fastebene mit einem kaum bemerkbaren Gefälle nach Norden zur Norddeutschen Senke. Die Flüsse versiegten bei normaler Wasserführung nach weitflächiger Aufspaltung und Vernetzung im sandigen Untergrund. Die fluviatile Sedimentfracht setzte sich mit fluviatilen Sedimentmerkmalen ab.

Der Wind nahm nun diese Sedimente auch hier auf und verwehte sie. Die letzte Umlagerung aber, die den Charakter der Buntsandsteingesteine endgültig prägte, erfolgte in diesen zentralen Beckenbereichen immer im Seemilieu. Kamen nämlich Wasserfluten mit großer Wasserführung vom Gebirge, folgten weitflächig episodische Überflutungen in der völlig flachen Landschaft nach. Es entstanden flache Endseen großer Ausdehnung mit völlig ebenen Seeböden. Sande und Tone bekamen eine weitaushaltende horizontale Schichtung und Bankung, wie sie in den zahlreichen schönen Aufschlüssen in Mitteleuropa sichtbar wird.

Die Seen trockneten aus, und nun prägten zusätzliche Erscheinungen die Sedimente. Steinsalz- und Gipskristalle schieden sich aus den mineralangereicherten, übersalzenen Wässern der Endseen aus. Im noch feuchten Schlamm wurden Lebensspuren von Würmern, Schnecken, Insekten, Arthropoden und Wirbeltieren eingedrückt. Schuppen von Ganoidfischen konnten sich zwischenlagern. Wandernde Kieselsäure führte zur Entstehung schöner, roter Karneollagen. Schließlich wurden die Schichtflächen mit Wellenrippeln überzogen und von Trokkenrißnetzen zergliedert.

Es ist das Bild einer Halbwüste, das die Hauptzeitspanne des beckenzentralen Buntsandsteins prägt. Hätte man aus größerer Höhe auf das rotgefärbte Buntsandsteinland herabschauen können, so wäre ein übergroßes terrestrisches Delta mit sehr schwacher Neigung in nördliche Richtungen sichtbar geworden. Dieses gewaltige, von zahllosen Riesensedimentfächern genährte Delta taucht schließlich ein in die Tiefenbereiche des Germanischen Buntsandsteinbeckens.

Das Land lag dort nur ganz wenig über dem Wasserspiegel eines Meeres weiter im Norden, so daß gelegentliche marine Überflutungen in südliche Richtungen sehr wahrscheinlich sind. Freilich läßt sich im Einzelfall nicht beweisen, ob lokale Übersalzung oder das Meer selbst chemische Sedimente wie Kalk, Dolomit, Gips und Steinsalz entstehen ließen.

Der Buntsandsteinschachtelhalm Schizoneura-Echinostachys *in einer neuen Lebendrekonstruktion (Ausschnitt) nach Funden aus dem oberen Buntsandstein der Nordvogesen (Frankreich)*

Rekonstruktion des bis 2 m hohen unverzweigten Bärlappgewächses Pleuromeia sternbergi *aus dem Buntsandstein. Aus einer verzweigten unterirdischen Stammbasis mit langen Wurzeln strebt ein völlig gerader Stamm mit Blattnarben empor. Im oberen Drittel sitzen die etwa 10 cm langen lanzettförmigen sukkulenten Blätter noch an. Der Stamm endet in einer einzigen großen Sporophyllähre (»Zapfen«). Die Sporangien enthalten entweder kugelige Megasporen von 0,5 bis 0,7 mm oder nur Mikrosporen von 0,025 mm Länge.*

Dieses erdgeschichtliche Übersichtsbild wird nun ergänzt durch die Vorstellung einiger wichtiger Fundstellen und Funde aus dem mitteleuropäischen Buntsandstein.

Pleuromeia und andere Pflanzen der Buntsandsteinzeit

Vor fast 150 Jahren stürzte bei Renovierungsarbeiten am Magdeburger Dom ein Steinblock aus Buntsandstein auf das Pflaster des Domplatzes und zersprang. Dabei kam an der Bruchfläche ein fossiler Pflanzenrest als Steinkern zutage, den der Paläontologe Georg Graf zu Münster in seinen »Beiträgen zur Petrefactenkunde« 1839 beschrieb.

Dies war die erste Erwähnung einer seltsamen Pflanze aus dem sonst so fossilarmen Buntsandstein, die sich zunächst im »Bunten Sandstein« bei Schönebeck und um Bernburg, später dann an vielen Stellen Europas und der Welt fand: im Raum Magdeburg, bei Nienburg an der Saale, in der Mansfelder und Thüringer Mulde, dort bei Bad Berka und bei Singen, dann an mehreren Stellen in Hessen und Baden, in Frankreich und Spanien, aber auch in der UdSSR bei Rybinsk an der Wolga und sogar im Fernen Osten bei Wladiwostok. Andere fossile Pflanzenreste ergänzten bald das Florenbild, so daß durch sorgfältige wissenschaftliche Arbeit, insbesondere durch die Paläobotaniker W. P. Schimper, A. Mougeot und K. Mägdefrau u. a. folgendes pflanzliches Lebensbild des Buntsandsteins entstand: Inmitten trockener beckenzentraler Halbwüsten und Steppen gab es oasenartige flache Talzüge und Depressionen mit Seen und Tümpeln, umgeben von einem schütteren Röhrichtgürtel, bestehend aus Schachtelhalmgewächsen. Die Gattung *Equisetites* zeigte im Gegensatz zu den paläozoischen Calamiten wahrscheinlich kein oder höchstens ein unbedeutendes Dickenwachstum. Obwohl größer und kräftiger, waren ihre Vertreter unseren heutigen Schachtelhalmen ähnlich. *Schizoneura* war ein etwa 1 bis 2 m hohes, aber nur 1 bis 2 cm starkes Schachtel-

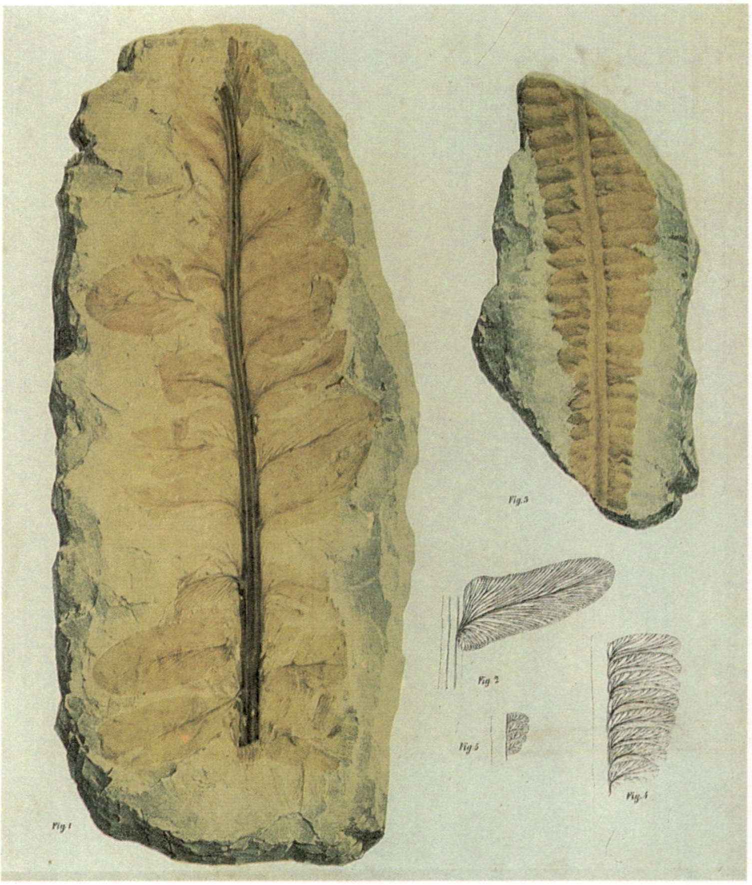

halmgewächs von schilfartigem Aussehen. An den Knoten saßen einnervige Blätter, die anfangs zu einer einzigen Blattscheide verwachsen waren und sich später aufspalteten.

Etwas weiter vom Wasser entfernt wuchsen Farne. Die an unseren Wurmfarn erinnernde Art *Anomopteris mougeotii* mit Wedeln von 1 m Länge kann als ein Leitfossil des Buntsandsteins gelten. Die häufigere Gattung *Neuropteridium* ist durch mehrere Arten im Buntsandstein vertreten. Einem kurzen Stamm entspringen einfach gefiederte Wedel, die bis 50 cm lang werden. Die Fieder ähneln stark der oberkarbonischen *Neuropteris* und stehen dachziegelartig dicht.

Noch weiter entfernt vom offenen Wasser und entfernt von der im Boden leicht erreichbaren Feuchtigkeit standen schließlich in sehr lichter Anordnung jene seltsamen Pflanzen, die Georg Graf zu Münster 1839 aus einem Baustein des Magdeburger Doms erstmals beschrieben hatte. Es waren phylogenetisch bedeutsame Pflanzenfossilien, Vertreter von Bärlappgewächsen, die ein Bindeglied darstellen zwischen den baumförmigen Sigillarien des Oberkarbons und der kreidezeitlichen *Nathorstiana*, einem Vorläufer der heute lebenden kleinen Isoetales (Brachsenkräuter). Diese *Pleuromeia* benannte typische Buntsandsteinpflanze war gekennzeichnet durch eine für Pflanzen zeitweilig trockener Regionen charakteristische Verdikkung von Stamm und Blättern. *Pleuromeia* war eine sukkulente Pflanze. Aus zahlreichen Stamm-, Blatt- und Zapfenfunden konnte das Lebensbild dieser Pflanze rekonstruiert werden. Der etwa 2 m hohe oberirdische Teil des Stammes strebt unverzweigt und vollkommen gerade nach oben. Der Gesamthabitus ist schlankwüchsig – gewiß eine Anpassung an die starke Windbewegung und die Stürme in den steppen- und wüstenartigen Räumen der Buntsandsteinzeit. Der kurze unterirdische »Wurzelteil« spaltet sich sofort zweimal gabelig auf, so daß vier hornartig nach oben gerichtete, narbenbedeckte Äste entstehen. An diesen Narben sitzen oft »Apendices«, also Wurzelfasern. Haben sich diese Wurzelfäden fossil an der Stammbasis erhalten, so wurde das Fundstück am Ort eingebettet.

Koniferen und Farne der Buntsandsteinzeit von der berühmten Fundstelle Sulzbad bei Straßburg in der Darstellung von W. P. Schimper und A. Mougeot aus dem Jahre 1844
Das Nadelgehölz Voltzia heterophylla *mit unterschiedlich langer Benadelung*
Die Farne Neuropteridium grandifolia, Neuropteridium imbricata *und* Pecopteris sulziana *(S. 82)*

Die Oberfläche des unteren Stammes, der im Inneren einen bis 5 mm starken Zentralkanal aufweist, scheint verziert mit quergestreckten, spiralig angeordneten Blattnarben. Nur im oberen Stammteil blieben die etwa dezimeterlangen, lanzettlichen Blätter haften. Die Spitze der Pflanze wird von einer auffallenden Sporophyllähre gekrönt, deren Sporangien entweder nur Mega- oder Mikrosporen tragen. *Pleuromeia* kann als *die* charakteristische Buntsandsteinpflanze gelten.

In diesen schon trockenen Arealen in der Nachbarschaft des Wassers mischten sich zwischen die *Pleuromeia*-Bestände auch Nadelbäume, von denen sich Zweige, Zapfen und Hölzer mit Zellstrukturen gefunden haben. Die schon aus dem Zechstein bekannte Koniferengattung *Voltzia* war jetzt weit verbreitet und hoch entwickelt. Sie ähnelt stark den heutigen brasilianischen Araucarien. Besonders in der jüngeren Buntsandsteinzeit formierten sich in beckenrandnahen Bereichen die Voltzien zu Wäldern. Ihre Reste finden sich in einigen Sandhorizonten so oft, daß man sie »Voltziensandsteine« nennt.

Riesenamphibien des Buntsandsteins

Bei Bernburg an der Saale baute man in den Jahren nach 1800 die »oberen Bunten Sandsteine« zu Bausteinen ab. Wir haben sie als Bausteine am Magdeburger Dom und als Fundgestein von *Pleuromeia* schon kennengelernt. Besonders der Merkelsche Steinbruch erweckte bald das Interesse naturkundlich interessierter Menschen. Eingeschlossen im festen Sandstein, fand man Skeletteile von Wirbeltieren. 1841 wurden in Braunschweig während der Versammlung der Deutschen Naturforscher und Ärzte einige fossile Schädel als *Trematosaurus* vorgestellt. Bernburg war zu einem weltbekannten Fossilfundplatz geworden. Heute berühmte Fachleute untersuchten das sich häufende Fundmaterial: 1849 der hallesche Zoologe H. BURMEISTER, 1858 der in Frankfurt am Main lebende Paläontologe H. VON MEYER und einige andere danach.

Eine erste Frage war schnell beantwortet: Zu welcher Tiergruppe gehören die Reste? Es handelte sich fast ausschließlich um Amphibien bedeutender Körpergröße, und zwar um Labyrinthodontia mit großen Schädeln ohne Schläfengruben und Präorbitalfenster und mit nicht geringen Ähnlichkeiten zu den ältesten Reptilien, deren Vorfahren sie ja in vorangegangenen Zeiten waren.

Die systematische Untersuchung ergab, daß die Bernburger Amphibien zu zwei verschieden großen Gattungen gehören. Der kleinere *Trematosaurus brauni* BURMEISTER besitzt einen etwa 15 cm langen dreieckigen Schädel. Die Gesamtlänge des Tieres dürfte etwa 60 bis 70 cm betragen haben. Die Knochen des Schädeldaches tragen eine kräftige Skulptur aus geraden und gewundenen Furchen. Da die Seitenlinien besonders tiefe Rillen bilden, ist zu folgern, daß diese Formen auch im Alter vorwiegend im Wasser gelebt haben müssen. Die größeren Formen von Bernburg werden heute *Parotosaurus (Capitosaurus) nasutus* (H. VON MEYER) benannt, eine Art der in der Trias weitverbreiteten Gruppe der Temnospondyli mit einem ebenfalls deutlich entwickelten Seitenliniensystem, das oberhalb der Augen und auf der Schnauze lyraförmig eingraviert ist. Aus den bis zu 40 cm langen Schädeln ergibt sich eine respektable Körperlänge von etwa 160 bis über 200 cm.

Zahlenmäßig zwar völlig untergeordnet, fanden sich im Bernburger Fundgut auch Reptilienreste. Dies ist bedeutsam – mit der Trias begann ja das Zeitalter der Reptilien. Sie gehörten zu krokodilähnlichen wasserbewohnenden Parasuchiern mit einem primitiven Schädelbau, der sie zwang, beim Einatmen den ganzen Schädel über Wasser zu halten. Die Nasenöffnungen lagen nämlich nicht vorn am Schnauzenende, sondern weiter hinten. Die kräftige Bezahnung weist auf fleischfressende Ernährweise. Der Greifswalder Paläontologe O. JAEKEL beschrieb 1910 *Mesorhinosuchus* als älteste Form der Parasuchier. Somit liegt also auch ein wissenschaftlich bedeutsamer Reptilfund aus dem Bernburger Buntsandstein vor.

Soweit die Beantwortung der ersten Frage. Eine zweite lautete: Wie lebten diese Amphibien und Reptilien, und auf welche Weise gelangten ihre Knochenreste so zahlreich in die Bernburger Sandsteinschichten? Ohne Zweifel waren vor allem die Bernburger Amphibien, aber auch die Reptilien auf stehendes oder fließendes Wasser als Hauptlebensraum angewiesen. Von *Trematosaurus* glaubt man sogar zu wissen, daß er vorwiegend im marinen Milieu lebte und nur zur Eiablage das Meer verließ. Wichtig sind nun die geologischen Befunde. Alle Knochenreste wurden in einem feinkörnigen, weißgrauen Sandstein mit Tongallen, dünnen Tonlagen auf wellenberippten Schichtflächen und Fischschuppen aufgefunden. Schädel unter den Wirbeltierresten überwiegen, daneben fanden sich Unterkiefer und Schultergürtel. Alle Befunde sprechen für folgendes Geschehen: Es bestanden größere Seen, die sich in einer trockener werdenden Landschaft verkleinerten. Amphibien und Reptilien wurden zusammengedrängt. Der verkleinerte Lebensraum bedeutete schlechtere Lebensbedingungen. Zahlreiche Tiere, darunter auch Einwanderer von nahen Meeresräumen, verendeten. Ihre aufgetriebenen Kadaver lagen im Wasser, bis die Extremitäten abgefressen wurden oder abfielen. Die schweren Schädel lösten sich ab und sanken auf den Seegrund. Dort wurden sie im Seesand eingebettet. Sehr selten nur wurde in Ufernähe ein ganzer Leichnam zugesandet, wie ein weitgehend intakter *Trachelosaurus*-Fund beweist. Den See umstanden jene Buntsandsteinpflanzen, die wir im vorigen Kapitel kennenlernten.

Der Capitosaurus-Schädel von der Insel Helgoland

Ergänzend sei ein Fund von einem der bemerkenswertesten Aufschlüsse im festländischen Buntsandstein Europas erwähnt. Nicht wie im bekannten Teufelstisch des Pfälzer Waldes oder an den roten Felshängen der Vogesen, in den Thüringer Tälern oder in Südpolen ragen die terrestrischen Rotgesteine des Buntsandsteins inmitten europäischen Festlandes in den Himmel. Auch für den empfindsamen Geologen gehört es zu den besonderen Erlebnissen, wenn sich inmitten einer gezeitenbeeinflußten Meeresbrandung steile Felsklippen und bizarre Felstürme aus rotem mittlerem Buntsandstein ganz abrupt aus dem blauen Meer erheben. Gemeint ist die felsige Nordseeinsel Helgoland mit der nördlichsten Tagesposition des terrestrischen Buntsandsteins.

Im Juni 1910 machte dort der kartierende Landesgeologe Dr. W. WOLF eine aufregende Entdeckung. Wenig über der Brandungszone fand er an der Westküste neben dem Felsturm des Mönchs, im sogenannten Predigtstuhl, einen prächtigen großen Schädel, mit 46 cm Länge erheblich größer als die großen Bernburger Schädel, ein Einzelfund bis heute. Auch dieser Helgoländer Fund zeigt die für Labyrinthodonten charakteristi-

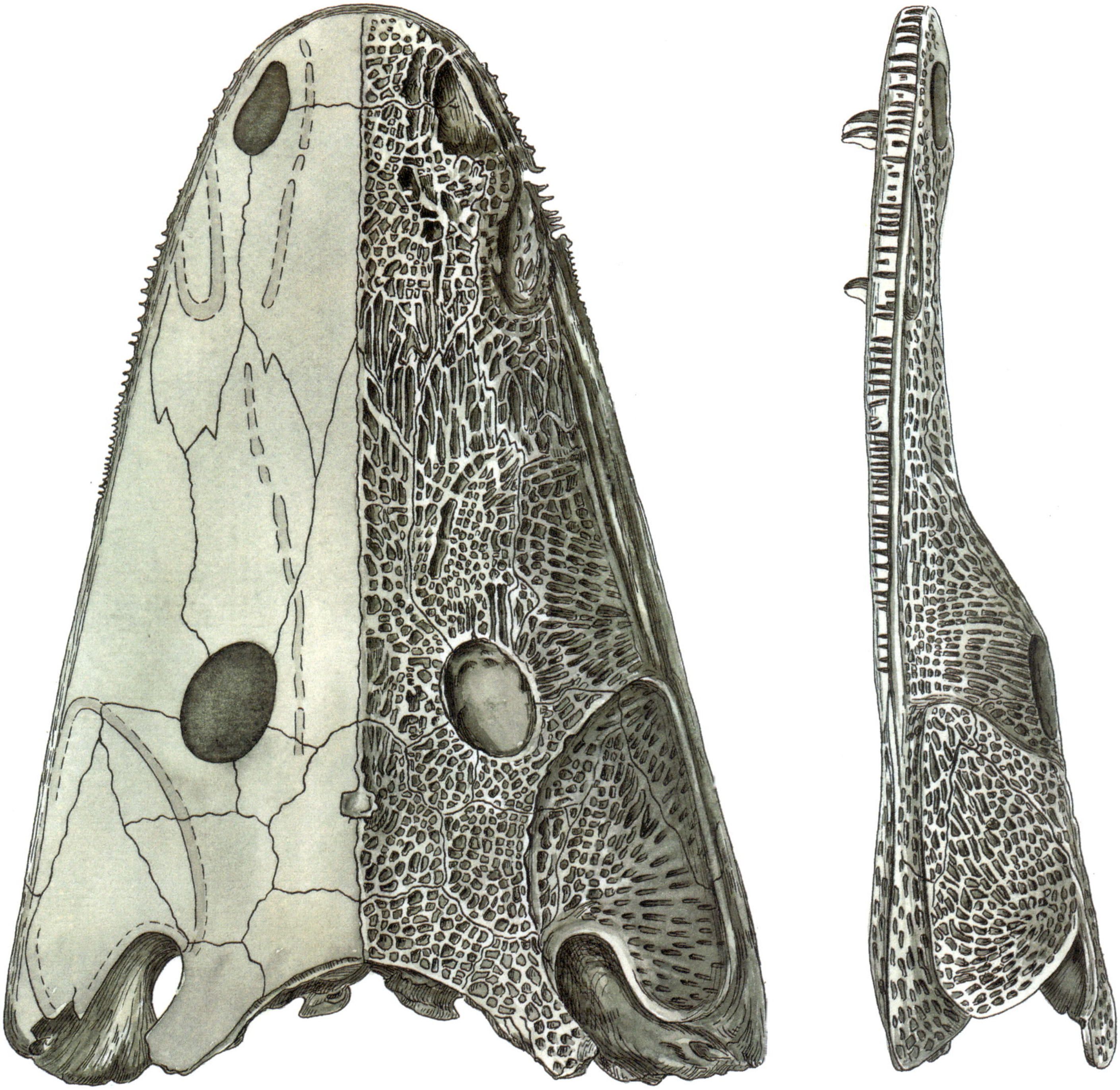

Der 32 cm lange Schädel des labyrinthodonten Riesenamphibiums Parotosaurus (Capitosaurus) nasutus (H. v. MEYER) *aus dem mittleren Buntsandstein von Bernburg (Saale) nach einem Original aus der Sammlung des Bereichs Geologie der Universität Halle*

Links: der Schädel von oben (rechts die Originaloberfläche, links die Umgrenzung der Schädelknochen und die Lage der Schleimkanäle)
Rechts: der Schädel von der Seite

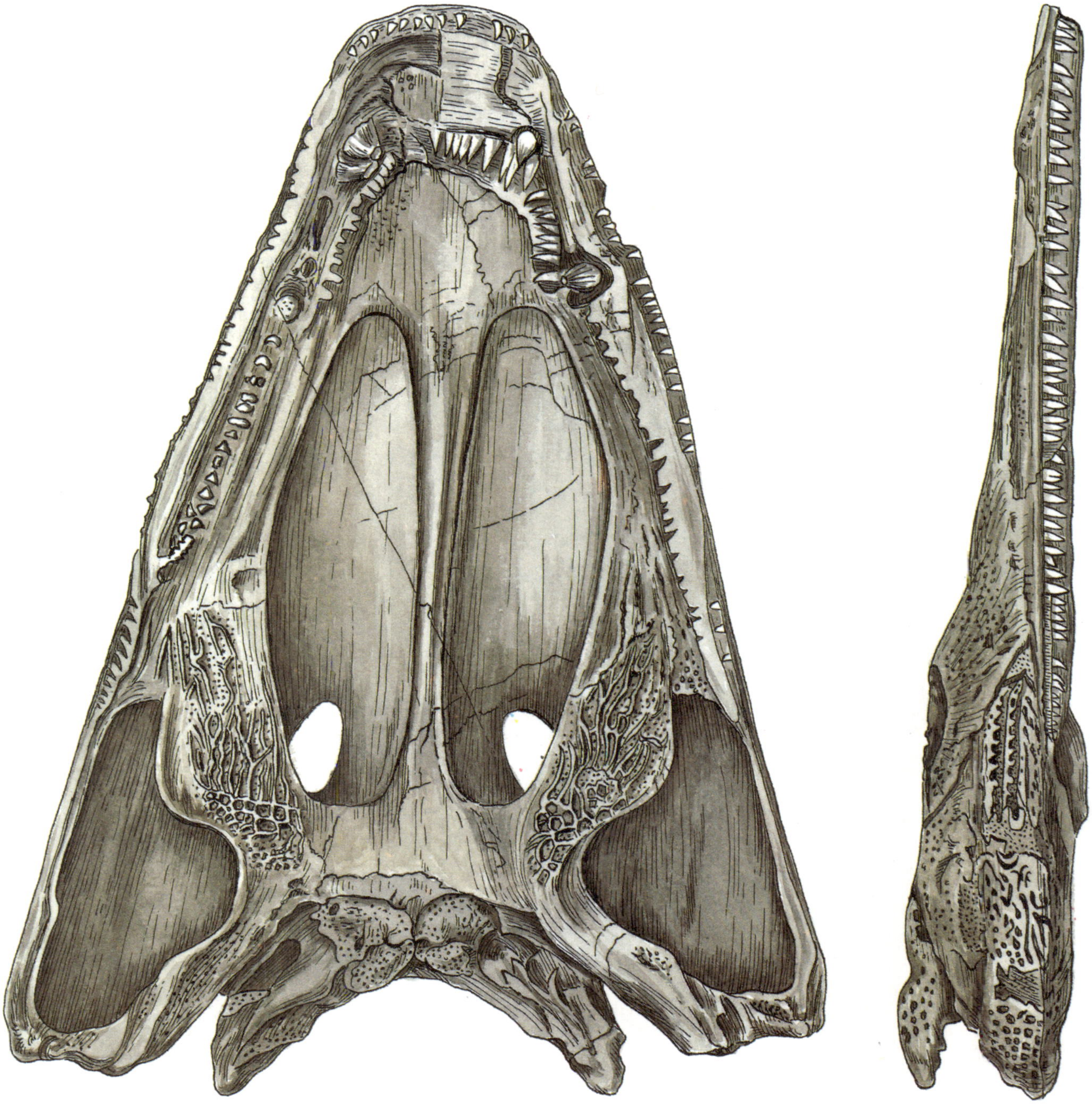

In der unteren germanischen Trias (mittlerer Buntsandstein) der Insel Helgoland wurde ein besonders großer Labyrinthodontier der Form Parotosaurus (Capitosaurus) nasutus (H. von Meyer) *gefunden.*
Links: der etwa 46 cm lange Schädel von unten
Rechts: der Schädel von der Seite

schen Strukturen der Schädeloberfläche – also auch hier ein festländisches Riesenamphibium, ein *Paratosaurus (Capitosaurus)* von über 2,50 m Körperlänge!

Mag uns dieser Fund erinnern an etwa gleich alte Fundstätten gigantischer Amphibien in der Sowjetunion, auf Spitzbergen oder in den USA, beispielsweise an das berühmt gewordene Massengrab von Riesenamphibien mit etwa 1 000 *Metoposaurus*-Skeletten in Neumexiko. Erwähnt sei auch das 1919 aufgefundene Knochenlager im Plattensandstein des badischen Schwarzwaldes in Kappel bei Villingen (Breisgau). Über 100 Reste des wasserbewohnenden *Mastodonsaurus* mit 24 Schädeln bezeugen einen vermutlichen »katastrophalen« Tod.

Bis in die obere Trias (Keuper) reicht die Existenzzeit dieser großen Panzerlurche, der Stegocephalen – sie werden im Zeitabschnitt des Räts aussterben.

Die berühmten Chirotherium-Fährten

Rotsedimente, die »Red Beds«, sind typische Ablagerungen eines warmen und wechselfeuchten Klimas und längerer Trokkenperioden. Besonders im Übergangsbereich von Abtragung und Sedimentation konservierten sich in ihnen ganz ausgezeichnet Lebensspuren. So kann man aus dem Buntsandstein Europas neben Skelettresten vor allem aus Fährten Aussagen über die Evolution der Saurier erwarten, haben doch Fährten gegenüber den leicht vergänglichen »unikaten« Skeletten den Vorteil der viel größeren Häufigkeit.

In der Tat gelangten schon zeitig die ersten Lebensspuren aus dem mitteleuropäischen Buntsandstein ans Tageslicht. Im Frühjahr 1834 fand der als Gymnasialdirektor amtierende Konsistorialrat F. K. L. Sickler aus Hildburghausen auf Natursteinblöcken, die für sein Gartenhaus herangeschafft worden waren, die ersten menschenhandähnlichen Fährten eines größeren Wirbeltieres. Sie stammten wie die 1812 entdeckten gleichartigen Fährten aus Schottland aus dem »oberen roten Sandstein«, den wir heute Buntsandstein nennen. Die genaue Fundstelle lag in den Steinbrüchen im mittleren Buntsandstein zwischen Weitersroda und Heßberg, die Sickler sofort systematisch untersuchte, unterstützt von dem Kupferstecher und Maler Karl Barth. Aufsehen erregten die Funde durch ein vom Finder publiziertes »Sendschreiben an Professor Johann Friedrich Blumenbach in Göttingen über die höchst merkwürdigen, vor einigen Monaten erst entdeckten Reliefs der Fährten vorweltlicher großer und unbekannter Thiere«. Er bezeichnete die Erzeugertiere ganz neutral als »vorweltliche Quadrumanen«.

Eine Flut von Publikationen setzte über dieses rätselhafte Handtier ein; unter den Autoren waren bekannte Naturforscher wie H. G. Bronn oder A. von Humboldt. Der Darmstädter Professor J. J. Kaup benannte Fährte und Erzeugertier *Chirotherium* und schlug zugleich für das große Trittsiegel den Artnamen *Chirotherium barthi* vor. Die Frage nach dem Erzeugertier wurde zu einem der bekanntesten Probleme mitteleuropäischer Paläontologie und war mit dem ersten Fund Gegenstand von Erörterungen. In den ersten Jahren wurden Säugetiere (»kolossale Affen« oder Beuteltiere), Amphibien und Reptilien in Erwägung gezogen.

Hauptfundort dieser »Handabdrücke« wurde der berühmte »Winzersche Steinbruch« bei Heßberg. Fährtenplatten gelangten in alle führenden Museen Europas: Berlin, Bonn, Gotha, Göttingen, Halle/S., Kassel, Meiningen, Tübingen und Paris, Stockholm, Straßburg, Trier und Wien. Heute wissen wir, daß alle diese zahlreichen Platten lediglich zu vier allerdings sehr langen Fährtenfolgen gehören.

Als dieser weltbekannte Steinbruch geschlossen wurde, lieferten Abbaustellen bei Harras und Goßmannsrod und 1933 die Baugrube der Badeanstalt von Hildburghausen, von H. Rühle von Lilienstern ausgebeutet, weiteres schönes Fährtenmaterial in Südthüringen. Aber auch von anderen Fundorten waren *Chirotherium*-Fährten bekannt geworden: 1841 bei Jena und Kissingen, 1851 im Reinstädter Grund bei Kahla und bei Blankenhain, Kreis Weimar, 1860 bei Fulda, 1865 bei Würzburg, 1891 bei Weißenfels und schließlich bei Bad Berka an der Ilm, womit das Verbreitungsgebiet in Europa – ergänzt durch Funde in Frankreich und England – grob umrissen ist.

Mit der Fülle der Fährtenfunde stieg die Chance, die Fährtentiere der unterschiedlich großen Trittsiegel genau zu beschreiben. Allerdings bedurfte es dazu intensiver paläobiologischer Untersuchungen, denn bisher hat man noch nicht ein einziges Knochenstück gefunden. Beispielgebend wurden die meisterhaften Untersuchungen des deutschen Geologen Wolfgang Soergel 1925. Das Erzeugertier der Fährte *Chirotherium barthi* deutete er als ein Reptil mit einem etwa 1 m langen, schmalen Rumpf, einem etwa 2 m langen, kräftigen Schwanz und einem relativ kleinen Kopf auf kurzem Hals. Das Tier hatte also eine durchschnittliche Größe von etwa 4 m. Betrachtet man die *Chirotherium*-Fährten aller Arten, die kleinen wie die ganz großen, so konnte man Körperlängen zwischen 1,50 und 8 m errechnen.

Die Tiere besaßen unterschiedlich große und verschieden lange Gliedmaßen. Die stärker belasteten Beine waren länger und kräftiger als die Arme, die Hinterfüße viel größer als die

Viele der berühmten thüringischen Chirotherien-Fährtenplatten des mittleren Buntsandsteins stammen aus dem Steinbruch von Friedrich Winzer bei Heßberg nahe Hildburghausen (Südthüringen). Das Bild zeigt eine Grundrißskizze aller geborgenen Fährtenplatten. Die vier Fährtenfolgen, als Einzelplatten in viele Museen Europas gelangt, geben Einblick in die Lebens- und Verhaltensweise der Saurier am Rande eines austrocknenden Sees. Länge des Maßstabs etwa 1 m

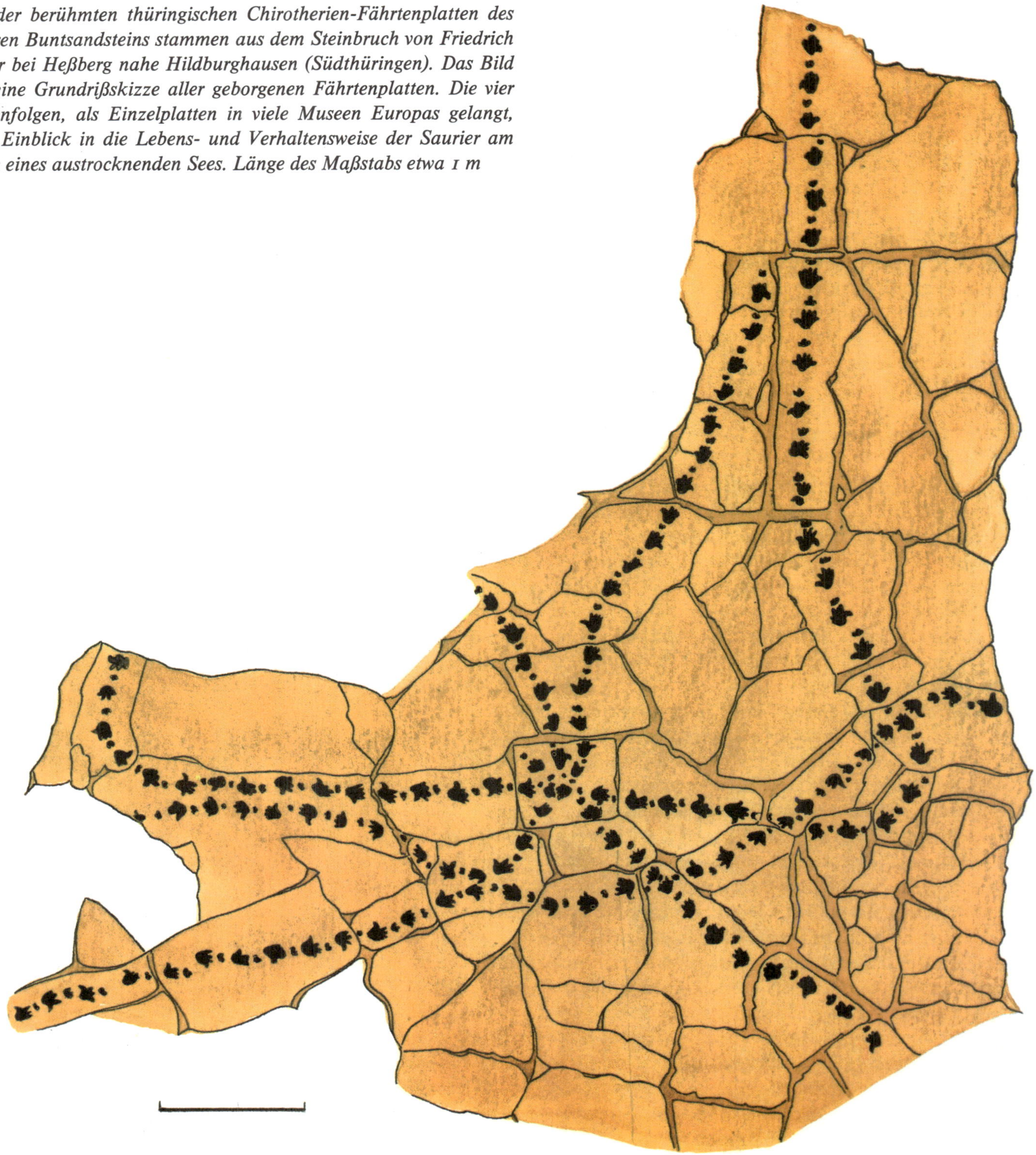

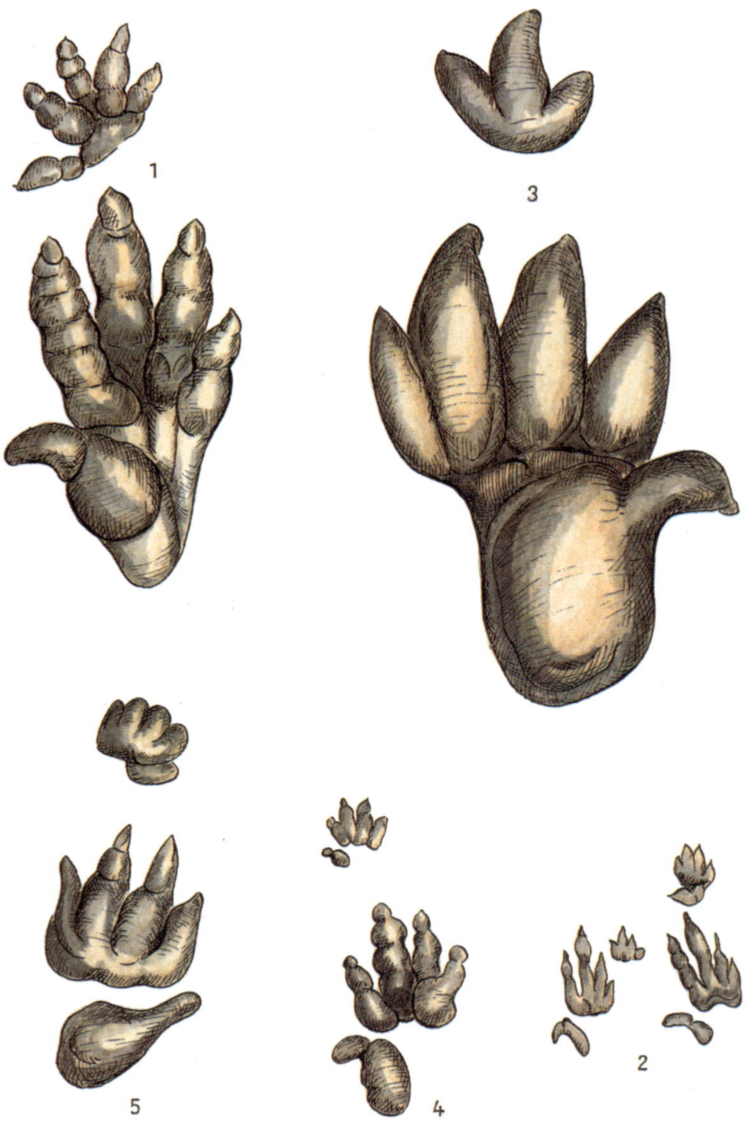

Häufige Reptilfährten aus dem mitteleuropäischen Buntsandstein. Die besonders oft gefundenen Chirotherien-Fährten verkörpern eine auffällig schnürende vierbeinige Fortbewegung pseudosuchischer Saurier während der Trias.

1 besonders häufig und bekannt: Chirotherium barthi
2 Chirotherium sickleri
3 die größte Chirotherienart des Buntsandsteins: Isochirotherium herculis. *Trittsiegellänge über 30 cm.*
4 Isochirotherium soergeli
5 Isochirotherium hessbergense

Hände. Der Schwerpunkt der Tiere lag in der Nähe der Füße. Sie hatten eine säugetierartige schnürende Gangart. Es waren Wechseltrittgänger. Großwüchsige Arten liefen auf weichen Tonböden vierfüßig. Bei schnellerem Lauf wechselten sie zum bipeden Gang mit der Tendenz zum Zehengang.

Die Einzelfährte, in weichem Tonboden sehr oft vorzüglich abgebildet, besitzt als besonderes Kennzeichen den nach außen gerichteten »Daumen«, der die äußerste fünfte Zehe darstellt. Die verhornte Epidermis der Fußsohlen besteht aus grubigen Körnerschuppen. Viele weitere Merkmale gäbe es noch zu nennen – den Bau der Krallen, die Phalangenformel –, alles Merkmale der Reptilien. SOERGEL kam zu der Überzeugung, daß *Chirotherium* ein Pseudosuchier war, wie beispielsweise *Ticinosuchus* aus dem Tessin in den Schweizer Alpen oder andere verwandte Vertreter aus einer noch unbekannten Stammgruppe der Archosaurier. Es scheint recht wahrscheinlich zu sein, daß die Erzeugertiere der Chirotherienfährten zu den Repräsentanten der Ahnengruppe der Dinosaurier gehören. Die große Zeit der Saurier hatte begonnen!

Über die Lebensweise der Chirotherien konnten ebenfalls bemerkenswerte Fakten ermittelt werden. Es handelte sich um schnelle karnivore Jäger, für die kleinere Reptilien, die man ebenfalls aus Fährten kennt, die Beutetiere darstellten. Der eigentliche Lebensraum lag in den Randgebirgen des Germanischen Buntsandsteinbeckens, von denen aus die Erzeugertiere der Chirotherienfährten in die tieferen Ebenheiten mit Sedimententstehung wanderten. Im feuchten Uferschlamm austrocknender Seen, die wir mit ihrer Vegetation schon kennen, entstanden weitflächige Trockenrißnetze, ursprünglich für Pflanzenreste gehalten und als »Sicklerien« bezeichnet, und eben jene Fährtenabdrücke. Sandauflagerungen konservierten diese ehemaligen Landoberflächen der Buntsandsteinzeit und damit auch die *Chirotherium*-Fährten.

Konchostraken – neue »Leitfossilien« im Buntsandstein

Schon lange weiß man, daß in den flachen Seen der Buntsandsteinzeit auch kleine, unscheinbare Schalenträger lebten und fossil wurden – die »Estherien«. Obwohl muschelähnlich, gehören sie zu primitiven Krebsen (Crustaceen), und zwar zur Gruppe der Kiemenfüßer oder Branchiopoden. Bei spezieller Einordnung muß man sie zu den Euphyllopoden rechnen, wozu die bekannten Apodiden SOERGELS gehören, vorwiegend aber zu den Konchostraken. Oft verwechselte man sie mit gro-

*Landschaft aus Südthüringen zur Zeit des mittleren Buntsandsteins. An den Ufern eines oasenartigen Sees wuchsen 1 bis 2 m hohe Schachtelhalmgewächse (*Equisetites, Schizoneura*) in Form eines schütteren Röhrichtgürtels. In einiger Entfernung von der offenen Wasserfläche standen die bis 2 m hohen unverweigten Stämme des Bärlappgewächses* Pleuromeia *in fast schattenlosen, weit auseinanderstehenden Beständen. An noch trockneren Standorten abseits der Tümpel wuchsen buschartig Koniferen (*Voltzia, Yuccithes*). In der Nähe dieser Seen lebten zeitweilig 2 bis 8 m lange Reptilien, die zu den Archosauriern gehörenden »Handtiere«. Sie sind allein durch Fährten bekannt, die Chirotherien genannt werden. Diese Chirotherienfährten haben sich meist nur auf noch feuchten Tonböden in direkter Nähe der Tümpel und Seen erhalten.*

ßen Ostrakoden und kleinen Muscheln. So sind beispielsweise viele der bekannten Gervilleien große Konchostraken der Gattung *Estheriella.*

Der zweiklappige chitinig-kalkige Rückenpanzer mit vielerlei Verzierungen gestattet die Erhaltung dieser Tiere im Sediment und ebenso die taxonomische Bestimmung. Da sie oft massenhaft vorkommen, hat man sich in letzter Zeit mit ihnen wissenschaftlich beschäftigt – und kam zu überraschenden Ergebnissen. In fast allen feinkörnigen Sedimenten des Buntsandsteins traten diese Konchostraken auf, und zwar über den gesamten Kontinent verbreitet. Ferner hat man bei rezenten Konchostraken herausgefunden, daß die Tiere wie ihre Eier Trockenperioden mit völlig verschwindendem Wasser problemlos überstehen, um sich bei neuem Wasserangebot erneut explosiv auszubreiten. Eine weitere »Überraschung« scheint stratigraphisch bedeutsam: Die Konchostrakenfaunen des Perms und der unteren Trias zeigen neben langlebigen viele kurzlebige Formen in schnell ablaufenden morphogenetischen Entwicklungsreihen. Es hat den Anschein, als ob nicht wenige dieser auffälligen Kiemenfüßer, Vertreter der Gattungen *Pseudoestheria, Euestheria, Vertexia* oder *Estheriella,* Leitfossilien für die einzelnen Schichtglieder des festländischen Buntsandsteins des Germanischen Beckens darstellen.

Sollten sich die Untersuchungsergebnisse von H. Kozur und G. Seidel 1983 bestätigen, wäre ein »geologischer Sieg« errungen – die fossilarmen »Red Beds«, zu denen auch die Rotsedimente des Rotliegenden und teilweise die des Keupers zu zählen sind, würden sich einer weiträumigen Untergliederung mit Hilfe biologisch-evolutionärer Indizien nicht mehr entziehen.

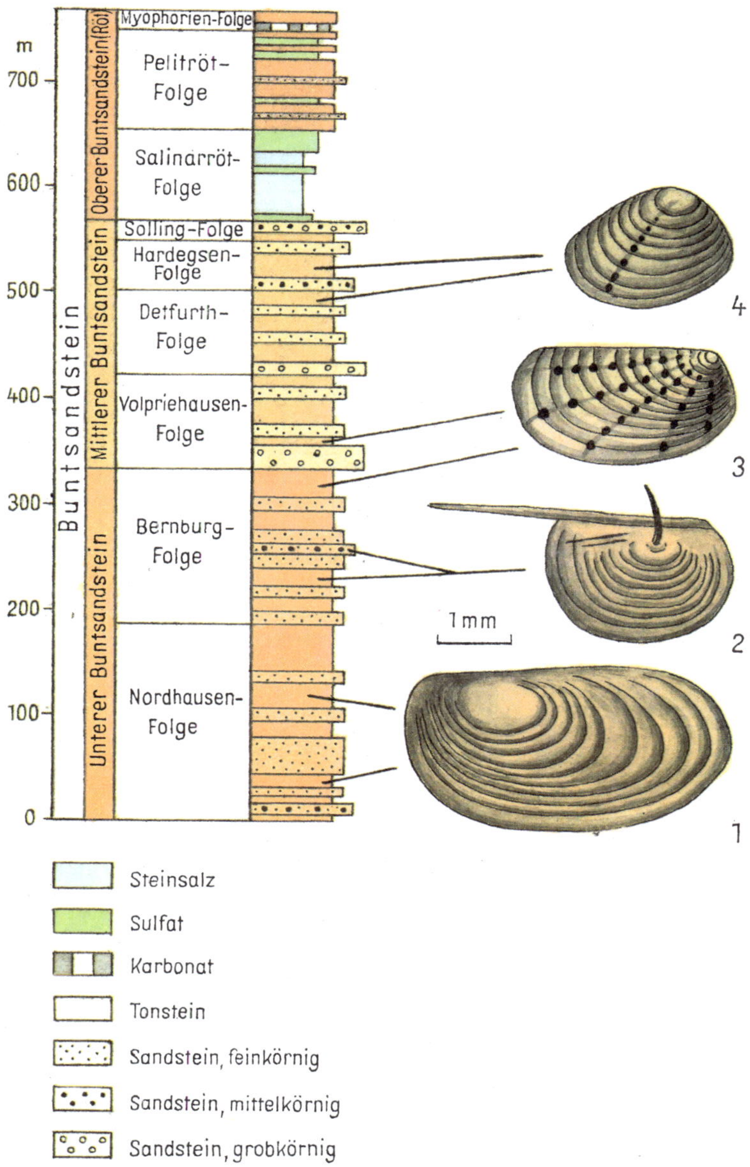

Schalentragende kleine Krebse (Konchostraken) könnten durch zahlreiche kurzlebige, sich morphologisch schnell entwickelnde Formen in Zukunft eine biostratigraphische Horizontierung des terrestrischen Buntsandsteines in Mitteleuropa ermöglichen.
Von oben nach unten: Euestheria exsecta *(etwa 2,5 mm),* Lioleaiina radzinskii *(3,5 mm),* Molinestheria seideli *(3,0 mm) und* Falsisca eotriassica *(5,0 mm lang).*
1 Steinsalz, 2 Gips, 3 Karbonatgesteine, 4 Tonsteine, 5 feinkörnige Sandsteine, 6 mittelkörnige Sandsteine, 7 grobkörnige Sandsteine

Das Ende der Buntsandsteinzeit – das Röt

Im Ausklang der unteren Trias, vor etwa 240 Millionen Jahren, bewirkten im Germanischen Becken geringfügige tektonische Prozesse bedeutende Veränderungen in der Geographie. Untergrundsenkungen brachten das flache, völlig ebene Buntsandsteinland unter Meeresniveau. Schollenverkippungen verschlossen die Nordseestraße. Es öffnete sich eine Meeresverbindung zum Ostkarpatenraum im Südosten. Aus der Tethys drang durch die Silesisch-Moravische Pforte das Meer nach Nordwesten vor und später nach Süden. Die flache, von Flüssen und Seen belebte Landschaft mit den roten Bodenfarben versank im Meer, das sich allerdings bald in ein abgeschnürtes Lagunenmeer ohne Gezeiten verwandelte. Gegen Ende der Buntsandsteinzeit erreichte dieses Meer den Schwarzwald. Bei warmaridem Klima entstanden rote Tone und Sandsteine, in Senkungswannen schieden sich marine Gipse und Steinsalze aus. Im Inneren des Germanischen Buntsandsteinbeckens bildete sich das bis 100 m mächtige Rötsteinsalz der sogenannten Salinarrötfolge. Örtlich kam es sogar zur Ausscheidung von Kalisalzen. Die festländische Lebewelt des Buntsandsteins zog sich während dieser Zeit in die Abtragungsgebiete zurück. Im Küstenland und auf Deltaflächen entstand der Voltziensandstein der Vogesen. In den Pflanzengürteln aus Farnen, Bärlappen, Schachtelhalmen, Cycadeen, Ginkgophyten und den namengebenden Koniferen lebte eine vielfältige Uferfauna aus Insekten (Libellen, Schaben, Wanzen, Käfern, Köcherfliegen u. a.), Skorpionen, Spinnen und Tausendfüßern. Die vorwiegend feinkörnigen Sedimente uferferner Bereiche konservierten gelegentlich vom Festland eingeschwemmte Wirbeltiere, so auch labyrinthodonte Dachschädellurche (Stegocephalia) vom benachbarten Uferland: beispielsweise einen etwa 1 m großen *Stenotosaurus* in den unteren Röttonen Oberfrankens, etwa 60 m unter der Grenze zum Muschelkalk, oder den etwa gleichgroßen *Eocyclotosaurus* aus dem oberen Buntsandstein des nördlichen Schwarzwaldes.

Am Ende des Buntsandsteins herrschte eigentlich schon die Muschelkalkzeit. Das Meer hatte jenen Charakter bekommen, der die nächste Zeitperiode prägte. Rote Sedimentfarben verraten gelegentlich allein die Zugehörigkeit zum Buntsandstein. Eine marine Schichtenfolge mit der Meeresmuschel *Myophoria vulgaris* und dem erstmals auftretenden Meeresreptil *Nothosaurus* leitet direkt über in die Zeit des Muschelkalks.

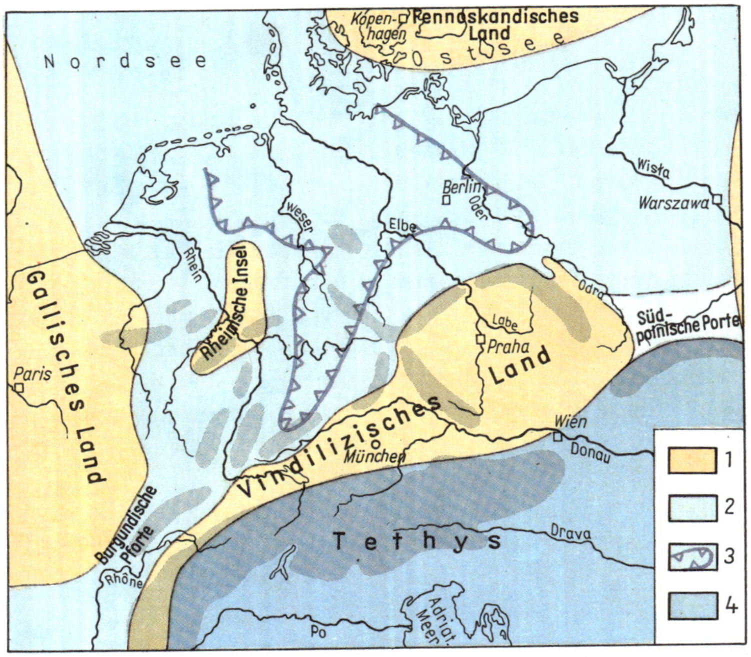

Land und Meer in Mitteleuropa zur Zeit des oberen Buntsandsteins (Röt)

1 Festland, auch größere Inseln, 2 Lagunenmeer des Röt mit randlich terrestrischer Sedimentation, 3 Steinsalzausscheidungen in diesem Lagunenmeer (in Richtung der Zacken), 4 Geosynklinalmeer mit starker mariner Sedimentation

Wattenmeer und Weichtierschill – der Muschelkalk

Wandert man durch das Saaletal bei Jena und die angrenzenden Nebentäler, durch das Unstruttal bei Freyburg oder durch das Jonastal bei Arnstadt oder aber durch das Neckartal, das Jagsttal unterhalb Crailsheim, durch das Maintal oberhalb Würzburg, durch das Taubertal bei Rothenburg oder durch die Täler in der Bayreuther Gegend, so fallen auch dem Nichtgeologen helle, steilwandige Kalksteinfelsen auf. Die landschaftliche Schönheit wird verstärkt durch eine spezifische natürliche Vegetation mit Wacholder, Silberdistel und dem Germanischen Enzian, durch Weinberge mit guten Rebsorten und zahllose aus den gleichen hellen Gesteinen erbaute Burgen und Schlösser.

Diese Kalkgesteine stellen Ablagerungen jenes Meeres dar, von dem gerade die Rede war, das sich also während der Endphase der vorangegangenen Buntsandsteinzeit über weite Teile Mitteleuropas bis an den Schwarzwald im Süden ausgebreitet hatte. Dieses Meer hatte den Charakter eines Binnenmeeres, war sozusagen ein »Sonderfall« unter den Meeren mit Gesetzen ohne allgemeine Gültigkeit. Es bedeckte zwischen dem 47. und 45. Grad nördlicher Breite und dem 16. und 19. Grad östlicher Länge vor etwa 235 Millionen Jahre schließlich eine Fläche von 500 000 km^2 (im Vergleich dazu die Größe des Kaspischen Meeres 440 000 km^2). Wegen der am Meeresgrund entstandenen Kalkgesteine und des Reichtums an versteinerten Muscheln und Brachiopoden in diesen Gesteinen nennt man dieses Binnenmeer das »Muschelkalkmeer«. Schon 1761 sprach der Rudolstädter Arzt Georg Christian Füchsel (1722–1773) vom »Muschelkalch«. Die absolute Dauer der Muschelkalkzeit ist mit 5 bis 6 Millionen Jahren kurz, die kürzeste Periode der insgesamt etwa 40 Millionen Jahre umfassenden Triaszeit.

Als Weltmeer kann das Germanische Muschelkalkmeer also nicht bezeichnet werden. Vielmehr war es ein abgeschnürtes flaches Binnenmeer, das ringsum bergiges Land umgrenzte und nur an einigen Stellen gelegentlich im Kontakt zu den benachbarten weltoffenen Meeren stand. So gab es vermutlich nach Norden enge sundartige Verbindungen zu einem arktischen Nordmeer. Im Süden brandete das Muschelkalkmeer an das Südwest-Nordost gestreckte Vindilizisch-Böhmische Land, hinter dem sich noch weiter im Süden, im Gebiet der heutigen Alpen und des Mittelmeers, das bereits bekannte äquatorial orientierte Meer mit beachtlicher Bodenabsenkung und ebenso bedeutender Sedimentanhäufung erstreckte, die Tethys. Sie dehnte sich als schmales Meer aus dem Bereich des heutigen Mittelmeeres und der Alpen über den Iran, Zentalasien zum Malaiischen Archipel, wo sie in den schon damals vorhandenen inselreichen Pazifik mündete. In diesem Geosynklinalmeer wurde die alpine oder pelagische Trias abgelagert, mächtige Ton- und Sandsteine, Kalke, Dolomite, Gipse und Steinsalze mit gewaltigen Riffkörpern. Diese Gesteinsfolgen der alpinen Trias zeigen nicht einmal im Ansatz die bekannte Dreigliederung der germanischen Trias, so daß der Name des Systems Trias für diese Bereiche strenggenommen gar nicht zutrifft. Man findet diese Gesteine weitverbreitet in den jungen Faltengebirgen Europas, also in den Alpen und den Karpaten ebenso wie in den Hochgebirgen Zentralasiens. Aus der dort aufgefundenen reichhaltigen marinen Faunenwelt ragen vor allem die Muscheln und die Ammoniten heraus, mit deren Hilfe diese Schichten heute genauer zu kennzeichnen sind.

Mit diesem Weltmeer stand das mitteleuropäische Muschelkalkmeer zeitweilig in engräumigen Verbindungen über Meeresstraßen, im Südosten durch die Südpolnisch-Mährische Pforte (Silesisch-Moravische Pforte) und im Südwesten durch die Burgundische Pforte – beide in aufeinanderfolgenden Zeitabschnitten geöffnet und in Funktion. Durch diese Meeresstraßen fluteten frische Meerwasser und wanderten marine Meerestiere vom offenen Ozean in das mitteleuropäische Binnenmeer ein. Etwa 250 bis 300 m mächtige Sedimente repräsentieren diesen Zeitabschnitt. Die kalkig-tonigen Sedimentabsätze und die in ihnen enthaltenen Lebensreste des Muschelkalkmeeres spiegeln die erdgeschichtlichen Prozesse wider.

Der 35 cm lange Schädel des Urlurchs Eocyclotosaurus *aus dem oberen Buntsandstein des nördlichen Schwarzwaldes (Calw) – ein Fund von großer wissenschaftlicher Bedeutung*

Das Meer des Wellenkalks

In der Anfangszeit der Muschelkalkperiode vergrößerte sich die bereits während der zu Ende gehenden Buntsandsteinperiode entstandene Südpolnisch-Mährische Pforte. Durch sie floß frisches Meerwasser von der Tethys her in das Muschelkalkmeer, und mit diesem wanderten verschiedenartigste Meerestiere ein, die sich nun in dem Binnenmeer eigenständig entwickelten. Dabei wurde dezimiert und ausgemerzt, was sich den neuen Verhältnissen in dem gut durchlüfteten und reichlich durchlichteten Flachmeer mit einem relativ hohen Salzgehalt nicht anzupassen vermochte. Besonders die Tintenfischfauna war davon betroffen, denn der diesbezügliche Artenreichtum ist im zentralen und nördlichen Mitteleuropa erheblich geringer als in Südpolen und erst recht in den Alpen. Während im Germanischen Flachmeer Schwämme, Korallen und Foraminiferen im Unterschied zur Tethys fast völlig fehlten, bevölkerten Mu-

scheln und die ihnen äußerlich ähnlichen Brachiopoden in sehr großen Populationen den Meeresboden.

Dieses frühe Muschelkalkmeer kann als ein seichtes, etwa 15 bis 35 m tiefes Flachmeer von wattenmeerähnlichem Charakter gekennzeichnet werden. Im Laufe der Zeit erhöhte sich die Meerestiefe bis auf etwa 100 m. Meeresbodensenkungen führ-

Obere Karte: Das Kartenbild Europas zur Zeit des Muschelkalks (mittlere Trias)
1 Meer, 2 Festland, vorwiegend Abtragung, 3 Gebiete mit festländischer Sedimentation
Untere Karte: Das Meer des oberen Muschelkalks in Mitteleuropa
1 Festland ohne Ablagerungen dieser Zeit, 2 Inseln im Meer, 3 Flachmeer des oberen Muschelkalks im Germanischen Becken, 4 tiefere Bereiche dieses Meeres, 5 Festlandsablagerungen, 6 Geosynklinalmeer, 7 Einströmrichtung von frischem Meerwasser

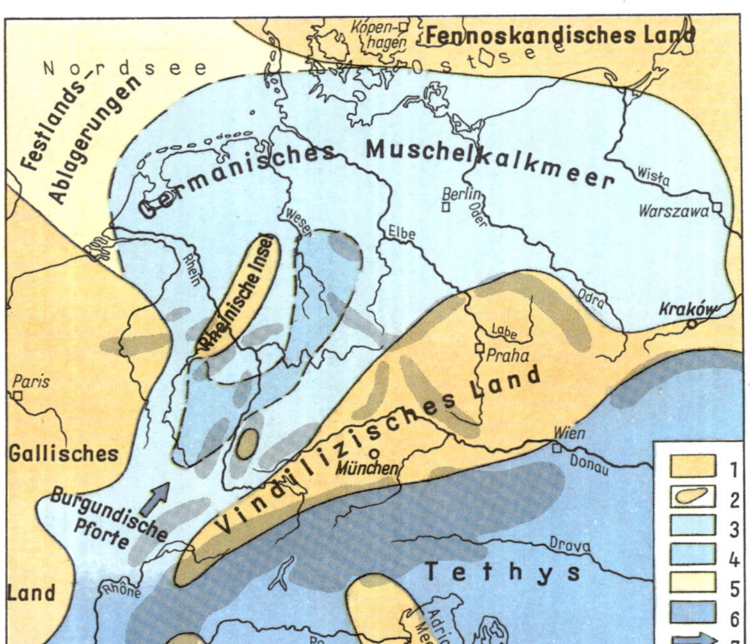

Die hellgrauen Wellenkalke des unteren Muschelkalks in einem Steinbruch bei Bad Kösen/Thüringen, überdeckt von mächtigen Sedimenten des Eiszeitalters (Pleistozän)

ten zur Ablagerung von 100 bis 170 m mächtigem tonigem Kalkschlamm, in dem die Besonderheiten dieses Meeres in zahlreichen Sedimentmerkmalen festgehalten wurden. Der blaugraue, in verwittertem Zustand gelbgraue bis weißgraue tonige Mergelkalk repräsentiert vom Gestein her schlickwattähnliche Ablagerungsverhältnisse. Dieser Kalk besteht aus unzähligen dünnen Lagen mit welligen, verfältelten und runzeligen Schichtflächen, oft aber auch nur aus Kalkknollen in einem tonigen Mergelgestein. Die Häufigkeit der Wellenrippeln führte zur Bezeichnung Wellenkalk, erstmals 1839 vom Geologen HEINRICH CREDNER eingeführt. Als Priele zu deutende Erosionsrinnen, Schrägschichtungen und die erwähnten Wellenrippeln weisen auf lebhafte Wasserbewegungen hin, die mit einiger Wahrscheinlichkeit als Gezeitenströmungen zu deuten sind. Erosionsdiskordanzen, Kalkkonglomerathorizonte und Trockenrisse bezeugen zeitweiliges und lokales Trockenfallen des Meeresbodens. Wurmspuren (z. B. *Rhizocorallium*), Wohn-

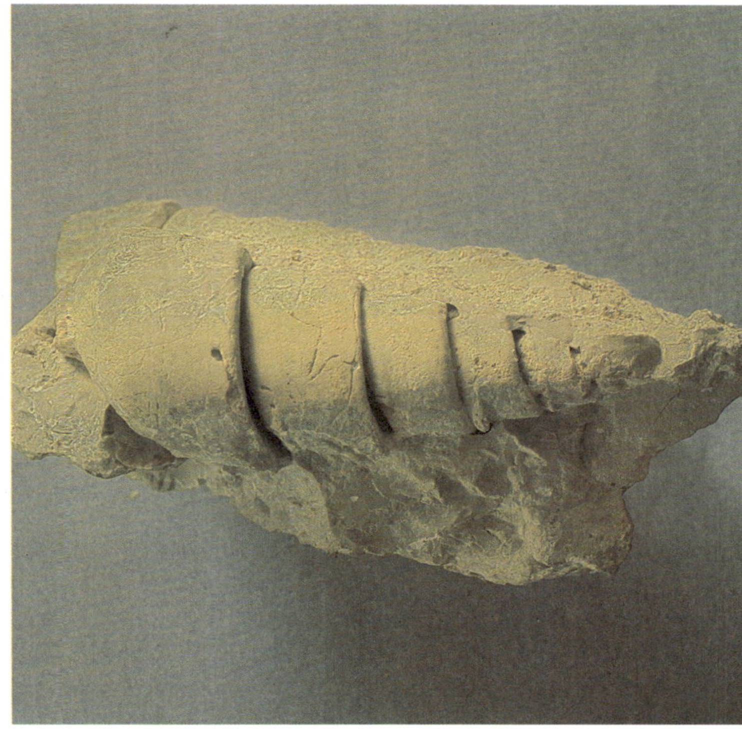

Marine Kalkschalenträger gehören zu den häufig überlieferten Lebensresten des germanischen Muschelkalkmeeres
Links: Die 7 cm große »Gänsetritt-Muschel« Myophoria pes anseris *aus dem oberen Muschelkalk von Weimar/Thüringen*
Rechts: Die 17 cm lange Turmschnecke Undularia scalata *aus dem unteren Muschelkalk des Ohmgebirges/Thüringen*

bauten von Würmern und Mollusken sowie lokal angereicherte zerbrochene und intakte Muschel- und Brachiopodenschalen, sogenannte Schillbänke, finden sich in gleicher Weise wie in rezenten Schlickwattsedimenten.

Diese Wellenkalke sind heute in Mitteleuropa ein wichtiger Rohstoff für die Herstellung jenes Baustoffs, der wie früher Feuerstein, Bronze und Eisen zu einem unserer »Zeitsymbole« geworden ist: Portlandzement. Die Tagebaue der Zementwerke Deuna, Karsdorf, Bernburg und Rüdersdorf in der DDR stellen ebenso hervorragende Aufschlüsse dar wie die zahllosen Steinbrüche zur Produktion von Branntkalk, Düngekalk und Kalksplitt in Thüringen, Hessen, Franken und Schwaben. Am schönsten allerdings kann man diese Wellenkalkprofile an den felsigen Steilhängen der anfangs erwähnten Muschelkalktäler studieren. Betrachtet man beispielsweise die felsigen Wellenkalkhänge an den Kernbergen oder am Jenzig bei Jena oder am Burgberg von Dornburg, so kann man unschwer erkennen, daß in die Wellenkalke an drei verschiedenen Positionen im Profil massige, feste Kalksteinbankfolgen eingeschaltet sind, die am Felshang als sichtbare Vorsprünge herausgewittert sind. Mit Hilfe dieser weit aushaltenden Werksteinbänke ist der gleichförmige Wellenkalk gliederbar, wobei es dahingestellt bleibt, ob sich die Bänke tatsächlich immer in der gleichen zeitlichen Position befinden. Man bezeichnet diese Bankfolgen von oben nach unten als

- Schaumkalkbänke aus gelblichgrauem porösem Kalk, die einen sehr geschätzten Werkstein abgeben; als
- Terebratelbänke aus massigen Schillkalken, bestehend aus den Kalkschalen eines kleinen Brachiopoden, und als
- Oolithbänke, die hauptsächlich aus runden Kalkooiden aufgebaut sind.

An nicht wenigen Stellen in Mitteleuropa wurden und werden diese Leitbänke des unteren Muschelkalk zu Werk- und Dekorationsgestein abgebaut.

Seiten 96/97:
Blick in das flache europäische Muschelkalkmeer zur Zeit der Schaumkalksedimentation. Der schwach zur Küste ansteigende kalkschlammbedeckte und spurenüberzogene Meeresboden wird von einer prielartigen Flutrinne durchzogen. Vorwiegend an den Steilhängen sind Seelilien der Gattung Encrinus *angeheftet, die sich an ihren meterlangen Stielen bedächtig hin und her bewegen. Der an das Wasserleben angepaßte, bauchgepanzerte Pflasterzahnsaurier* Placodus *weidet Kolonien hartschaliger Muscheln, Schnecken, Brachiopoden und Krebstiere ab. Im Meer schwebt der Cephalopode* Germanonautilus.

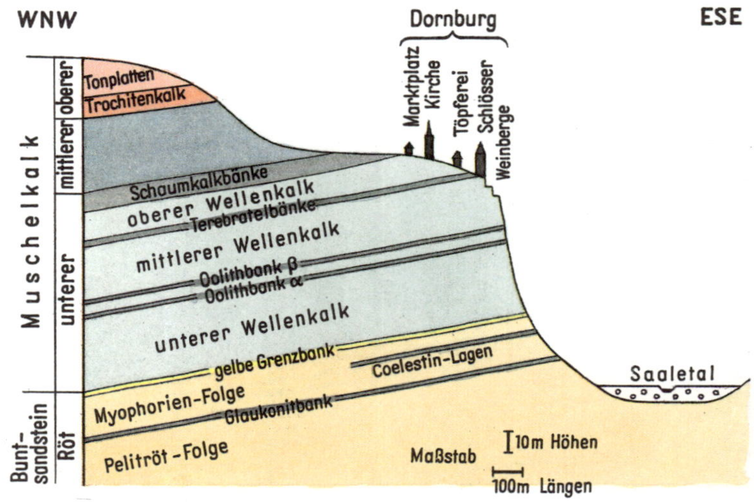

Die Schichtenabfolge des thüringischen Muschelkalkes in der landschaftlich reizvollen Situation am Saalesteilhang unterhalb der Dornburger Schlösser und in der Umgebung von Dornburg in einem geologischen Profilschnitt.

Lebensgemeinschaften und Totengesellschaften im Wellenkalkmeer

Die Versteinerungen des Muschelkalkmeeres gehören ohne Zweifel zu den bekanntesten Fossilien Mitteleuropas. In der Schichtfolge des Muschelkalks ist die Häufigkeit der Lebensreste aber äußerst unterschiedlich, immer Folge eines besonderen geologischen und ökologischen Milieus. Ein im Verhältnis zum Weltmeer veränderter Salzgehalt bei ausgesprochenem Flachmeercharakter führte dazu, daß der eigentliche Wellenkalk beispielsweise recht fossilarm, partienweise fast versteinerungsfrei ist. Lokal aber finden sich Lebensgemeinschaften (Biozönosen), die biologischen Gesetzen gehorcht haben und charakteristische Merkmale besitzen. So wurden beispielsweise Altersstadien der gleichen Art durch unterschiedliche Körper- oder Schalengrößen festgestellt. Die Schalen von Muscheln fanden sich zweiklappig und in Lebensstellung eingebettet. Solche Lebensgemeinschaften sind Wurmbänke mit Grabbauten in Lebensstellung, aber auch Schnecken- und Muschelanhäufungen, die sich mitten im Wellenkalkschlick auf einer begrenzten festen Unterlage angesiedelt und zu Organismenlinsen ausgewachsen hatten. Immer wieder gefundene Muscheln sind *Gervilleia (Hoernesia) socialis* mit einer flachen und einer schiefgezogenen, gekrümmten Schale, die mit unserer Pilgermuschel verwandte *Pecten discites*, die große, auffällige *Lima lineata* und einige Arten der Gattung *Myophoria*, wie *vulgaris*, *ovata* und *laevigata*.

Solche Lebensgemeinschaften finden sich im Wellenkalk nur selten. Viel häufiger werden Totengemeinschaften (Thanatozönosen) angetroffen, deren Zusammensetzung und Beschaffenheit in erster Linie von physikalischen Gesetzen bestimmt wird. Im bewegten Wasser werden beispielsweise die Schalen nach Größe und Gewicht sortiert. Dadurch können Lebensgemeinschaften entmischt und Angehörige verschiedener Lebensgemeinschaften vereinigt werden. Es können Schalen nur einer Art oder auch Arten gleichen Transportaufwandes angereichert werden, und zwar oft in der stabilsten Lage, beispielsweise gewölbt nach oben oder dachziegelartig in Strömungsrichtung aneinander gestapelt. So bildeten sich Schalenpflaster, die sich in dichter Packung übereinander wiederholen können. Auf diese Weise entstanden die Schillbänke. Aus solchen Schillbänken sind beispielsweise in der Regel die bereits genannten Terebratelbänke und auch andere lokale Fossilbänke des Wellenkalkes aufgebaut.

An den Steilhängen der Muschelkalktäler wittern die festen Terebratelbänke als auffällige Felsrippen heraus. Dort kann man sie näher studieren. Große Wellenrippeln auf ihnen beweisen eine lebhafte Wasserbewegung zur Zeit der Entstehung. Diese Kalkbänke entstanden durch Skelettanreicherung einer einzigen Tierart. Die Schalen des Brachiopoden (Armkiemers) *Terebratula (Coenothyris) vulgaris* wurden hier gesteinsbildend. Zu Milliarden bauen die intakten oder zerbrochenen, manchmal zweiklappigen, meist aber einschaligen Tierreste diese Kalksteine auf. Sie lebten vermutlich in der Nähe der Einbettungsorte in Tangwäldern, und zwar angeheftet an die sich bewegenden Tange. *Terebratula* besaß eine Stielklappe, die am Schloßteil schnabelartig über die Armklappe vorsprang. Hier befand sich ein Loch für den Austritt eines kurzen Stiels (weshalb sie fälschlicherweise oft »Lochmuschel« genannt wird). Mit diesem Stiel konnte sich das Tier an festen Gegenständen und am Grunde des Meeres anheften. Sammelwert besitzen rotstreifige Terebratelschalen.

Aber nicht nur die Terebratelbänke repräsentieren eine Totengesellschaft. Hierzu zählt auch die unter diesem Kalkhorizont auftretende *Spiriferina*-Bank mit einer Vorherrschaft des gerippten Brachiopoden *Spiriferina fragilis* oder die ebenfalls lokal über der unteren Terebratelbank beispielsweise bei Jena vorkommende *Lima*-Bank mit attraktiven Schalenpflastern der großen Muschel *Lima lineata*, seltener *Lima striata*. Bei Breitenheerda in der Nähe Stadtilms im südlichen Thüringer Becken fand man neuerdings ein prächtiges Schalenpflaster von *Hinnites (Prospondylus)*, einer etwa 7 bis 8 cm großen, berippten Muschel – ein eindrucksvolles Stück Meeresboden. Auch Kalkbänkchen mit Anreicherungen von Saurierzähnen oder -knochen gehören hierzu, beispielsweise der Saurierdolomit von Zwätzen bei Jena mit Resten von *Nothosaurus* und *Saurichthys*. Derartige Horizonte nennt man »Bonebeds« (»Knochenlager«).

Brachiopoden – und Muschelschalen kennzeichnen die marinen Kalksteine des Muschelkalks in Mitteleuropa
Oben der kleine Brachiopode Terebratula (Coenothyris) vulgaris, *links darunter die Muschel* Gervilleia socialis, *darunter die Muschel* Lima striata, *daneben ein zweiklappiges Exemplar von* Lima lineata

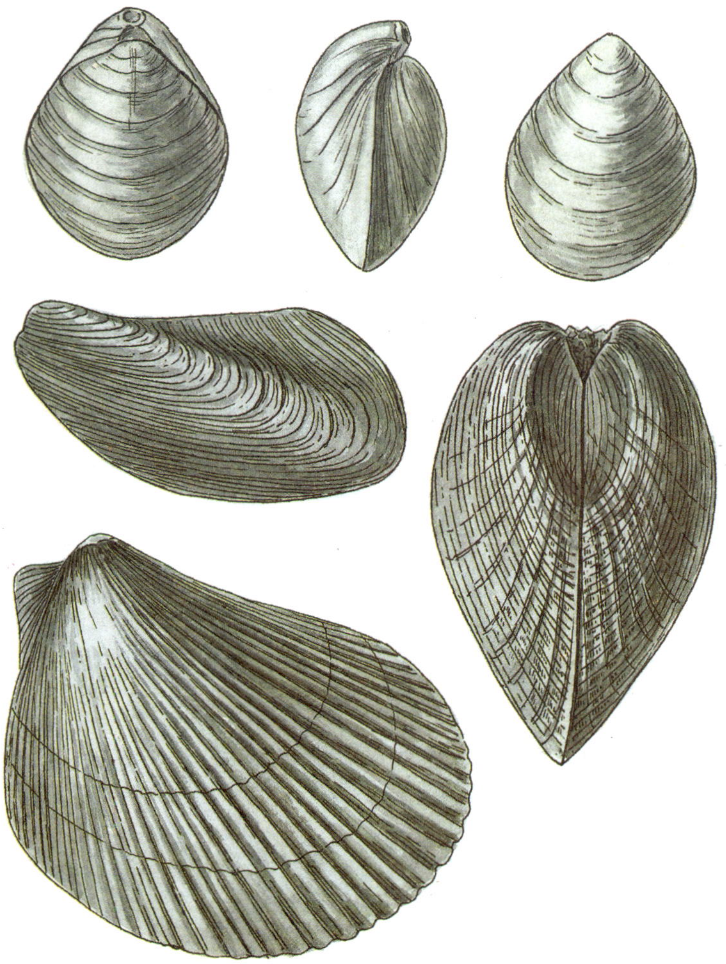

Die Muschelkalkfauna des Schaumkalkes

Der Naumburger Dom gehört zu den bedeutenden Kathedralen Europas. Besonders die lebensgroßen Figuren der Stifter dieser Kirche wurden weltberühmt. Der Naumburger Meister schuf sie in der Mitte des 13. Jahrhunderts aus dem porösen, weißgrauen Schaumkalk. Seit dem frühen Mittelalter gewinnt man diesen Muschelkalkhorizont als Bau- und Werkstein in Steinbrüchen in der Umgebung von Freyburg an der Unstrut.

Bei dem Abbau der weißen, sandigen »Mehlbatzen«, wie die Bucharbeiter den Schaumkalk bei Freyburg, Schleberoda oder Tscheiplitz nannten, entdeckte man schon sehr früh fossile Lebensreste, die in der Regel als Steinkern, gelegentlich aber auch nur als »Hohlraum« erhalten blieben. Auf diese Weise gelangte eine reiche fossile Lebewelt ans Tageslicht. Bis heute steht eine zusammenfassende paläontologische Bearbeitung aus. So kann man nur mit einiger Unsicherheit sagen, daß es sich bei dieser Fauna um eine weitgehend bodenständige, nur geringfügig umgelagerte Lebensgemeinschaft handelte.

»Schilfgürtel« aus Seelilien

Bodenständig eingebettet wurden auf alle Fälle die sehr bekannten Seelilien, von Laien oft fälschlicherweise für Pflanzen gehalten. Diese vorwiegend sessilen Meerestiere gehören zu den Stachelhäutern (Echinodermen). Hätten wir einen Blick auf den Meeresboden dieser Zeit werfen können, so wäre ein seltsamer »Schilfgürtel« aus sanft im Wasser hin und her wogenden, mehrere Meter langen Stielen sichtbar geworden. Sie waren mit Haftscheiben am festen Boden verankert, ganz oben trugen sie eine »Krone«, das eigentliche Trier mit becherförmigem Kelch aus zehn bzw. zwanzig verästelten Armen mit seitlichen Anhängen. Die auffällig langen Stiele aus violetten Kalkscheiben waren offenbar deshalb so lang geworden, weil eine Vergrößerung des Aktionsradius bei der Nahrungssuche notwendig geworden war. Normalerweise zerfielen und verwesten diese Seelilien schnell, wenn auch ein wenig langsamer als die ebenfalls hier lebenden See- und Schlangensterne. Der Freyburger Schaumkalk wurde zu einem Seelilienmassengrab. Um 1890 legte man eine Kalkbank frei, die von der sonst im Muschelkalkmeer seltenen Form *Encrinus (Chelocrinus) carnalli* geradezu übersät war. Lokal müssen »Seelilienwälder« von Strömungen eingeregelt und von Kalksediment schnell zugedeckt worden sein. Prächtige Fundstücke liegen in zahlreichen europäischen Museen, besonders großflächige im ehemaligen Geologischen Institut der Universität Halle an der Saale, in der alten Residenz, in der sich auch das Geiseltalmuseum befindet.

Zwischen den sich sanft bewegenden Seelilien und über Muschelpflastern mit der seltenen Steckmuschel *Pinna* und Schneckenanhäufungen mit der oft sehr gut erhaltenen Treppenschnecke *Undularia scalata* schwebten frei bewegliche Cephalopoden (Kopffüßer). Es waren Nautiliden und Ammonshörner mit eingerollten gekammerten Kalkgehäusen; die erste große Kammer ein Wohnraum für das tintenfischartige Weichtier, die folgenden Kammern waren mit einem auftrieberzeugenden Gasgemisch gefüllt, was bewirkte, daß auch nach dem Tode die schwimmenden Schalen weit verdriftet werden konnten. So ist die Frage, ob ein gefundener Ammonit wirklich zur »bodenständigen« Fauna gehört, oft zu verneinen.

Germanonautilus und andere Kopffüßer

Zu den schon im Mittelalter aufgesammelten Ammonshörnern aus dem Schaumkalk gehören breit abgeplattete und glatte, bis 30 cm große Gehäuse der Gattung *Germanonautilus*, insbesondere die der 1820 von SCHLOTHEIM aufgestellten Art *bidorsatus*. Zu den charakteristischen Merkmalen zählt der Perlschnursipho, oft isoliert und freiliegend gefunden, wie ein versteinerter Rosenkranz. Ein noch auffälligeres Tier ist der bis zu 50 cm große, scheibenförmige, eng genabelte Ammonit *Ptychites dux*, ein seltenes Fossil aus dem Schaumkalk, ein eingewanderter Gast aus der Tethys mit einer eng verfalteten und tief zerschlitzten Lobenlinie. Auch ein ganz kleiner Ammonit gehört zu den begehrten Freyburger Sammlungsobjekten. Bis 5 cm groß, sehr flach scheibenförmig, sehr eng genabelt und hochmündig, mit einer ceratitischen Lobenlinie – so lautet der Steckbrief von *Beneckeia buchi*. Bereits in den tieferen Bereichen des Wellenkalkes tritt dieses Fossil auf. Es gehört ebenso zu den ceratitischen Ammonshörnern wie der noch seltener gefundene *Ceratites antecedens*.

Die auffälligsten Tiere des Muschelkalkmeeres aber waren wasserlebende Wirbeltiere. Neben kleinen Haien und Ganoidfischen, deren erhaltungsfähige Reste sich gar nicht selten in den »Bonebeds« des Muschelkalkes finden, muß man vor allem reptilische Saurier nennen, die sich mehr oder weniger gut an das Wasserleben angepaßt hatten. Nur durch den Fleiß mehrerer Sammlergenerationen entstand ein gerundetes Bild von ihnen, denn in der Regel finden sich lediglich Einzelknochen (vorwiegend Rippen und Wirbel), die von Aasfressern verschleppt und von Wasserströmungen verdriftet wurden.

Der Pflasterzahnsaurier Placodus

Während der Trias wurde das Meer als Naturpotential von den Reptilien erschlossen. Zu diesen Pionieren im Muschelkalkmeer gehörte ein seltsames bis 1,50 m langes Tier – der breitschnäuzige, muschelfressende Pflasterzahnsaurier *Placodus*. Plax (griech.) heißt Platte, odus ist der Zahn. Plattenzähner lautet die wörtliche Übersetzung des Gattungsnamens. Er weidete die Meeresgründe zwischen den Seelilien nach Brachiopoden, Muscheln, Schnecken und Krebstieren ab – und dieser Nahrung war der ganze Schädel und vor allem das Gebiß angepaßt. Weit vorragende, stiftförmige, öfter stark abgenutzte Greifzähne in der vorderen Schnauzenpartie dienten zum Abreißen und zur Aufnahme der hartschaligen Nahrung. Die flachen Pflasterzähne und eine kräftige Muskulatur, die zusammen einen wirkungsvollen Quetschapparat bildeten, zerknackten und zerquetschten die Beute. In Gestalt und Lebensweise erinnern diese Pflasterzahnsaurier an Robben oder Seekühe. Der Bauch dieser Seereptilien zeigte eine schützende »Armierung« aus kräftigen Bauchrippen, den Rücken zierte ein knöcherner Kamm. Die eher kurzen Beine mit Schwimmhäuten zwischen den langen Zehen erinnern an die allerdings noch immer unbekannten Landvorfahren. Zur Eiablage gingen diese Tiere vermutlich an Land. Die Pflasterzahnsaurier kamen ausschließlich in der Trias vor.

Zwei Kronen und Stiele der Seelilie Encrinus carnalli *aus dem unteren Muschelkalk (Schaumkalk) von Schleberoda bei Freyburg/Unstrut. Länge der großen Krone etwa 9 cm*

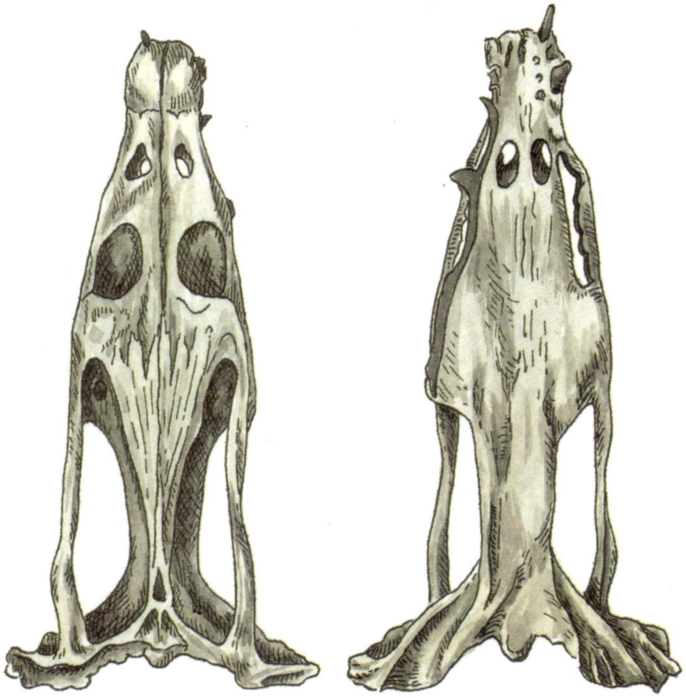

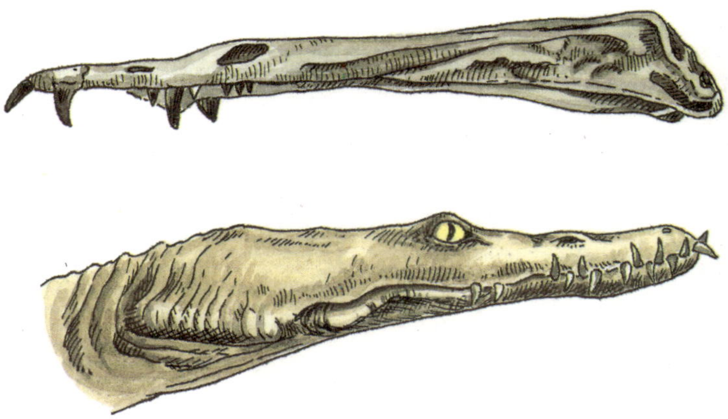

Der Bastardsaurier Nothosaurus *aus dem europäischen Muschelkalk. Ein 45 cm langer Schädel von oben und unten (links) und von der Seite (rechts). Darunter die Lebendrekonstruktion des Kopfes*

Der Bastardsaurier Nothosaurus

Am kalkschlammigen Ufer eines Priels im Gezeitenbereich des Muschelkalkmeeres lag ein Tier auf der Lauer, beobachtete mit großen, starren Augen jede Bewegung im Wasser. Es war bereit, sich sofort hineinzustürzen und mit schnellen Ruderbewegungen seiner schwimmflossenbewehrten Füße einen Fisch zu jagen.

Dieses Tier gehörte zur Gruppe der Ruder- oder Paddelechsen. Durch eine krokodilartige Gestalt war eine recht gute Anpassung des bis 3 m langen, zeitlich völlig auf die Trias beschränkten Bastardsauriers* *Nothosaurus mirabilis* an das Wasserleben erfolgt, obwohl man auch ihm die »festländische« Abstammung durchaus noch ansah. Trotz seiner Schwimmhäute besaß er nämlich terrestrische Gliedmaßen, so daß *Nothosaurus* auch auf dem festen Lande gut zu Fuß war. Der an einem langen Hals ansitzende länglich-flache Schädel mit oben liegenden Nasenöffnungen und Augenhöhlen zeigt ein vollendetes Fanggebiß. *Nothosaurus* ernährte sich räuberisch von Fischen und kleinen Sauriern. In der Regel fand man von diesem Tier nur Einzelknochen, wie Rippen, Schulterblätter, Wirbel und sehr viel seltener Schädel, ganz gewiß die Folge von Beuteverschleppung durch Aasfresser. Aus den Orbicularisschichten über dem Schaumkalk von Rüdersdorf bei Berlin allerdings wurden um die Jahrhundertwende mehrere fast vollständige *Nothosaurus*-Exemplare entdeckt und geborgen. Das Museum für Naturkunde in Berlin stellt ein komplett zusammengesetztes Skelett eines *Nothosaurus* aus – ein bemerkenswertes Museumsobjekt! Den Fundplatz Rüdersdorf gilt es hervorzuheben, weil seine paläogeographische Lage zwischen dem zentralen Germanischen Becken und der Südpolnischen Pforte mit der Verbindung zum südlichen Weltmeer besonders interessant ist. Das Naturkundemuseum Erfurt zieht seine Besucher mit einem neugeschaffenen Lebensmodell von *Nothosaurus* zu den geowissenschaftlichen Sammlungen.

* Was auf viele äußere Ähnlichkeiten mit anderen Echsengruppen hinweisen soll.

Gips und Steinsalz im mittleren Muschelkalk

Das infolge von Meeresbodensenkungen schließlich bis 150 m tiefe Wellenkalkmeer hatte sich nach seiner kurzen Existenz von nur 2 bis 3 Millionen Jahren rasch verändert. Die Sundverbindung vom Germanischen Becken zum südlichen Weltmeer

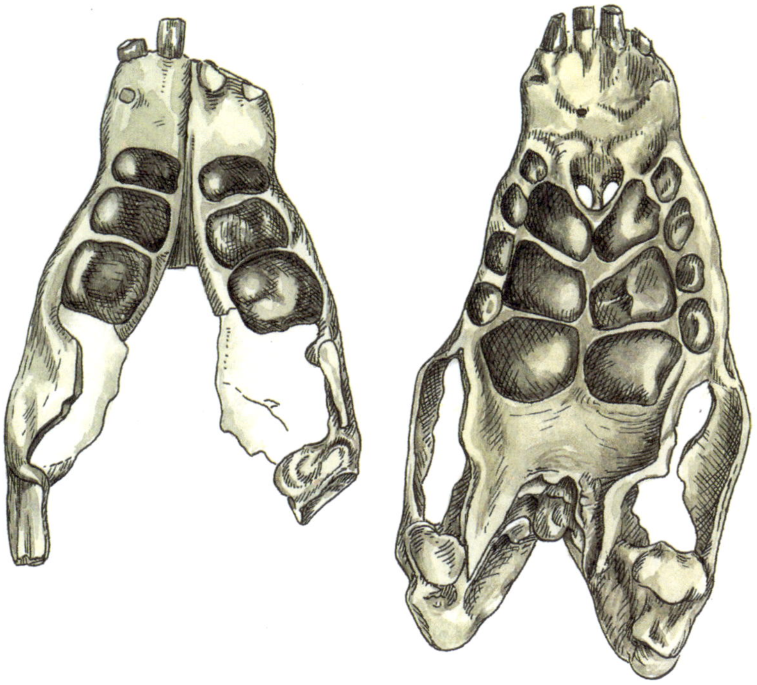

Einige besonders schöne Kiefer- und Schädelfunde des marinen Pflasterzahnsauriers Placodus gigas *aus dem deutschen Muschelkalk. Die breiten schwarzen Pflasterzähne zum Zermahlen der harten Schalennahrung sind deutlich zu erkennen.*
Links: Etwa 16 cm langer Schädel von der Gaumenseite
Rechts: Gesamtschädel (Rekonstruktion) von unten. Länge etwa 20 cm

(Tethys) wurde unterbrochen. Bei warmem Klima verdampfte das Meerwasser, das zusammenschrumpfende Binnenmeer löste sich in Einzelbecken auf. Aus dem übersalzenen Wasser schieden sich Gips- und Anhydritgesteine und in den Lagunenzentren sogar nicht unerhebliche Steinsalzlager aus. Bereits in den dreißiger Jahren des vorigen Jahrhunderts hatte der bekannteste »Salinist« dieser Zeit, der Gothaer Oberbergrat C. Glenck, beispielsweise durch Bohrungen die Salinen Buffleben nördlich von Gotha und Stotternheim nördlich von Erfurt eröffnen können. 1863 bis 1880 wurde beispielsweise in einem Salzschacht auf dem Johannesfeld bei Erfurt sogar stükkiges Steinsalz im Großkammerabbau gewonnen. Der durch 30 bis 100 m Sediment repräsentierte mittlere Muschelkalk Mitteleuropas wurde eine Zeit mit immer weniger Lebensvielfalt. Das Meerwasser mineralisierte schließlich so stark, daß in den Beckenzentren kein Lebewesen mehr existieren konnte.

Seelilienwälder am Meeresgrund

Dann aber erfolgte ein zweiter Meereseinbruch nach Zentraleuropa, diesmal mit kräftiger Frischwasserzufuhr aus der Tethys von Süden her durch die Burgundische Pforte. In Thüringen, im Wesergebiet und in Hessen entstand zunächst ein flaches Randmeer mit Wassertiefen von 20 bis 50 m. Die Lebensbedingungen verbesserten sich erheblich. Seelilienkolonien von gewaltiger Ausdehnung und offenbar unvorstellbarer Dichte bedeckten den Meeresboden. Ihre Reste wurden gesteinsbildend. Mehrere Meter »Trochitenkalk« bestehen fast ausschließlich aus den scheibenförmigen Stielgliedern von zerfallenen Seelilien. Man nennt diese Stachelhäuter *Encrinus liliiformis.* Jedes Stielglied (Trochite – Randsteinchen) von 0,5 bis 1 cm Durchmesser hat die Form eines winzigen Mühlsteins, in der Mitte von einem Kanal durchbohrt und mit radialstrahligen Reliefierungen versehen. Im germanischen Kult wurden die Trochiten als Sonnensteine und als Bonifaziuspfennige verehrt.

Die Häufigkeit dieser Seelilienstielglieder kann so groß werden, daß anorganisches Kalksubstrat dazwischen fast völlig fehlen kann. Beim Zerschlagen des Trochitenkalkes machen sich die »Randsteinchen« durch glatte, glänzende Spaltflächen bemerkbar, da jedes Stielglied einen einheitlichen Kalzitkristall darstellt. Nach der im Trochitenkalk gelegentlich sehr häufig gefundenen Muschel *Lima striata* bezeichnete man diesen Horizont örtlich auch als »Striata-Kalk«.

Das Meer mit den Ceratiten

In der Folgezeit des oberen Muschelkalkes erhöhte sich auch in Thüringen und Hessen die Meerestiefe des Muschelkalkmeeres wieder auf 100 bis 200 m. In diesem tieferen Meer entstand nun ein 20 bis 80 m mächtiges Sedimentpaket, eine Wechselfolge aus harten, dichten Kalksteinbänken von wenigen Zentimetern Stärke und etwa gleich dicken Tonlagen. In anderen Bereichen bildeten sich diese »Tonplatten« in größerer Mächtigkeit und zusammen mit domitischen und anderen Gesteinstypen; man nennt den oberen Muschelkalk dort den Hauptmuschelkalk.

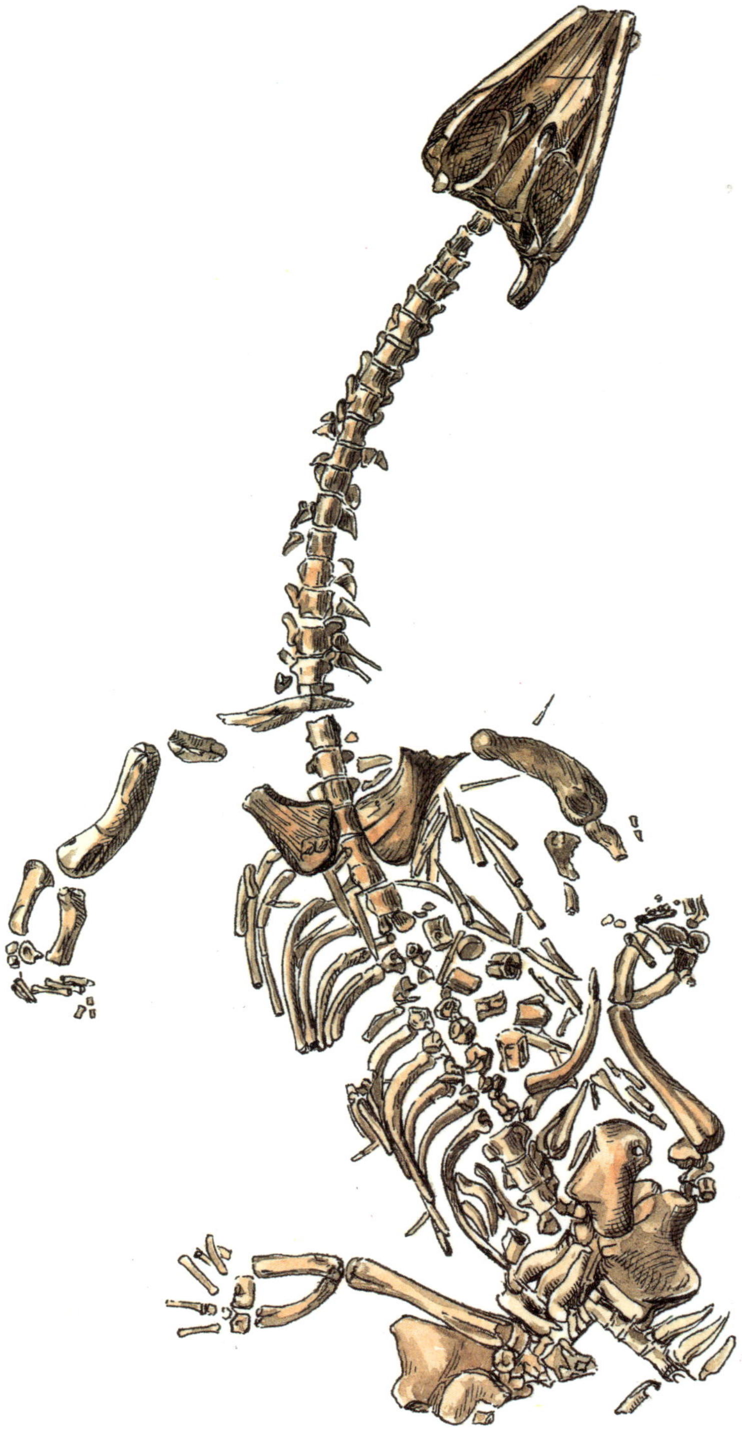

Eines der vollständigsten Skelette des marinen Fischräubers Nothosaurus *stammt aus dem unteren Muschelkalk (Orbicularis-Schichten) von Rüdersdorf bei Berlin. Gesamtlänge des im Berliner Naturkundemuseum aufbewahrten Fundstückes etwa 65 cm. Der fossile Skelettrest befindet sich in Rückenlage.*

Mit dem Meereseinbruch von Süden wanderten erneut Meerestiere der Tethys in das Germanische Muschelkalkmeer ein. Wieder waren Ausleseprozesse durch neue Umweltbedingungen die zwangsläufige Folge. Eine Gruppe von Ammonshörnern paßte sich den neuen marinen Verhältnissen erstaunlich schnell und gut an – die Ceratiten. An ihrer Seite lebte aus der Gruppe der Kopffüßer nur die Dauerform *Germanonautilus.* Die Ceratiten entwickelten sich, über das ganze Binnenmeer verteilt, zu einer individuenreichen Population mit schneller phylogenetischer Entfaltung. Damit wurden die ästhetisch schönen und als Sammelobjekt seit Goethes Zeiten begehrten Ceratiten zu wichtigen Leitfossilien für den oberen Muschelkalk, wenn nicht gar zu Prototypen von Leitfossilien überhaupt. Schon im Mittelalter wurde ihnen aus einem anderen Grunde Aufmerksamkeit geschenkt. Die Ceratiten wurden als »Drachensteine« in Milcheimer gelegt, um den Diebstahl der lebensnotwendigen Milch »durch den Satan« zu verhindern. Ihre Bedeutung als Leitfossilien ist später immer wieder in bedeutenden wissenschaftlichen Monographien untersucht und bestätigt worden.

Seite 105:
Eine Gruppe von Ammonshörnern paßt sich dem Meeresmilieu des oberen Muschelkalkes in Mitteleuropa erstaunlich gut an – die Ceratiten, die Leitfossilien dieser Zeit und dieses Meeresraumes.
Die Ceratitenentwicklung verläuft von kleinen zu großen Formen. Einher gehen Veränderungen in der Form des Querschnitts, der Schalenskulptur (Rippen, Knoten, Dornen) und der Lobenlinie.
Links:
Von unten nach oben (ebenso in der Profilabfolge):
Ceratites atavus *mit etwa 4 bis 5 cm Durchmesser*
Ceratites pulcher *mit etwa 6 bis 7 cm Durchmesser*
Ceratites robustus *mit etwa 7 bis 8 cm Durchmesser*
Rechts:
Von unten nach oben (ebenso in der Profilabfolge):
Ceratites nodosus *mit etwa 12 bis 19 cm Durchmesser*
Ceratites dorsoplanus *mit etwa 16 bis 20 cm Durchmesser*
Ceratites semipartitus *mit etwa 18 bis 25 cm Durchmesser, maximal 37 cm Scheibendurchmesser.*

Stielglieder (Trochiten) mit einem Durchmesser von 0,5 bis 1 cm der Seelilie Encrinus *geben einem Gesteinshorizont des oberen Muschelkalks den Namen Trochitenkalk.*

Die Ceratiten aus dem Meer des oberen Muschelkalkes in ihrer historischen Folge von kleinen zu großen Formen und in ihren Veränderungen des Gehäusequerschnitts
Kleine Ceratiten: 1 Ceratites (Paraceratites) atavus, *2* Ceratites (Paraceratites) pulcher, *3* Ceratites (Paraceratites) robustus
Mittelgroße Ceratiten: 4 Ceratites compressus, *5* Ceratites evolutus, *6* Ceratites spinosus, *7* Ceratites postspinosus
Große Ceratiten: 8 Ceratites nodosus, *9* Ceratites intermedius, *10* Ceratites (Discoceratites) dorsoplanus, *11* Ceratites (Discoceratites) semipartitus

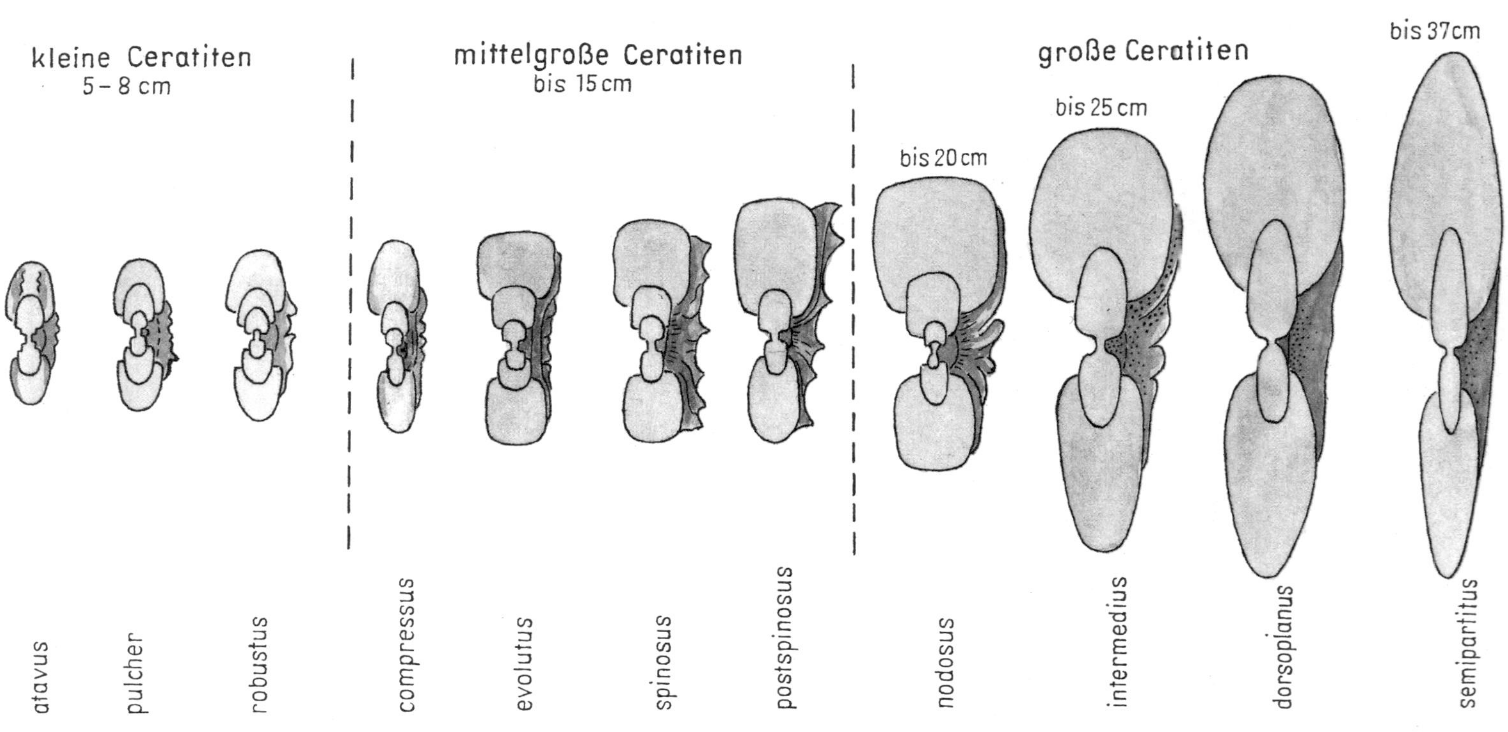

Tanystropheus *war eine bis 4,5 m lange »Muschelkalkschlange auf Füßen«. Am Rande einer prielartigen Wasserbucht des germanischen Muschelkalkmeeres fingen sie vom feuchten Ufer aus Wassertiere. Nach den vier Gliedmaßen war* Tanystropheus *ein Landlebewesen, das sich schiebend-kriechend fortbewegte, gelegentlich aber ins Wasser ging. Der lange Hals entstand durch Streckung der Halswirbel.*

Der generelle Entwicklungstrend der Ceratiten kommt in einer phyletischen Größenzunahme zum Ausdruck. In den unteren Ceratitenschichten findet man kleine Formen wie den bis 5 cm großen *Ceratites (Paraceratites) atavus* (Artname wörtlich übersetzt: »Großvater«), den bis 8 cm großen *C. (Paraceratites) robustus* (den »Kräftigen«). Der mittlere Profilteil wird durch mittelgroße Formen gekennzeichnet, die bis 15 cm Durchmesser erreichen: *Ceratites compressus* (den »Flachgedrückten«), *C. evolutus* (den »Ausgerollten«) und *C. spinosus* (den »mit Stacheln Versehenen«). *Ceratites postspinosus* (der »nach dem *spinosus* Folgende«) erreicht Durchmesser von fast 20 cm und besitzt noch längere spitze Dornen als der *C. spinosus*, kegelförmige Schalenausstülpungen, die zum Schutz vor Schalenfressern und als hohle Schwebestacheln gedient haben mögen.

Mit *Ceratites postspinosus* wird in der Profilabfolge eine gern abgebaute Werksteinbank erreicht, die sogenannte Cycloides-Bank, die von Thüringen bis Mecklenburg und Schwaben verfolgt werden kann und die aus Milliarden von seideglänzenden Schalen der kleinen *Terebratula (Coenothyris) vulgaris cycloides* besteht. Der Volksmund nennt diese Brachiopoden »Krötenaugen« oder »Gänseglotzen«. Im Liegenden und Hangenden dieser Bank findet sich der schöne glatte *Ceratites enodis*.

Ceratites postspinosus *mit gut erhaltenen langen Dornen aus dem oberen Muschelkalk der Umgebung von Weimar/Thüringen*

Bunte Steinmergelschichten kennzeichnen die Schichtfolgen des mittleren Keupers. »Badlands« an der Burg Gleichen in Thüringen

Die nun über der Cycloidesbank folgenden Ceratiten werden breit und »wohlbeleibt«. Statt mit Dornen sind die Gehäuse mit dicken, wulstigen Knoten verziert. Der sehr häufige, bis 20 cm große *Ceratites nodosus* (der »Knotige«) repräsentiert diese Gruppe. In den oberen Ceratitenschichten lagert gelegentlich eine Bank mit der schönen »Gänsetrittmuschel« *Myophoria pes anseris.* In knochenreichen Bonebedhorizonten fallen Schuppen und Zähne von Haien *(Hybodus, Acrodus)*, von Schmelzschuppern *(Gyrolepis)* und Lungenfischen *(Ceratodus)*, aber auch Knochen von Sauriern wie dem bekannten Bastardsaurier *Nothosaurus* ins Auge. Durch nur wenige Einzelknochen, darunter bis 30 cm lange Halswirbel, ist die Anwesenheit eines auffälligen Meerestieres belegt, das man aus der Tethys, z. B. aus der Trias der Südalpen, durch vollständige Skelettfunde gut kennt. Den Giraffenhalssaurier *Tanystropheus* kann man mit Recht eines der seltsamsten Lebewesen der Erdgeschichte nennen. Das bis zu 6 m lange hochspezialisierte Tier jagte im Wasser oder meist vom Ufer aus nach Tintenfischen und Fischen. Dies weiß man aus genauen Untersuchungen des fossil erhaltenen Mageninhalts. *Tanystropheus* gehört in die engere Verwandtschaft unserer heutigen Echsen und Schlangen.

Im Meer der zu Ende gehenden Muschelkalkzeit lebten schließlich relativ große Ceratiten mit der schlanken Form einer Diskusscheibe. Mit ihnen geht die eindrucksvolle Entwicklungsreihe der Ceratiten zu Ende. Der bis 25 cm große *Ceratites intermedius* (der »Mittlere«) ist im gekammerten Teil bereits diskusförmig schmal, im Wohnkammerteil aber noch dick und sogar berippt. Der meist etwas kleinere *C. dorsoplanus* (der »Flachrückige«) besitzt ein vollständig flaches und glattes Gehäuse wie auch unsere größte Ceratitenform *Ceratites (Discoceratites) semipartitus* (der »Halbgeteilte«) mit maximal 37 cm Scheibendurchmesser.

Mit diesen Riesenformen war aber auch das biologische Ende der Ceratiten gekommen, eine vorweggenommene »Tragödie« im kleinen, bezogen auf die starke Reduzierung der

Ammoniten am Ende der Trias (nur der *Phylloceras*-Stamm kam in die Jurazeit) und auf das Aussterben der Ammoniten insgesamt am Ende der Kreidezeit. Man wird den möglichen Ursachen wohl am nächsten kommen mit der Annahme, daß die Muschelkalkceratiten sich ihrem Lebensraum zwar ausgezeichnet angepaßt hatten, die dabei entstandene einseitige Spezialisierung es ihnen aber nicht erlaubte, einer erneuten Milieuänderung durch Anpassung zu begegnen. So verschwanden sie mit dem sich langsam verkleinernden Germanischen Muschelkalkmeer. Eine einzige Art mit schwachen Rippen und geringerer Größe rettete sich noch in die nachfolgende Zeit des unteren Keupers hinein: *Ceratites (Alloceratites) schmidi.* Dann aber verlosch auch dieser letzte Ceratit ohne Nachkommen.

Kohle, Gips und bunte Tone – die Zeit des Keupers

Rückzugstendenzen des Ceratitenmeeres aus Mitteleuropa am Ende der Muschelkalkzeit führten dazu, daß sich im Germanischen Becken erst zögernd und schließlich deutlicher wieder festländische Entwicklungen bemerkbar machten. Die wesentlichen Konturen des mitteleuropäischen Keuperbeckens aber waren die gleichen wie die des marinen Muschelkalkmeeres. Da dieses Becken sich nur wenig über dem Meeresspiegel erhob, erfolgten immer wieder Meeresvorstöße (Transgressionen) in dieses flache Land über die bestehen gebliebene alte Verbindung der Burgundischen Pforte. Kalke und Dolomite mit einer artenarmen »reduzierten« Muschelkalkfauna, aus der die wenig empfindlichen Myophorien besonders erwähnt werden sollen, repräsentieren diese Meereseinbrüche. Aus diesen Meeresbekken wurden bald lagunenartige Endseen. Die Landschaft glich einem großen Strommündungsgebiet. Träge Flüsse brachten schichtflutartig Süßwasser und Sedimentmassen heran. Zeitweilig süßten diese großflächigen Lagunen trotz des warmen Klimas aus.

Die geschilderten geologischen Verhältnisse führten zu charakteristischen Sedimentfolgen. Es entstanden während der Keuperperiode vorwiegend feinkörnige festländische Sedimente bunter Färbung (daher der Name Keuper – geköpert: Dialektausdruck für »bunt«). In diese terrestrischen Gesteine aber schalteten sich immer wieder brackische Horizonte, Deltabildungen und geringmächtige Meeressedimente wie die genannten Kalke und Dolomite mit marinen Lebensresten (Muscheln, Nothosauriden u. a.) ein. Wechselvolle Zeit führte zu vielfältigen Biozönosen. Die festländischen Lebensbedingungen waren günstig.

Der Keuper, vor etwa 230 Millionen Jahren beginnend und vor etwa 205 Millionen Jahren endend, repräsentiert innerhalb der Trias eine lange Zeit, nämlich etwa 25 Millionen Jahre von den 40 Millionen Jahren der gesamten Periode. Etwa 500 m mächtige Sedimente sind die Zeugnisse dieser Epoche.

Das paläogeographische Kartenbild Europas zur Zeit des mittleren Keupers (obere Trias)

Untere Karte: Festland und Meer in Mitteleuropa zur Zeit des mittleren Keupers (obere Trias)

1 Festland, vorwiegend Abtragungsgebiet, 2 europäisches Keuperbecken mit typischem Wechsel von terrestrischer Sedimentation und Meeresvorstößen mit brackischen und marinen Sedimenten, 3 Steinsalzausscheidungen in sich senkenden zentralen Beckenteilen, 4 Geosynklinalmeer mit mächtiger Sedimentation

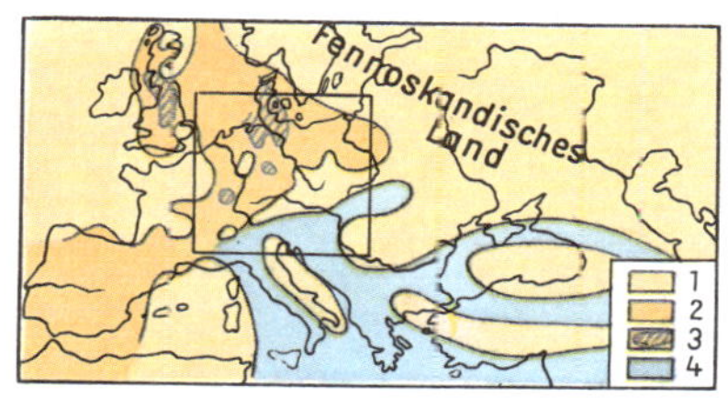

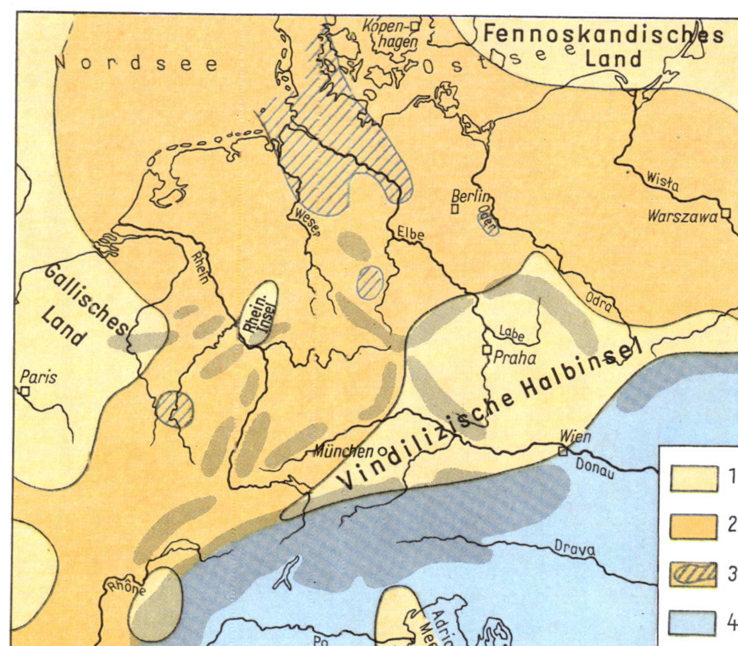

E. Tanger

Blick in den Lettenkohlensumpf zur Zeit des unteren Keupers in Thüringen. Die auffälligsten Pflanzen sind die meist 3 oder gar 4 m, maximal bis 10 m hohen und in der Regel 10 cm, manchmal mehrere Dezimeter starken Schachtelhalme Equisetites arenaceus *mit großen Blüten (Sporophyllständen). Sie gruppierten sich zu dichten röhrichtartigen Beständen. Aus ihnen bildeten sich die Lettenkohlenflöze. Zwischen den* Equisetites-*Röhren stand vereinzelt der verzweigte, bis 2 m große Schachtelhalm* Neocalamites.
Im Vordergrund rechts verschiedene Cycadophyten, darunter auch eine hochstämmige Cycadee. Grazile farnartige Wedel sind entweder Farne (Danaeopsis) *oder cycadeenartige Gewächse. Die sternförmige Pflanze in der Mitte des Vordergrundes ist die schöne Cycadee* Dioonitocarpidium. *Das große baumförmige Gewächs mit weiten Wedeln (hinten links) ist die Bennettitee* Pterophyllum, *deren abgefallene Wedel zu den häufigen und besonders schönen Keuperfossilien gehören. Auf den Trockenhängen im Hintergrund stehen vereinzelt oder in Gruppen Nadelbäume (Voltzien).*
In den Gewässern der Lettenkohlensümpfe lebte der schwerfällige altertümliche Panzerlurch Mastodonsaurus, *mit 2 bis 3 m Körperlänge ein Riese, das größte bislang gefundene Lurchtier überhaupt.*

Die Lettenkohlensümpfe

Als dem Geheimen Rat Johann Wolfgang von Goethe während seiner Amtszeit als Minister im Herzogtum Sachsen-Weimar auch das Bergbauressort unterstand, gehörten zu den ihm anvertrauten Objekten auch unbedeutende kleine, oft nur kurzzeitig betriebene Bergwerke in mehreren Orten Thüringens, insbesondere in der Umgebung von Weimar und Apolda. In ihnen versuchte man ein Kohleflöz abzubauen, das in den Schichten des unteren Keupers auftrat. Der Weimarische Bergrat Johann Carl Wilhelm Voigt gab nach diesem Flöz der ganzen Schichtenfolge den Namen »Lettenkohle«. Der untere Keuper war für Mitteleuropa eine Periode des Kampfes um die Vorherrschaft zwischen Meeresbedeckung (speziell dem nicht ganz »besiegten« Muschelkalkmeer) und dem Festland, bei dem schließlich das Festland die Oberhand gewann.

Schachtelhalmröhricht und große Farne

Das schwarze Kohleflöz und seine Begleitsedimente sind Zeugnisse dieses flachen Keuperfestlandes. Das Flöz entstand in einer Sumpflandschaft bei einem gleichmäßig warmen Klima infolge relativer Äquatornähe. Träge Flüsse durchzogen dieses ebene Land und schütteten rasch auskeilende Sandsteinbänke auf. Tote Fußabschnitte und tonige Niederungen wurden zu sumpfigen Senken und zu flachen Seen von oft größerer Ausdehnung. Dichte und breite Röhrichtgürtel aus Schachtelhalmgewächsen umgaben diese Seen. In Massenbeständen trat die Form *Equisetites arenaceus* auf mit bis zu 6 m hohen und bis zu 15 cm Durchmesser erreichenden oberirdischen Schäften, die sich in der Regel dicht über dem Erdboden verzweigten. Oft sind allein die unsichtbaren unterirdischen, waagerecht kriechenden und bewurzelten Rhizome an Ort und Stelle erhalten geblieben, während aus der oberirdischen »Biomasse« des dichten *Equisetites*-Röhrichts das Lettenkohleflöz entstand. In der Röhrichtzone selbst fand sich eine weitere Schachtelhalmgattung. *Neocalamites* wurde bis 2 m hoch und besaß kräftige Seitensprosse sowie eine quirlartige Beblätterung an den Knoten. Diese Pflanze ähnelte der buntsandsteinzeitlichen *Schizoneura.* Ein wenig entfernt vom offenen Wasser wuchsen die im Fundgut häufigen Farne wie verschiedene Pecopteriden oder der große Keuperfarn *Danaeopsis marantacea* mit über 1 m langen, einfach gefiederten Wedeln. Auch Cycadeen, die zu den häufigsten Keuperfossilien überhaupt gehören, gediehen in diesen Bereichen. Von bekannten Keuperpflanzenfundorten wie Apolda und Bedheim in Thüringen wurde das auffällige cycadeenartige Gewächs *Dioonitocarpidium pennaeforme* mit einfach gegliederten lanzettlichen Fruchtblättern beschrieben. Mehrere *Pterophyllum*-Arten mit ihren schönen Fiederblattwedeln sind ebenfalls zu den palmartigen Cycasgewächsen zu zählen. In trockeneren Randzonen treffen wir auf vereinzelte Koniferen (z. B. *Voltzia*) – und so ergibt sich schließlich ein ökologisches Bild von der Moorgliederung, wie wir es prinzipiell bereits in den Sümpfen der Steinkohlenzeit und der Rotliegendperiode kennengelernt hatten.

Mastodonsaurus – der größte Lurch

Eine Tiergruppe war nicht nur die auffälligste unter der Lebewelt dieser Sumpfgebiete, sie beherrschte diese auch. Große Dachschädellurche (Stegocephalia) aus der Gruppe der Labyrinthodonten brauchten in diesem Biotyp keine Feinde zu fürchten. Die schwerfälligen, kaltblütigen Tiere lauerten in den Sümpfen und an den brackigen Gewässern bewegungslos auf vorbeischwimmende Fische, kleine Amphibien und Reptilien. Blitzschnell schnappten ihre riesigen Fanggebisse zu. Wenig später lagen sie wieder still im Wasser.

Auf dem Grunde von Seen und Flüssen zur Zeit des oberen Keupers lebten in Europa das platte, bis 1 m lange Amphibium Gerrothorax. *Das Tier besaß das Aussehen eines »Plattfisches mit Füßen«. Am Kopfende ragten lebenslang äußere Kiemenbüschel nach außen. Die Extremitäten trugen Schwimmhäute. Die Körperoberseite war mit kleinen Hautknochen bedeckt, während die Bauchseite eine Bauchpanzerung besaß.*

Über diese Gebisse besitzen wir gute Kenntnisse, denn in erster Linie fanden sich die Schädel von *Mastodonsaurus acuminatus* und *giganteus*. Die flachen, grubigen und mit Schleimkanälen überzogenen Schädel, von denen gut erhaltene Teile beispielsweise in Molsdorf bei Erfurt (heute im Museum der Natur in Gotha) und bei Bedheim in Südthüringen ans Tageslicht kamen, waren bis 3/4 m lang und 1/2 m breit. Die großen Augenöffnungen verliehen den Schädeln ein maskenhaftes Äußeres. Der Oberkiefer trug außer mehreren großen, bis zu 7 cm langen Zähnen jederseits eine Doppelreihe von insgesamt mehr als 200 kleinen Zähnen. Vorn hatte der Schädel vor den Nasenöffnungen unmittelbar an der Schnauzenspitze zwei zusätzliche Öffnungen zur Aufnahme der langen, spitzen Fangzähne des Unterkiefers bei geschlossenem Maul. Auf den langen Kopf folgte ein kurzer Körper mit verhältnismäßig kleinen Beinen, so daß diese Tiere, die wie alle Lurche einen Teil des nötigen Sauerstoffs durch Hautporen aufnahmen, plump und kopflastig wirkten. Erreichten diese thüringischen Mastodonsaurier etwas über 2 m Körperlänge, so ergab sich für einen bei Schwäbisch-Hall gefundenen *Mastodonsaurus giganteus* bei einer Schädellänge von 1,25 m eine Gesamtlänge von etwa 3 m. Dieser Stegocephale ist damit das größte bekannt gewordene Lurchtier der Erdgeschichte.

Die Lebewelt des Gipskeupers

Im Museum zu Apolda in Thüringen liegt ein Meeresfossil aus dem Grenzdolomit der Umgebung. Es stammt aus dem Grenzbereich vom unteren zum mittleren Keuper. Der über 20 cm große Steinkern von *Thuringionautilus* beweist für diesen Ort ein intaktes Meeresmilieu und zugleich, daß das Relief im Germanischen Becken offenbar noch immer ausgeglichen war und dieses flache Land wieder einmal vom Meerwasser überspült wurde. Die nun folgende Periode des mittleren Keupers, auch als Gips- oder Hauptkeuper bezeichnet, ist mit 300 bis 400 m Sediment das bedeutendste Glied des Keupers und zudem intensiver festländisch geprägt. Jetzt vergrößerte sich auch das Keuperbecken im Verhältnis zur bisherigen Ausdehnung in der älteren Trias. Als charakteristisches Hauptgestein entstand heute hartgewordener Ton (Tonstein, Letten) mit lebhafter rötlicher und violetter Färbung* und weit aushaltender horizontaler Schichtung. Es muß ein ähnliches Milieu wie zu bestimmten Zeiten des Buntsandsteins geherrscht haben. Große Ströme mit geringer Transportenergie brachten feines Abtragungsmaterial von den angrenzenden flachen Festländern und lagerten dieses in einer Fastebene mit kaum bemerkbarer Neigung ab. Die oxidierenden Bedingungen dieser Trockenperioden ergaben die vorherrschenden roten Gesteinsfarben. Die endgültigen sedimentologischen Merkmale wurden schließlich im Seemilieu geprägt. Diese großen Seen enthielten salzhaltiges Wasser. Es waren Endseen. Das reduzierende Milieu führte zu grauen Sedimenten. Die Äquatornähe bedingte ein warmes, semiarides und die geographische Situation ein kontinentales Klima. Infolge großer Verdunstung schieden sich zu verschiedenen Zeiten und in verschiedener geographischer Position mächtige Gipse, lokal sogar Steinsalz (z. B. im nördlichen Thüringer Bekken, verbreitet in Lothringen) aus. Ein Meeresvorstoß setzte die Bleiglanzbank ab. Nur am Rande des Germanischen Beckens entstanden fächerförmige Sandschüttungen, zu denen beispielsweise der Sandsteinkeuper der Coburger Gegend (BRD) gehört. Diese schönen Mittelkeupersandsteine lieferten hochwertige Bausteine.

Die Lebensbedingungen im Germanischen Becken Mitteleuropas hatten sich zur Zeit des mittleren Keupers verschlechtert. In den Tonen konservierten sich oft allein Konchostraken, die wie im Buntsandstein vielleicht schon in Kürze eine biostratigraphische Gliederung zulassen werden. Mächtige Schichtpakete aber sind fossilfrei bzw. fossilarm, von einzelnen geringmächtigen Horizonten einmal abgesehen. So gibt es Lagen mit den kleinen Muscheln *Myophoriopsis (Pseudocorbula) keuperina* und *Myophoria kefersteini* und der Schnecke *Turbonilla (Promathilda) theodorii* oder Schichten mit den 5 cm langen Steinkernen der *Anoplophora gypsea*. In einer dünnen Sandsteinbank Thüringens und Frankens versteinerte in unzähligen Exemplaren der 15 bis 20 cm lange Ganoidschuppenfisch *Semionotus bergeri*, der offenbar in Schwärmen Flüsse, Seen und brackige küstennahe Gewässer bewohnte. Die fossilfreien Bereiche der Schichtfolge aber belegen gewiß lebensungünstige Verhältnisse. Nur zur Zeit der überdünten Deltaschüttung des Schilfsandsteins (benannt nach den häufigen Schachtelhalmen), des sich weit nach Nordwesten ins Becken vorschüttenden Stubensandsteins und einiger anderer Horizonte kehrten noch einmal günstige Milieuverhältnisse für ein reichhaltiges Leben auf dem Festland zurück.

* Im Gegensatz zur vorherrschend grauen und grünlichen Färbung der Tone des unteren Keupers

Halberstadt und seine Keupersaurier

Die Domstadt Halberstadt im nördlichen Harzvorland besuchen die meisten Touristen der bedeutenden sakralen Bauwerke wegen. Naturkundlich interessierte Stadtbesucher aber werden gewiß auch das kleine Naturkundemuseum neben dem gotischen Dom aufsuchen, um sich mit einer Sehenswürdigkeit vertraut zu machen – den Sauriern von Halberstadt.

Am südöstlichen Stadtrand vergrößerten sich um die Jahrhundertwende große Ziegeltongruben. Man baute ein Tonprofil ab, das geologisch die Zeit von oberen Teilen des mittleren Keupers bis zum Rät, dem oberen Keuper, umfaßte. Ab 1909 fanden sich in bläulichen, selten rötlich-grünlichen Tonen (vermutlich einem Äquivalent des süddeutschen Knollenmergels) gut erhaltene Landsaurier in großer Zahl. Sie wurden von dem Greifswalder Paläontologen Professor O. Jaekel geborgen und wissenschaftlich bearbeitet. Der Fundhorizont gehört in die Zeit des jüngsten mittleren Keupers. Diese Folge festländischer Sedimente liegt eingebettet zwischen Tongesteinen, die jene kurzzeitigen Meereseinbrüche (Transgressionen) repräsentieren, von denen bereits gesprochen wurde. 7 m unter dem Landsaurierhorizont wurden Reste von Meeressauriern (*Plesiosaurus*, Nothosauriden) und Reste der Meeresschildkröte *Chelyzoon* gefunden. 6 m über der Landsaurierfundschicht und bereits von rätischem Alter kam eine marine Fischfauna mit Haien *(Hybodus)* und Ganoidfischen zutage, und weitere 4 m höher im Profil wurde der schildkrötenähnliche Pflasterzahnsaurier *Chelyosuchus* geborgen.

Zwischen diesen Meeressedimenten lag jener festländische blaue Ton, der die inzwischen berühmte Halberstädter Saurier-Lebensgemeinschaft enthielt. Es handelt sich um eine typische Fauna an einem entwicklungsgeschichtlichen Wendepunkt. Zahlreiche Gruppen lebten nur noch bis zum Ende der Trias. Neue progressive Formen waren erstmals auf der Lebensbühne aufgetaucht. Die labyrinthodonten Dachschädellurche, im Keuper bisher sehr zahlreich und durch große Formen gekennzeichnet, traten mit *Mastodonsaurus*, *Metoposaurus* und *Cyclotosaurus* sowie dem äußerlich grotesken *Gerrothorax* letztmalig in Erscheinung. Im nachfolgenden Jura verschwanden sie spurlos. Die Landschildkröten erschienen erstmalig mit der Art *Triassochelys (Stegochelys) dux*, ein wenig früher allerdings noch in Schwaben mit der sehr ähnlichen *Proganochelys* aus dem Stubensandstein, dem wohl ältesten Schildkrötenrest überhaupt. Bis heute haben sich diese gepanzerten Reptilien kaum weiterentwickelt.

Beherrscht wurde die Fauna aber von den ältesten bekannten Großdinosauriern in Europa, zur Ordnung Saurischia mit dem typischen Reptilbecken gehörend. Brachte bereits die aufrechte Körperhaltung diesen Urriesendinosauriern viele Vorteile, so war die vermutlich vorhandene Warmblütigkeit von entscheidender Bedeutung. Die Dinosaurier errangen durch eine nunmehr mögliche Daueraktivität, unabhängig von der Außentemperatur, und durch einige weitere neue Eigenschaften eine dominierende Stellung. Sie besaßen vermutlich eine Warmblütigkeit, die sich von der der Vögel und Säuger unterschied. Die

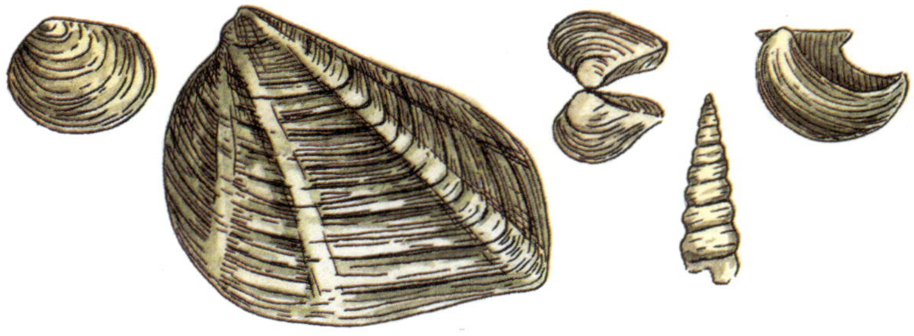

Einige wichtige Schalenfossilien aus dem Keuper des Germanischen Beckens
Von links: die zu den Konchostraken gehörende Estheria minuta *aus dem unteren Keuper. Vergrößert. Breite 4 bis 5 mm*
Originalgroß die bis 4 cm breite Muschel Myophoria kefersteini *aus dem mittleren Keuper*
die etwa 1 cm große Muschel Myophoriopsis keuperina *aus dem mittleren Keuper*
die etwa 7 bis 8 mm hohe Schnecke Turbonilla (Promathilda) theodorii *aus dem mittleren Keuper. Vergrößert*
die etwa 1,5 cm breite Muschel Avicula (Rhaetavicula) contorta *aus dem oberen Keuper (Rät)*

Die landbewohnende, etwa 1 m lange obertriassische Altschildkröte Triassochelys (Stegochelys) *aus dem mittleren Keuper Mitteleuropas in einer Lebendrekonstruktion von der Seite. Hals und Schwanz waren auf der Oberseite stark bestachelt.*

innere Wärmeproduktion erfolgte mit einiger Wahrscheinlichkeit durch intensive Muskeltätigkeit. Mit 6 m Länge und 4 m Höhe gehört *Plateosaurus*, von dem man zwei bis drei Arten kennt, zu den größten Dinosauriern auf mitteleuropäischem Boden überhaupt. Reste von fast 50 Individuen fand man in den Ziegeltongruben von Halberstadt, darunter mehrere fast komplette Skelette. Am besten bekannt und deshalb auch im Halberstädter wie Berliner Naturkundemuseum aufgestellt wurde *Plateosaurus quenstedti*. Das massige Tier bewegte sich aufrechtgehend auf den beiden Hinterfüßen. Von dem fünfzehigen Plateosaurushinterfuß berührten nur drei Zehen den Erdboden, so daß er vogelähnliche Spuren im weichen Sediment hinterließ. Die Vorderextremitäten sind im Gegensatz zu denen anderer Dinosaurier relativ kräftig, bei denen sie nur noch kleine rudimentäre »Stummel« bilden. Der lange Hals trägt einen relativ kleinen Schädel, dessen gleichförmige Bezahnung am ehesten auf einen Allesfresser (Omnivoren) hinweist. Die »Halberstädter Lindwürmer« lebten vermutlich in einer zeitweise vegetationsarmen trockenen Landschaft in Herden, die in der Nähe von seeartigen Wasserstellen ihren Hauptstandort hatten und von diesen aus auf Nahrungssuche gingen. Es wird zudem angenommen, daß diese *Plateosaurus*-Gruppen zu jahreszeitlich oder klimatisch bedingten ausgedehnteren Wanderungen aufbrachen, eventuell bis an die flachen Meeresküsten, um in den dortigen Lagunen mit reicher Lebewelt Beute zu machen und reichlich pflanzliche Nahrung zu finden. Man kann annehmen, daß sich *Plateosaurus* mit einer Geschwindigkeit von etwa 8 bis 10 km in der Stunde fortbewegte.

Diese frühen Dinosaurier, zu denen der *Plateosaurus* gehörte und in denen die Vorläufer der späteren Sauropoden zu suchen sind, verdrängten jetzt in einer gewaltlosen Ablösung die formenreiche Sauriergruppe der säugerähnlichen Thecodontier,

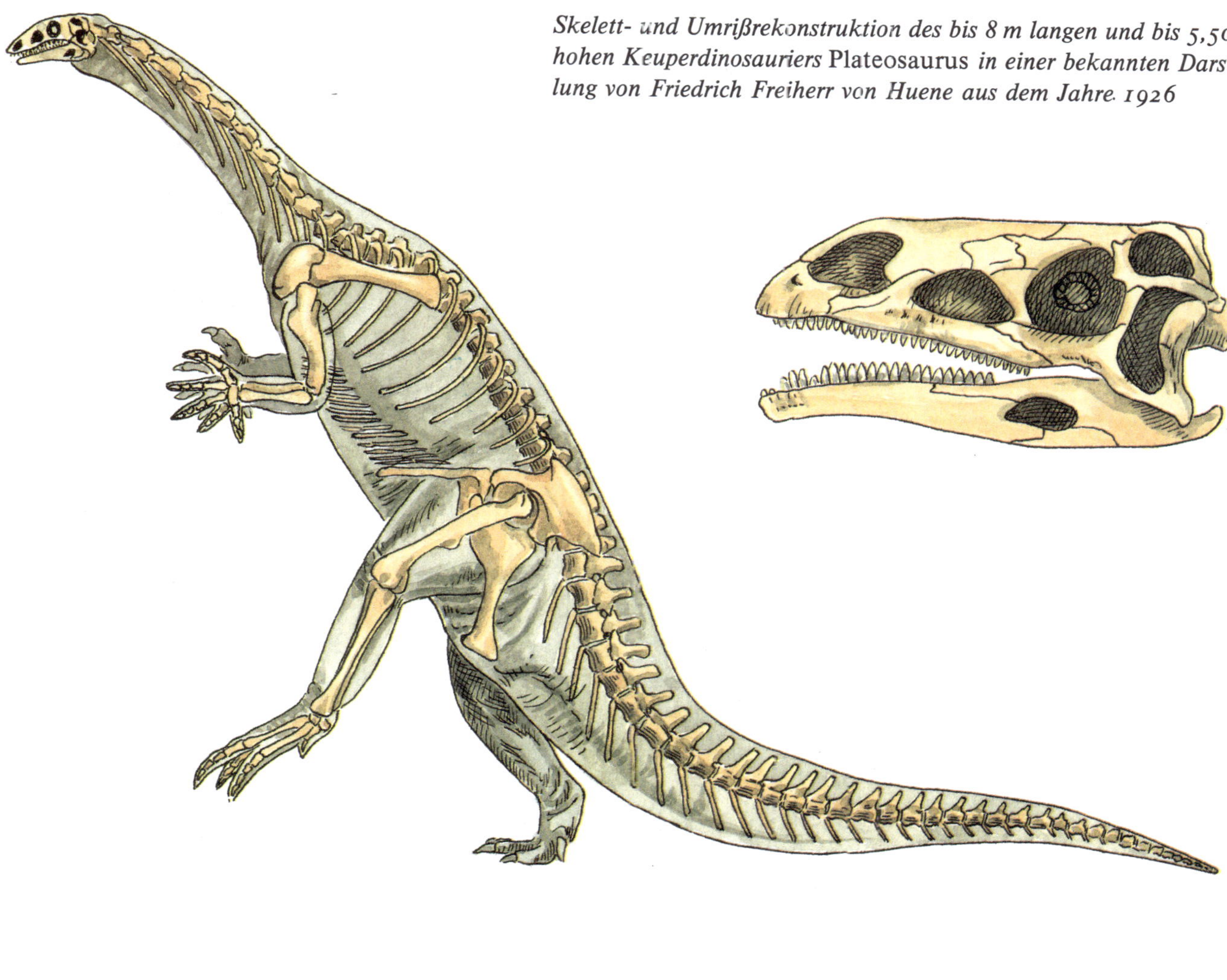

Skelett- und Umrißrekonstruktion des bis 8 m langen und bis 5,50 m hohen Keuperdinosauriers Plateosaurus *in einer bekannten Darstellung von Friedrich Freiherr von Huene aus dem Jahre 1926*

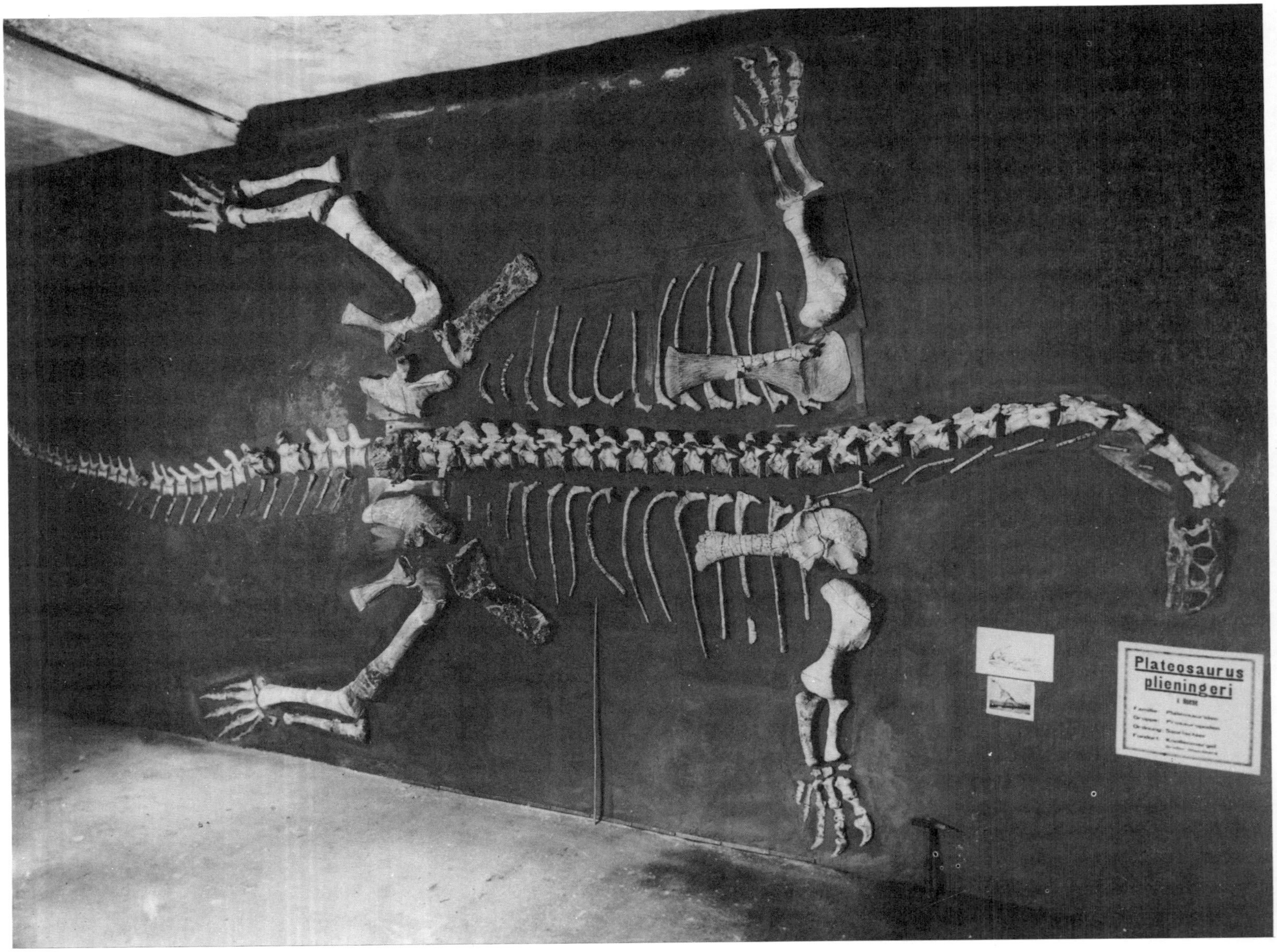

Das Gesamtskelett eines Plateosaurus plieningeri *aus dem Knollenmergel (oberster Keuper) des Großen Gleichberges in Südthüringen in einer historischen Montage von Dr. Hugo Rühle von Lilienstern im ehemaligen Museum Bedheim bei Meiningen*

die bislang diesen Lebensraum beherrschten. So verwundert es nicht, daß auf dem Fundplatz Halberstadt weitere Dinosaurier geborgen wurden. Ein hier nur durch wenige Knochen nachgewiesener Verwandter von *Plateosaurus* ist *Efraasia*, ein schlankfüßiger Prosauropode, der durch ein vollständiges Skelett aus Schwaben sehr gut bekannt wurde. Ebenfalls nur durch wenige Reste konnten eindeutige Räuber, also fleischfressende Dinosaurier, nachgewiesen werden: *Halticosaurus* und *Procompsognathus.* Zu den limnischen Carnivoren gehört der gavialartige Fischräuber *Mystriosuchus.* Der bekannteste Vertreter der Begleitfauna aber ist zweifellos die schon erwähnte terrestrische Altschildkröte *Triassochelys (Stegochelys) dux* mit 60 bis 70 cm

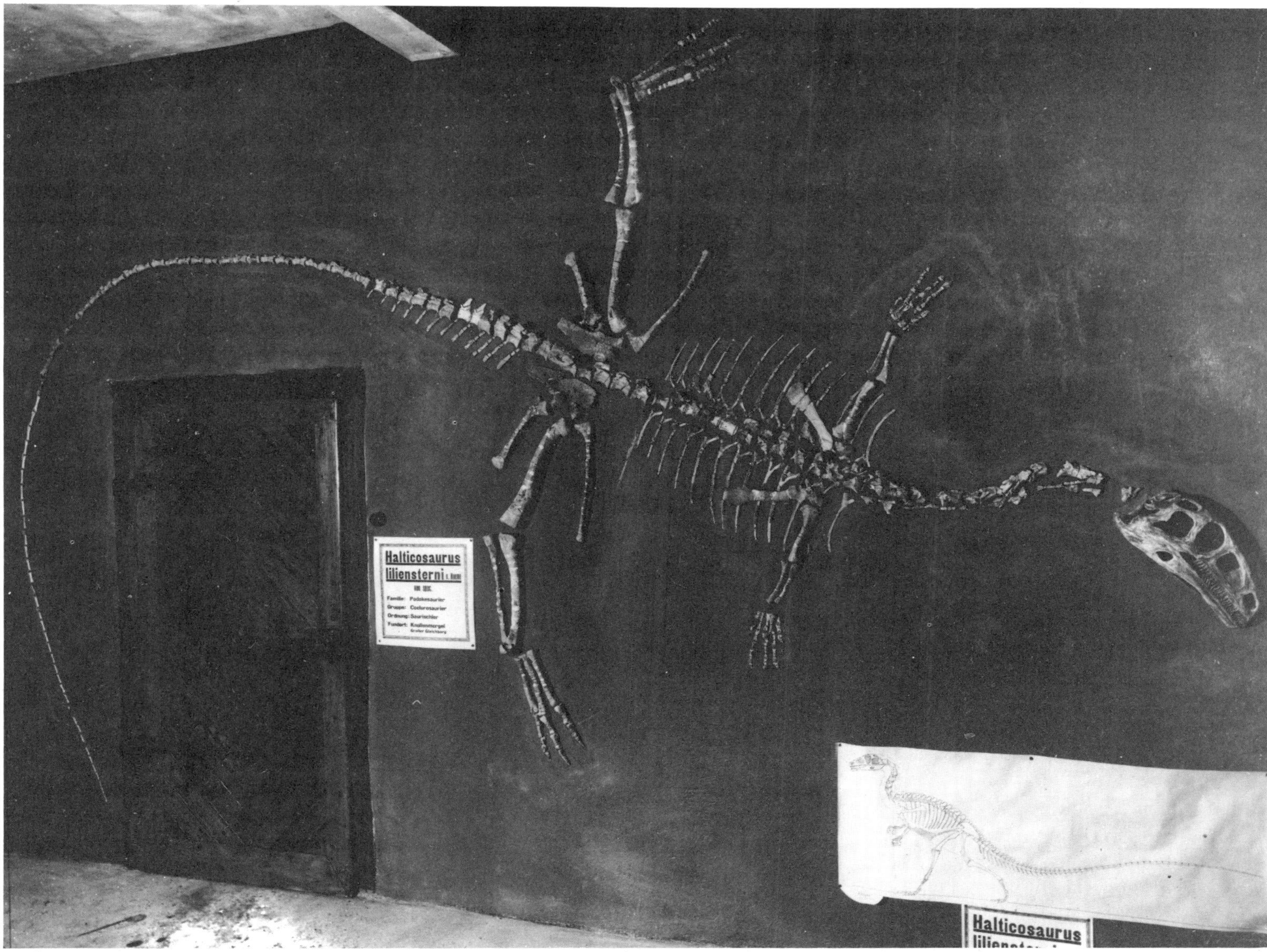

Das vollständige Skelett des fleischfressenden Halticosaurus liliensterni *von 5,50 m Länge aus dem Knollenmergel (oberster Keuper) des Großen Gleichberges in Südthüringen in einer historischen Montage von Dr. Hugo Rühle von Lilienstern im Museum Bedheim*

Carapaxlänge und 90 cm Gesamtlänge, heute im Berliner Naturkundemuseum eines der optisch unscheinbaren und doch »berühmten« Ausstellungsobjekte. Über die stammesgeschichtliche Herkunft der Schildkröten bestehen nicht wenige Unklarheiten. In ihren Skelettmerkmalen erinnern sie an die Stammreptilien, die Kotylosaurier. Es fehlen aber die Schläfenöffnungen im Schädeldach. Die Triasschildkröten besitzen einen Hornschnabel, haben aber auf den Gaumenleisten auch Zähne. Infolge kräftiger Nackenbestachelung konnten sie Hals und Kopf nicht unter den Panzer zurückziehen. Mit nur unbedeutenden Formänderungen haben sich die Schildkröten bis heute behauptet.

Die Dinosaurier Südthüringens

Im Sommer 1934 konnte der südthüringische Landarzt und bekannte Heimatforscher HUGO RÜHLE VON LILIENSTERN in seiner Heimatgemeinde Bedheim südwestlich Hildburghausens ein kleines paläontologisches Heimatmuseum eröffnen. Die Darstellung südthüringischer Erd- und Lebensgeschichte rankte sich um jene bedeutsamen Funde von Landsauriern, die der Arzt 1932 und 1933 am Großen Gleichberg bei Römhild aus dem Knollenmergel des mittleren Keupers, etwa 14 m unterhalb der Rätgrenze, geborgen hatte. Etwa im gleichen stratigraphischen Niveau waren die Halberstädter Funde ans Tageslicht gekommen. Wie dort fanden sich auch hier Dinosaurier; sie lebten in einer weitflächigen, ralativ trockenen Landschaft, die von periodischen Flüssen durchströmt wurde und in der auch unterschiedlich große Seen nicht fehlten. Der Tübinger Saurierfachmann FRIEDRICH FREIHERR VON HUENE bearbeitete diese südthüringischen Reste. *Plateosaurus plininger*i wurde als ein primitiver *Plateosaurus* mit kürzeren Unterschenkeln im Verhältnis zum Oberschenkel rekonstruiert. Das vollständig zusammengesetzte Skelett hatte eine Länge von nahezu 8 m. Voll aufgerichtet, erreichte das Tier eine Höhe von 5,50 m. Der Gleichberger *Plateosaurus* ist damit einer der größten Saurier der Trias. Die Lebensweise gleicht jener der Halberstädter Plateosauriden.

Als wissenschaftlich erheblich wertvoller, weil zur Fundzeit in der Vollständigkeit erstmalig, erwies sich der aus zwei Skeletten zusammengesetzte Coelurosaurier *Halticosaurus liliensterni* mit einem auffallend langen Schwanz. Die kräftigen Hinterfüße waren doppelt so lang wie die Vorderfüße. Mit einer Gesamtlänge von 5,50 m und einer vollen Körperhöhe von 3,20 m mußte auch dieser Saurier im Keuperbiotop auffallen. Das starke Raubtiergebiß im relativ großen Schädel deutet auf einen räuberischen Fleischfresser hin. Interessant ist ein verheilter Knochenbruch am linken Sitzbein – eventuell Zeugnis kämpferischer Ereignisse im Alltag der Keupersaurier.

Die Saurier aus dem Keuper Württembergs

Im süddeutschen Triasland, insbesondere in Württemberg, kamen infolge hervorragender natürlicher und künstlicher Aufschlüsse frühzeitig bedeutende Fossilien ans Tageslicht, die seit den Tagen CUVIERS im Stuttgarter Naturalienkabinett (dem heutigen Staatlichen Museum für Naturkunde) aufbewahrt werden. Bedeutende Paläontologen leiteten diese weltberühmte Sammlung: der Arzt GEORG FRIEDRICH JÄGER (1785–1866), OSKAR FRAAS (1824–1897) und sein Sohn EBERHARD FRAAS (1862–1915).

Ebenso bedeutende Männer wirkten an anderen Stellen dieses fossilreichen Landstücks, der Bearbeiter und Namenspatron unzähliger Altfunde HERMANN VON MEYER (1801–1869) in Frankfurt am Main und der letzte große Universalist bei der Erforschung fossiler Reptilien FRIEDRICH FREIHERR VON HUENE (1875–1969) in Tübingen. Auch die Tübinger Universitätssammlung wurde somit Aufbewahrungsort bedeutender Fossilien.

Der bedeutende deutsche Reptilpaläontologe und Erforscher vieler Dinosaurier Europas Friedrich Freiherr von Huene (1875–1969)

Pflasterzahnsaurier und Krokodilsaurier

Mit vollem Recht kann man Württemberg das Land der Triassaurier nennen. Der mittlere Keuper war zunächst eine Zeit mit Meeresvorstößen, so daß Brackwasserbuchten für diesen süddeutschen Raum geradezu typisch waren.

Aus dem Gipskeuper von Lustnau bei Tübingen stammen die bekannten absonderlichen acht Skelette des gepanzerten, 70 cm langen, wasserbewohnenden Pflasterzahnsauriers *Henodus.* Es sind museale und wissenschaftliche »Kostbarkeiten« ersten Ranges. Durch panzerartige Hautverknöcherungen äußerlich einer Schildkröte ähnlich, verraten die Pflasterzahngebisse die Zugehörigkeit zu den »Plattenzähnern«, den Placodontiern. *Henodus chelyops* lebte in den brackigen Lagunen der Gipskeuperzeit vorwiegend von Krebsen, die mit einem besonderen Siebapparat aus dem Wasser filtriert wurden.

Es folgte ein vorwiegend festländischer Zeitabschnitt des mittleren Keupers, während dem der sogenannte Sandsteinkeuper abgelagert wurde. Große Deltaflächen zogen sich von benachbarten Hügelländern aus kristallinen Gesteinen, die dort einer mechanischen und chemischen Verwitterung unterlagen, hinunter in die tiefer gelegenen Landstriche. Flüsse transportierten dieses Material in episodischen Wasserschüben während niederschlagsreicher Zeiten in die Becken. Es setzte sich ringsum Sand ab. Die Zeit des Stubensandsteins brachte bei relativ trockenem Klima besonders den Reptilien außerordentlich gute Lebensbedingungen. Da auch die Einbettung und die Fossilisation schnell und günstig verliefen, überdauerten zahlreiche Lebensreste, die eine jahrhundertelange Gewinnung des Stubensandsteins als Baustein schließlich ans Tageslicht brachte. Heute sind größere Aufschlüsse selten geworden, und die Werksteingewinnung kam zum Erliegen. Bei der jetzigen Sandgewinnung mit einer mechanischen Aufbereitung gehen alle Fossilien zugrunde.

In dieser Sandlandschaft gab es breite Flußläufe mit periodisch stark schwankender Wasserführung; auch Seen, Teiche und Tümpel. Schmelzschupperfische wie Amphibien weisen auf das einstige fluviatile und limnische Milieu. Neben dem schon bekannten großen Dachschädellurch *Mastodonsaurus* fand der etwa metergroße, sonderbare, halslose *Gerrothorax*, eine Larvenform mit äußeren Kiemenbüscheln an dem breiten, kurzen Schädel, große Beachtung. An den Ufern lauerten gepanzerte Krokodilsaurier. Zwei verschiedene Formen können unterschieden werden. Der krokodilartige Neckarsaurier *Nicrosaurus* erreichte 4 m Körperlänge. Die bis 80 cm langen Schädel waren durch eine spitze Bezahnung gekennzeichnet.

Der etwa gleich große gavialartige »Löffelschnauzensaurier« *Mystriosuchus (Belodon)* besaß einen 70 bis 80 cm langen Schädel mit stark verlängerter Schnauze. Das Reusengebiß weist auf den Fischfänger. Infolge Knochenerhöhungen ragten Augen und Nasenöffnungen aus dem Wasser, während das ganze Tier beutelauernd unter Wasser liegen konnte. Die Lebensweise der durch bewegliche Knochenplatten schwer gepanzerten Krokodilsaurier entsprach der ihrer äußerlichen »Verwandten«, der rezenten Krokodile und Gaviale, mit denen sie aber in Wahrheit nur sehr entfernt in Beziehung stehen.

Amphibische Labyrinthodontier erreichten in der Trias noch einmal erhebliche Körpergröße. Der erstmals 1828 aus dem Lettenkohlenkeuper von Gaildorf in Württemberg beschriebene Mastodonsaurus giganteus *besaß eine Körperlänge von über 3 m, der Schädel allein eine Länge von über 1 m. Der abgebildete etwa 70 cm lange Schädel zeigt die lyraförmig gewundenen Furchen des Seitenliniensystems (Organ des Strömungssinns) und die Öffnungen für den Durchtritt der Unterkieferzähne (im Bild dunkel).*

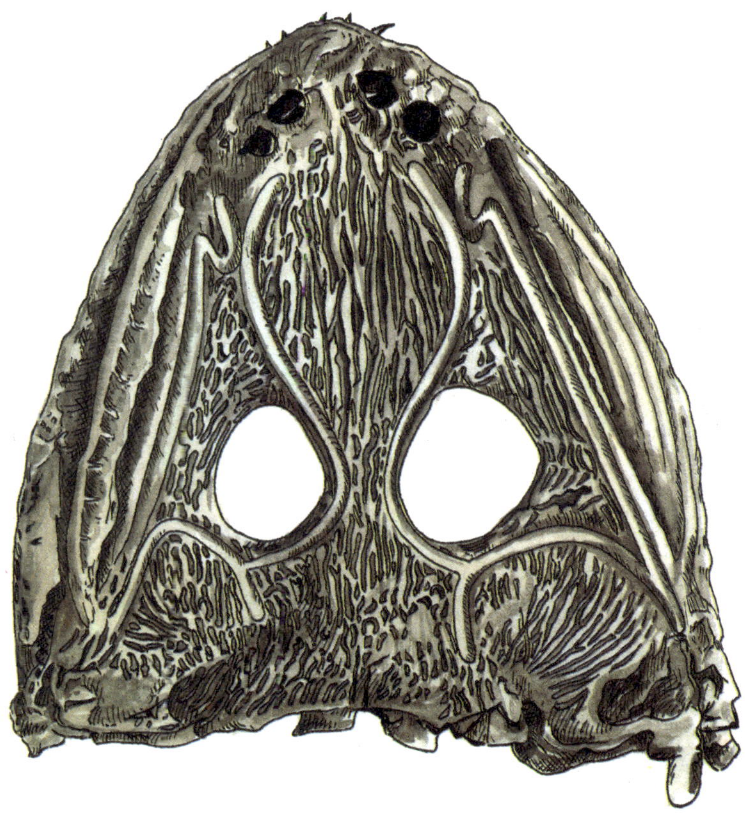

Die etwa 80 cm lange Adlerkopfechse Aetosaurus *mit geschlossener Außenpanzerung aus dem Stubensandstein Württembergs lebte in der Nähe offener Wasserstellen von Insekten und anderen wirbellosen Tieren, eventuell auch von Wurzeln.*

Lebensbild aus der Zeit des Stubensandsteins in Südwestdeutschland (Württemberg) mit verzweigten Stromgeflechten und lebhafter Sandablagerung
Mit dem Beginn dieser Sandschüttungen im mittleren Keuper lebte eine interessante und vielfältige Wirbeltierfauna. In den Gewässern schwammen Schmelzschuppenfische in großen Schwärmen. Sie wurden in gelegentlich prächtiger Erhaltung fossil. Ihre Schuppen bestehen oberflächlich aus dentinartigem Ganoin. Mit ihnen zusammen tummelten sich absonderliche Dachschädellurche im Wasser, Larvenformen mit äußeren Kiemenanhängen auf Lebenszeit. Gerrothorax *besitzt einen breiten und viel zu kurzen Schädel (s. S. 112).*
Die auffälligsten Tiere aber waren Krokodilsaurier, die von Fischen und kleinen Sauriern lebten.
Vorn links zwei Vertreter des bis 3 m langen Neckarsauriers Nicrosaurus *mit einer schweren Knochenpanzerung aus gegeneinander beweglichen Platten. Die knapp 1 m langen Schädel besitzen vorn eine Schnauzenverdickung durch Knochenwucherung. Dahinter der dem heutigen indischen Gavial ähnliche* Mystriosuchus *– Schädellänge etwa 70 cm. Die Schnauzenpartie ist stark verlängert. Augen- und Nasenöffnung liegen hoch und damit über Wasser, wenn der übrige Schädel darunter liegt. Das Reusengebiß weist auf einen Fischfänger. Rechts zwei Exemplare einer der ältesten Schildkröten.* Proganochelys *mit etwa 80 bis 90 cm Gesamtlänge zeigt eine starke Nackenbestachelung. Würde diese Form noch heute leben, käme sie uns nicht fremdartig vor. Und trotzdem sind die Schildkröten aus dem Stubensandstein Württembergs die ältesten der Welt. Da Vorläufer wie Zwischenformen fehlen, ist die Herkunft der Schildkröten bis heute unklar.*

Adlerkopfechsen, erste Schildkröten und zweibeinige »Lindwürmer«

In Tümpeln der Stubensandsteinzeit lebte die 50 bis 90 cm lange Adlerkopfechse *Aetosaurus.* Diese primitiven Zwergsaurier von krokodilartiger Gestalt ernährten sich von Insekten und anderen wirbellosen Kleintieren. Eine geradezu perfekte Außenpanzerung wurde bei diesen Tieren durch gegeneinander bewegliche Knochenringe erreicht, die den Körper ringsum und von vorn bis hinten rüstungsartig bedeckten. Weltberühmt wurde die 1875 in Stuttgart-Kaltental geborgene Gesteinsplatte mit 24 zusammengeschwemmten, sehr gut erhaltenen vollständigen *Aetosaurus*-Exemplaren – ein Saurierfriedhof im kleinen!

Die bislang ältesten Schildkröten *(Proganochelys, Proterochersis)* stammen ebenfalls aus dem schwäbischen Stubensandstein. Es waren Landtiere mit gewölbten Panzern bis 35 cm Länge. Sie lebten in der Nähe von Tümpeln. Diese ältesten Vertreter besaßen bereits alle Merkmale der heutigen Schildkröten, einer konservativen Tiergruppe mit sehr geringer Entwicklungsgeschwindigkeit.

Gegen Ende des mittleren Keupers machten sich Veränderungen in der Gesteinsablagerung bemerkbar. Die Sandschüttungen wurden im Süden vor allem durch Tonsedimentation abgelöst. Es entstanden die schwäbischen Knollenmergel. In ihnen wurden wie in zeitgleichen Ablagerungen bei Halberstadt und am Gleichberg bei Römhild komplette Skelette von Großdinosauriern gefunden, die eben in dieser Periode zu den »Beherrschern« der Landoberflächen Europas aufrückten. Bereits 1834 beschrieb kein Geringerer als H. von Meyer aus dem Keuper von Nürnberg jenen bis 8 m langen und bis 5,5 m hohen bipeden *Plateosaurus*, der als »schwäbischer Lindwurm« beinahe zum Signet Württembergs erkoren worden wäre. Das Wappentier des weltberühmten Stuttgarter Naturkundemuseums ist er aber wirklich geworden. Einzelknochen von *Plateosaurus* fand man später in dem etwas älteren Stubensandstein –

Aus dem keuperzeitlichen Knollenmergel (obere Trias) von Trossingen (Württemberg) wurden mehrere komplette Skelette des etwa 6 bis 8 m langen Plateosaurus *geborgen. Der hier in einer historischen Skelettmontage gezeigte Dinosaurier wurde das Signet des Stuttgarter Naturkundemuseums.*

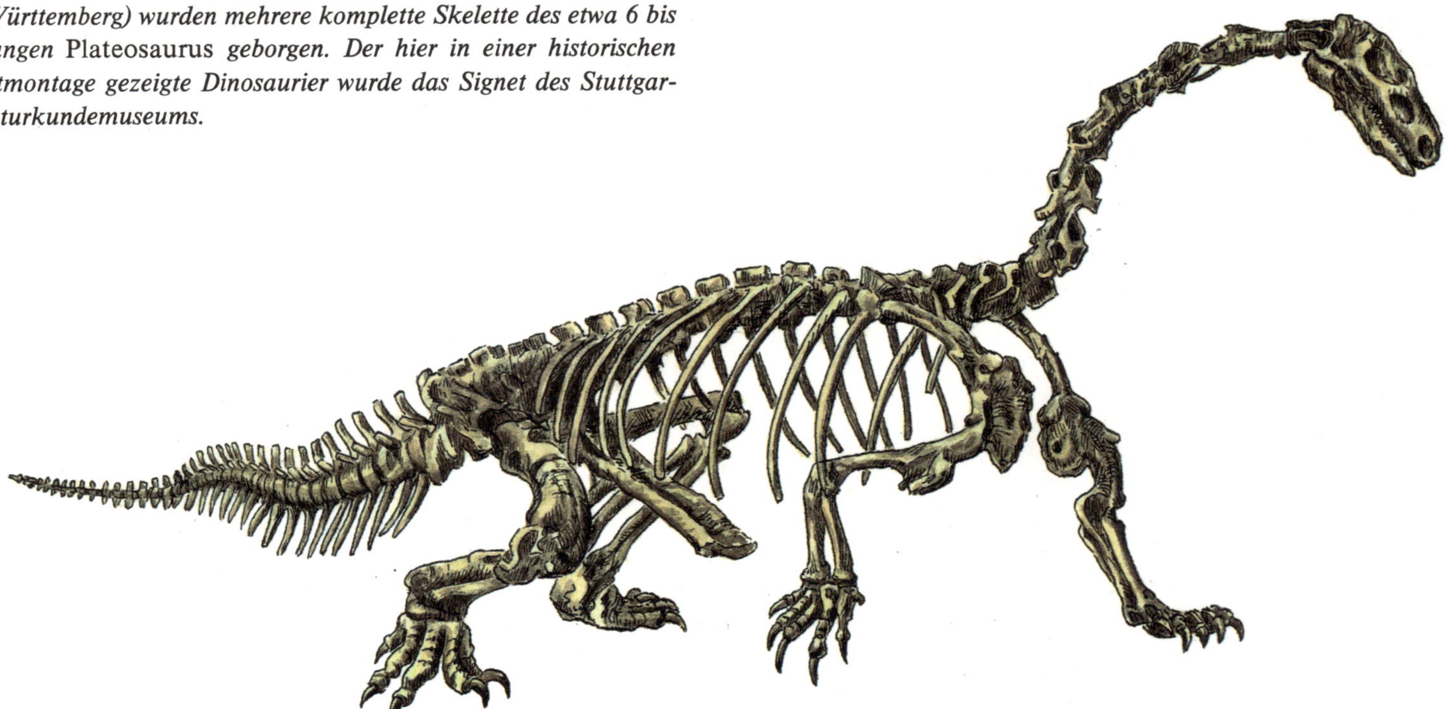

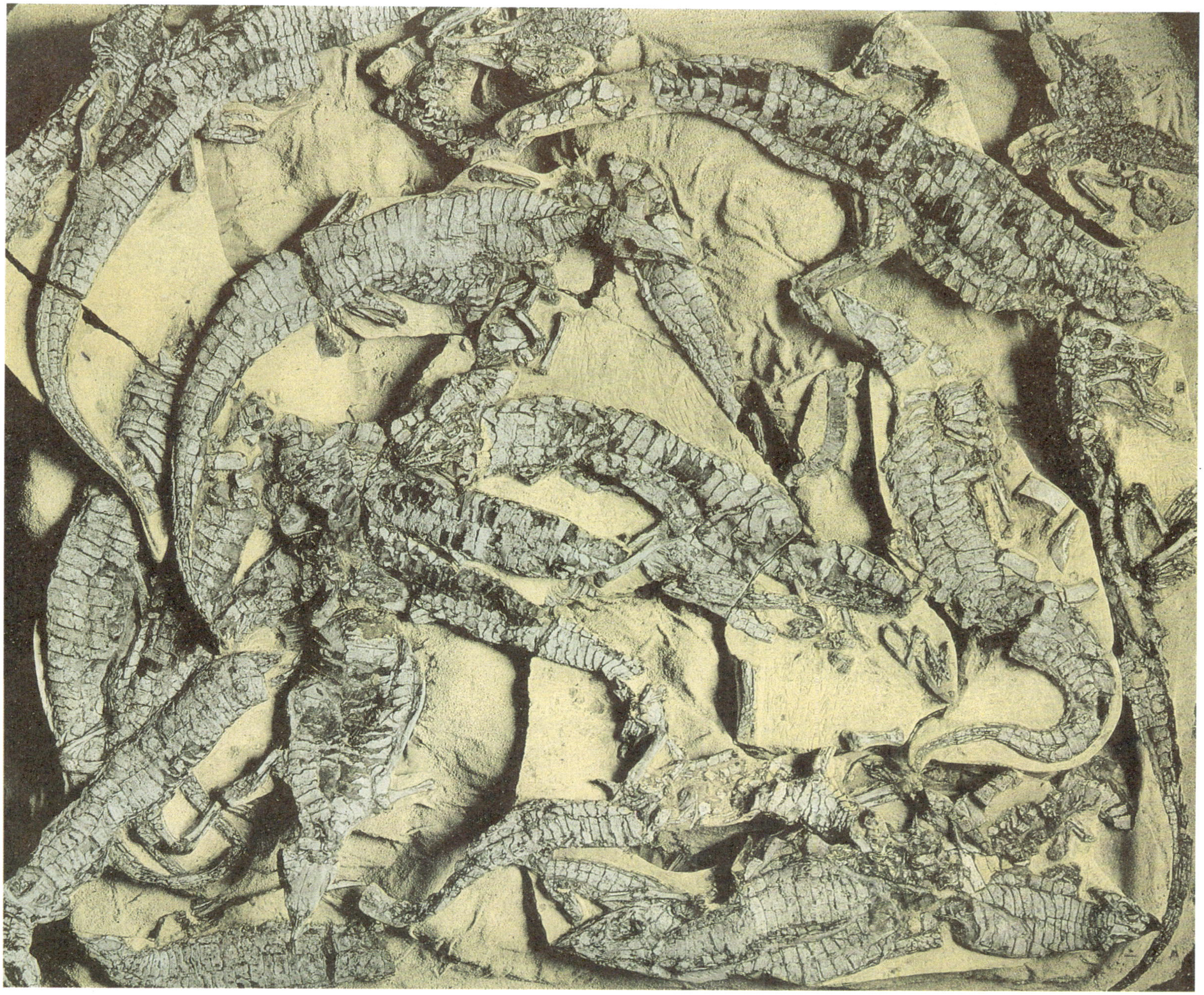

dies waren dann zugleich die ältesten Reste von Großdinosauriern in Europa überhaupt. Sehr gut erhaltene Gesamtskelette stammen aus dem Knollenmergel von Trossingen im Schwarzwaldkreis. Besonders durch Veröffentlichungen sind diese Funde recht bekannt geworden.

Der einmalige Fund von 24 zusammengeschwemmten gepanzerten Adlerkopfechsen Aetosaurus *aus dem mittleren Keuper (Stubensandstein) von Stuttgart-Kaltental, aufbewahrt im Staatlichen Museum für Naturkunde in Stuttgart. Die Fundplatte hat eine Abmessung von 1 m × 1,20 m.*

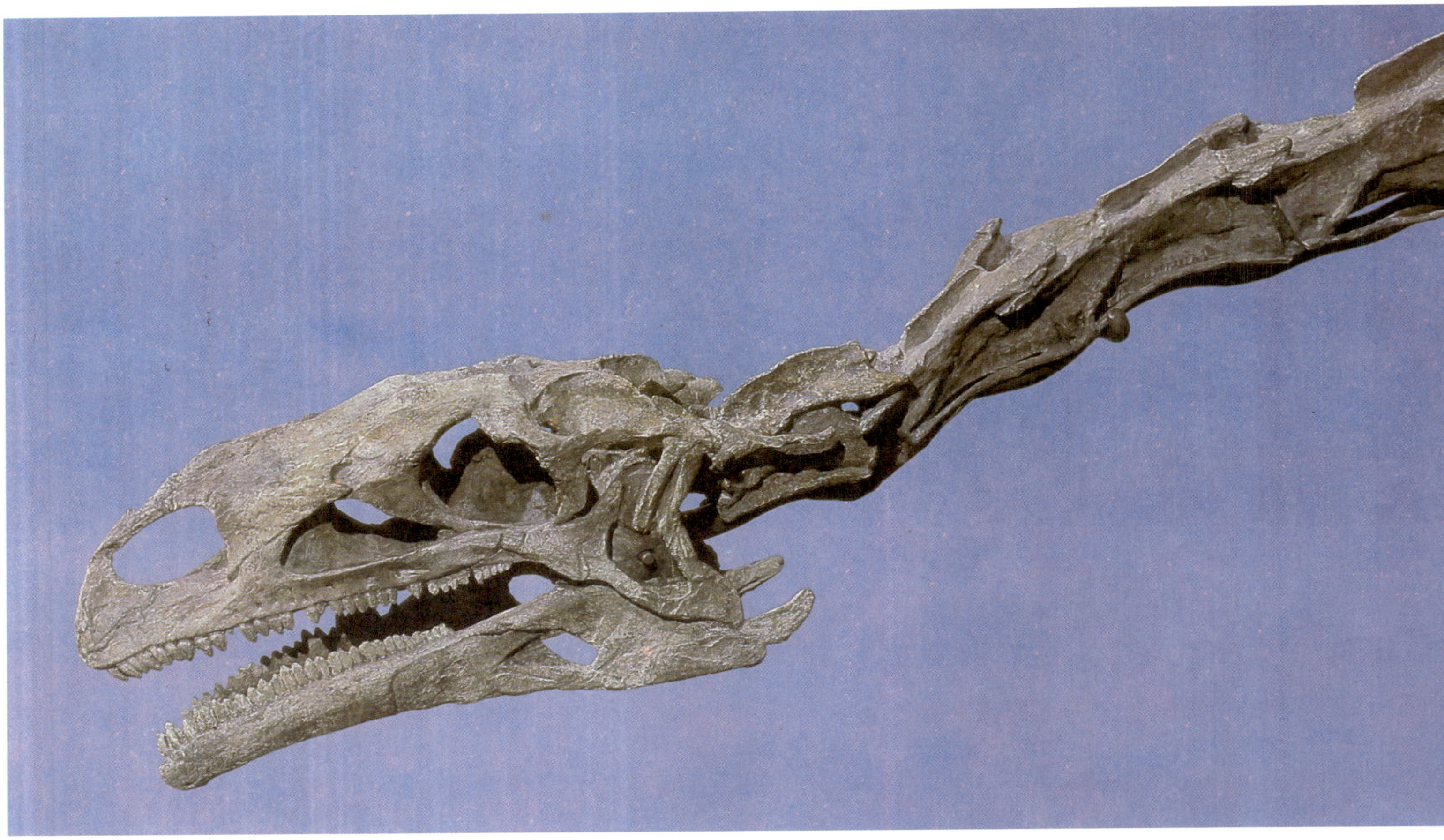

Schädel, Unterkiefer und die ersten Halswirbel des »Schwäbischen Lindwurms« Plateosaurus *aus dem Knollenmergel (oberster Mittelkeuper) von Trossingen in Württemberg. Der Schädel hat eine Länge von 33 cm (ausgestellt im Staatlichen Museum für Naturkunde in Stuttgart).*

Erste Säugetiere aus dem Rät

Das geologische Geschehen im mitteleuropäischen Keuperbekken wurde in der Endphase der Keuperzeit, dem Rät (nach der römischen Alpenprovinz Raetia), erneut durch gelegentliche Meeresüberflutungen geprägt. Die kleine »gedrehte Vogelmuschel« *Avicula contorta* repräsentiert als Leitfossil diese marinen Vorstöße. Jetzt erfolgen die Transgressionen nicht allein von der noch immer vorhandenen Tethys im Süden her, sondern auch von einem nordwestlich, etwa im Gebiet der heutigen Nordsee gelegenen Meer. Die Ausdehnung des Germanischen Beckens hatte sich eingeengt. Der höher aufragende Böhmische Landblock vergrößerte sich. Wiederum begann ein Kampf um die Vorherrschaft zwischen dem Land und dem Meer, bei dem schließlich das Meer siegte. Das aber war dann bereits der Beginn eines neuen Erdgeschichtsabschnitts, des Jura. Mit diesen Meereseinbrüchen zur Zeit des oberen Keupers waren den landlebenden Triassauriern die guten Lebensbedingungen immer mehr entzogen worden. Sie verschwanden wie auch die vom Oberkarbon bis in die Trias weltbeherrschenden Dachschädellurche. Wir werden sehen, welche Formen des Lebens in der Jurazeit die frei werdenden Lebensräume einnehmen werden.

Hätte man zur Zeit der oberen Trias die Festländer der Erde besuchen können, so wären vermutlich auch sehr aufmerksamen Beobachtern Lebewesen entgangen, die sich durch eine sehr geringe Körpergröße und eine Lebensweise in Dickichten, hohlen Bäumen und vor allem in Erdhöhlen und Felsspalten auszeichneten. Fundhorizonte sind sogenannte Bonebeds zwischen Stuttgart und Tübingen, bei Hallau im Kanton Schaffhausen in der Schweiz, in Südwales bei Glamorgan, in Großbritannien bei Holwell, in der Volksrepublik China in der Provinz Yünnan und in den obertriassischen Red Beds Südafrikas. Lange hatte man winzige Knöchelchen übersehen, aber als man sie entdeckt hatte, galt ihnen das besondere Interesse vieler Paläontologen. Mit Pinzette und Lupe holte man 20 mm lange Schädelchen, Kiefer bis 15 mm Länge und millimetergroße, schwer zerstörbare Einzelzähne entweder direkt aus den Gesteinen oder aus den Schlämmrückständen. Die im Fundgut sehr oft unterrepräsentierten Reste belegen den Anfang einer neuen Tiergruppe, die über 100 Millionen Jahre später durch eine explosive Entwicklung und den Vorstoß in alle Lebensbereiche der Erde die dominierende Rolle in der Lebewelt einnehmen sollte – der Säugetiere.

Neue Zahnstrukturen

Da man vorwiegend Zähne fand, wurde als wesentliches Merkmal dieser frühen Säuger eine neue Zahnstruktur erkannt. Die Säugerzähne wiesen zahlreiche kompliziert gebaute Höcker auf und eine sehr gute Paßförmigkeit zwischen Ober- und Unterkiefer. Ein gründliches Zerkleinern der Nahrung und eine rationelle rasche Energiegewinnung waren die Folge. Neben diesen progressiven Merkmalen stammt aus dem reptilischen Erbe zum Beispiel der mit dem Lebensalter zunehmende Zahnausfall.

Nach jetziger Kenntnis begann während der Obertrias an mehreren Stellen der Erde mosaikartig die Säugetierentwicklung. Ganz am Anfang standen Übergangsformen, die auf eine polyphyletische Abstammung von mehreren Gruppen der Therapsiden (Säugerreptilien) hinweisen. Die Actidosaurier besaßen beispielsweise bereits jene vielhöckrige Zahnstruktur, aber noch den ursprünglichen reptilischen Bau des Unterkiefers. Dieser wurde aber in der Fortentwicklung rückgebildet – *Bienotherium* aus der Obertrias Ostasiens tendierte in dieser Richtung. Der amerikanische Paläontologe ALFRED SHERWOOD ROMER glaubte das gesuchte »Missing link« zwischen Reptil und Säuger in dem 25 cm großen *Diarthrognatus* gefunden zu haben. Dieser Therapside zeigte in seinem Schädel die Merkmale beider Gruppen. Wo man schließlich die Grenze vom Reptil zum Säugetier anhand von Knochenfunden legt, bleibt letzten Endes eine Frage der Übereinkunft. Einige der wesentlichen Säugermerkmale sind nach den Knochen, insbesondere nach den Zähnen, entweder nicht oder nur unsicher zu beurteilen. Die vielleicht wichtigste Frage lautet: Werden noch immer beschalte Eier »gelegt«, oder wird das schalenlose Ei mit unterschiedlich langer Tragzeit bereits im Muttertier durch eine Plazenta ernährt und das Jungtier schließlich lebend geboren? Fest steht, daß diese neuen Tiergruppen bereits viele progressive Merkmale besaßen. Hierzu gehörten das anfangs erwähnte, nur einmal ersetzbare paßförmige Gebiß mit modernem Zahnbau, der hervorragende Fortbewegungsmechanismus, die Warmblütigkeit, das sehr gute Gehör, das bessere Sehen während der Dämmerung und der Nacht und ein ausgezeichneter Geruchssinn. Kurzum, sie hatten eine hohe physiologische Funktionstüchtigkeit, besonders eine rasche, rationelle Energieerzeugung und eine Intelligenz erworben, die jedem Reptil schon damals überlegen war. Hinzu kam eine ausgeprägte Brutpflege.

Maus- bis rattengroße Tiere

Die ersten Säuger des oberen Keupers unterschieden sich von ihren heutigen Nachfahren erheblich. Es waren Ur-Kleinsäuger, unscheinbare maus- bis rattengroße Tiere, die sich vorwiegend von Insekten, anderen wirbellosen Tieren, gelegentlich von kleinen Reptilien und gewiß auch von Knospen und Samen sowie anderen Pflanzenteilen ernährten.

Zwei Ordnungen kennt man aus der Obertrias: die Dokodonta (»Balkenzähner«) und die Triconodonta (»Dreikegelzähner«). Eine der ältesten Gattungen ist der etwa 10 cm lange dokodonte *Morganucodon* mit dem auffallend langen Kopf. Er wurde beim Abbau von spaltenreichen Kalken in Südwales bei Glamorgan gefunden. Tonnenweise löste man im University College in London die Füllsedimente in Säure auf. Die säureresistenten Zähne blieben zurück: Milchmolaren wie bleibende Molaren mit komplizierten Höckerformen. Neben *Morganucodon* konnte auch die Gattung *Kuehneotherium* entdeckt werden. Gleichartige Reste fand man inzwischen an anderen Stellen Europas, in Asien und in Afrika. Zu den Triconodonten wird der aus der Obertrias Chinas stammende *Sinocodon* gestellt. Sein differenziertes Gebiß war für den Verzehr von Insekten, Fleisch- und Pflanzennahrung geeignet.

In den sechziger Jahren kamen aus den obertriassischen Red Beds in Südafrika ganz zufällig Säuger ans Tageslicht, erstmals entdeckt auf einer Gesteinsplatte, die man wegen eines Sauriers in ein Museum gebracht hatte. Es war das 2 cm lange Schädelchen von *Megazostrodon*, von dem man kurz darauf das älteste vollständig erhaltene Säugerskelett fand.

Einer der ersten Säuger war Morganucodon, *der auf dem Uferland und auf Inseln am Rande des Tethysmeeres im heutigen Wales zur Zeit der späten Trias lebte. Ein 15 mm langer länglicher Unterkiefer von* Morganucodon *mit typischer Säugerbezahnung*

Die Dinosaurier werden nach dem Bau des Beckens in zwei große Ordnungen geteilt:
Links: die Echsenbeckendinosaurier (Saurischier) mit echsenartigem Becken
Rechts: die Vogelbeckendinosaurier (Ornithischier) mit vogelähnlichem Becken
In beiden Ordnungen treten quadropede und bipede Vertreter auf.

Alle diese frühen, fellüberzogenen, vermutlich fast ausschließlich nachtaktiven Säuger waren offenbar in eine Zeit »geboren« worden, in der ihnen nur ökologische Nischen als Lebensraum zur Verfügung standen – hochgelegene Trockenareale, kleine Erdhöhlen und Felsspalten oder das Blätterdach der bodennahen Vegetation. Es handelte sich um Räume, in denen sich Leben nur selten fossil erhalten konnte. Sicher auch aus diesem Grunde fehlen in der DDR bisher Funde von Altsäugetieren (Prototheria) aus dem Rät, obwohl es an Aufschlüssen nicht fehlt. Ein sehr bekanntes Oberkeuperprofil liegt in den Werksteinbrüchen am Großen Seeberg bei Gotha. Überdeckende blaugraue Tone mit Gips, Pyrit und Meeresfossilien belegen dort den folgenden Zeitabschnitt des unteren Jura.

Ein Blick nach draußen – Triassaurier außerhalb Europas

1841 hatte Richard Owen in seinem berühmten Werk »Report on the British fossil reptiles« vorgeschlagen, den großen Sauriern des Mesozoikums einen zusammenfassenden kennzeichnenden Namen aus griechischen Wortelementen zu geben. Er nannte sie Dinosaurier, was etwa »Schreckenechsen« bedeutet. Noch heute wird dieser Name für allgemeine Erörterungen gern benutzt. Wir wissen, daß sich unter den Dinosauriern zwei Ordnungen mit unterschiedlichem Bau des Beckengürtels verbergen. Bei den älteren Saurischiern (mit Reptilbecken) zeigt das Schambein (Pubis) nach vorn, das Sitzbein (Ischium) schwanzwärts. Bei den jüngeren Ornithischiern (mit Vogelbekken) sind beide Knochen nach hinten gerichtet.

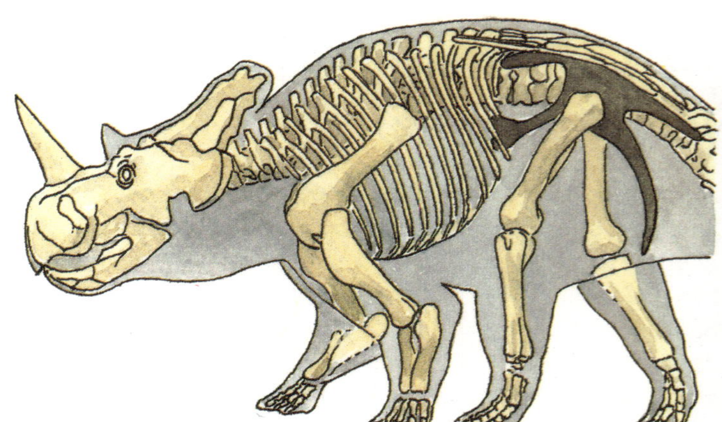

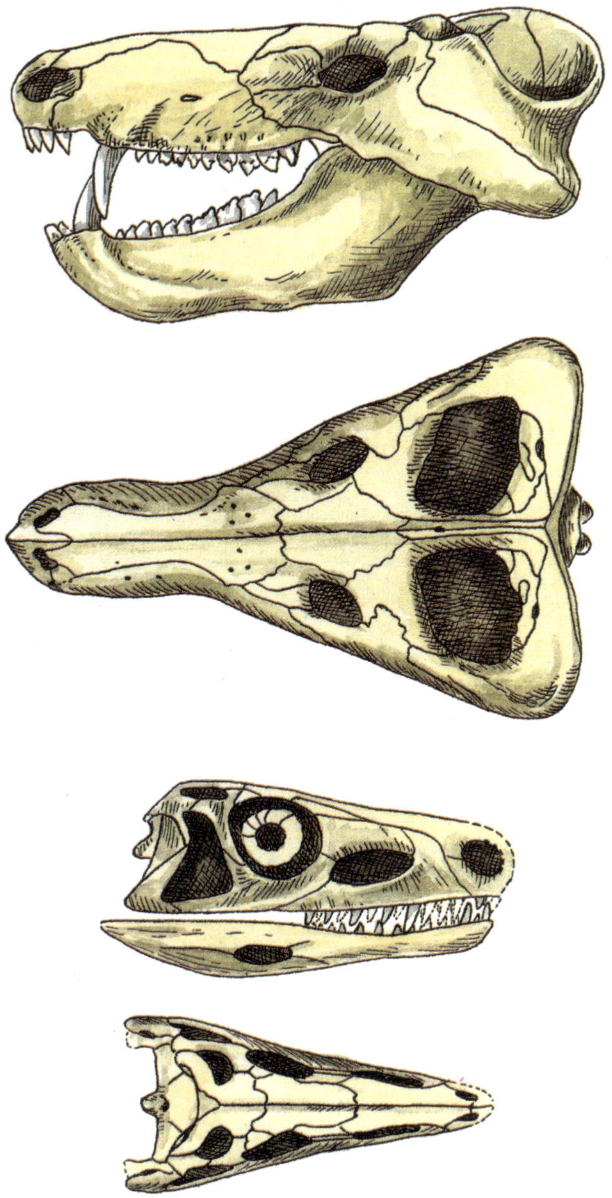

Der 25 bis 30 cm lange Schädel des wolfartigen Säugerreptils Cynognathus *aus der Mitteltrias Südafrikas mit dem typischen Raubtiergebiß (von der Seite und von oben). Unten der etwa 10 cm lange Schädel des kleinen Pseudosuchiers* Euparkeria *(von der Seite und von oben) aus den mitteltriassischen Karru-Schichten Südafrikas*

Diese großen Dinosaurier entwickelten sich offenbar vor 210 bis 220 Millionen Jahren zur Zeit des mittleren Trias aus zweifüßigen Pseudosuchiern mit Reptilbecken. Somit waren die ersten Dinosaurier der Trias Saurischier.

In welcher Gegend der Erde aber hatte sich diese neue Gruppe erstmals entwickelt? Nach dem heutigen Fundgut scheint dies im Inneren des damaligen großen Südkontinents Gondwana geschehen zu sein, in den weiten triassischen steppenartigen Landschaften der südafrikanischen Karru. Gleichalte und gleichartige fossilführende Sedimente finden sich heute auch im Osten Südamerikas, ein Beleg, daß beide Kontinente einst einen großen Landblock bildeten.

Saurier aus den Schichten der Karru

Die Karruformation Südafrikas ist, wie wir schon wissen (s. S. 72), ein fast lückenloses Tagebuch der Erde vom Perm bis in die Trias – und zugleich ein freigiebiger »Lieferant« versteinerten Lebens. Aus dem Perm kamen die archaischen plumpen Pflanzenfresserreptilien mit waagerecht vom Körper abstehenden Oberschenkeln und Oberarmen ans Tageslicht, die Kotylosaurier. Dann hatten die eventuell schon warmblütigen Säugerreptilien, die Therapsiden, mit einer Überfülle an Räubern und Pflanzenfressern ihr goldenes Zeitalter. Unter ihnen sind die Ahnen der Säuger zu suchen. Die schlanken Tigerreptilien, die Gorgonopsier, überlebten das Perm nicht. Ihnen folgten in der unteren und mittleren Trias die in Herden lebenden Dicynodontier mit immer größeren Ähnlichkeiten zu den Säugern, vor allem im Gebiß. Hierzu gehörte der vierbeinige Räuber *Cynognathus*. Aus der untersten Trias stammt der »Zweihauersaurier« *Lystrosaurus*, der in der Karru, aber auch in Bengalen, Laos, China, an der oberen Wolga in der UdSSR und in den Gondwanaschichten Antarktikas, nur 640 km vom Südpol entfernt, gefunden wurde. Die Verbreitung dieses Fossils kann als ein weiterer eindrucksvoller Beleg für den damals noch nicht zerfallenen Superkontinent Pangäa gelten. Neuerdings wurden Dicynodontier auch auf Australien gefunden, und zwar in der Arcadiaformation im südöstlichen Queensland.

Aus den Pseudosuchiern entstanden zu Beginn des Trias die ersten Dinosaurier, und schon in der mittleren Trias machten die Dicynodontierherden kräftigen Rudeln von Dinosauriern Platz. Ein pseudosuchischer Vorläufer war *Euparkeria*, ein knapp 1 m langer, flinker Räuber auf zwei Beinen, einer der Väter der Herrscherreptilien, der Dinosaurier, die sich nachfolgend außerordentlich schnell entwickelten. In dieser Phase ent-

Ein typischer Vertreter der Säugerreptilien aus der unteren und mittleren Trias Südafrikas ist der zu den Cynodontia gehörende, etwa 2 m lange hundeartige Cynognathus.
Der hier abgebildete, über 30 cm lange Schädel mit säugetierartigem Raubtiergebiß, in dem die prämolaren »Hintereckzähne« dem Betrachter besonders auffallen, liegt im British Museum (Natural History) in London.

standen auch schwerfälligere, größere Pflanzenfresser, die Prosauropoden, die zur vierbeinigen Fortbewegung tendierten. Gegen Ende der mittleren Trias Südafrikas war der gigantische *Melanorosaurus* mit langem Hals und langem Schwanz, der bis 12 m lange Vorläufer des *Brontosaurus*, ein unübersehbares Mitglied der Lebewelt des Südkontinents Gondwana.

Riesenamphibienfriedhof in Neumexiko

Als vor nicht allzu langer Zeit Paläontologen der amerikanischen Harvard-Universität eine Studienreise nach Neumexiko unternahmen, entdeckten sie in einem Hügel aus Sand- und Tonsteinen eine 30 cm dicke Schicht, die fast völlig aus Knochen bestand. Man barg über 1 000 Skelette eines Riesenamphibiums, des bis 2,50 m langen Stegocephalen *Metoposaurus*. Die feuchtigkeitsliebenden Tiere – uns bereits von der Fundstelle Halberstadt bekannt – lebten in einer seenreichen Landschaft, und als die Seen, klimatisch bedingt, einzutrocknen begannen, konzentrierten sie sich immer mehr in den verbleibenden Restseen. Als auch diese eintrockneten, verendeten sie. *Metoposaurus* konnte ohne offene Wasserflächen nicht leben. Ein Massengrab entstand. Der Hügel in Neumexiko war nur ein

Erosionsrest, denn der Saurierhorizont war einst viel ausgedehnter.

Mit diesen Funden sind wir an das Ende des langen Entwicklungsweges der großen Amphibien gelangt. Der Größenwuchs der weltweit verbreiteten Riesenlurche könnte als eine Auswirkung guter Lebensbedingungen über eine zurückliegende, erdgeschichtlich lange Wegstrecke zu deuten sein. In dem schon bekannten *Mastodonsaurus* erreichten sie ihre größten Formen. Ein Vertreter verlegte den Lebensraum ins Meer – *Trematosaurus.* In der mittleren Trias starben diese Meeresamphibien aus. Die terrestrischen Riesenamphibien überlebten die oberste Trias nicht. Der *Metoposaurus*-Friedhof von Neumexiko mag dieses Ende symbolisch dokumentieren.

Die »Vogelfährten« vom Connecticut River

Im Jahre 1802 pflügte der Farmer PLINY MOODY in der Nähe der Stadt South Hadley im Staate Massachusetts (USA) eines seiner Felder. Auf einem umgewendeten Stein sah er plötzlich dreizehige bekrallte Fußabdrücke, die so aussahen, als ob riesige Vögel über weichen Sand oder Schlamm gelaufen wären. Aber diese Spuren waren versteinert – und so wurden sie bald recht bekannt als Zeugen der großen Sintflut. Noah sollte ja seinen Raben ausgeschickt haben, um von der Arche aus das feste Land zu suchen.

Im Jahre 1835 kam der Professor für Naturtheologie und Geologie am Amherst College EDWARD HITCHCOCK (1793–1864) ins Tal des Connecticut River. Auf den Schichtflächen rund 230 Millionen Jahre alter mitteltriassischer Rotsandsteine (Newark-Sandsteine), die zeitlich etwa unseren tiefsten Keupergesteinen entsprechen, fand er die gleichen dreizehigen Spuren bald in immer größerer Zahl. Dank HITCHCOCKS bemerkenswerten Beschreibungen 1858 und 1865 erlangten die Funde Berühmtheit. Ein neuer Wissenschaftszweig war damit entstanden, den man damals »Ichnolithology«, heute Palichnologie, also die »Wissenschaft fossiler Tierfährten«, nennt.

Professor Hitchcock's versteinerte »Vogelspuren« aus den Triassandsteinen der Newark Group des Connecticut Rivers in Massachusetts erwiesen sich bald als die Fußabdrücke vorwiegend zweibeinig sich fortbewegender Dinosaurier. Die größten Abdrücke waren fast einen halben Meter lang.

Der Versteinerte Wald von Arizona (USA) ist ein verkieselter Nadelbaumwald aus der Trias. Die verkieselten Hölzer erhielten den wissenschaftlichen Namen Araucarioxylon arizonicum.

Die meisten dieser Connecticut-Fährten waren klein, aber es gab auch »Riesen«, wie *Eubrontes* mit dreizehigen Fußspuren von etwa 40 cm Länge und einer Schrittlänge von etwa 1 m. Im Jahre 1858 hatte HITCHCOCK 49 Fährtenarten beschrieben. Größtenteils waren aufrechtgehende Tiere mit selten zwei, meistens drei bodenberührenden Zehen die Erzeuger gewesen. Er nannte diese Abdrücke *»Ornithicites«*, also »versteinerte Vogelspuren«, denn er glaubte, daß kleine und große triassische Stelzvögel die Erzeugertiere gewesen waren – ein sehr verständlicher Irrtum, wie wir heute wissen.

In Wirklichkeit stammten sämtliche Spuren von zweibeinigen primitiven Dinosauriern, die in einem großen Flußdelta zwischen Wasser und Wüste lebten, auf zwei Beinen schritten, gelegentlich rannten und sich selten auch zur Rast niedersetzten. Nicht ein einziger Knochen dieser Tiere wurde im Tal des Connecticut River gefunden. Nur ihre Fährten blieben erhalten.

Fischechsen der Triaszeit

Mitteilungen über neue Saurierfunde aus dem »Land der Saurier«, wie man Nordamerika nach den legendären Grabungs- und Sammelexpeditionen der beiden Paläontologen EDWARD DRINKER COPE (1840–1897) und OTHNIEL CHARLES MARSH (1831–1899) berechtigt nennen konnte, verlieren vor dem Hintergrund des unvorstellbaren Fundreichtums oft an Glanz. So erging es auch jener Meldung aus neuerer Zeit, daß man im nordamerikanischen Bundesstaat Nevada einen weiteren Reptilienfriedhof gefunden habe. Der Fundstelle billigte man allerdings bald den Rang eines Nationalparks zu, was die Bedeutung dieser neuen Funde unterstreicht, nämlich ein weiterer Beleg zu sein für das Eindringen von Reptilien in das Meer.

In Nevada kamen wie an anderen Stellen in Europa, Asien, Südafrika und Spitzbergen seltsame Tiere ans Tageslicht, und unter ihnen waren Riesen bis 8 m Länge. Sie gehörten eindeutig zu den Reptilien, angepaßt aber ans Wasserleben. Zu diesen Fischreptilien zählte der außerordentlich häufig gefundene, 1 bis 2 m lange *Mixosaurus.* Er besaß sechs Flossen, nämlich vier umgewandelte Gliedmaßen und eine Rückenflosse ohne Knochenstütze. Hinzu kam ein langer Schwanz, der am Ende schwach nach unten geknickt war, und über dem Knick saß eine zusätzliche dreieckige Schwanzflosse. Inzwischen kamen in der Obertrias Nevadas Knochenreste eines viel größeren Wasserreptils ans Tageslicht. *Shonisaurus* muß bis 14 m lang geworden sein und war damit eines der größten meerbewohnenden Wirbeltiere überhaupt, größer auch als seine Nachfahren der Jurazeit.

Alle diese reptilischen Meerestiere waren von fischförmiger Körpergestalt und erste, noch primitive Vertreter der »Seedrachen«, die man mit wissenschaftlichem Namen Ichthyosaurier nennt. Sie erlangten in der folgenden Jurazeit mit der weltweiten Vorherrschaft des Meeres ihre Lebensblüte.

Fliegende Echsen zwischen den Bäumen der Trias

Die im oberen Perm erstmals in den Luftraum vorgedrungenen Gleitflugechsen entwickelten sich während der Trias in verhaltenem Tempo weiter. Sie lebten in dem Mischwuchs aus Koniferen, Cycadeen, Ginkgobäumen und Schachtelhalmen in meist schütteren, gelegentlich auch dichten Wäldern, die sich nur in seltenen Ausnahmefällen fossil erhielten wie im versteinerten Wald von Arizona. Die Gleitflugreptilien bildeten baumkletternde kleinere Formen, die nach wie vor nur zu einem passiven Fallschirm- oder Gleitflug fähig waren. Bereits 1914 glaubte der Reptilexperte F. FREIHERR VON HUENE in dem obertriassischen Pseudosuchier *Scleromochlus* ein »Fallschirmtier« vor sich zu haben.

Eines der seltsamsten Reptilien, das in den Luftraum eindrang, ist ein Thecodontier aus der Untertrias des Fergana-Bekkens in der UdSSR. *Longisquama* besaß auf dem Rücken eine Reihe langer federartiger Schuppen. Die wissenschaftlichen Bearbeiter sahen in dem Tier ebenfalls einen Fallschirmgleiter. Von der gleichen Fundstelle stammt der 20 cm lange *Podopteryx*. Zwischen Vorder- und Hintergliedmaßen und dem Schwanz konnte eine Flughaut gespannt werden. Das Tier war ein Segelflieger.

Aus der Obertrias Englands wurde schließlich die Flugechse *Kuehneosaurus* bekannt, aus gleichalten Schichten Nordamerikas *Icarosaurus*. Beide waren Gleitsegler wie der rezente Flugdrache *Draco* aus Indonesien, der seine Flughaut mit Hilfe der Brustrippen aufspannen kann. Aus der Obertrias Südafrikas

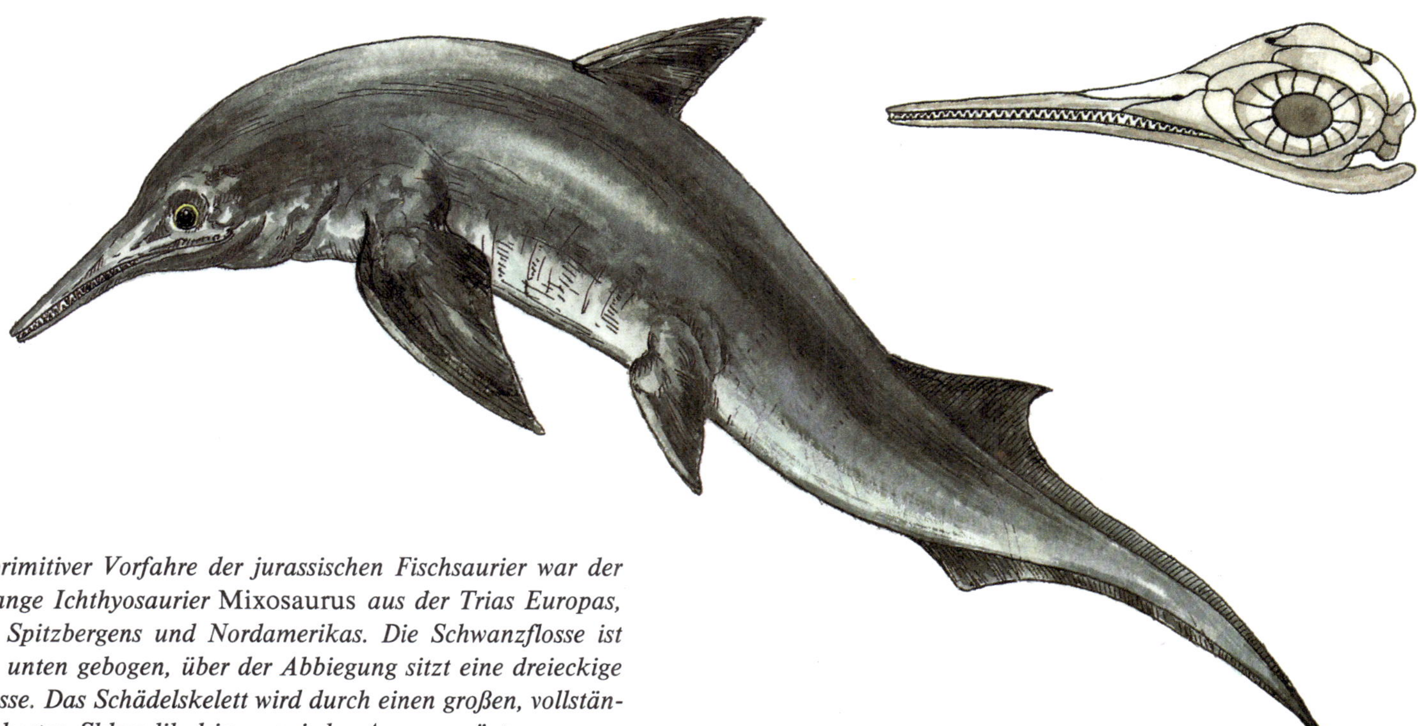

Ein noch primitiver Vorfahre der jurassischen Fischsaurier war der etwa 2 m lange Ichthyosaurier Mixosaurus *aus der Trias Europas, Ostindiens, Spitzbergens und Nordamerikas. Die Schwanzflosse ist wenig nach unten gebogen, über der Abbiegung sitzt eine dreieckige Schwanzflosse. Das Schädelskelett wird durch einen großen, vollständig verknöcherten Sklerodikalring um jedes Auge geprägt.*

Ein höchst seltsamer, etwa 15 cm langer Baumkletterer und vermutlicher Fallschirmflieger war Longisquama *aus der Untertrias der Kirgisischen Sowjetrepublik (UdSSR). Die auffallenden Rückenfortsätze haben v-förmigen Querschnitt. Sie dienten beim Auseinanderspreizen als »Fallschirm«. In der Zeichnung ist der Beginn des Auseinanderfaltens dargestellt. Der Körper war mit länglichen, sich überlappenden Schuppen – vielleicht Vorläufer von Federn – bedeckt.*

(Lesotho) stammt *Masitisisauropus*, dessen »Federhandschuhe« ebenfalls Fallschirmsprünge in die Tiefe gestatteten.

In der Obertrias traten schließlich auch die ersten echten Flugsaurier (Pterosaurier) auf, die sich wahrscheinlich aus kleinen, leichtgebauten Reptilien (diapsiden Eosuchiern) entwikkelt hatten. 1973 entdeckte man sie in Oberitalien. Es handelte sich um die ersten aktiven Ruderflieger unter den Wirbeltieren. Es wurde der für Vertebraten einzig mögliche Weg gewählt – die Umgestaltung der Vordergliedmaßen zu Flügeln, später unabhängig noch zweimal realisiert, nämlich bei den Vögeln und den Fledermäusen. Jetzt wuchs ein Finger in die Länge, der vierte nämlich. An ihm wurde eine Flughaut angeheftet, die zwischen Flugarm und Körper ausgespannt und zusammengelegt werden konnte. Das ganze Skelett war leicht gebaut, nur Brustbein und Schultergürtel entwickelten sich kräftig zum Ansatz einer starken Flugmuskulatur. In der norischen Obertrias bei Bergamo (Italien) legte man die bis 1 m Flügelspannweite erreichenden *Eudimorphodon* und *Peteinosaurus* frei.

Wir sind am Ende der Trias angekommen. Einige »Versuchstypen« unter den Sauriern werden sich in der Folgezeit als »Erfolgstypen« erweisen. Neben den Dinosauriern werden das auch die gerade vorgestellten Flugsaurier sein.

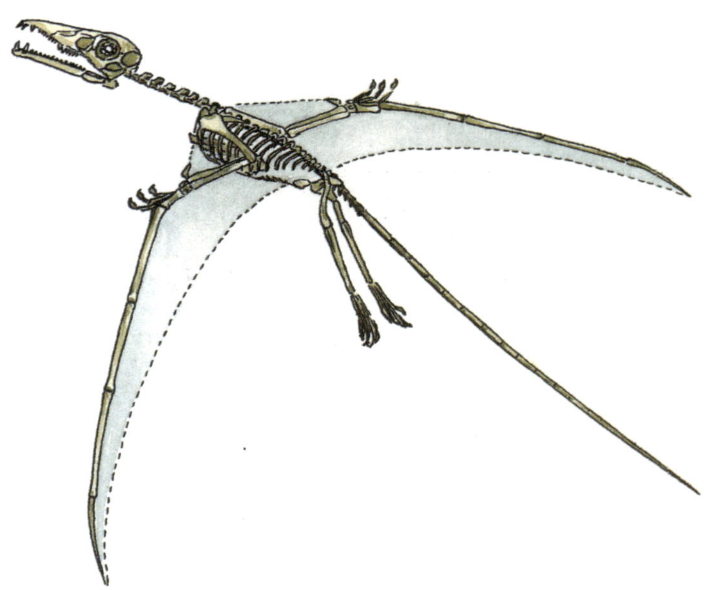

Der älteste bislang bekannte Flugsaurier Eudimorphodon ranzii *mit einem spezialisierten Gebiß aus ein-, drei- und fünfspitzigen Zähnen aus der oberen Trias (Nor) von Cene bei Bergamo (Italien)*
Skelettrekonstruktion in Flugstellung

Vorherrschaft des Meeres in Europa

Die Zeit des Jura

Vor etwa 205 Millionen Jahren begann eine neue Erdgeschichtsperiode, und sie endete vor etwa 130 Millionen Jahren. Diese 75 Millionen Jurajahre wurden zu einer Blütezeit der Saurier und des Lebens überhaupt, und zwar auf und am Rande jener Großerde Megagäa, an der sich in der Trias durch rißartige Konturen die heutigen Kontinentgrenzen erstmals bemerkbar gemacht hatten. Die Risse vergrößerten sich dann im Jura durch Driftbewegungen. Ozeaneinbrüche und benachbarte Flachmeerüberdeckungen in diesen Bereichen waren die Folge. Die Jurazeit wurde, wenigstens für Europa, eine Periode transgressiver Meereserweiterungen.

Über das ungewöhnlich reiche Leben in diesen Meeren wissen wir mehr als über die Biozönosen auf dem festen Land, weil dort die Fossilisationsmöglichkeiten geringer waren, von örtlichen Ausnahmen allerdings abgesehen. So sind die »Saurierfriedhöfe« Nordamerikas und Ostafrikas zwar weltberühmt geworden, einen kompletten Überblick über die einst wirklich vorhandene Formenvielfalt tierischen Lebens vermögen wahrscheinlich auch sie nicht zu geben.

Für Europa war diese Jurazeit vor allem eine Periode der Meere. Sie erlangten ihre größte Ausdehnung während der jüngeren Erdgeschichte. Die reiche marine Lebewelt durchlief schnelle Entwicklungen. Innerhalb der Wirbellosen gab es Gruppen mit gewaltiger Formenfülle, wie beispielsweise unter den Mollusken und den Ammoniten mit überraschend vielen Leitfossilien. Letztere hatten die Trias-Jura-Zeitgrenze nur mit wenigen Formen überschritten.

Die Wirbeltiere zeigten rasche Fortentwicklungen. Die Amphibien verschwanden bis auf Reste, die Reptilien dominierten jetzt. Neben dem Wasser und dem Land wurde nun auch der Luftraum als Lebensareal in großem Stil erobert. Neue Entwicklungen der Organismen wurden auf ihre Brauchbarkeit getestet, wie beispielsweise das Federkleid der Vogelreptilien. Auf den Festländern einschließlich der Inseln im europäischen Jurameer existierten in unscheinbarer Position die erstmals in der Trias aufgetretenen Säugetiere als Insektenfresser und nagerartige Raubtiere. Sie erreichten höchstens die Größe eines Hundes. Die Panthoterier mit der jurassischen Gattung *Amphiterium* können als die vermutlichen Vorfahren der heute lebenden Säuger gelten.

Diese festländische Tierwelt lebte inmitten einer Pflanzengemeinschaft, die gegenüber der Trias nicht wesentlich verändert war. Sie zeigte ein typisches erdmittelalterliches mesophytisches Gepräge. Es dominierten Farne, Koniferen, Palmfarne und Ginkgogewächse. Erst ab der oberen Kreidezeit wird die Pflanzenwelt neue Züge aufweisen.

1795 schlug Alexander von Humboldt (1769–1859) für weiße Kalksteine im Alpenvorland den Namen Jura vor, der schließlich 1829 von Alexander Brongniart auf das ganze Zeit- und Gesteinssystem im heutigen Sinne erweitert wurde. Von Leopold von Buch (1774–1852) stammt die klassische Dreigliederung des mitteleuropäischen Jura in schwarzen (unteren) Jura, braunen (mittleren) Jura und weißen (oberen) Jura, kurz danach ergänzt durch die englischen Begriffe Lias, Dogger und Malm. Forschungsgeschichtlich bedeutsam wurden das große Tafelwerk von Friedrich August Quenstedt über jurassische Fossilien und die Monographie von Albert Oppel über den Jura Süddeutschlands, die den Anfang der Juraforschung markieren. Der Lias dauerte etwa 24 Millionen Jahre, der Dogger etwa 31 Millionen Jahre und der Malm 20 Millionen Jahre.

Lias – der schwarze Jura

Die geographische Situation in Mitteleuropa zur Zeit des unteren Jura (Lias) vor etwa 200 Millionen Jahren war durch jene erheblichen transgressiven Meereserweiterungen gekennzeichnet, von denen bereits gesprochen wurde. Das kontinentale Mitteleuropa am Südostrand des europäischen Tafellandes wurde durch mehrere Senkungsgebiete geprägt, in die von der Tethys im Süden und von einem arktischen Meer im Norden frisches Meerwasser mit marinen Faunen einströmte. Dieses mitteleuropäische Liasmeer war sowohl vom Umriß wie vom Relief des Meeresbodens intensiv gegliedert. So lagen beispielsweise zwischen einem Norddeutsch-Polnischen Teilmeer und einem Süddeutschen Meer mehrere inselartige Landkörper. Das bis Südostengland reichende Ardennisch-Rheinische Land, die Insel des Französischen Massivs, die Insel des Schwarzwaldes und die Böhmische Insel waren Aufragungen des alten kristallinen Untergrundes. Meeresstraßen zwischen diesen Inseln gestatteten wechselseitige Verbindungen zwischen den Seebecken. Eine sehr wichtige Verbindung für Mitteleuropa in der Anfangsperiode der Jurazeit erfolgte durch die »Hessische Straße« zwischen dem Ardennisch-Rheinischen Land und der Böhmischen Insel, die eine zeitweilige Verbindung zwischen dem Norddeutsch-Polnischen Meer und dem Süddeutschen Meer herstellte.

Das Liasmeer

Die Sedimente des Norddeutsch-Polnischen Liasflachmeeres liegen heute im Norden Mitteleuropas, tief versenkt und überdeckt von jüngeren Gesteinen. Tektonische Prozesse aber wie die Salzstock- und Salzrückenbildung und die zeitlich viel jüngeren Geschehnisse während der pleistozänen Inlandvergletscherungen haben an wenigen und größtenteils kleinen Arealen die vorwiegend tonigen Sedimente des liassischen Meeresbodens ans Tageslicht gebracht. Diese grauen, fetten Tone des Liasmeeres erlangten überall dort, wo sie bis an die Erdoberfläche durchspießten, wirtschaftliche Bedeutung. Seit dem Mittelalter wurden sie als begehrter Ziegelrohstoff abgebaut. Die aus den alten Ziegeltongruben bei Dobbertin in der Nähe der Stadt Goldberg gewonnenen Tone wurden zu roten Ziegeln gebrannt. Das kunsthistorisch wertvolle Kloster Dobbertin mit gotischer Kirche und Kreuzgang entstand aus ihnen. Bei der Gewinnung der Rohstoffe kamen bald Fossilien ans Tageslicht. Neben marinen Faunenelementen fanden sich Lebensreste von einem nicht allzu fernen Festland, nämlich Treibhölzer, zahlreiche Pflanzenreste, Insekten (Käfer, Hautflügler u. a.) und ganz selten auch Reptilknochen.

Obere Karte: Das Kartenbild Europas zur Zeit des Jura (Lias und Dogger)
1 Festland, 2 flaches Epikontinentalmeer ab Dogger, 3 flaches Epikontinentalmeer ab Lias, 4 Geosynklinalmeer ab Lias, a Dänische Insel, b Ardennisch-Rheinische Insel, c Böhmische Insel, d Insel des Zentralmassivs, e Vindilizische Insel, f Ukrainische Insel
Untere Karte:
Die Verteilung von Land und Meer in Mitteleuropa zur Zeit des unteren Jura (Lias).
1 Festland, 2 Epikontinentalmeer mit wechselnder Ausdehnung, 3 Senkungströge in diesem Meer mit großen Mächtigkeiten, 4 Geosynklinalmeer mit mächtigen Sedimenten, g Friesische Insel

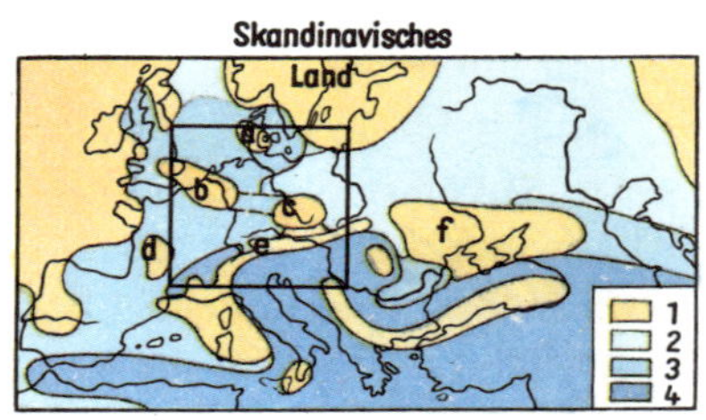

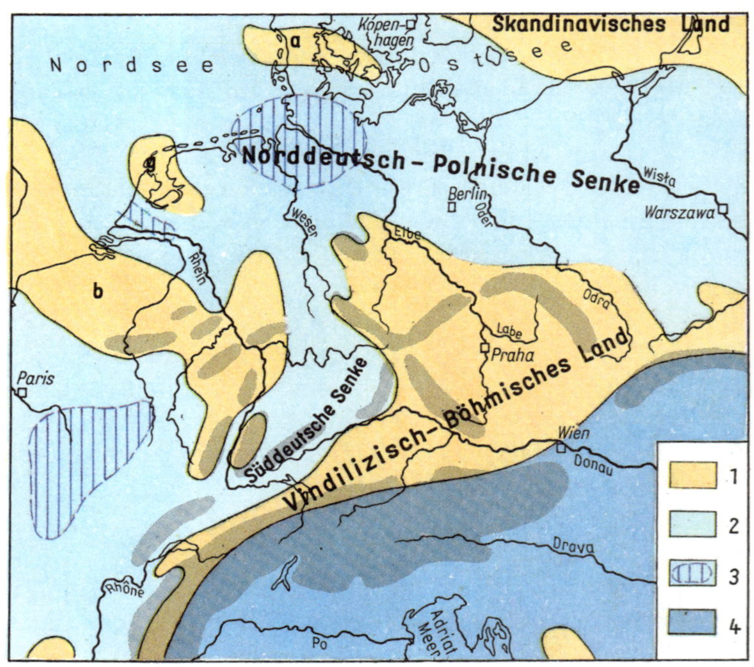

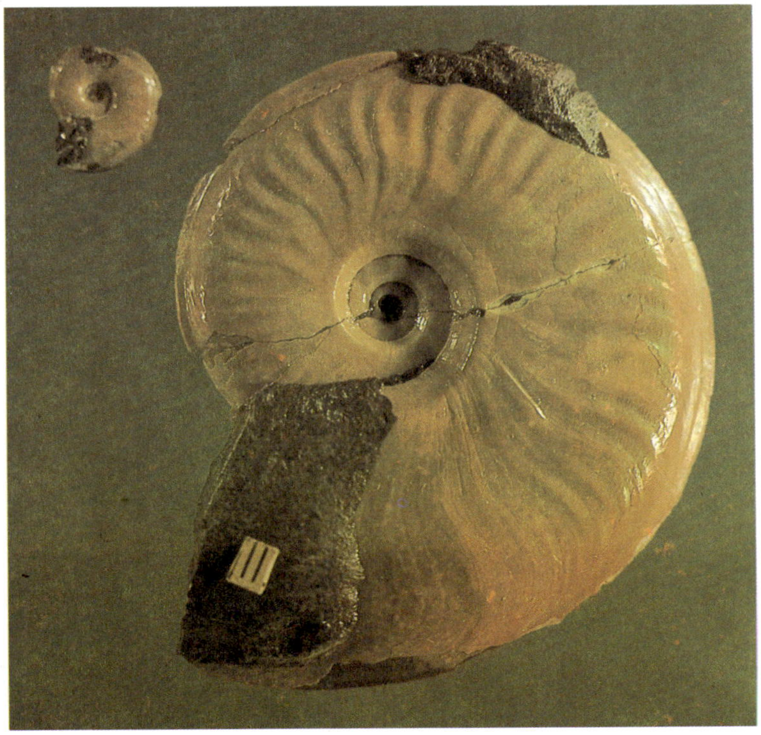

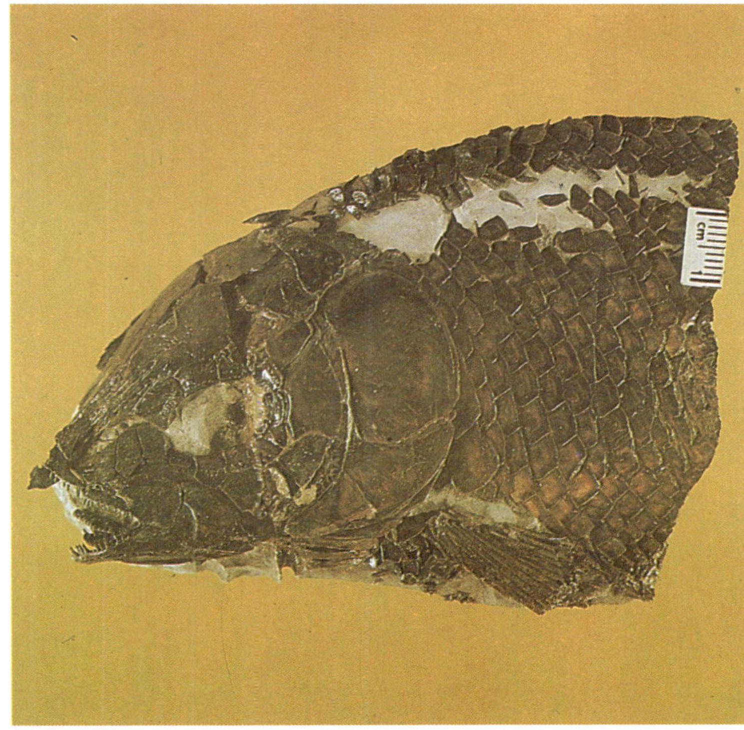

Fossilien aus den Mergelkalkgeoden des Unterjura (Lias ε) von Grimmen/Mecklenburg

Links: der körperlich erhaltene, etwa 4 cm große Ammonit Eleganticeras (Harpoceras) elegans *mit einem Jungtier*

Rechts: Kopf eines prachtvoll und körperlich erhaltenen Ganoidfisches Lepidotes (Lepidotus)

In einem anderen mecklenburgischen Unterjuratonfeld, nämlich in den Tontagebauen von Grimmen südlich Stralsund, erlaubte eine wissenschaftlich kontrollierte Tongewinnung eine recht genaue Standortbestimmung im Liasmeer. Die dunklen bituminösen Tone hatten sich in einer Stillwasserlagune abgesetzt. Es handelt sich um Äquivalente der später noch vorzustellenden süddeutschen Posidonienschiefer. In den tieferen Teilen dieses Meeresbereichs, am Boden, bildete sich eine schwefelwasserstoffreiche Wasserschicht. In ihr gab es vermutlich kein Leben. Von oben absinkende tote Tierkadaver mit sich zersetzenden Weichteilen wurden hier durch chemische Fällung rasch von einer Kalkschicht eingehüllt. Besonders in diesen dadurch entstehenden Mergelkalkgeoden erhielten sich Fossilien hervorragend. Die in den Geoden körperlich erhaltenen Ammoniten von Grimmen wurden sehr bekannt. Massenhaft fand sich der Liasammonit *Eleganticeras elegantulum* neben anderen Ammonshörnern (z. B. *Dactylioceras*), neben Muscheln, wie *Inoceramus*, sowie Belemniten und Fischresten. Auffällig ist der Zwergenwuchs von *Eleganticeras.* Die Gehäusekleinheit führte zu einer Drängung der Lobenlinien. Über die Ursachen kann man nur spekulieren. Das Schwefelwasserstoffmilieu oder die im Lebensraum des Ammoniten vorhandenen dichten Algendickichte sollen die Ursachen dafür sein. Gar nicht selten drangen durch die natürliche Wohnkammeröffnung und durch Gehäuseverletzungen kleine Ammonshörner in die Wohnkammern größerer Ammoniten ein. Es kann nicht ganz ausgeschlossen werden, daß *Eleganticeras* ein kannibalischer Aasfresser war, die kleinen Gehäuse also Nahrungsreste sind. Auch an Brutpflege im Körperinnern wäre zu denken.

Diese Ammoniten, Belemniten, Muscheln und Fische lebten im besser durchlüfteten sauerstoffreicheren Wasser geringerer Meerestiefe. Hier hätte man auch fischförmige Ichthyosaurier und Verwandte paddelfüßiger Plesiosaurier, die man Pliosaurier nennt, beobachten können. Erst allerjüngst wurde der Nachweis erbracht, daß auch die Maasechsen, die Mosasaurier, hier vorkamen. All diese Reptilreste sind Fossilraritäten.

Blick in das Liasmeer, dessen Lebensreste im Holzmadener Posidonienschiefer in prächtiger Erhaltung fossil aufgefunden wurden. Rechts: der schwertfischähnliche, bis 5 m lange Eurhinosaurus longistrostris *mit einer Schädellänge von 1,50 m. Links der recht häufige, bis 3 m lange Ichthyosaurier* Stenopterygius *mit einigen Jungtieren, die nach Bauchbrütung lebend geboren wurden, da sie im Meerwasser sofort aktiv schwimmen mußten. Im Hintergrund ein bis 3 m großer Lias-Plesiosaurier. Im Vorder- und Mittelgrund schwimmende Treibhölzer, die mit der koloniebildenden Muschel* Inoceramus dubius *relativ stark umkrustet und mit der Seelilie* Pelacrinus *bewachsen sind.*

Lias im nördlichen Harzvorland

Zu Beginn der fünfziger Jahre errichtete man in Calbe an der Saale ein Hüttenwerk mit den damals neuentwickelten Niederschachtöfen, in denen bis 1970 relativ minderwertige silikatische Eisenerze aus dem nördlichen Harzvorland mit großem Erfolg verhüttet wurden. Diese eisenreichen Sandsteine mit zwischengelagerten Eisenrogensteinen sind küstennahe Sedimente einer flachen, nach Südosten vorspringenden Meeresbucht am unmittelbaren Südrand des Norddeutsch-Polnischen Meeres und zugleich am nördlichen Beginn der Hessischen Meeresstraße. Diese Meeresbucht wurde begrenzt von den Felsvorsprüngen der Flechtinger Halbinsel im Norden und der Harzhalbinsel im Süden. Das östliche Ufer verlief in der Linie Helmstedt, Halberstadt und Quedlinburg, und diese Landnähe

macht sich in den Meeressedimenten durch eingeschwemmte Festlandspflanzen wie *Nilsonia, Clathropteris* oder *Dictyophyllum* bemerkbar.

Die relativ intensive Meeresbodengliederung im Küstenbereich führte zu mannigfacher Sedimentausbildung. Ein besonders auffälliges und bergwirtschaftlich nützliches Gestein stellt der bereits genannte Eisensandstein dar, der in der sogenannten Lappwaldscholle bei Sommerschenburg und Badeleben (Bezirk Magdeburg) in großen Tagebauen aufgeschlossen und für das Hüttenwerk in Calbe/Saale abgebaut wurde. Dabei kam eine gut erhaltene marine Lebewelt ans Tageslicht, die eine biostratigraphische Einstufung in den Lias α 3 gestattete. Das auffälligste Fossil ist zugleich das wissenschaftlich wichtigste und interessanteste. Bis zu 50 cm große, körperlich erhaltene »Wagenräder aus Eisenerz« wanderten in die europäischen Museen und zahllose Privatsammlungen. In der Mehrzahl sind diese Großammoniten der Form *Arietites bucklandi* zuzuordnen. An anderen Stellen erreichten sie Durchmesser bis 80 cm. Sie müssen in großer Individuenzahl durch die küstennahen lichtdurchfluteten Flachmeerbereiche geschwommen sein – ein gewiß erhabener Anblick, hätte man durch ein »Aquarienfenster« in dieses Liasmeer hineinschauen können. In Küstennähe haben diese großen Ammonshörner ebenso gefehlt wie der typische Erzgehalt im Bodensediment. Die eisenfreien Ufersande wurden im sogenannten Königlichen Bruch bei Wormsdorf an der Aller nördlich Oschersleben lange Jahre als Baustein gebrochen. Schloß Sanssouci bei Potsdam ist aus solchen gelben Meeressandsteinen des unteren Lias errichtet worden. Ihre oft mürbe Beschaffenheit stellt die Denkmalpflege vor Probleme.

Die etwa 3 m lange Paddelechse Eurycleidus *aus dem Unterjura (Lias) von Halberstadt*
Links: Das Gesamtskelett im Museum Heineanum in Halberstadt
*Rechts: Auffällig ist der große Schädel mit kräftigem Raubtiergebiß – der Artname lautet »*megacephalus*«, der »Großköpfige«.*

Die Halberstädter Paddelechse

Gar nicht weit entfernt wurden aber auch die uferfernen, meeresbuchtzentralen, feinkörnigen Sedimente des tieferen Liasmeeres für wissenschaftliche Betrachtungen zugänglich, und zwar in den Ziegeltongruben am Kanonenberg im Norden von Halberstadt. Die Grubenarbeiter entdeckten in den dunklen Liastonen im Jahre 1899 auffällige Knochen. Sie riefen den Apotheker und Liebhabergeologen JOHANNES MAAK aus Halberstadt, der die Knochen rettete und feststellte, daß man sie zu einem kompletten Skelett zusammenfügen kann. Es entstand ein robbenartiges Tier mit Gliedmaßen, die zu Flossen und Paddeln umgestaltet waren. Das 3 m lange Meerestier gehörte eindeutig zu den Paddelechsen, den Plesiosauriern, die ihrerseits zusammen mit den Nothosauriern die Ordnung der Sauropterygier bilden. Der Halberstädter Plesiosaurus erhielt den wissenschaftlichen Namen *Eurycleidus megacephalus.* Gegenüber anderen Plesiosauriern zeichnet sich die Halberstädter Paddelechse durch einen relativ kurzen Hals und einen großen, langschnäuzigen Schädel mit kräftigen, nach hinten gebogenen Zähnen aus. Sie war ein Fischräuber, so daß es nicht verwundert, daß in der Begleitfauna neben Weichtieren, Seelilien und dem Leitammoniten *Psiloceras psilonotum* zahlreiche Fische gefunden wurden.

Seit 1905 ziert dieses prachtvolle Plesiosaurierskelett das Halberstädter Naturkundemuseum. Noch heute ist es in alter Schönheit im Museum Heineanum neben dem Dom zu bewundern.

Der schwarze Jura von Thüringen

Etwas weiter im Süden lag in der Hessischen Meeresstraße zur Zeit des Lias eine analoge Meeresbucht in südöstlicher Richtung, jetzt begrenzt durch die Harzhalbinsel im Norden und die Halbinsel des Thüringer Waldes im Süden, beide Landzungen angehängt an die große Böhmische Insel. An nur wenigen Stellen sind die Sedimente dieses Meeresbusens in tektonischen »Nischen« erhalten geblieben, so in Grabenbrüchen auf dem Großen Seeberg bei Gotha beispielsweise, wo die Grenze zwischen dem terrestrischen Rätsandstein und den marinen dunklen Liastonen mit massenhaft auftretenden Gipskristallen und kleinen Ammonshörnern, wie *Psiloceras planorbis* und *Schlotheimia angulata*, im sogenannten Kammerbruch prächtig aufgeschlossen ist.

Ein anderer Fundort liegt im tektonisch intensiv gegliederten Raum um Eisenach, wo in der Ziegeltongrube Stregda, beson-

ders aber in den zahlreichen Baugruben der Stadt immer wieder die oft goldglänzenden Ammoniten (in Pyrit) an das reiche Leben in der Thüringer Meeresbucht der Liaszeit erinnern. Die sogenannten Arietenschichten sind ausgesprochene Küstensedimente mit zahlreichen grabenden Tieren. Besonders häufig ist die dickschalige Auster *Gryphaea arcuata.* Darüber liegen pyrithaltige Tonsteine mit vererzten Lebensresten. Zu dieser Zeit war vermutlich Leben nur in den obersten Wasserschichten möglich. Nach einigen Sedimentationsunterbrechungen entstanden dann Karbonatgesteine mit einer vielschichtigen Lebensüberlieferung. Es wurden Brachiopoden, Muscheln, Schnecken, Belemniten und auch Ammoniten gefunden. Betrachtet man den Eisenacher Lias insgesamt, so sind Fossilien aus allen Gruppen der Wirbellosen mit Ausnahme der Schwämme und der Moostierchen nachgewiesen.

Die schwarzen Saurierschiefer Süddeutschlands

In den sechziger Jahren des vorigen Jahrhunderts zog ein Chemiker (ehemals Theologe) namens Hauff in die Gegend von Holzmaden in Schwaben, um aus den dort anstehenden schwarzen Schiefergesteinen des süddeutschen Liasmeeres durch Schwelen Öl zu gewinnen. Diese Tone enthalten bis zu 20 % organische Substanz. Sie waren brennbar, so daß gelegentlich in den alten Schieferbrüchen bei Holzmaden, Ohmden, Zell und Bad Boll jahrelang unterirdische Schieferbrände schwelten. Bis zu 7 % des Bitumens war nur gewinnbar. Die

Der bis 80 cm große Ammonit Arietites bucklandi *hat sich im nördlichen Harzvorland oft und außerordentlich gut als Brauneisenerz-Steinkern erhalten – hier ein Exemplar von etwa 30 cm Durchmesser.*

*Auf einer Platte aus dunklem Posidonienschiefer (unterer Jura/Lias) von Bad Boll in Württemberg wurde die Leichengeburt eines Ichthyosauriers fossil. Im Bauchraum des Muttertieres (*Stenopterygius quadraticus*) befinden sich drei Embryonen, ein Jungtier wurde nach dem Tode durch Muskelkontraktion und Verwesungsgase bis auf die Schnauzenspitze aus dem Muttertier ausgepreßt.*

Rentabilität dieses Abbaus gestaltete sich deshalb immer recht wechselhaft. In den achtziger Jahren führte die Entdeckung der ersten großen Erdölvorkommen zum Erliegen dieses Bergbaus. Die Familie HAUFF, ihrer bisherigen Existenzgrundlage beraubt, besann sich einer alten Tradition. Eine besonders gut zu spaltende 20 cm starke Schieferbank wurde jetzt zu Fußbodensteinen, Tisch- und Wandplatten, für Spülkästen, Labortische, Schalttafeln und Kulturwaren abgebaut und weiterverarbeitet. Der inzwischen herangewachsene Sohn BERNHARD HAUFF (1866–1950), für Probleme der Naturwissenschaften aufgeschlossen, suchte in den Steinbrüchen der Eltern gezielt nach Versteinerungen, die seit 1749 in dieser Gegend gelegentlich ans Tageslicht gekommen waren. Im Oktober 1892 machte er eine »Weltentdeckung« auf paläontologischem Gebiet. An einer 1,2 m langen Fischechse präparierte er die ganze Haut und damit den Körperumriß frei. Fundplatz wie Finder wurden weltberühmt. Die Funde aus Holzmaden, Ohmden, Zell und Boll kauften von jetzt ab alle führenden Museen der Erde. BERNHARD HAUFF gelangte zu Wohlstand und wissenschaftlichem Ansehen, 1921 verlieh ihm die naturwissenschaftliche Fakultät der Universität Tübingen die Ehrendoktorwürde. 1936 erfolgte die Gründung eines eigenen Museums (jetzt Hauff-Museum), in dem bis heute bedeutende Funde aus dem schwarzen Saurierschiefer von Holzmaden aufbewahrt werden.

Die Meeresmuschel Posidonia gab den Namen

Der schwarze, ölhaltige Saurierschiefer von Holzmaden wird von den Geologen Posidonienschiefer genannt. Im Gegensatz zu dem Posidonienschiefer des Unterkarbons tritt hier eine andere Art der Muschelgattung *Posidonia* auf. Es ist die häufig gefundene bis 4 cm große Meeresmuschel *Posidonia bronni.* Der schwäbische Posidonienschiefer wurde vor etwa 190 Millionen Jahren im Zentrum des süddeutschen Liasmeeres in einer Tiefe von etwa 100 m abgelagert. Zur Zeit des Lias ε herrschten in diesem Meere absonderliche Bedingungen. Der Meeresboden war weich und schlammig, so daß kaum Bodenleben möglich war. Lediglich einige Spezialisten unter den Bodenbewohnern hatten sich dieser Konsistenz des Meeresgrundes angepaßt. Sie traten lokal massenhaft auf, wie pflanzenartig verzweigte Fraßgänge von Würmern oder Krebsen *(Chondrites bollensis)* beweisen. Der Volksmund nennt dieses Gestein »Seegrasschiefer«.

Das lagenweise bitumenreich-kalkarme und bitumenarm-kalkreiche Meeresbodensediment muß als Faulschlamm bezeichnet werden, der unter deutlich geschichteter Wasserüberdeckung entstand. Sauerstoffreiches Oberflächenwasser wurde von salzreichem und sauerstoffarmem Tiefenwasser unterschichtet. Ehemalige Strömungen am Meeresgrund dokumentieren sich durch Muschelschill und eingeregelte Belemnitenrostren. Wasserbewegungen an der Oberfläche können durch Treibholzfunde und Zweige einer Zypresse vom mindestens 100 km entfernten Festland nachgewiesen werden. In dieser oberen Wasserschicht lebte vermutlich jene bewegliche marine Tierwelt, die sich dann im feinen Grundschlamm so vorzüglich erhielt. Daß auch größere Wirbeltiere zunächst intakt eingebettet wurden, lag daran, daß anfänglich Aasfresser in die lebensfeindliche Bodenzone, in die die Kadaver abgesunken waren, nicht eindringen und die Tierkörper nicht zerlegen konnten. Das starke Zusammenpressen der Tierleiber erfolgte durch eine sehr große Sackung des weichen Meeresbodenschlamms. Leichenwachsbildung führte zur Erhaltung der bereits genannten »Hautexemplare« von Holzmaden.

Die Fischsaurier

Die Ichthyosaurier (Fischsaurier) waren die größten Bewohner des Liasmeeres. Das längste komplette Exemplar erreichte etwa 10 m Länge, wobei ebenfalls gefundene große Einzelknochen auf etwa 20 m lange Tiere hinweisen. Im Kloster Banz (oberes Maintal) und im Tübinger Universitätsmuseum liegen Schädel von 2 m Länge. Obwohl diese Fischsaurier von landbewohnenden Reptilien direkt abstammen, hat die Lebensweise im offenen Meer zu einer perfekten stromlinienförmigen Fischgestalt geführt. Mit einer großen heterozerken Schwanzflosse beweg-

Steneosaurus bollensis *ist eine marine Krokodilart des Jura-Ölschiefers (Unterer Jura, Lias ε) aus dem Raum von Holzmaden und Bad Boll. Cuvier nannte dieses Fossil den »Gavial von Boll«.*

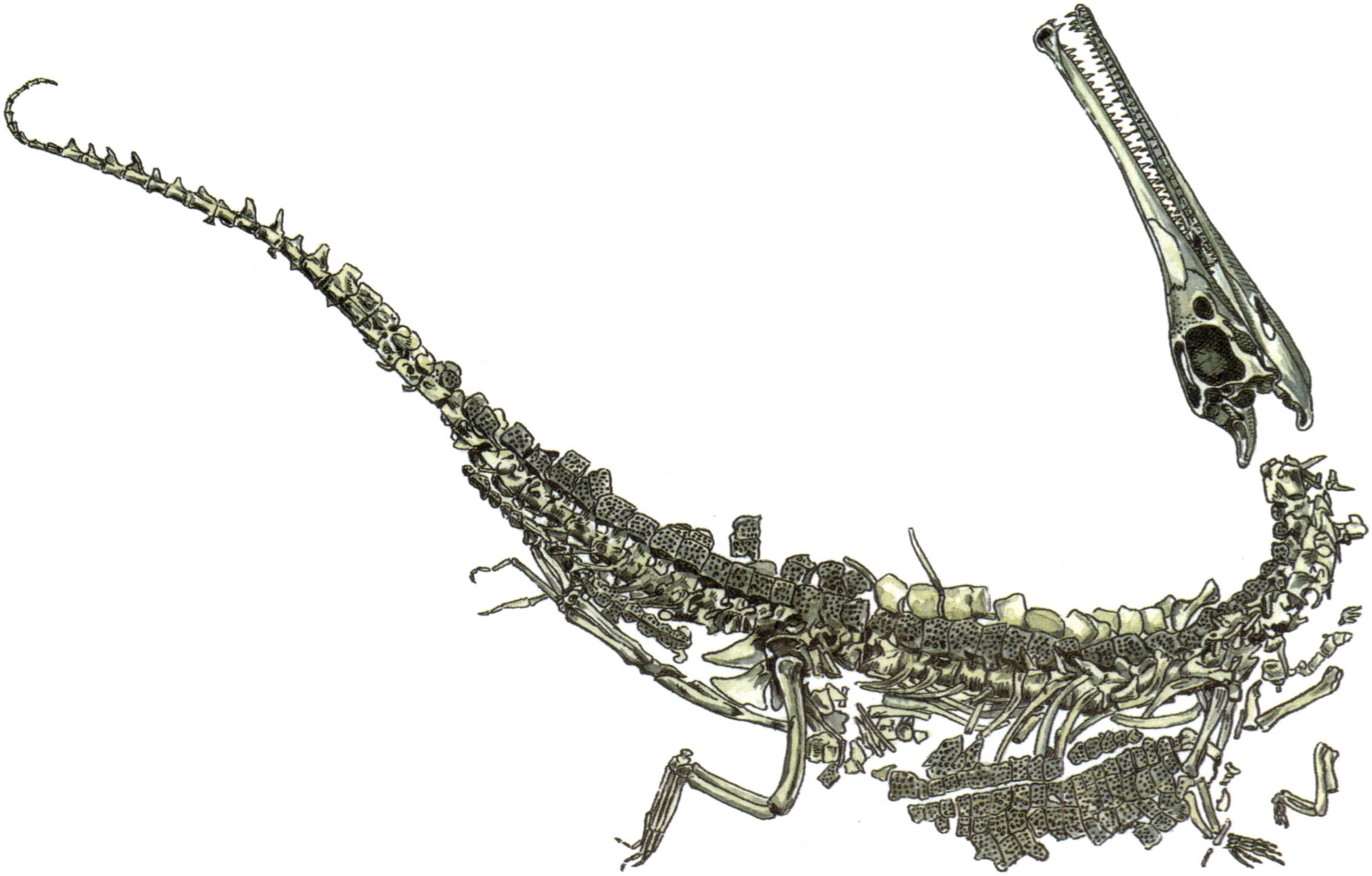

ten sich die Tiere durch kräftige seitliche Schläge schnell und gewandt vorwärts. Eine Rückenflosse diente zur Steuerung. Vorder- und Hintergliedmaßen waren Paddel. Der nach vorn gestreckte Schädel besaß Knochenplattenringe (Sklerodikalringe) zum Schutz der Augen. Die Kiefer trugen bis zu 200 kegelförmige spitze Zähne. Sie waren Fisch- und Tintenfischräuber, wie man von erhaltenen Mageninhalten her weiß.

Die Anpassung an das Leben im Meerwasser war vollkommen, die Eiablage an Land nicht mehr nötig. Die Jungen wuchsen im Mutterleib heran. Funde mit Embryonen in der Bauchhöhle gehören ebenso zu weltberühmten Museumsstücken wie die fossil gewordenen, nach dem Tode durch Muskelkontraktion und Verwesungsgase im Bauchraum ausgelösten »Geburtsprozesse«, bei denen reife Embryonen mit dem Schwanz zuerst (wie bei den heutigen Walen) aus dem Muttertier gepreßt wurden.

Meereskrokodile und Schlangenhalssaurier

In der oberen Trias drangen Krokodile über die Flußmündungen und Lagunen in die offene See vor, erlebten im Jura eine Blüte, ohne diese Zeit – bis auf geringe Ausnahmen – zu überdauern. Obwohl erheblich seltener als die Ichthyosaurier gefun-

In den Liasmeeren (Unterjura) von Europa, Nordafrika und Amerika lebten progressive Meereskrokodile wie der 4 bis 6 m lange Steneosaurus, *dessen Körper mit Knochenplatten gepanzert war. Zwischen den Zehen der Gliedmaßen besaßen sie Schwimmhäute. Das Bild zeigt mehrere Exemplare von* Steneosaurus bollensis *am Ufer des süddeutschen Liasmeeres. Die Leichen dieser »Gaviale von Boll« wurden im schwarzen Grundschlamm des Posidonienschiefers eingebettet und vorzüglich erhalten.*

den, sind bisher etwa 200 Meerkrokodile aus dem Holzmadener Schiefer präpariert worden. Es ist das beste Fundmaterial von Teleosauriden auf der ganzen Welt. Wertvolle Funde stammen aus dem Posidonienschiefer von Bad Boll in Württemberg. Die berühmten »Gaviale von Boll« erinnern in Aussehen und Größe (bis 4 m Länge) in der Tat an die rezenten Gaviale des Ganges, mit denen sie aber nicht direkt verwandt sind. G. CUVIER hatte als erster auf diese Ähnlichkeiten hingewiesen. Die lange Schnauze kann als ein progressives Krokodilmerkmal gedeutet werden. Das reusenartige Gebiß weist auf Fischfang hin. Die Anpassung an das Wasserleben erfolgte aber nicht so perfekt wie bei den Ichthyosauriern. Die kürzeren Vorder- und die längeren Hinterbeine erinnern trotz der nachgewiesenen Schwimmhäute an Landtierextremitäten. Zudem sind Rücken, Bauch und Teile des Schwanzes gepanzert.

Höchstwahrscheinlich gingen die Meerkrokodile zur Eiablage an Land. Brandungsgerölle im Magen der Tiere können als Beleg zeitweiliger Küstenaufenthalte und Landgänge angesehen werden.

Die meisten dieser Meerkrokodilfunde gehören zu *Steneosaurus (Mystriosaurus) bollensis* mit Schädellängen bis zu 80 cm. Andere Formen sind der Gattung *Pelagosaurus* zuzuordnen.

An anderen zeitgleichen Fundstellen der Erde fand man stärker an das Wasserleben angepaßte Vertreter. Die Füße waren zu Flossen geworden und die Haut glatt wie die eines Delphins – dazu gehörte der bis 4,5 m lange *Geosaurus*.

Der nur in der Trias lebende *Nothosaurus* hatte im Liasmeer Nachfahren. Die bis 3 m langen, an ein breites Ruderboot erinnernden Tiere fand man im Holzmadener Schiefer nur sehr selten. Sie besuchten diesen Meeresbereich offenbar nur als Gäste – ihr eigentlicher Lebensraum war die offene hohe See.

Die Gliedmaßen hatten sich zu wirksamen Paddeln mit stark verlängerten Fingergliedern umgebildet. Zwangsläufig entstanden sehr kräftige Becken- und Schultergürtel. Der kleine Kopf mit spitzen Raubtierzähnen saß am Ende eines beweglichen »Schlangenhalses«. Der empfindliche Bauch wurde recht wirksam von einem Bauchrippengeflecht geschützt. Zwei Gattungen der liassischen Schlangenhalssaurier kennt man: den feingliedrigen *Plesiosaurus* und den seltener gefundenen, aber massigen 3,50 m langen *Thaumatosaurus* mit kürzerem Hals und größerem Kopf. Die weiblichen Tiere werden vermutlich wie unsere heutigen »Meeresschildkröten« zur Eiablage das feste Uferland aufgesucht haben. Es wird auch in Zukunft schwierig sein, solche Verhaltensweisen in den Gesteinsdokumenten sicher nachzuweisen. Ohne vergleichende Betrachtungen wird die Paläontologie nicht auskommen können.

Die marine Begleitfauna

Die Meeresreptilien lebten im Liasmeer inmitten einer reichen Tierwelt, die zugleich deren Ernährungsgrundlage darstellte. Unübersehbar wären in diesem Meer die Fische mit vielfältigen Formen gewesen. Die großen Haie konnten als Knorpelfische nur unter besonderen Bedingungen komplett erhalten werden. Vom Skelett hatten nur Kopfknochen, Flossenstacheln, die Gräten und zangenförmige Kopulationsorgane eine Chance der Fossilerhaltung. Gelegentlich versteinerte der Mageninhalt, noch seltener der Körperumriß. Der bis 1,50 m lange Fischräuber *Hybodus* verschmähte offenbar auch andere Nahrung nicht. In einem *Hybodus*-Magen fand man einmal über 200 Belemniten! Vermutlich ging das Tier an dieser teilweise unverdaulichen Nahrung zugrunde.

Arten- und individuenreich überlieferten sich die Ganoidfische. Der karpfenartige *Lepidotes* besaß einen kräftigen Schmelzschuppenpanzer. Er konnte sich deshalb eine schwache Wirbelsäule »leisten«. Sein Knackgebiß mit den breiten Gaumenzähnen war auf harte Nahrung, wie Muscheln und Krebse, spezialisiert. Den schlanken, wendigen *Pachycornus* umgab eine nur zarte Schuppenbedeckung. Das Innenskelett war von kräftigem Bau. Eine spitze Bezahnung charakterisierte ihn als Raubfisch. Der kleinste unter den vielen Posidonienschieferfischen erwies sich als der »modernste«. *Leptolepis* war ein echter Knochenfisch mit voller Wirbelverknöcherung.

Hätten in diesem Meer die Ammoniten gefehlt, so wäre es kein typisches Jurameer gewesen. Cephalopoden gab es, aber nicht hier. Sie schwebten und lebten in Bodennähe des frischen offenen Meerwassers. Sie gelangten vermutlich in erster Linie durch Eindriften der toten, aber gasgefüllten Gehäuse in den Holzmadener Sedimentationsraum. Durch die starke Sedimentsackung wurden aus ihnen flache, oft papierdünne Scheiben. Zu den häufigen Ammoniten gehören der weitgenabelte *Dactylioceras* und der sichelrippige *Harpoceras*. Die vorwiegend durch Rückenschulpe repräsentierten Tintenfische waren gute aktive Schwimmer, die in Schwärmen die oberen wärmeren Wasserschichten bevölkerten.

Wie die heutigen sind auch die erdgeschichtlichen Meere ohne Muscheln unvorstellbar. Die Muscheln des Liasmeeres gehörten entweder zu den aktiven Schwimmern, wie das namengebende Leitfossil, die Poseidonmuschel *Posidonia bronni*, oder sie lebten, an Treibhölzer geheftet, wie die sessilen Inoceramen.

Ein etwa 16 m langes Treibholz im neuen Hauff-Museum in Holzmaden dürfte eines der großartigsten Schaustücke fossiler wirbelloser Tiere in der Welt darstellen: Über hundert vorzüglich erhaltene Seelilien sind zu bewundern. Ein gleichartiges Fundstück in der Universität Tübingen wird das »Schwäbische Medusenhaupt« genannt. In der Gattung *Seirocrinus* erreichten die Lias-Seelilien extreme Stiellängen bis 18 m. Die schönen verzweigten Kronen dieser Stachelhäuter gehören zu den beliebten Sammelobjekten. Bei der Gattung *Pentacrinus* wurde der Stiel nicht nur kurz, er erhielt durch unverzweigte seitliche Fortsätze auch ein breites Aussehen. Oben gingen diese Stiele unmerklich in mächtige aufgefächerte Kronen bis zu 1 m Durchmesser über. Mit der Ansiedlung auf Treibhölzern eroberten sich die Seelilien weite Meeresbereiche.

Die Flugsaurier

Über und an der Oberfläche des süddeutschen Liasmeeres jagte eine neuartige Tiergruppe nach Nahrung, die sich in der Obertrias erstmals vorgestellt hatte. Die Flugsaurier (Pterosaurier) traten jetzt in großer Zahl mit kleinen bis mittelgroßen und

Der etwa 80 bis 110 cm Flügelspannweite aufweisende Flugsaurier Dorygnathus banthensis *aus dem Posidonienschiefer (Lias ε) von Holzmaden (Württemberg) in Fundstellung aus dem Hauff-Museum in Holzmaden.*

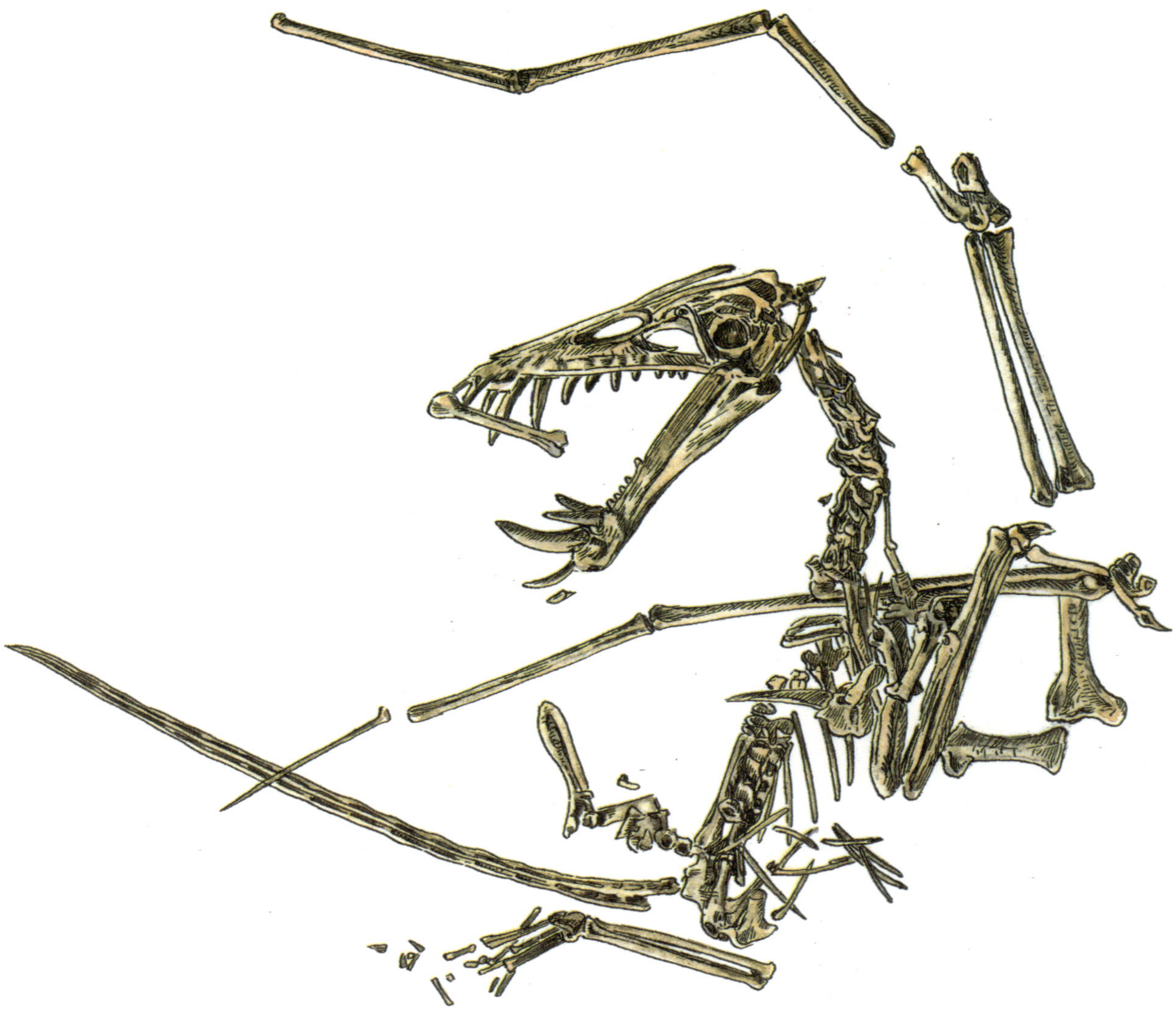

Ein Ichthyosaurier aus den unterjurassischen Blauschiefern (Lias) von Lyme Regis an der südenglischen Kanalküste – mit der ersten Auffindung dieser Meerdrachen 1810 begann die Erforschung der Fischsaurier. Der abgebildete Fund liegt im British Museum (Natural History) in London.

hochspezialisierten Vertretern auf. Aus den Versuchstypen der Trias waren Tiere mit biologischer Zukunft geworden. Die nahen Meeresküsten stellten den festländischen Hauptstandort dieser Tiere dar. Von dort aus segelten sie auf die offene See hinaus. Es waren vorwiegend tauben- bis bussardgroße Reptilien, die den Luftraum als Ruderflieger erobert hatten. Die Flugsaurier von Holzmaden galten lange als die ältesten überhaupt, bis man in der Obertrias von Bergamo (Italien) ältere entdeckte und einige Gleitflugvorläufer aus dem Oberperm und der Trias bekannt wurden.

Wie bereits geschildert, ermöglichte eine »Erfindung« diesen spezialisierten Reptilien lang andauernde Gleitflüge über dem Meerwasser. Zwischen dem Arm mit dem extrem verlängerten vierten Finger (bis 40 cm) und dem Körper konnte beidseitig eine zusammenlegbare Flughaut aufgespannt werden. Die anderen drei beweglichen Finger besaßen Krallen. Einen fünften Finger gab es nicht mehr. Nach dem Skelettbau muß es sich vorwiegend immer noch um Gleitflieger gehandelt haben, die allerdings mit einem Schwanzsegel am Ende des langen Schwanzes geschickt zu steuern verstanden. Hatte ein solches Tier aber einmal an Höhe verloren, konnte es durch kurzzeitiges aktives Flügelschlagen wieder zu günstigen Ausgangspositionen für einen weiteren wendigen Gleitflug zurückkehren. Der relativ große, aber knochenarme und damit leichte Schädel trug eine spitze Bezahnung. Sie jagten an der Wasseroberfläche nach Fischen. Im Zusammenhang mit dem aktiven Flugvermögen und dem Fischfang entwickelte sich das Gehirn zu großer Leistung. Die Reaktionsschnelligkeit dieser Tiere bei der »Jagd« muß bedeutend gewesen sein. Die Flugsaurierfunde von Holzmaden gehören zu den langschwänzigen Rhamphorhynchidea, und zwar zu zwei Gattungen: zu dem kräftiger gebauten *Dorygnathus* und zu dem schlankeren *Campylognathoides.* Letzterer erreichte als voll ausgewachsenes Tier eine Flügelspannweite von etwa 80 bis 175 cm, die von *Dorygnathus* schwankt zwischen 80 und 120 cm. Jungtiere waren erheblich kleiner.

Die Meerdrachen und Flugsaurier von Lyme Regis

Ein kleines englisches Mädchen erhob im Jahre 1810 eine bislang wenig beachtete Fossilfundstelle zur Sehenswürdigkeit. Die damals elfjährige Mary Anning entdeckte in den Meeresklippen der südlichen englischen Kanalküste zwischen Devon und dem Küstenbad Dorset das erste vollkommen erhaltene Ichthyosaurierskelett. Das bedeutete eine wissenschaftliche Sensation, denn bis dahin hatte niemand die Existenz solcher »Meerdrachen« für möglich gehalten.

Mary Anning ließ nun die Sammelleidenschaft nicht mehr los. Ihr gelangen in der Folgezeit in den »Blauschiefern« des unteren Lias von Lyme Regis weitere Entdeckungen. 1821 fand sie – inzwischen zur jungen Frau herangewachsen – den ersten der später häufigen Schlangenhalssaurier (Plesiosaurier), 1828 die ersten Flugsaurier. Eine fossile Lebensgemeinschaft, ähnlich der später bei Holzmaden gefundenen, kam ans Tageslicht, zunächst freilich im Zeitgeist nicht wenig romantisch gedeutet. So schuf um 1840 der engagierte Amateursammler und Maler

Thomas Hawkins ein abenteuerliches Bildwerk mit den phantasievollen Rekonstruktionen jener Meeresreptilien und ihrer Umwelt. Die wissenschaftliche Bearbeitung begann ebenfalls in dieser Zeit durch den Geistlichen und Professor an der Universität Oxford, William Buckland. Viele der Funde sind heute wissenschaftliche Belegstücke ersten Ranges, einer aber ist aus derzeitiger Sicht besonders wichtig. Der etwa 70 bis 80 cm große, von den Thecodontiern abstammende *Dimorphodon* mit langem Schwanz, mit viel zu großem, leicht gebautem, öffnungsreichem Schädel mit Kehlsack und wenig entwickeltem Gehirn und einem auffallend kräftigen Hals besaß fallschirmartige, derblederige Flughäute, mit denen er wie die heutigen Flughörnchen von Ast zu Ast sprang. Die Flügelspannweite betrug etwa 1,5 m. Er repräsentiert mit seiner überlieferten Gestalt am ehesten den frühen »Erfindertyp« bei der Eroberung des Luftraumes. Er ist der älteste Flugsaurier des Jura.

Malm – der obere weiße Jura

Das schwäbisch-fränkische Stufenland ist zwischen dem Rheinfall bei Schaffhausen und dem Oberlauf des Mains durch weiße Kalkfelsen der Schwäbischen und Fränkischen Alb landschaftlich wie geologisch besonders reizvoll. Die weißen Kalksteine waren im mitteleuropäischen Meer der Oberjurazeit, des Malm, abgelagert worden, das sich vor 150 bis 130 Millionen Jahren vom südlichen Schweden bis in das Alpenvorland erstreckte. In diesem Meer bildete sich eine größere inselartige Landmasse durch Verschmelzung der Ardennisch-Rheinischen Insel mit der Böhmischen Insel über Harz und Thüringer Wald. Auf den Landflächen lebte eine festländische Fauna, und in dieser auch jurassische Landsaurier, die wir hauptsächlich von außereuropäischen Fundplätzen noch kennenlernen werden. 1921 wurde im Wiehengebirge bei Barkhausen an der Porta Westfalica beim Abbau von Oberjurasandsteinen eine bemerkenswerte Fährtenfolge freigelegt. Neben einer Spur dreizehiger Trittsiegel fanden sich elefantenfüßige Eindrücke, die belegen, daß die großen pflanzenfressenden Sauropoden wie *Brontosaurus* offenbar auch in Mitteleuropa gelebt haben.

Durch diese mitteleuropäische Insel trennte sich ein Norddeutsch-Polnisches Meer von einem Süddeutschen Meer noch deutlicher als im Lias ab. Das Süddeutsche Malmmeer aber war nun stärker nach Süden zur Tethys geöffnet als in vorangegangener Zeit. Das bisher trennende ehemalige vindilizische Land versank jetzt fast völlig unter dem Meeresspiegel. Lediglich ein auf Untergrundaufragungen aufgewachsener Zug von Schwamm- und Korallenriffen markierte noch diesen erdgeschichtlich alten Landrücken. In diesem etwa 20 Millionen Jahre existierenden südlichen Malmmeer bildeten sich zwischen den Riffzügen und dem böhmischen Land auf Untiefen Atolle mit eingeschlossenen Lagunen, von denen einige durch absonderliche Sedimentablagerungen und eine bemerkenswerte Fossilerhaltung große Berühmtheit erlangten.

Der 1 m breite und etwa 1 m lange großköpfige Flugsaurier Dimorphodon *aus dem Unterjura von Lyme Regis (England)*
Links: eine historische Rekonstruktion von Richard Owen 1849–1884
Rechts: eine moderne Darstellung nach H. Haubold und O. Kuhn 1977

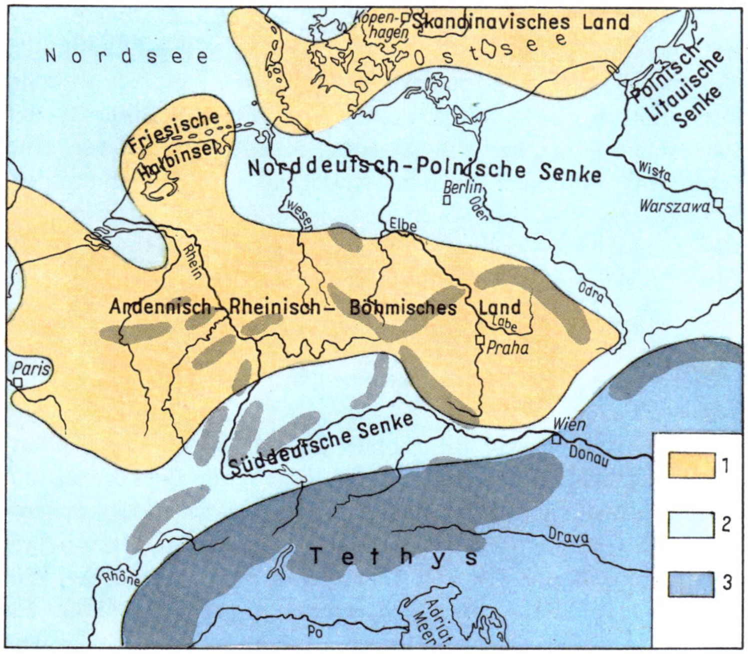

Die paläogeographische Karte Mitteleuropas für die Zeit des oberen Jura (Malm) – die Verteilung von Land und Meer zu dieser Zeit 1 Festland, 2 Epikontinentalmeer unterschiedlicher Ausdehnung, z. T. auch mit brackischem Milieu, 3 Geosynklinalmeer mit mächtiger mariner Sedimentation

Atolle im Jurameer – die Lagune von Solnhofen

Eine solche Atollagune lag gegen Ende der Jurazeit, also zeitlich kurz vor der Verlandung des süddeutschen Jurameeres vor etwa 130 bis 135 Millionen Jahren, im Raum von Solnhofen und Eichstätt in der südlichen Frankenalb. Durch aufwachsende Schwamm- und Korallenriffe entstand eine an drei Seiten vom offenen Meer weitgehend abgeschlossene Stillwasserlagune von etwa 70 × 30 km Größe. Sie besaß eine durchschnittliche Wassertiefe von 30 bis 60 m bei einer im Detail beachtlichen internen Bodenmorphologie und Raumgliederung. Am Boden unterhalb der Gezeiteneinflüsse setzte sich ein äußerst feiner Kalkschlamm von 0,001 bis 0,003 mm Korngröße ab, vorwiegend bestehend aus kalkigen Bausteinen von Nannoorganismen (Blaugrünalgen). Aus diesem Kalkschlick bildeten sich die hellen und dichten, gebankten Kalke mit sehr geringer Porosität und glattem Bruch, die man später Solnhofener Plattenkalke nennt.

Eine lange Nutzung dieses Gesteins durch den Menschen ist nachgewiesen. Die Römer bauten daraus Teile des »Limes« und verwendeten die Kalke zu Inschrifttafeln und für Boden-, Wand- und Dachplatten. Seitdem blieb das helle Karbonatgestein in zeitweiliger Nutzung. 1797 erfand ALOIS SENEFELDER mit diesen ebenschichtigen Kalken die Lithographie, eine anwendungsreife Technologie zum Druck von Strichzeichnungen und Karten mit Hilfe von geätzten Kalksteinflächen. Auch für die darstellende Kunst erlangte die Lithographie große Bedeutung. Es folgte ein Aufschwung beim Abbau dieser hellen Gesteine. Man nannte den Plattenkalk jetzt »Lithographenschiefer«. Heute, im Zeitalter modernerer Druckverfahren, fördert man wieder Bausteine, nebenher aber noch immer zum Nutzen der Paläontologie und Geologie.

Einmalige Erhaltung von Lebensresten

Schon frühzeitig fand man beim Kalkabbau fossile Lebensreste. 1730 beispielsweise wurden die »Eichstädter Spinnsteine« fast richtig als Seesterne gedeutet – heute weiß man, daß es sich um die frei schwimmende Seelilie *Saccocoma* handelt. Der Professor für Dichtkunst und Beredsamkeit JOHANN ERNST IMMANUEL WALCH publizierte bereits 1775 gute Abbildungen von Solnhofener Jurafossilien. Es war vor allem ihr hervorragender Zustand, der zu einer so frühen Beachtung führte. Die genauen Ursachen für diese »perfekte Abbildung« der einstigen Lebewesen im Gestein wurde schließlich in unseren Jahren durch rasterelektronenmikroskopische Untersuchungen aufgeklärt. Mehrere geologische Faktoren trafen offenbar günstig zusammen. Das normale Bodensediment der Lagune war der bereits genannte feinkörnige Kalkschlamm. Er baute in erster Linie die fast fossilfreien Kalkplatten auf. Wechselte die Wasserschichtung in der Lagune, führte stark salzhaltiges Wasser zu einer Unterbrechung der Kalkfällung. Auf dem Lagunenboden wuchsen nun geschlossene Matten außerordentlich kleiner Blaugrünalgen (Cyanophyceen) mit einer gallertreichen Außenhaut. Auf diesem dünnen Algenfilm erfolgte nun die hervorragende Abbildung der niedersinkenden Lebensreste. So kam es zum Abdruck von Weichteilen und anderer vergänglicher Substanzen, die in der Regel so schnell verwesten, daß sie nicht erhaltungsfähig waren. Besonders filigran abgebildete Strukturen im Solnhofener Kalkstein wurden erst durch die seit 1927 angewandte Bestrahlung mit UV-Licht sichtbar. Die Algen umwuchsen schließlich diese niedergesunkenen Tierkörper. Dadurch kam es zum Sauerstoffabschluß und zu einem Schwefel-

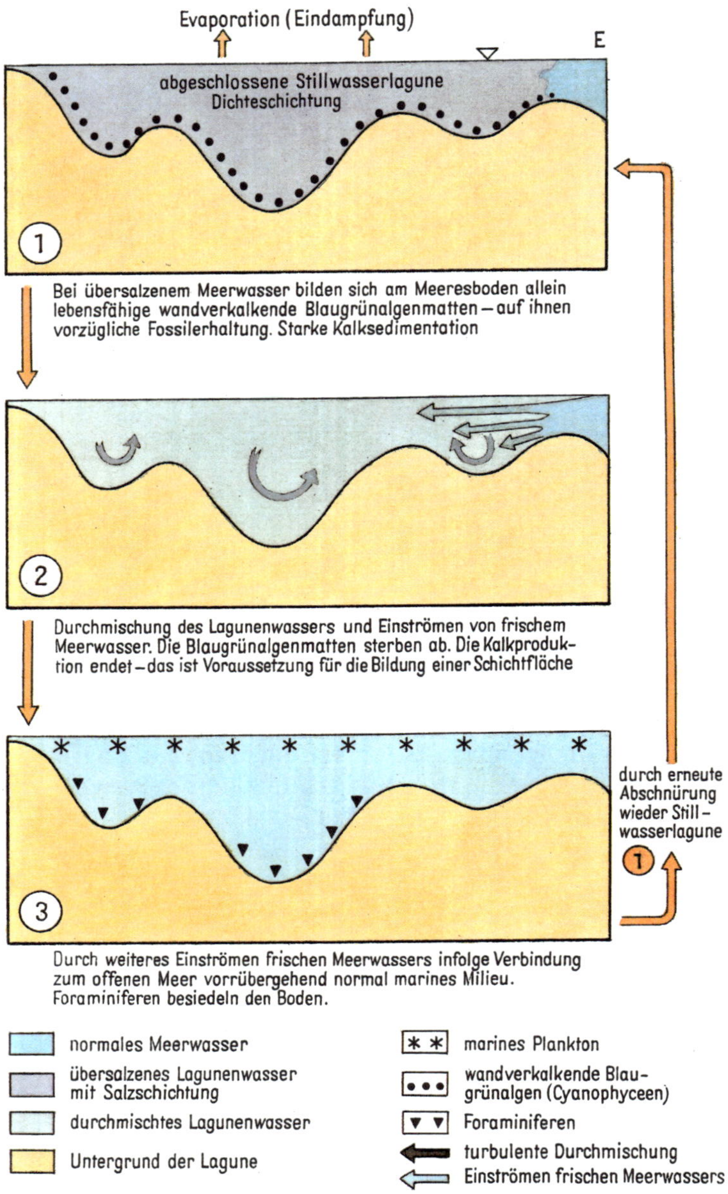

Die Entstehung einer Kalkbank des Solnhofener Plattenkalkes (Oberjura, Malm ξ 1–2) und der in ihr möglichen außergewöhnlichen guten Fossilerhaltung, dargestellt in drei aufeinanderfolgenden Prozeßabfolgen, zugleich Beispiel moderner geologischer Forschungsleistung (H. Keup 1977)

wasserstoffmilieu um die Kadaver. Dies wie die Übersalzung des Meerwassers begünstigte die Erhaltung der Weichteile. Nun war ein weiterer Prozeß nötig, um eine rundum perfekte Fossilerhaltung zu gewährleisten. Durch erneute Änderung der Wasserchemie starben die Algenrasen. Die Folge waren eine Zersetzung der Algen und eine starke bakterielle Karbonatproduktion. Die Tierkörper wurden nun zeitlich schnell von feinstem Kalk umschlossen – sie wurden zu gut bis sehr gut erhaltenen Fossilien.

Fossilreste aus verschiedenen Lebensräumen

So ungewöhnlich wie die Entstehung dieses »Lithographenschiefers« und die in ihnen vor sich gegangene Fossilerhaltung ist auch die Lebewelt selbst, die nämlich ganz anders zusammengesetzt ist als die »normalen« Biozönosen der Jurameere. In der Solnhofener Tierwelt dominieren nicht die Seeigel, Belemniten oder die Ammoniten, sondern Krebse, Insekten, Fische und höhere Wirbeltiere unterschiedlicher Lebensweise. Zwei Lebensräumen können diese Tiere zugeordnet werden. Die Fische, Krebse, Weichtiere, Stachelhäuter und Quallen kamen wie die großen Meeresreptilien aus dem südlichen Ozean, der Tethys, eine Einwanderung, die durch die untermeerischen Riffzüge offenbar kaum behindert wurde. Alle Pflanzen aber, die Insekten, einige Krebse, die Süßwasserfische, Süßwasserkrokodile, die Flugsaurier und die Vögel hatten dagegen ihre Lebensräume bzw. Standorte vor allem auf der großen zentraleuropäischen Insel, und zwar auf dem benachbarten Böhmischen Land. Sie waren Vertreter einer festländischen Lebewelt.

Die Häufigkeit Solnhofener Fossilien in den Museen und Sammlungen erweckt den Eindruck einer großen Funddichte in den Plattenkalken. In der Tat wurden mehrere hundert Arten in gar nicht selten großer Individuenzahl gefunden. Trotzdem wird der Fossilreichtum nur vorgetäuscht, denn alle diese Funde sind das Ergebnis einer jahrhundertelangen »Jagd« nach Versteinerungen in den Solnhofener Steinbrüchen. Nur einige Vertreter der Tierwelt sind lokal wirklich häufig. Die feinglied-

Die Solnhofener Lagune im süddeutschen Oberjurameer zur Zeit des Malm ξ 1–2 in einem schematischen Blockbild
Oben rechts: Die Lage der Solnhofener Lagune
Links unten: Die Malm – Sedimente der Lagunen von Solnhofen und Kelheim in einem schematischen Zeit-Raum-Profildiagramm

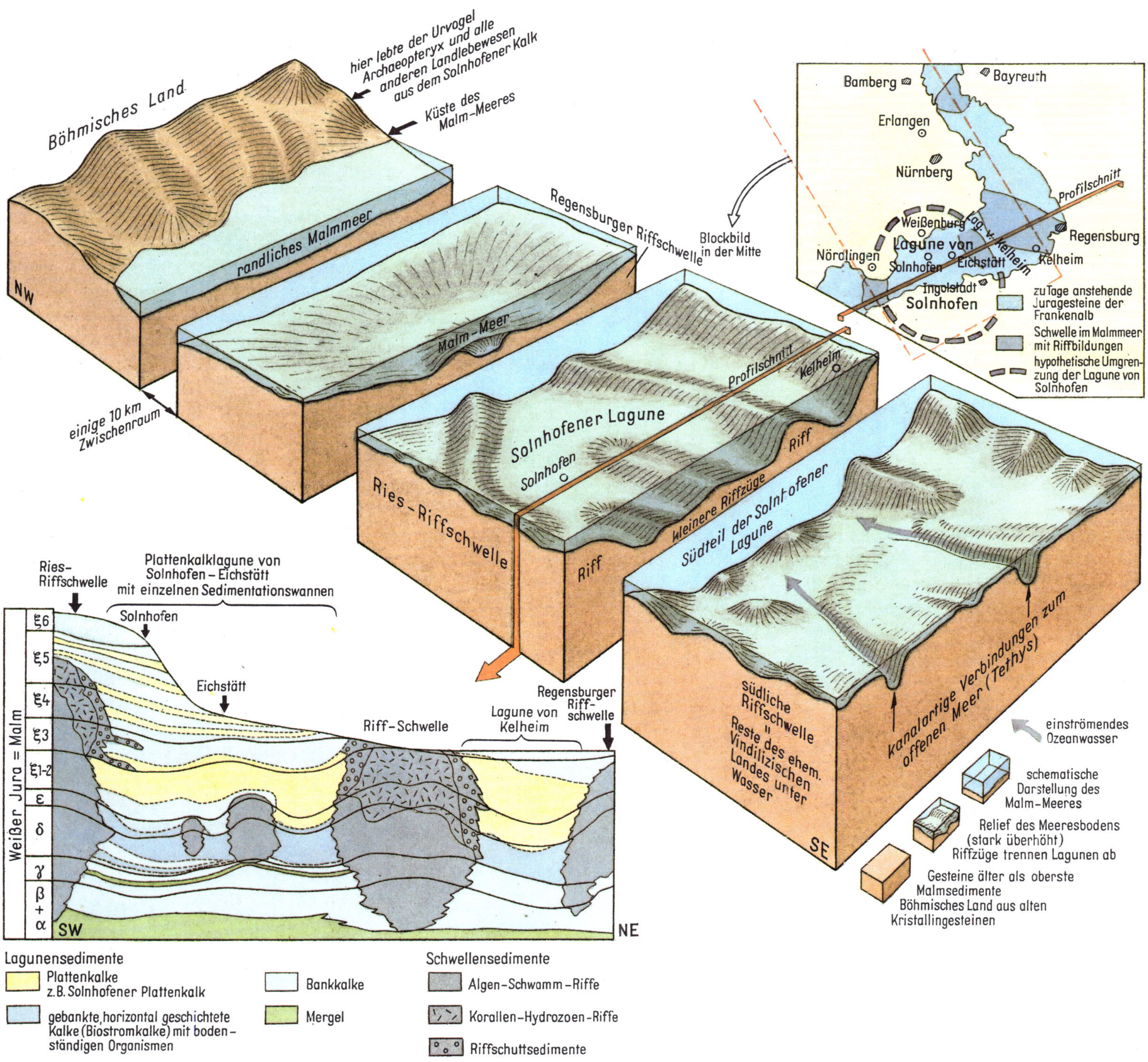
Böhmisches Land
hier lebte der Urvogel Archaeopteryx und alle anderen Landlebewesen aus dem Solnhofener Kalk
Küste des Malm-Meeres
randliches Malmmeer
NW
Regensburger Riffschwelle
Blockbild in der Mitte
Malm-Meer
einige 10 km Zwischenraum
Solnhofener Lagune
Profilschnitt
Kelheim
Solnhofen
Riff
Ries-Riffschwelle
kleinere Riffzüge
Riff
Südteil der Solnhofener Lagune
südliche Riffschwelle = Reste des ehem. Vindilizischen Landes unter Wasser
kanalartige Verbindungen zum offenen Meer (Tethys)
SE
Bamberg
Bayreuth
Erlangen
Nürnberg
Profilschnitt
Weißenburg
Lag. v. Kelheim
Lagune von Solnhofen
Regensburg
Nördlingen
Solnhofen
Eichstätt
Kelheim
Ingolstadt
zu Tage anstehende Juragesteine der Frankenalb
Schwelle im Malmmeer mit Riffbildungen
hypothetische Umgrenzung der Lagune von Solnhofen
einströmendes Ozeanwasser
schematische Darstellung des Malm-Meeres
Relief des Meeresbodens (stark überhöht) Riffzüge trennen Lagunen ab
Gesteine älter als oberste Malmsedimente Böhmisches Land aus alten Kristallingesteinen
Ries-Riffschwelle
Plattenkalklagune von Solnhofen-Eichstätt mit einzelnen Sedimentationswannen
Solnhofen
Eichstätt
Riff-Schwelle
Lagune von Kelheim
Regensburger Riff-schwelle
Weißer Jura = Malm
ξ6
ξ5
ξ4
ξ3
ξ1-2
ε
δ
γ
β + α
SW
NE
Lagunensedimente
Plattenkalke z.B. Solnhofener Plattenkalk
gebankte, horizontal geschichtete Kalke (Biostromkalke) mit bodenständigen Organismen
Bankkalke
Mergel
Schwellensedimente
Algen-Schwamm-Riffe
Korallen-Hydrozoen-Riffe
Riffschuttsedimente

Die kleine stiellose und freischwimmende Seelilie Saccocoma *lebte vom oberen Jura bis Ende der Kreidezeit. Nach Funden aus dem Solnhofener Plattenkalk schuf der Greifswalder Paläontologe Otto Jaekel 1918 diese Rekonstruktion. Gesamtdurchmesser etwa 3,5 cm*

rige frei schwimmende Seelilie *Saccocoma* bedeckte bei Eichstätt in großen Mengen die Kalkplatten. Das häufigste Fossil überhaupt ist der bereits im Lias von Holzmaden gefundene, bis zu 7 cm lange Knochenfisch *Leptolepis*, der örtlich in regelrechten »Schwärmen« fossil wurde. Im Volksmund wird er nicht zu Unrecht »Solnhofener Sprotte« genannt.

Die Tierwelt der Lagune und der benachbarten Meere

Die *Leptolepis*-Schwärme wie auch die sicher gesellig schwebenden *Saccocoma*-Seelilien gehörten zweifellos zur Meeresfauna des Solnhofener Oberjurameeres. Die vorzustellende marine Lebewelt kann differenzierteren Lebensräumen zugeordnet werden.

Da gab es Bodenbewohner in der Lagune. Würmer hinterließen Kriechspuren und Kotschnüre. Hier lebten Krebse wie der träge *Eryon* mit seinem schildartigen Kopfpanzer. Die Pfeilschwänze, die Limuliden, hinterließen meterlange Fährten, die immer wieder von Ruhe- oder Liegespuren unterbrochen sind. Oftmals enden aber solche Kriechspurenbahnen an tragischer Stelle. Das Tier selbst wurde dort im Abdruck erhalten, ringsum aber sind die Spuren seines Todeskampfes überliefert.

Am Boden und in Bodennähe lebten auch die bis 1,50 m langen, gelegentlich im Körperumriß erhaltenen »Meerengel«. Gemeint sind rochenähnliche Haifische mit abgeflachten Körpern und großen, flügelartig verbreiterten Brust- und Bauchflossen.

Auf dieser schlammweichen Bodenoberfläche ist es auch zur Erhaltung von Lebewesen gekommen, die sonst fast immer in der Faunenüberlieferung fehlen. Gemeint sind gallertige, wasserreiche Quallen, deren aktiver Lebensraum in höheren Lagunenbereichen lag. Hier im Solnhofener Plattenkalk haben sich viele Einzelheiten der Weichteile wie Gonaden und die Ringmuskulatur erhalten.

Durch das besser durchlüftete Wasser der Lagune schwebten gemächlich Ammonshörner unterschiedlicher Größe und bewegten sich gelegentlich recht schnell Tintenfische. Auch von diesen Tiergruppen gibt es erwähnenswerte Fossilien. In Tintenfischen erhielten sich beispielsweise die Tintenbeutel, wie z. B. bei der Gattung *Acanthoteuthis*. Leider hat sich die berechtigte Hoffnung nicht erfüllt, durch die mögliche Weichteilerhaltung beispielsweise Auskünfte über die Armzahl der Ammoniten zu bekommen. Ein wenig entschädigt wurde man aber durch das Auffinden von Rollmarken der Ammonitengehäuse am Meeresboden, die zu den besonderen Raritäten gehören.

Zur Lebewelt des freien Wassers zählen in erster Linie die Fische – Haie, auch einige Rochen und Seekatzen, bis 2 m große Ganoidfische (z. B. *Lepidotes*), kleine Knochenfische und auch Quastenflosser (Crossopterygier). Letztere sind sehr sel-

Festländische Insektenreste aus den marinen Solnhofener Oberjurakalken

1 die Libelle Tarsophlebia eximia *(Flügelspannweite 12–15 cm)*
2 die Zikade Limacodites mesozoicus
3 die Zikade Eocicada lameerei
4 die Florfliege Mesochrysopa zitteli
5 der Hautflügler Pseudosirex
6 die Wasserwanze Mesobelostomum deperditum
7 die »Heu«schrecke Elcana

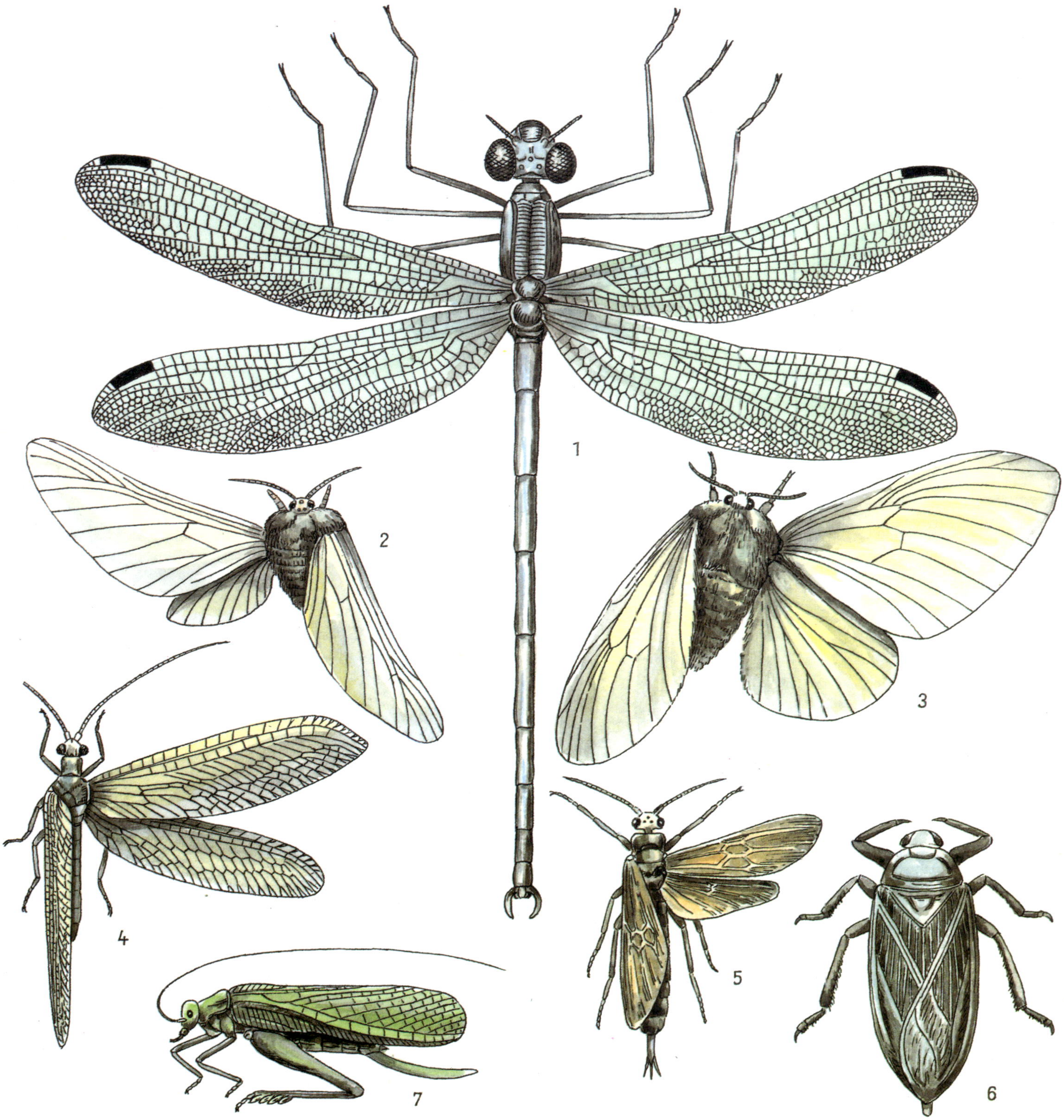
1
2
3
4
5
6
7

ten. Der »Besenfisch« *Undina* mit beschuppten Basisstielen an den paarigen Flossen gehört zu den besonders kostbaren Sammlungsstücken.

Die Beherrscher der offenen Oberjurameere aber waren an das Wasserleben angepaßte Reptilien, die sich aufgrund ihrer spezialisierten Orientierungsorgane nur selten in die Lagune verirrten und deshalb zu den großen Seltenheiten im Fundgut gehören. Es sind Meeresschildkröten mit reduzierten Panzern, Paddelechsen und Ichthyosaurier sowie Meerkrokodile wie *Geosaurus* – ab und zu einmal als besonders wertvolle »Hautexemplare« erhalten, die den ganzen Körperumriß zeigen.

Bewohner des benachbarten Küstenlandes

Die zweite bedeutende Fundgruppe besteht aus Landtieren. In den Küstenwäldern aus Nadelbäumen, hohen Lebensbäumen und Ginkgogewächsen lebten viele Insekten, die auf Treibhölzern oder direkt auf der Wasseroberfläche in die Lagune eindrifteten oder auch aktiv einflogen und heute mit über 150 Arten an erster Stelle der Landbewohner stehen. Auffallend groß ist die Zahl der Libellen und Käfer. Einige der bis in alle Einzelheiten erhaltenen Libellenflügel wurden über 10 cm lang. Sie waren damit länger als die Flügel der größten heute lebenden tropischen Formen. Die Heuschrecke *Pycnophlebia* erreichte Flügellängen bis gegen 15 cm. Der schönste Insektenfund ist zugleich einer der größten. 1903 fand man die Florfliege *Kalligramma haeckeli* mit einer Flügelspannweite von 25 cm. Der sehr populäre Geologieprofessor in Jena (später in Halle/S.) Johannes Walther beschrieb und benannte dieses bald recht bekannte Fossil. Auch Schmetterlinge überlieferte der Plattenkalk in größerer Zahl und mehreren Arten. Diese Insektengruppe war während der Trias erstmals in Erscheinung getreten.

Die auffälligsten Bewohner des Küstenlandes waren Reptilien. An Flüssen und in Seen lebten große und gepanzerte, langschnäuzige Krokodile, die Gruppe der Teleosauriden. Zu ihnen gehörte der bis 4,5 m lange Juragavial *Steneosaurus*, der uns bereits aus dem Lias von Holzmaden und Bad Boll bekannt ist. Auf erheblich trockeneren Arealen bewegten sich kleine Schnabelechsen (Rhynchocephalen), wie der bis 20 cm große *Homoeosaurus*. Er ist mit dem lebenden Fossil Neuseelands, der rezenten Brückenechse *Hatteria (Sphenodon)*, ganz eng verwandt. Die selten gefundenen Eidechsen waren ebenso Landbewohner wie der berühmte katzengroße, mit Schwanz etwa 60 cm lange Dinosaurier *Compsognathus*, auf den wir gleich noch

Kalligramma haeckeli *Walther – ein Netzflügler von schmetterlingsartigem Aussehen mit hochdifferenziertem Geäder. Diese prachtvolle Riesenform mit etwa 25 cm Spannweite und einem großen Augenfleck auf jedem Flügel wurde im Solnhofener Plattenkalk bei Eichstätt aufgefunden. Rekonstruktion des Gesamttieres*

Abdruck einer großen Libelle von 11 cm Länge und 19 cm Flügelspannweite aus dem oberjurassischen Plattenkalk von Solnhofen

Blick über das Oberjurameer im Küstenbereich am Böhmischen Land mit schwanzlosen Flugsauriern der Gattungen Pterodactylus *und* Gallodactylus. *Die Flügelspannweiten betragen 0,40 bis 1,30 m.*

einmal zu sprechen kommen werden. Alle diese Wirbeltiere gelangten als Leichen und nicht selten als verkrümmte Mumien ins Meer und wurden bis in das Solnhofener Atoll verdriftet.

Fliegende Reptilien

Zu den weltberühmten Funden aus Solnhofen gehören zweifellos die Pterosaurier, die Flugsaurier. An keiner anderen Stelle fanden sie sich annähernd so zahlreich und gut erhalten. Bereits 1784 wurden sie erstmals vom Vorsteher des Mannheimer Naturalienkabinetts, COSMUS COLLINI, beschrieben und abgebildet, allerdings nicht als aktive Flugreptilien. Er deutete sie als amphibienartige Meerestiere. Der Münchner Professor für Anatomie SAMUEL THOMAS VON SOEMMERING beschrieb diese Reste dann als »Ornithocephales«, also als »Vogelköpfe«. Aber schon GEORGES CUVIER sah in ihnen fliegende Echsen. Noch erreichten sie nur Sperlings- bis Bussardgröße, erst in der Oberkreide treten Riesenformen mit Spannweiten bis zu 10 m auf.

Da bereits im räumlich und zeitlich benachbarten Lias von Holzmaden ebenfalls gut erhaltene Flugsaurier gefunden wurden, konnte die Entwicklung dieser Tiergruppe im Jura sehr gut verfolgt werden. Neben den bereits von Holzmaden bekannten langschwänzigen *Rhamphorhynchoidea* (Schwanzflugsaurier) mit meist um 80 bis 100 cm Flügelspannweite traten jetzt als

Über dem Oberjurameer im Raum der Solnhofener Atollagune schweben Flugsaurier mit langem Schwanz und Schwanzsegel. Sie gehören zur Art Rhamphorhynchus muensteri *mit einer Flügelspannweite von etwa 100 cm. Aus dem Flug stoßen sie hinab ins Wasser, um Fische zu fangen. Der Körper dieser Pterosaurier war mit großer Wahrscheinlichkeit kurzhaarig bepelzt und eventuell von hellgrauer Farbe.*

eine »Neuentwicklung« der fast schwanzlose spatzen- bis falkengroße *Pterodactylus* und Verwandte auf, die sogenannten Stummelschwanzsaurier. Das Gehirn im leichten, nur aus Knochenspangen bestehenden Schädel hatte die Größe der heutigen Vögel erreicht. Die ausgesprochenen Fanggebisse, gelegentlich zu einem Reusenapparat mit elastischen Zähnen spezialisiert, belegen, daß die Tiere, vom Ufer startend, vorwiegend über dem Meer schwebten und nach Fischen schnappten oder Kleingetier aus dem Wasser siebten. Die derben und trotzdem gelegentlich eingerissenen Flughäute zwischen dem extrem verlängerten 4. Finger und dem Körper waren behaart Die 1927 sicher nachgewiesene Behaarung von *Rhamphorhynchus*, *Pterodactylus* und *Dorygnathus* dürfte die erworbene Warmblütigkeit belegen.

Kaum einer dieser Oberjuraflugsaurier überschreitet schließlich die Jura-Kreide-Zeitgrenze.

Vogelreptil oder wirklich schon Vogel?

Der gefeiertste und bis heute berühmteste Fund aus dem Solnhofener Malmkalk und einer der bekanntesten Fossilfunde der Welt überhaupt ist der *Archaeopteryx*, der »Urvogel«.

1860 fand man erstmals eine kleine Feder, die Hermann von Meyer schon 1861 als dem Urvogel zugehörig beschrieb. Er

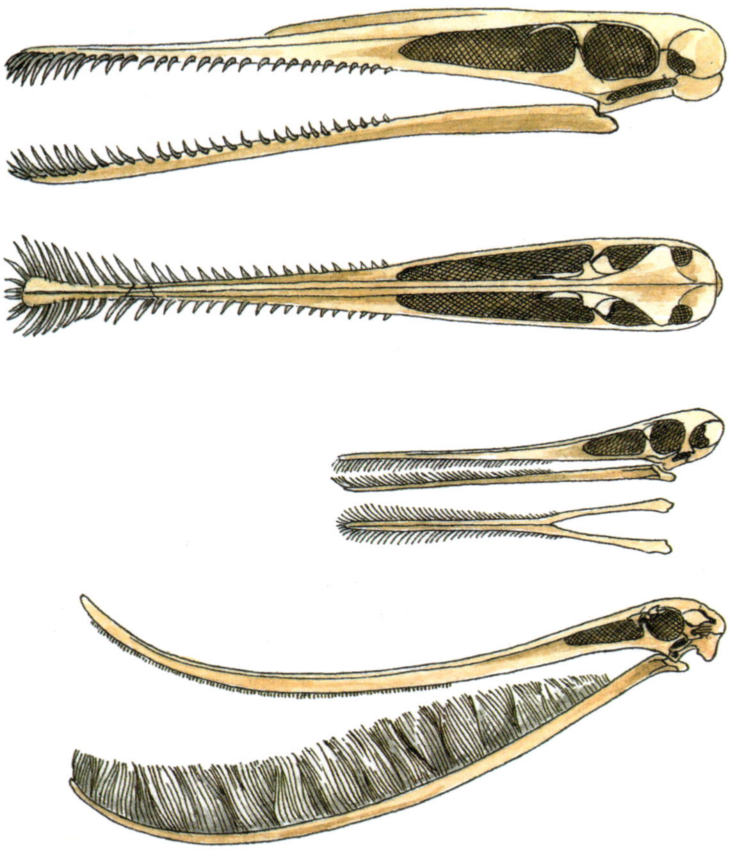

*Die Entwicklung der Bezahnung bei Flugsauriern der Pterodacty-*lus-*Gruppe von Greifwerkzeugen für den Fischfang bis zu einem perfekten Reusen- und Rechengebiß, dessen langer dichter »drahtartiger« Zahnbesatz schließlich zum Filter planktonischer Nahrung aus dem Meerwasser wurde.*
Oben: Der 30 cm lange Schädel des Fischfängers Gnathosaurus *aus dem Oberjura von Eichstätt von der Seite und von oben*
Mitte: der 11 cm lange Schädel von Ctenochasma *aus dem Oberjura von Solnhofen*
Unten: Das Reusengebiß von Pterodaustro *aus den Grenzschichten Oberjura-Unterkreide von Argentinien. Der Schädel ist 24 cm lang.*

nannte diesen *Archaeopteryx lithographica*, was wörtlich übersetzt soviel wie »Urflügler aus dem Lithographenschiefer« bedeutet. Im gleichen Jahr kam in 18 m Tiefe im fränkischen Langenaltheim bei Solnhofen der erste Skelettfund mit reicher Federbedeckung – allerdings ohne Schädel – zutage. Der Landarzt Dr. Karl Häberlein erwarb diese Fundplatte für einen Bagatellbetrag, um sie für den damals unglaublichen Preis von 700 Pfund Sterling (nahezu 14000 Goldmark) an das British Museum of Natural History in London weiterzuverkaufen. Kurz vorher (1859) war Darwins Buch über die Entstehung der Arten erschienen. Der berühmte britische Anatom Sir Richard Owen lieferte 1863 die formelle Beschreibung dieses Londoner Urvogelexemplars, aber erst Thomas Huxley erläuterte die große Bedeutung für die Evolution. Zu den Gegnern des Darwinismus zählte der Münchner Professor für Paläontologie A. Wagner. Er sah in dem »Urvogel« lediglich ein gefiedertes Reptil ohne stammesgeschichtliche Bedeutung und gab ihm den wissenschaftlichen Namen *Griphosaurus*, was soviel wie »gefiederter Saurier« bedeutet. Es gab auch Forscher, die den wissenschaftlichen Wert des Fundes zunächst völlig bestritten. Der hallesche Zoologe und Paläontologe C. G. A. Giebel glaubte an eine Fälschung. Die Federn seien in den Stein gestichelt worden. Im Jahre 1877 aber kam im Steinbruch Dürr auf dem Blumenberg bei Eichstätt ein weiteres Skelett mit Federn und mit Schädel zutage, nunmehr vom Sohn des Dr. med. Häberlein in Besitz genommen. Er fordert sensationelle 36000 Reichsmark. Der deutsche Kaiser Wilhelm I. lehnt den Ankauf ab. Der Professor für Zoologie Carl Vogt bemerkt ironisch und verbittert: »Seine Majestät haben sich auf diese Äußerung nicht eingelassen. Ja, wenn es sich statt um einen Vogel um ein versteinertes Geschütz oder Gewehr gehandelt hätte!« Erst eine Spende des Industriellen Werner von Siemens erlaubte schließlich den Ankauf für 20000 Goldmark an das Naturkundemuseum Berlin und den Verbleib des Fossils im Lande der Fundstätte. Dieses Berliner *Archaeopteryx*-Exemplar gilt seitdem als der Prototyp der »Urvögel«. Es liegt im Museum für Naturkunde der Humboldt-Universität Berlin.

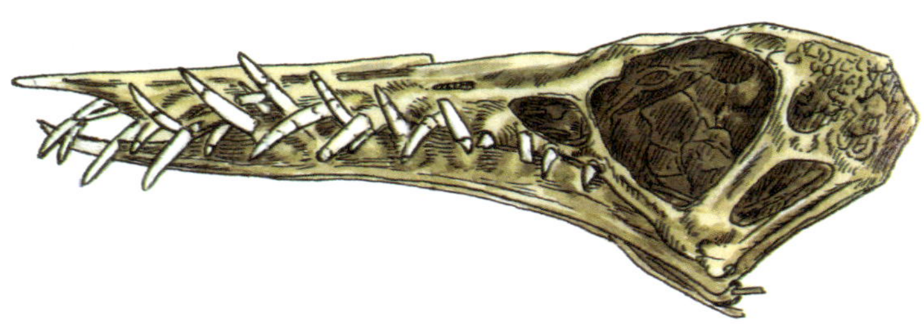

Der Flugsaurier Rhymphorhynchus muensteri *(*Rh. phyllurus *Marsh) aus dem Oberjurakalk von Solnhofen. Der etwa 10 cm lange Schädel mit großen Augenöffnungen und langen, alternierend ineinandergreifenden Zähnen als hervorragende Greifwerkzeuge zum Fischfang*

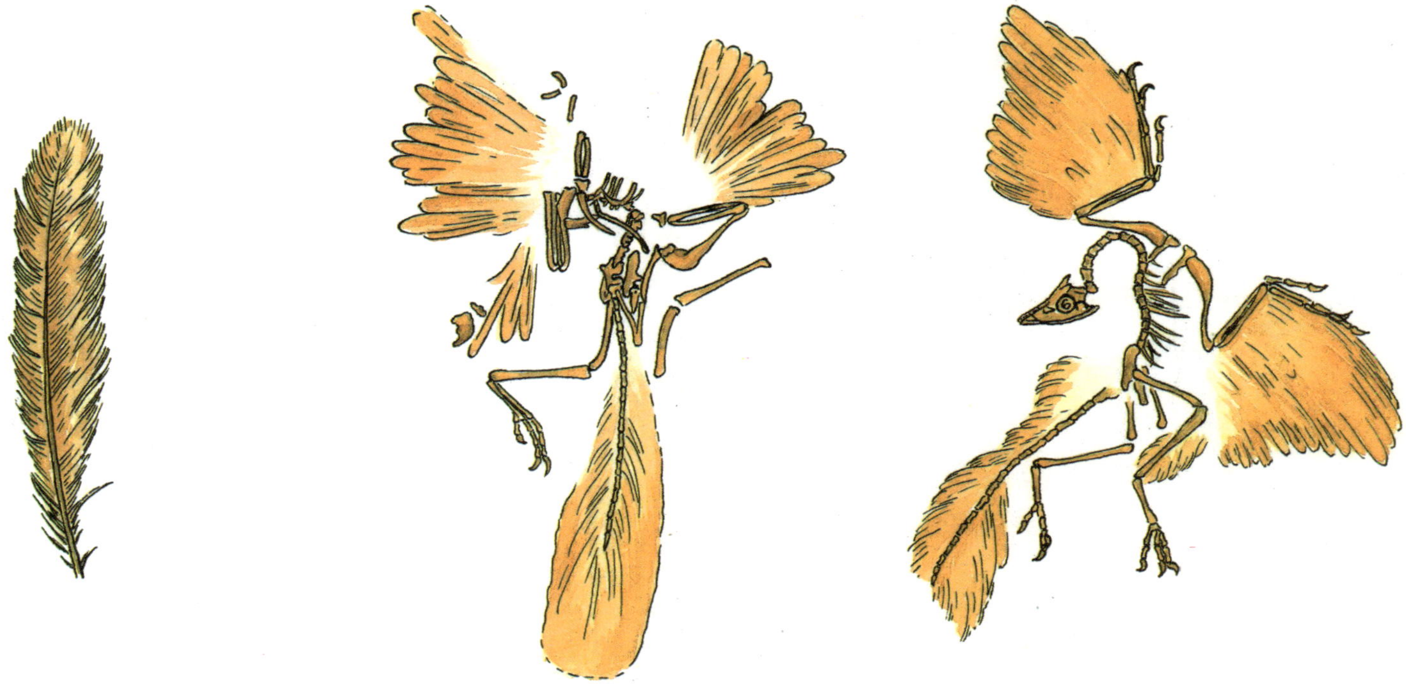

Die bisher bekannten sechs »Urvogel«-Funde (Archaeopteryx) *aus den Solnhofener Oberjurakalken (Malm ξ 2b – unteres Untertithon) der südlichen Frankenalb im Bereich des Altmühltales*
Von links:
Erster Fund 1860: eine Feder. Museum für Naturkunde der Humboldt-Universität Berlin/DDR Gegenplatte: Bayrische Staatssammlung für Paläontologie und Geologie, München
Londoner Exemplar, gefunden 1861 bei Solnhofen. British Museum London/Großbritannien
Berliner Exemplar, gefunden 1877 bei Eichstätt. Museum für Naturkunde der Humboldt-Universität Berlin/DDR
Solnhofener (Maxberger) Exemplar, gefunden 1956 bei Solnhofen, in Solnhofen aufbewahrt
Haarlemer Exemplar, gefunden 1855 zwischen Eichstätt und Kehlheim, 1970 als Urvogel erkannt. Tyler-Museum Haarlem/Niederlande
Eichstätter Exemplar, gefunden 1951 bei Eichstätt, 1973 als Urvogel erkannt. Jura-Museum Eichstätt

Ein bereits 1855 geborgener und von H. von Meyer bearbeiteter Skelettrest im Tyler-Museum in Haarlem/Holland wurde lange als Flugreptil angesehen, wie auch ein Fund aus dem Jahre 1951, der heute im Eichstätter Museum aufbewahrt wird. Ein 1956 aufgefundenes weiteres Exemplar mit unscharfen Federabdrücken wird im Museum des Solnhofener Aktienvereins auf dem Maxberg ausgestellt. Alle diese Urvogelreste sind echte Raritäten, sind äußerst seltene Dokumente in einer riesigen Überlieferungslücke. Von keiner anderen Stelle der Erde wurden bisher gleichaltrige und gleichartige Funde belegt, von einer allerdings recht fraglichen Feder aus Portugal einmal abgesehen. Was für besondere geologische Bedingungen sind auch nötig, um Federn fossil werden zu lassen!

Archaeopteryx ist in der Tat ein bemerkenswertes »missing oder connecting link«, ein Verbindungsglied zwischen den Reptilien und der neuen, progressiven Gruppe der Vögel mit Merkmalen von beiden. Auf den ersten Blick könnte man das Skelett mit dem eines kleinen Coelurosauriers verwechseln. Dem ebenfalls in Solnhofen gefundenen und bereits genannten hühnergroßen *Compsognathus*, der vielleicht ebenfalls Federn trug, ist er sehr ähnlich. Charles Darwin schrieb deshalb in seiner »Entstehung der Arten«:* »... der Abstand zwischen Reptilien und Vögeln wurde durch *Archaeopteryx* und *Compsognathus* in unerwarteter Güte verringert!« Die Reptilmerkmale überwiegen bei *Archaeopteryx*: Zähne im Ober- und Unterkie-

* 1860 war die erste Auflage in Deutschland erschienen, bald darauf weitere Auflagen, aus denen das Zitat stammt.

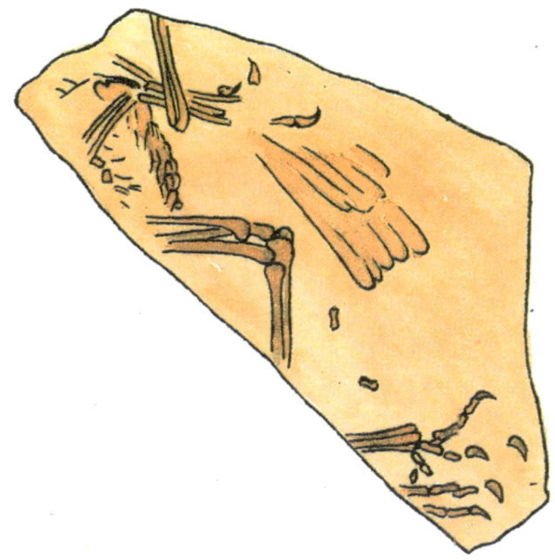

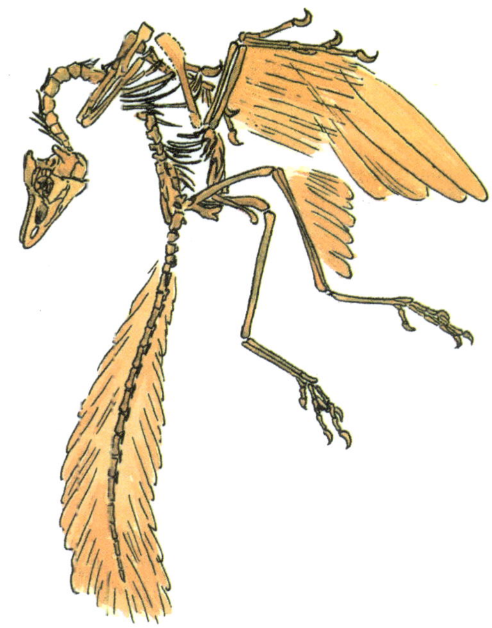

fer, der lange Eidechsenschwanz aus 20 freien Wirbeln, die freie Beweglichkeit aller bikonkaven Rückenwirbel, die drei freien Finger mit Krallen, das durchaus große, aber noch reptilhafte Gehirn, die weitgehend offenen Nähte (Suturen) am Schädel, das kleine, flache Brustbein und einige weitere Merkmale mehr. Vogelhaft ist dagegen das lange, nach hinten gerichtete Schambein, die Umbildung der Vorderextremitäten zu Flügeln, die pneumatischen Beinknochen, insbesondere der Besitz von Federn als Anzeichen erworbener Warmblütigkeit sowie die verwachsenen Schlüsselbeine und Mittelfußknochen. Die Federn bringen Wärmeschutz und waren eine gute Voraussetzung für das aktive Fliegen, sind aber bei schnellen Fluchtreaktionen am Boden gewiß auch hinderlich gewesen. Hätte *Archaeopteryx* keine Federn, würde man ihn als einen coelurosaurischen Dinosaurier ansprechen, oder anders ausgedrückt: *Archaeopteryx* ist ein taubengroßer coelurosaurischer Dinosaurier mit Federn, der nicht aktiv fliegen konnte. Das Schultergelenk ist noch dinosaurisch. Es fehlten die Hebemuskeln, so daß keine aktiven Flügelbewegungen möglich waren. Der erfahrene Ornithologe O. Heinroth bemerkte 1923: »Wer ein Gefühl für Vögelflügel hat, merkt bei der Betrachtung der Berliner *Archaeopteryx*-Platte, daß in dem Verhältnis von Knochengerüst zu den Schwingen irgendetwas nicht stimmt.« Ebenso wären Landemanöver nur schwierig ausführbar gewesen – es fehlt das nötige »Untergestell«. So ergibt sich eine seltsame Realität: Der 30 cm große und 0,5 kg schwere Vogeldinosaurier *Archaeopteryx* besaß zwar Flügel, konnte aber nicht fliegen. Er war vermutlich ein flügelflatternder Bodenbewohner, der gelegentlich auf Bäume kletterte und von Ast zu Ast und von Baum zu Baum im Gleitflug segeln konnte. Er lebte ein Leben zwischen zwei Welten. Der regionale Lebensraum lag außerhalb der Solnhofer Lagune in den Küstenwäldern des Böhmischen Landes.

Fundplätze in England und der Sowjetunion

Dem Fundplatz Solnhofen ist seit langem das Prädikat der Einmaligkeit eigen. Das aber stimmt nur bedingt. Schon 1824 entdeckte beispielsweise der als Professor für Geologie an der Universität Oxford wirkende Referent William Buckland in unmittelbarer Nähe seiner Wirkungsstätte in den ebenfalls feinkörnigen Oberjuraschiefern von Stonesfield sehr bemerkenswerte Fossilien, gleich im Entdeckungsjahr zum Beispiel die fleischfressende Riesenechse *Megalosaurus* mit Unterschenkeln bis 90 cm Länge. Ein zweites Solnhofen aber wurde diese Fundstätte nicht.

Erheblich größere Ähnlichkeiten mit der Atollagune Solnhofen hat ein Fundplatz im Karataugebirge in der Kasachischen

SSR der UdSSR, wo 1970 eine Akademieexpedition unter A. G. SHAROW in sehr feinkörnigen Seesedimenten des oberen Jura Flugsaurier in prächtiger Erhaltung mit Flughäuten und einer pelzigen Behaarung am ganzen Körper fand. Die sicher aus Reptilschuppen entstandenen dicken Haare wurden bis 6 mm lang. Sie hatten sich erhalten. Am ganzen Körper des Tieres standen diese Haare ziemlich dicht. Etwas lockerer waren die Flughäute behaart. Bis auf die Schwanzwurzel blieb der Schwanz nackt. Der dem Fund gegebene wissenschaftliche Name drückt diese Besonderheit aus: *Sordes pilosus* bedeutet »Haariges Fell« oder auch »Haariger Teufel«. Spätestens durch diesen Fund dürfte es wahrscheinlich sein, daß viele oder gar alle Flugsaurier behaart und warmblütig waren. Ob die Warmblütigkeit allerdings analog jener bei Vögeln und Säugern war, ist eine andere Frage. Fest steht nur, daß die energieaufwendige Lebensweise eine hohe Stoffwechselrate und eine relativ hohe Körpertemperatur zur Folge hatte. Da die Körpermasse klein war, mußten sich die Flugsaurier durch ein Haarkleid schützen. Wie bei rezenten Fledermäusen sind Tag-Nacht-Schwankungen der Körpertemperatur trotz der Behaarung nicht auszuschließen. Wären diese Fundschichten im Kasachischen Karatau in gleicher Weise von Steinbrüchen jahrzehntelang aufgeschlossen und von Fossilsammlern abgesucht worden, wäre hier vielleicht ein dem Solnhofener Material ebenbürtiges oder gar wertvolleres Fundgut zutage gekommen.

Der 1861 im Oberjura-Plattenkalk bei Solnhofen aufgefundene »Urvogel« Archaeopteryx *mit reichem Federkleid, aber ohne Kopf – das sogenannte Londoner Exemplar*

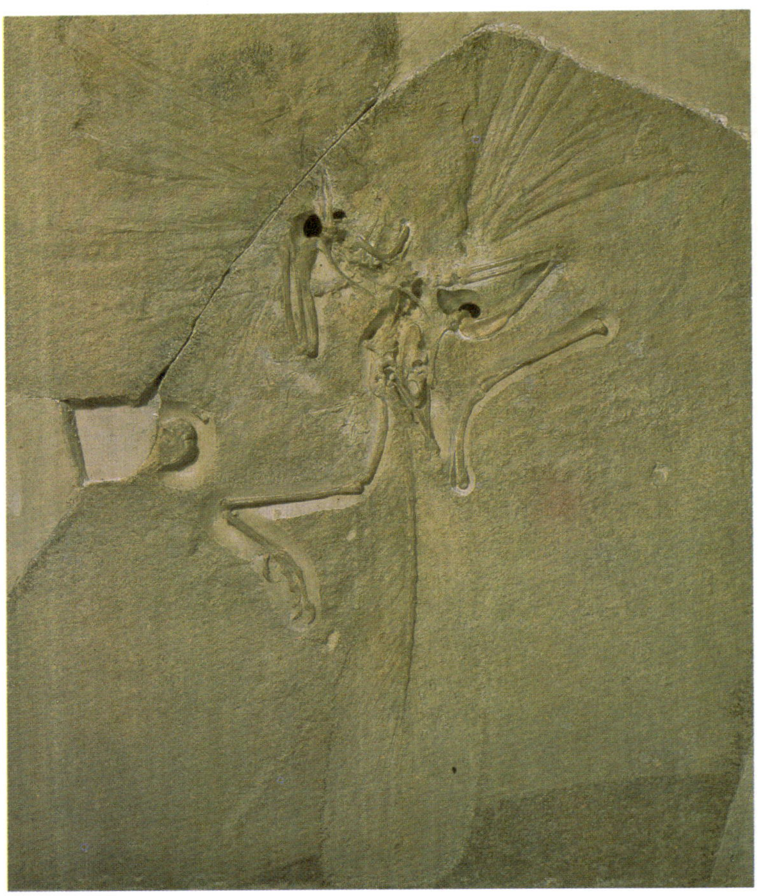

1877 wurde im Solnhofener Oberjura-Plattenkalk das erste und bislang einzige vollständige Exemplar eines Archaeopteryx *mit bezahntem Schädel gefunden – das sogenannte Berliner Exemplar.*

Der kleinste Dinosaurier ist zugleich der vogelähnlichste. Der Coelurosaurier Compsognathus longipes *aus dem Oberjura von Solnhofen/BRD wurde bis 50 cm lang. Eventuell war er befiedert oder behaart – der Beweis am Fossilmaterial steht bislang aus.*

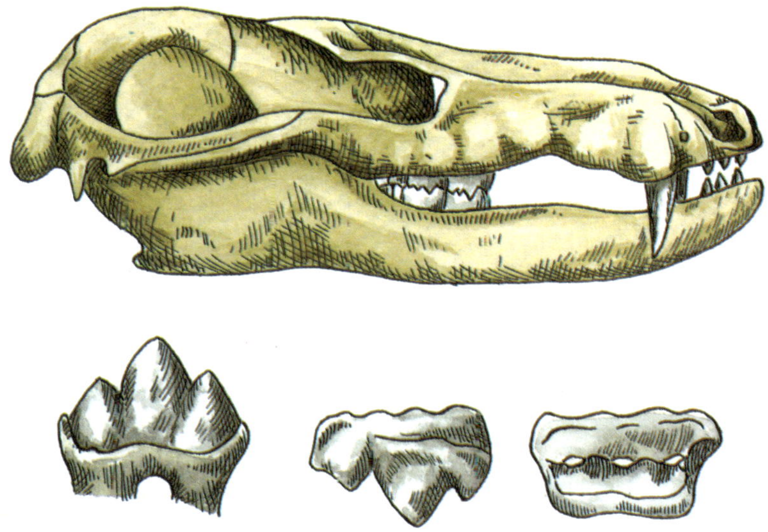

Schädel und Zähne eines etwa rattengroßen primitiven frühen Säugetieres aus dem Jura, eines sogenannten Triconodonten. Das Gebiß an dem langen Kiefer bestand aus Schneide- und Eckzähnen, Prämolaren und Molaren. Für die Molaren sind die in einer geraden Linie angeordneten drei spitzen Höcker charakteristisch – daraus resultiert der Name der ganzen Gruppe.

Winzige Säuger neben den größten Tieren aller Zeiten

Die europäischen Jurameere brandeten an Festländer, an inselartige wie das Rheinisch-Böhmische Land und an die Küsten großer Landblöcke, die im Norden aus dem zusammenhängenden Nordamerika und Eurasien und im Süden aus Afrika und dem sich gerade abtrennenden Südamerika bestanden.

Der große nördliche Landblock lag in der Nähe des damaligen Äquators. Trotz der großen Landmasse war das Klima nicht extrem aridkontinental, sondern in der Nähe weiterer Flachmeerüberdeckungen sogar feuchtwarm. So gab es neben wüstenartigen Gebieten und weiten savannen- und steppenartigen Arealen auch ausgedehnte lichte Nadelwälder mit Araukarien, Zypressen, Farnen und ersten Mammutbäumen. In den feuchteren Talungen und in Küstennähe wuchsen Palmfarne (Cycadeen), beachtlich große Farne und gedrungene Bennettiteen. Letztere waren die Vorläufer der ersten blühenden Pflanzen, die jetzt zum ersten Male und ganz unscheinbar auftraten.

Durch weite Festlandsgebiete strömten große Flüsse. Ihre weiten deltaartigen Mündungsgebiete mit Seen und Sümpfen sagten sowohl den pflanzenfressenden wie den räuberischen Dinosauriern als Lebensraum zu. Sie entwickelten sich zu großer Blüte. Hier entstanden die größten Tiere aller Zeiten. Wir werden sie in den folgenden Abschnitten an berühmten Fundorten in Nordamerika und Ostafrika vorstellen.

Inmitten dieser geschilderten Vegetation und zu Füßen der großen Reptilien lebten flink und vorwitzig relativ kleine, höchstens katzengroße primitive Säuger, die zur Unterklasse der Prototheria, der Ursäuger, zu stellen sind. Bei diesen Tieren aber handelte es sich nicht mehr nur um Erdhöhlenbewohner und Dämmerungstiere, sondern um tagaktive Insektenfresser und »Räuber« und um pflanzenfressende Nager. Die Säuger hatten sich weiter spezialisiert. Der katzengroße *Triconodon* aus dem Oberjura Englands stellte einen Fleischfresser dar. Neben den Triconodonten entwickelten sich Anfang des Jura pflanzenfressende Nager, die langlebigen Multituberculata (»Vielhöckerzähner«), die mit ihren mäuseartigen Schneidezähnen eine große Ähnlichkeit zu unseren heutigen Nagetieren besaßen. Zwei noch kleine Vertreter seien genannt – *Plagiaulax* aus

E. Tanger

Die Entstehung der »Dinosaurierfriedhöfe« in den Flutebenen großer Ströme zur Zeit des oberen Jura im Mittelwesten der USA (Wyoming, Utah, Colorado). Im Mittelgrund zwei an einer Sandbank angedriftete Sauropodenleichen (Brontosaurus = Atlantosaurus), *die als Ganzes eingebettet werden. Im Vordergrund eine Anhäufung von verdrifteten Einzelknochen. In der oberjurassischen Morrisonformation werden diese Knochenhorizonte als »Atlantosaurus Beds« bezeichnet.*

Europa und *Ctenacodon* aus Europa und Amerika. Schon im Jura waren rückläufige Entwicklungstendenzen bei diesen frühen Säugern nicht zu übersehen. Die Ursachen lagen in ökologischen Veränderungen und im Aufblühen »modernerer« Säugetiere begründet. Es entstand die Unterklasse der Theria, der eigentlichen Säuger, mit erheblich höher entwickelten Gehirnen. Die Funde gehören zu zwei heute ausgestorbenen Ordnungen, den Symmetrodonta und den mittel- bis oberjurassischen Pantotheria (Trituberculata). Es handelte sich um mausgroße Raubtiere und Insektenfresser mit dreihöckerigen Backenzähnen, die denen der späteren modernen Säuger recht ähnlich werden. Hier nun setzte die Entwicklung der Beuteltiere (Marsupialia) und der Plazentatiere (Placentalia) ein. Aus dem oberen Jura Asiens, und zwar aus der Mandschurei, stammt ein höchst bedeutsamer Fund. Das insektenfressende *Indotherium* verkörperte einen der ersten Plazentalier – und zu dieser Gruppe gehörten bald die meisten progressiven Säugetiere, die ab Ende der Kreidezeit die dann beginnende Erdneuzeit charakterisieren. Jetzt aber, während der zu Ende gehenden Jurazeit, erlebten die Saurier einen letzten Höhepunkt ihrer Entwicklung. Die Säuger waren eine noch unauffällige Randgruppe.

Seiten 160/161:
Brontosaurus-*Herde am Rande eines breiten versumpften Stromtales im Mittelwesten Nordamerikas zur Zeit des oberen Jura (Morrison-Zeit). Der vierfüßige Sauropode* Brontosaurus *(synonyme Namen:* Atlantosaurus, Titanosaurus, Apatosaurus*) wurde über 20 m lang und konnte über 30, manchmal über 50 Tonnen wiegen. Ihren gewaltigen Nahrungsbedarf deckten sie durch den Verzehr von Wasserpflanzen und durch das Abweiden von Uferwäldern aus Cycadeen, Bennettiteen, Koniferen und Ginkgogewächsen. In den weichen Sedimenten hinterließen sie gewaltige Fußeindrücke, die sich lokal sehr gut erhielten. Auf Seite 166 ist ein solcher badewannengroßer Fußeindruck eines* Brontosaurus *abgebildet.*

Berühmte Grabungen – die Saurierfriedhöfe Nordamerikas

Während der Jurazeit verkleinerten sich in Nordamerika, das mit Eurasien zu einer riesigen Festlandstafel vereinigt war, einst weitverbreitete Flachmeere. Zurück blieben im heutigen Wyoming, in Utah, New-Mexiko und in Arizona weite flußdurchströmte Flutebenen, in denen sich rote, grüne und graue Tone, Sande und Kalke ablagerten. So entstanden vor etwa 150 Millionen Jahren die Gesteine der Morrisonformation.

In flachen Landschaften wuchsen Palmenfarne und immergrüne zapfentragende Koniferen mit breiten Nadeln. An Seen, in Sümpfen und in breiten, trägen Strömen lebten und starben Saurier, die sich durch außerordentliche Körpergröße auszeichneten. So geschah es, daß Kadaver dieser verendeten Reptilien durch Verwesungsgase auftrieben und die Ströme langsam talab drifteten. Sie blieben an Sandbänken hängen und stapelten sich aneinander. In diesen Kadavern betätigten sich Karnosaurier als Aasfresser, zerteilten die Knochen und hinterließen ihre Bißspuren. Eine neue Sedimentschüttung deckte schließlich das Knochenlager zu. Auf diese Weise entstanden die großen »Dinosaurierfriedhöfe« Nordamerikas.

Derartige Sauriersedimente aus der späten Jura- und der frühen Kreidezeit bedecken im »wilden Mittelwesten« der Vereinigten Staaten von Nordamerika weite Landstriche. Von Südmontana im Norden bis New Mexiko im Süden und Utah im Osten bilden die sogenannten Atlantosaurus Beds, wie man früher die Morrisonformation bezeichnete, romantische Steppenlandschaften mit oft nackten Berghängen, die »Badlands«. Besonders ausgeprägt finden sich diese Landschaftsformen beispielsweise in den Bigham Mountains in Wyoming, den Black Hills in Süddakota und in einem längeren Streifen der Rocky Mountains in Südostwyoming und Ostcolorado. Dort liegen auch die Hauptfundorte jener berühmten Saurier, die aus den Gesteinen der Morrisonformation, benannt nach dem Ort Morrison im Bundesstaat Colorado, ausgegraben wurden. Nordamerika wurde *das* Saurierland.

Die Ausgrabungen im »wilden Mittelwesten«

In den vegetationslosen Erosionslandschaften der randlichen Rocky Mountains war es nur eine Frage der Zeit, wann diese spätjurassischen-frühkreidezeitlichen Knochenlager durch natürliche Vorgänge der Abtragung an verschiedenen Stellen freigelegt wurden. In der Umgebung des Little Medicine Bow River in Südwyoming lagen schließlich die Saurierknochen in so großer Zahl umher, daß ein Schafhirte im vorigen Jahrhundert daraus das Fundament seiner Hütte (die sogenannte Bone Cabin – Knochenhütte) errichtet hatte. Diese Knochen blieben für die Wissenschaft zunächst unentdeckt. In benachbarte Gegenden aber kamen amerikanische Siedlungspioniere, die nach dem Ende des Bürgerkrieges im Jahre 1865 auf ihren Planwagen den weiten Mittelwesten der USA bereisten. Ab 1869 begann schließlich mit der neuerbauten Eisenbahnlinie, die Omaha in Nebraska mit der Pazifikküste verband, das »goldene Zeitalter« der Dinosaurierfunde. Wyoming und Colorado waren nun mit der Bahn leicht zu erreichen. Die jetzt einsetzende Jagd nach Dinosaurierknochen ist nur mit der legendären Goldgräberei zu vergleichen. Neben anderen wurden zwei der Fossilienjäger bald weltberühmt: Der energische, publikationsfreudige und etwas vorschnelle EDWARD DRINKER COPE (1840–1897), dessen Sammlungen später den Grundstock für das heute wohl größte Naturkundemuseum der Welt, für das American Museum of Natural History mitten in New York am Central Park von Manhattan, bildeten, und der neun Jahre ältere bedächtige OTHNIEL CHARLES MARSH (1831–1899), Professor am Peabody-Museum der Yale-Universität in New Haven (Connecticut). An der Yale-Universität hatte Marshs Onkel, der Millionär George Peabody, eigens für Marsh einen Lehrstuhl für Paläontologie und ein zugehöriges Museum mit einer Stiftung von 150000 Dollar gründen lassen. MARSH wie COPE waren ebenso bedeutende Ausgräber wie Paläontologen. Einst Freunde, wurden sie bald zu erbitterten Feinden und Konkurrenten, die sich nicht selten in kleinlichster Weise bekriegten, und zwar im übertragenen wie wahren Wortsinne. Ihre bewaffneten Ausgrabungsmannschaften aus Abenteurern (darunter der berühmte Oberst WILLIAM F. CODY, bekannt als »Buffalo Bill«), Studenten und Arbeitern durchstreiften die Steppen, rivalisierten untereinander – und fanden an nicht wenigen Stellen die bereits genannten Saurierfriedhöfe unberührt vor. Ihre epochemachenden Ausgrabungen brachten unglaubliche Reptilien ans Tageslicht, »Schreckensechsen« mit dem Körper eines Elefanten und dem Hals einer Schlange, mit Kämmen auf dem Rücken oder Panzerungen aus mächtigen Knochenplatten. Der britische Anatom RICHARD OWEN (1804–1892) hatte schon 1841 eine Klassifikation dieser »Vorzeitdrachen« vorgenommen, die MARSH 1884 durch das neue Fundmaterial erheblich erweitern konnte.

Die beiden großen nordamerikanischen Saurierpaläontologen und wissenschaftlichen Rivalen Othniel Charles Marsh (1831–1899) (links) und Edward Drinker Cope (1840–1897)

Die großen Fossilexpeditionen von MARSH und COPE, die 1868 mit der Auffindung eines *Morosaurus-Wirbels* am Lake Como begonnen hatten, endeten etwa 1890 – die Saurierausgrabungen in den Staaten aber gingen weiter. 1897 gelangte in die Umgegend des Little Medicine Bow River, in die Gegend der bereits genannten Knochenhütte, eine Expedition des American Museum of Natural History in New York unter der Leitung des Paläontologen WALTER GRANGER (1872–1941), der über zwei Jahrzehnte später auch die amerikanischen Saurierexpeditionen in die Mongolei begleitete. Aus dem Steppenboden Südwyomings ragten zwischen blühenden Kakteen und Sträuchern dunkelbraune Gesteinsblöcke auf. Diese Blöcke waren keine Felsen im herkömmlichen Sinne. Sie bestanden aus ausgewitterten Dinosaurierknochen bedeutender Dimension. An diesen »Dinosaurierfriedhöfen« begannen dann auch die Grabungen. Der »Bone Cabin Quarry«, der »Knochenhüttensteinbruch«, und der »Great Dinosaur Quarry« lieferten reiche wissenschaftliche Ausbeute. 1898 fand WALTER GRANGER ein fast vollständiges Skelett eines gewaltigen Sauriers. Die Knochen wurden im Steinbett geborgen. Fehlende Teile kamen im Zentrum des Laramie-Plains an der Como Bluff zutage. Zwei Jahre brauchten die Mitarbeiter des New Yorker Museums, um die zahlreichen Knochen aus dem festen Umhüllungsgestein zu lösen. Dann mußten diese Skeletteile, von denen z. B. ein einziger Oberschenkelknochen mehr als 200 kg wog, gehärtet werden. In den nun folgenden vier Jahren brachten die Paläontologen WILLIAM DILLER MATTHEW und WALTER GRANGER Ordnung in das Gewirr von Oberschenkeln, Unterschenkeln, Wirbeln, Rippen, Schädeln und Phalangen. Dann erst konnte der Präparator A. HERRMANN aus diesen Knochen einen über 66 Fuß (etwa 20 m) langen gigantischen *Brontosaurus* zusammensetzen, den man damals auch *Atlantosaurus*, *Apatosaurus* und *Titanosaurus* nannte. Es muß ein gewaltiges Tier mit einem Lebendgewicht von etwa 35000 bis 50000 kg gewesen sein. Am 10. Februar 1905 schließlich übergab man dieses bis in unsere Tage berühmte *Brontosaurus*-Skelett der Öffentlichkeit. Noch heute beherrscht es die Halle der frühen Dinosaurier im vierten Stock des New Yorker Naturkundemuseums, aufgestellt neben dem großen Fleischfresser *Allosaurus* und dem gepanzerten Ornithischier *Stegosaurus*.

Auch in den folgenden Jahren waren viele wissenschaftliche Expeditionen, ohne sie hier nennen zu können, sehr erfolgreich. 1973 fand der Amerikaner JAMES A. JENSEN aus Utah beispielsweise an einer Plateaukante in den Rocky Mountains im westlichen Colorado versteinerte Knochen des vermutlich größten Landbewohners aller Zeiten, den er mit einer vorläufigen Bezeichnung »*Ultrasaurus*« nannte. Allein der Oberarmknochen dieses gewaltigen, dem *Diplodocus* nahestehenden Tieres maß 2,75 m Länge. Das Tier selbst könnte etwa 15 m Höhe und bis zu 40 m Länge erreicht haben.

Von den vielen Ausgrabungsstätten in den Vereinigten Staaten blieb im Gelände wenig erhalten. Am Green River, einem Zufluß des Coloradoflusses, an der Staatsgrenze von Utah und

Der etwa 15 m lange schwergebaute Sauropode Brontosaurus *aus dem oberen Malm (Morrison-Schichten) von Colorado und Utah (Nordamerika) in einer Aufstellung des American Museum of Natural History in New York*

Colorado in der Nähe der Stadt Vernal wurde bereits 1915 das »Dinosaur National Monument« begründet. Einer der berühmten fundreichen Steinbrüche, der »Douglas-Jensen-Quarry« im Jurasandstein der Morrisonformation mit Knochenresten des bis 12 m langen *Camarasaurus* COPE (*Morosaurus* MARSH), wurde viel später überbaut und damit der Nachwelt erhalten. Vor 150 Millionen Jahren fanden einige der großen Dinosaurier, die es nun vorzustellen gilt, dort ihr Grab. An dieser Stelle waren es 14 verschiedene Dinosaurier (u. a. *Brontosaurus, Diplodocus, Stegosaurus, Allosaurus, Camarasaurus*), zwei Arten von Krokodilen und drei Arten von Schildkröten, die auf einer fossil gewordenen Sandbank eines großen Stromes zu einem wirren Einzelknochenlager zusammengeschwemmt worden waren.

Gewaltige wasserliebende Sauropoden

Die Lebensweise der 1898 ausgegrabenen und bald berühmten langhalsigen »Donnerechse« *Brontosaurus* MARSH des New Yorker Naturkundemuseums war bald enträtselt worden. Die riesigen wie harmlosen Fleischkolosse von über 20 m Länge und einem Lebendgewicht von 30 bis 50, eventuell sogar bis 80 oder 100 t waren mit großer Wahrscheinlichkeit Bewohner des Wassers, des seichten wie des tieferen, des fließenden wie des stehenden. Im Wasser fühlten sich die ungeschützten Riesendinosaurier (Sauropoden) vor Angreifern sicherer, zudem wirkte sich der Auftrieb für die schweren Tierkörper gewiß günstig aus. Nur der Kopf ragte dann zum Atmen aus dem Wasser. Durch Fährtenfunde in Texas (Bandera county) ist die Schwimmfähigkeit von *Brontosaurus* erwiesen. Zwischendurch aber waren sie Landbewohner in den Ebenen und in den dort wachsenden Wäldern, fortwährend auf Nahrungssuche. Die Begrenztheit ihres Nahrungsaufnahmeapparates (kleines Maul, kleine Zähne, leichter Kieferbau, enger Schlund) machte sie zu »Dauerfressern«. Wie Elefantenherden werden Gruppen solcher Brontosaurier Wälder aus Palmfarnen, Farnen und Koniferen gelichtet und schütter gefressen haben. Da sie keine Molaren besaßen, mußten Magensteine das Zerreiben der Nahrung übernehmen, wie wir von mongolischen Funden wissen. Ein intensiver schneller Stoffwechsel führte zu einer starken Dungproduktion. In den Exkrementen lagen Unmengen unverdaulicher, nun aber aufgequollener Samen, die in dem nährstoffreichen Substrat rasch aufgingen und zu neuen Pflanzen wurden. Ein bemerkenswerter Kreislauf vollzog sich – aus Wasserpflanzen und Wald »entstanden« Dinosaurier, Dung und neuer Wald.

Fußeindruck eines Brontosaurus *von etwa 65 cm × 95 cm Größe und einem Volumen von etwa 70 Liter Wasser*

Auch zur Eiablage suchten die Sauropoden das feste Land auf, wie durch Eifunde verwandter Gattungen aus der späten Jurazeit der Provence (Frankreich) belegt wird. Das weibliche Tier legte vier bis fünf Eier ganz nahe beieinander ab, trat dann schräg zur Seite und wiederholte offenbar diesen Vorgang mehrfach nacheinander. Die Eier hatten die Form einer Kugel mit einem Rauminhalt bis zu 3,5 Litern. Die Sauropoden müssen bei der »Geburt« also klein gewesen sein und sich später rasch entwickelt haben. Daß *Brontosaurus* wirklich in Herden lebte und umherstreifte, belegen Fährtenfunde des Dinosaurierforschers ROLAND T. BIRD im texanischen Bandera County und neuerdings Funde aus älteren Ablagerungen in Massachusetts. Besonders gut erhalten waren die 1938 entdeckten, bis 90 cm langen, plumpen, vierzehigen Fußabdrücke in Unterkreidesedimenten (etwa 120 Millionen Jahre alt) im Bett des Paluxy Rivers bei Glen Rose in Texas. Ein Fußeindruck faßte 70 Liter – das entspricht dem Fassungsvermögen einer großen Badewanne. Neuerdings hat man bis 80 cm große Trittsiegel auch in Mitteleuropa in Münchehagen bei Hannover entdeckt. Auf dem festen Land wird die Erde unter den Schritten dieser gewaltigen Tiere erzittert sein. Der von Marsh vorgeschlagene und zutreffende Name *Brontosaurus* heißt übersetzt »Donnerechse«. Marsh schuf 1883 auch die erste elefantenartige Rekonstruktion des *Brontosaurus.*

Brontosaurus gehört zur Gruppe der Riesendinosaurier. Die ganze Gruppe nennt man auch – wie bereits erwähnt – Sauropoden, also »Echsenfüßer«. Über ihre Evolution weiß man noch wenig. Man kennt nur einige ältere Sauropoden, so *Rhoetosaurus* aus dem Unterjura Australiens oder den 15 m langen *Cetiosaurus* aus dem mittleren Jura Europas (England) und Nordafrikas (Marokko). Zu den gemeinsamen Eigenschaften der Sauropoden gehört die geringe Gehirngröße im Verhältnis zum Körpermaß. Die Körpermasse dieser Dinosaurier beträgt im Durchschnitt das 25- bis 50000fache der Gehirnmasse. Anders ausgedrückt, stellt das Gehirngewicht nur etwa 0,003 % des Körpergewichts dar. Zum Vergleich seien die Angaben für andere Tiergruppen genannt – bei Pferden 0,15 %, bei Hunden 0,6 %, bei Delphinen 1,2 % und beim Menschen etwa 2 %. Der Paläontologe G. L. Jepsen aber hat hierzu bemerkt: »Gehirne sind wie Geldtaschen, der Inhalt ist wichtiger als die Größe.«

Das berühmte, in vielen Museen der Welt als Abguß aufgestellte etwa 26 m lange Dinosaurierskelett des Diplodocus carnegiei *aus den Jurasedimenten des nordamerikanischen Mittelwestens. Darunter das Lebensbild – zwar eines der längsten Tiere aller Zeiten mit langem Hals und peitschenartigem Schwanz, aber erheblich schlanker und leichter als* Brontosaurus

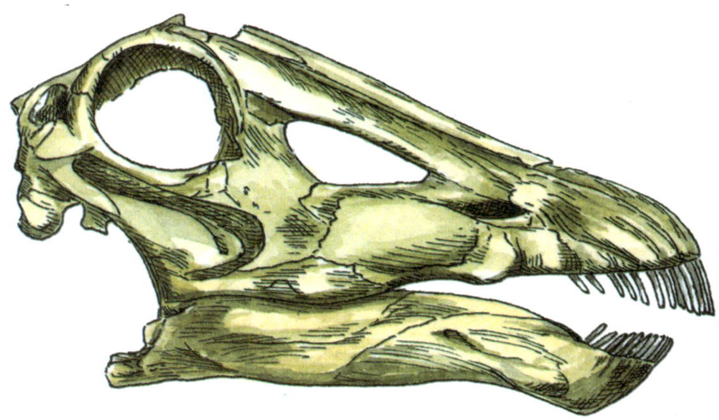

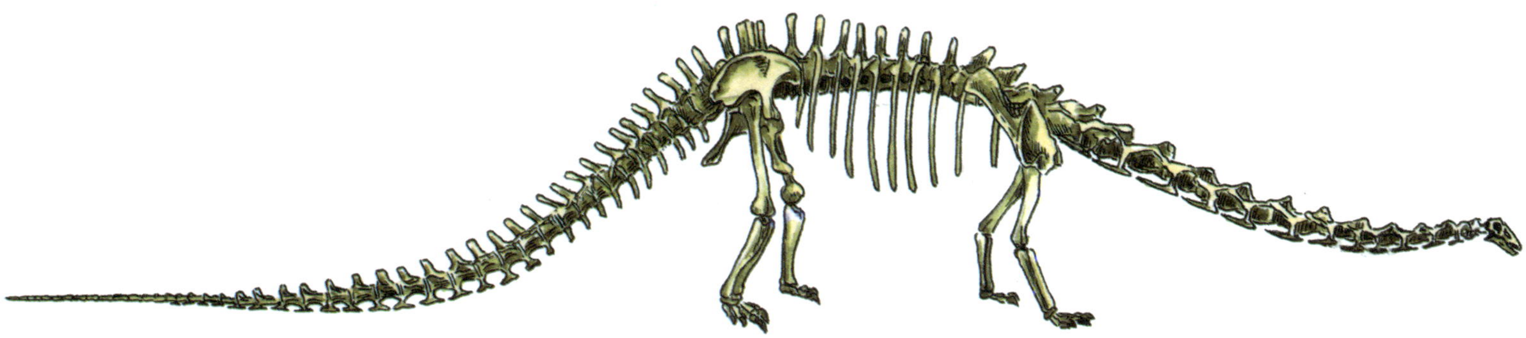

Man kennt innerhalb der Sauropoden die Familien der konservativen Camarasauriden und der bereits spezialisierten Atlantosauriden, zu denen der *Brontosaurus* gehört. Eine der Spezialisierungen bestand beispielsweise darin, daß im Schädel die zusammengerückten Nasenöffnungen oben auf den Schädel zu liegen kamen – eine Anpassung ganz offenbar an das Wasserleben! Ein Sauropode der älteren »Bauart« aus den berühmten »Atlantosaurus Beds« (Morrisonformation) des nordamerikanischen Mittelwestens war *Camarasaurus* mit gedrungenem Körper und mäßig langem Schwanz. Im schon genannten National Dinosaur Monument der USA sind die großen Knochen dieses Tieres, im Gestein eingebettet, zu sehen. Unter dem Museumsdach werden dort die Ausgrabungen fortgesetzt.

Ein anderes Sauriermuseum befindet sich in Pittsburgh im Staate Pennsylvania. Dort hatte der zum Stahlkönig und Multimillionär aufgestiegene Schotte ANDREW CARNEGIE (1837–1919) neben vielen anderen Stiftungen 1895 das heute bekannte »Carnegie Institut« und »Museum of Natural History« gegründet, in die er in den folgenden zehn Jahren etwa 25 Millionen Dollar investierte. Einige der schönsten Dinosaurier der Welt konnten hier aufgestellt werden. Diese prestigebringenden Reste waren durch Expeditionen des neuen Museums 1899 und 1900 von J. L. WORTMAN ausgegraben worden. In der Morrisonformation am Sheep Creek der Albany County in Wyoming hatte man auch das bedeutendste Ausstellungsstück des Museums gefunden. Aus vielen durch eine Art von Erdölimprägnation schwarzgefärbten Einzelknochen konnte das komplette Exemplar eines 26 m langen schlanken Sauropoden mit 6½ m langem Hals zusammengesetzt werden, das zu Ehren des Museumsförderers *Diplodocus carnegiei* genannt wurde. Weitere Originalskelette stehen im Nationalmuseum von Washington und im Senckenberg-Museum von Frankfurt/Main. Die erste Rekonstruktionszeichnung hatte der amerikanische Museumsdirektor J. B. HATCHER versucht – es wurde das nach damaliger Kenntnis längste landbewohnende Tier. Dieser nur etwa 10 t schwere Saurier erlangte Weltberühmtheit, weil der Millionär Carnegie – durch den neuen, nach ihm benannten Artnamen hocherfreut – jetzt Gipsduplikate anfertigen ließ und sie nach 1905 den Museen in London, Berlin, Frankfurt, Wien, Bologna, Paris, Moskau, Mexiko City und in einigen südamerikanischen Städten übereignete. Er ließ es sich jedesmal 30000 Dollar kosten, die Skelettnachbildung herzustellen, an den Bestimmungsort zu schaffen und dort aufstellen zu lassen. *Diplodocus*, zu den Atlantosauriden gehörig, wurde durch diesen Aufwand CARNEGIE's zu einem der bekanntesten erdgeschichtlichen Lebewesen überhaupt.

Warum so groß?

Bleibt zuletzt die Frage nach dem Grund des enormen Größenwuchses bei diesem von der Jura- bis in die Kreidezeit so überaus erfolgreichen Zweig der Dinosaurier, zu denen die größten Landtiere aller Zeiten, wie *Brontosaurus, Diplodocus, Brachiosaurus* und *»Ultrasaurus«*, zu zählen sind. Allein Kalkulationen über den vermutlichen Blutdruck anhand der Distanz vom Herzen bis zum Kopf (bis 6 m Differenz) machen eine Warmblütigkeit sehr wahrscheinlich. Da der Körper dieser Tiere aber nicht isoliert war, mußte die spezifische Körperoberfläche möglichst klein gehalten werden. Je größer sie wurden, desto mehr schrumpfte die relative reaktive Oberfläche, desto günstiger gestaltete sich das Verhältnis von Energieaufnahme zu Energieverbrauch. Größere Tiere verloren relativ weniger Wärme als kleinere. Dinosaurier konnten ihre Körpertemperatur nur aufrechterhalten, wenn eine kritische Körpergröße nicht unterschritten wurde. Auf diese Weise wurden vermutlich die Sauropoden zum Riesenwuchs «gezwungen». Daß dieser nicht ausartete, könnte auf Faktoren wie Herz- und Kreislauftätigkeit und die mechanische Bewältigung so großer Körpermassen zurückzuführen sein. Der Riesenwuchs stellt also kein Zeichen eines nahenden Artentodes dar, sondern kann als Zeichen der Anpassung an besondere, vielleicht sogar besonders günstige Lebensumstände gedeutet werden.

Beenden wir dieses Thema mit einem eindrucksvollen Vergleichsbild – die größten Sauropoden wurden bis 25 m lang; die kleinsten Saurier aller Zeiten, *Psittacosaurus* aus der Mongolei und die Mausechse *Mussasaurus* aus Argentinien, erreichten Körpergrößen bis 25 cm. Einzelne Zähne der großen Karnosaurier der Kreidezeit maßen die gleichen 25 cm und oftmals mehr.

Große zweibeinige Fleischfresser

Die vorgestellten friedfertigen pflanzenfressenden Sauropoden verwandelten Pflanzensubstanz in unvorstellbare Tonnen Muskelfleisch. Die zeitgleiche Existenz fleischfressender Saurier mit kräftigen Gebissen und großen Gehirnen war im Sinne der Aufrechterhaltung biologischer Gleichgewichte eines Biotops nicht verwunderlich. Man bezeichnet diese Gruppe zweifüßiger, gewandter und sicher intelligenter »Räuber« mit einem weit ausladenden Darmbein und auffallenden, nach vorn gerichteten Fortsätzen als Karnosaurier. Die Vertreter der Trias wie der Archosaurier *Ornithosuchus* erreichten Körperlängen bis

höchstens 1 m. Jetzt entwickelten sie Körperlängen bis zu 10 m. Bis 6 m lang wurde der gehörnte Karnosaurier *Ceratosaurus nasicornis* mit einem 70 cm langen Schädel und einem nahezu perfekten Raubtiergebiß. Das große Nasenhorn wie zwei kleinere seitliche Stirnhörner wirkten zu Lebzeiten durch Hornüberzüge erheblich größer als am überlieferten Cranialskelett.

Das größte und »gefürchtetste Raubtier« zur Zeit der oberjurassischen Morrisonformation Nordamerikas aber sollte der meist 5 bis 6 m, manchmal bis 10 m lange und bis 4 t schwere *Allosaurus* gewesen sein. Sein Pendant in Europa *Megalosaurus* fiel meist etwas kleiner aus. *Allosaurus* (Synonym: *Androdemus*) besaß lange, kräftige Hinterbeine mit kräftigen, bekrallten, dreizehigen Füßen, auf denen er sich schnell bewegen konnte. Balance hielt er mit dem langen, schweren Schwanz. Die kurzen Vordergliedmaßen endeten in drei länglichen Fingern mit scharfen, großen Krallen. Auf einem kräftigen, kurzen Hals saß ein großer Reptilschädel mit einer Raubtierbezahnung, deren

Das Skelett eines Karnosauriers Allosaurus *über dem Skelettorso eines* Brontosaurus *– eine der berühmten Schaugruppen des American Museum of Natural History in New York. Die* Brontosaurus-*Knochen tragen tatsächlich die Spuren von* Allosaurus-*Zähnen.*

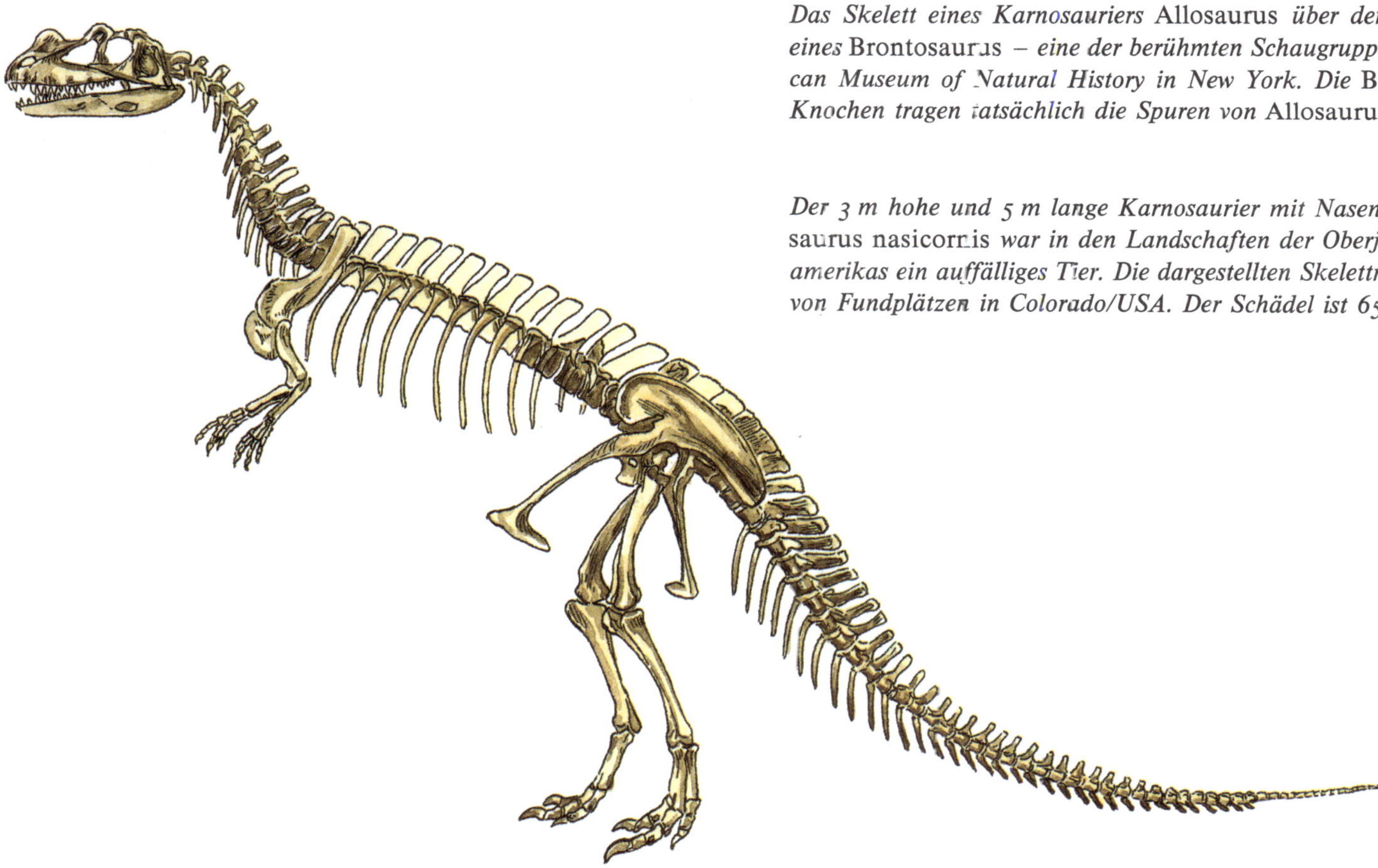

Der 3 m hohe und 5 m lange Karnosaurier mit Nasenhorn Ceratosaurus nasicornis *war in den Landschaften der Oberjurazeit Nordamerikas ein auffälliges Tier. Die dargestellten Skelettreste stammen von Fundplätzen in Colorado/USA. Der Schädel ist 65 cm lang.*

Der größte Karnosaurier der oberjurassischen Morrisonzeit in Nordamerika war der bipede Allosaurus *mit etwa 6 m Länge.*

gebogene, spitze Zähne nach hinten zeigten. Zwei Möglichkeiten der Lebensweise sind denkbar. In der Regel stellte man sich bislang diese Tiere als aktive Jäger und Räuber vor. Wahrscheinlicher ist es, daß sie Aasfresser gewesen sind. Das Fundmaterial aus Wyoming, Colorado, Utah, Neu Mexiko und Oklahoma erlaubt eine eindeutige Beantwortung dieser Frage nicht. 1902 wurde ein mächtiges *Allosaurus*-Skelett aus der Gegend um den Medicin Bow River im New Yorker Museum of Natural History aufgebaut, und man glaubte, den mächtigsten Vertreter der fleischfressenden Dinosaurier aller Zeiten vor sich zu haben. Daß sie wirklich Fleischfresser waren und daß sie das Fleisch der Sauropoden verzehrten, wurde an Fundmaterial des gleichen Fundorts belegt. Man fand *Brontosaurus*-Knochen, die unübersehbare Spuren eingedrungener *Allosaurus*-Zähne, insbesondere an den Wirbelknochen des Schwanzes, aufwiesen. Im New Yorker Museum of Natural History gestaltete und rekonstruierte man aus diesem originalen Skelettmaterial eine realistische Szene aus dem Saurieralltag des oberen Jura: Ein *Allosaurus* beim Verzehr einer zerstückelten *Brontosaurus*-Leiche – eine der spektakulärsten paläontologischen Schaugruppen überhaupt. Ob es sich um ein aktiv gejagtes Beutetier oder um einen natürlich verendeten Saurier handelte, bleibt allerdings auch hier ungewiß.

Ein anderer Fund im gleichen Museum zeigt offenbar *Allosaurus* als aktiven Jäger in den feuchten bis trockenen Flutebenen der Morrisonzeit. Die Gesteinsplatten lassen einige Minuten der Jurazeit nacherleben, die eventuell die letzten im Leben eines der großen Sauropoden gewesen sein könnten. Im

Bett des Paluxy Rivers bei Glen Rose in Texas fand man 1938 die Laufspur eines *Brontosaurus* mit zahlreichen, großen, vierzehigen Einzelabdrücken der Hinter- und Vorderfüße. Die Hinterfüße sind etwa 20 cm tief eingedrückt. Unmittelbar daneben verlief eine andere Spur mit dreizehigen Fußabdrücken – vermutlich zu einem jagenden *Allosaurus* gehörend. Die Fährtenspur verlief sich in einer Kalksteinwand – das Ende dieses »geologischen« Schauspiels ist bis heute unter den texanischen Felsen verborgen.

Lederlappensaurier mit Stachelschwanz

Einige Vogelbeckensaurier vertauschten die zweibeinige Gangart mit der vierbeinigen Fortbewegungsweise, und das trotz der erheblich kürzeren Vorderbeine. Das zwang die vierbeinigen Tiere zu einer seltsamen Gehweise. Der massige Rumpf neigte sich nach vorn. Den kleinen, vogelähnlichen Kopf trugen sie dicht über dem Erdboden. Sie weideten vorwiegend kurzhalmige Pflanzen ab und fraßen Kleingetier der Bodenzone, langsam und bedächtig, nicht willens und nicht in der Lage, sich über längere Strecken übermäßig schnell zu bewegen. Einer daraus resultierenden Schutzlosigkeit gegenüber Feinden wurde auf sehr eigenwillige Weise begegnet. Hals, Rücken und Schwanz bedeckten sich mit plattenartigen, verknöcherten Lederlappen und Stacheln.

Die Entwicklung dieser Gruppe begann im frühen Jura mit wenig gepanzerten Formen. Der 3 bis 4 m lange *Scelidosaurus* aus dem englischen Lias hatte kleine Panzerplatten in Reihen auf seinem Rücken, so daß dieses Tier an Ankylosaurier, die Panzersaurier, erinnerte. Trotzdem stellte er einen Vorläufer je-

Skelett des etwa 6 m langen und etwa 3,50 m hohen stachelschwänzigen Stegosaurus *aus den Juraschichten von Wyoming/USA. Die Skelettzeichnung ist eine historische Darstellung von O. Ch. Marsh.*

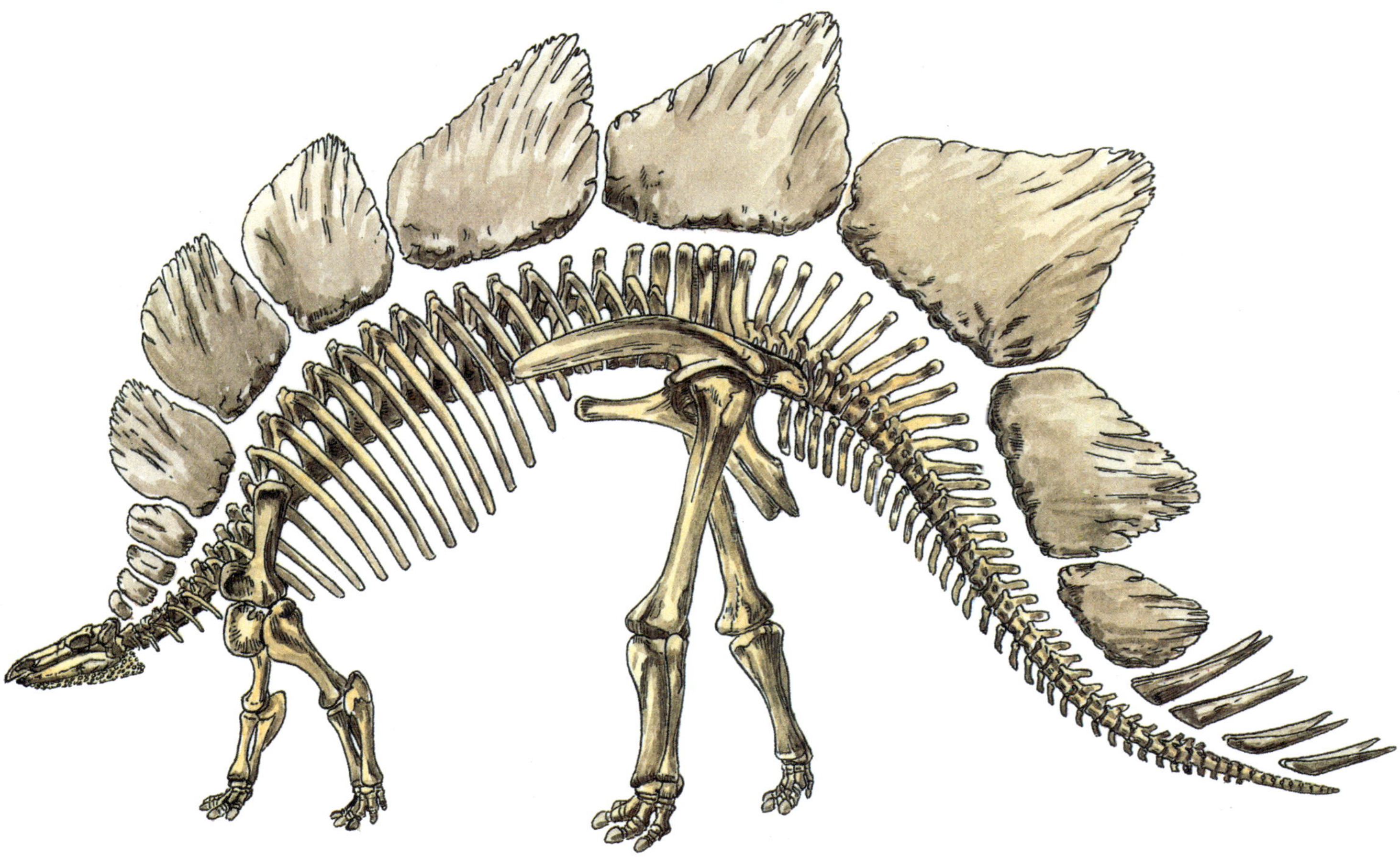

Wie diese Krötenkopfagame (Phrynocephalus versicolor) *der Südgobi werden viele vorzeitliche Saurier bunt gefärbt gewesen sein.*

ner Lederlappensaurier mit Stachelschwanz dar, die MARSH im Mittelwesten Nordamerikas aus Schichten der späten Jurazeit ans Tageslicht brachte. *Stegosaurus* war eines dieser seltsamen Tiere, vielleicht das seltsamste Lebewesen aller Zeiten und aller Fundorte. Es wurde bis zu 6 m lang, bei etwa 2 bis 3 t Gewicht, und es besaß die auffälligen Attribute dieser Gattung. Der lange, außergewöhnlich hochgewölbte Rücken wurde »verziert« durch zwei Reihen merkwürdiger, etwa dreieckiger Knochenplatten oder plattenartiger Lederhautlappen, die sicher nach der Seite beweglich waren und bis 1 m Länge erreichten. Über die funktionelle Bedeutung können nur Vermutungen ausgesprochen werden. Am wahrscheinlichsten erscheint die kombinierte »Nutzung« als bereits genannte Schutzvorrichtung und als Temperaturregelungssystem (im Sinne von Radiatoren). Es konnten Aufwärm- und Abkühlstellungen eingenommen werden. In den Museen zu New York, Washington und Denver wurden die Rückenlappen in steiler Stellung dargestellt. Zum Schutz wurden sie eventuell heruntergeklappt. Diese gut durchbluteten, lederhautüberzogenen Rückenplatten setzten sich in geringerer Größe auch auf dem Schwanz fort, an dessen Ende das Tier eine aktive Verteidigungswaffe besaß, nämlich mehrere kräftige, spitze Stacheln, die ebenfalls bis 70 cm Länge erreichen konnten. Mit Schwanzschlägen konnte *Stegosaurus* also seine ungeschützten Flanken verteidigen. Somit konnte dieses Tier selbst von größeren Karnosauriern nur schwer erlegt werden, vorausgesetzt natürlich, daß diese wirklich Jäger waren. Auf eine Besonderheit der Innenausstattung von *Stegosaurus* soll noch hingewiesen werden. In der Beckengegend fand man einen Rückenmarkwulst, eine Art »zweites Gehirn«, von dem aus die Hauptplatten des Rückens, die Hinterbeine und der Schwanz ihre Aktionsbefehle erhalten haben sollen. Eventuell handelte es sich aber bei diesem »Zusatzgehirn« wie bei Vögeln um eine Glykogendrüse, die eine wesentliche Rolle für die Energieversorgung der mächtigen Muskeln gespielt haben könnte.

Hauptfundplatz der Stegosaurier blieb Nordamerika, gelebt aber haben sie auch in Europa, das damals mit Nordamerika zu einer Landmasse vereinigt war. Ein unvollständiger Fund stammt aus England, verwandte Formen wurden auch von anderen Lokalitäten bekannt.

Am Tendagurudelta – die Saurier Ostafrikas

Im heutigen Tansania in Ostafrika südlich des Äquators mündete zur Zeit des Oberjura (oberes Kimmeridge, Tithon) vor etwa 140 Millionen Jahren auf dem großen Südkontinent, der Afrika, Australien, Antarktika und Indien zu einer großen Landmasse vereinigte, ein großer Strom in eine Meeresbucht. Der Fluß schüttete deltaartige Süßwassersedimente auf, in die sich infolge von Meeresvorstößen immer wieder marine Sedimente zwischenlagerten. In dieser meeresnahen, wasserreichen Deltalandschaft lebte wie in Nordamerika und Europa zur gleichen Zeit eine reiche Tierwelt. Die großen Saurier waren auch hier die auffälligsten Vertreter. Wenn sie starben, kam es vor, daß ihre aufgetriebenen Kadaver vom Flußwasser flußab drifteten und auf Untiefen zutrieben, an denen sie sich zu »Saurierfriedhöfen« anhäuften wie in Nordamerika. Sie wurden von Sedimenten zugedeckt und dadurch fossil, um etwa 140 Millionen Jahre später, in unseren Tagen, von der Erosion freigelegt zu werden. Auf den Tendaguruhügeln im südlichen Tansania in Ostafrika ragten schließlich riesige versteinerte Beinknochen ans Tageslicht, die im Jahre 1907 von W. B. SATTLER aufgefunden wurden und zu größeren Grabungsexpeditionen anregten. Der sehr bekannte, zu dieser Zeit aber bereits kranke Stuttgarter Paläontologe E. FRAAS hat noch 1907 an Ort und Stelle die ersten größeren Aufsammlungen geleitet und erste Beschreibungen der Tendaguru-Sauropoden geliefert. Erst unter der Leitung von Professor W. JANENSCH (1878–1961) und seinem Assistenten E. HENNIG machte von 1909 bis 1912 eine Berliner Ausgrabungsexpedition auf den Tendagurubergen reiche Ausbeute. Sie wurde eine der erfolgreichsten Expeditionen in der Geschichte der Paläontologie. Zeitweilig hatte die Grabungsleitung bis zu 500 Afrikaner von verschiedenen Volksgruppen (Bantus, Niloten) und Stämmen beschäftigt. Ein großes Grabungsdorf entstand, denn die Männer hatten ihre Familien mitgebracht. In tagelangen Märschen trug man die Knochen mit Schutzhüllen aus Gips, Lehm und Bambus auf 20 bis 60 km langen Wegen zur Küste des Indischen Ozeans. Eine lange Schiffsreise brachte sie nach Deutschland.

Berühmte Exponate im Berliner Naturkundemuseum

Im Berliner Naturkundemuseum begann nach 1912 eine jahrzehntelange und außerordentlich schwierige Präparation. Danach erst konnte man die wissenschaftliche Bearbeitung in Angriff nehmen und noch später schließlich die Aufstellung bedeutender Fundstücke im Berliner Naturkundemuseum. Die wissenschaftliche Bearbeitung und Beschreibung der Knochenreste lagen in den Händen von W. JANENSCH, E. HENNIG und J. F. POMPECKI.

Lebensraum wie Milieu ähnelten der zeitgleichen nordamerikanischen Morrisonformation. Schon E. FRAAS hatte erkannt, daß es sich wie in Nordamerika auch hier um das deltaartige Mündungsgebiet eines großen Stromes gehandelt hat. So verwundert es nicht, daß trotz der gewaltigen Entfernung die Zusammensetzungen der Faunen von Tendaguru und von Wyoming, Utah und Colorado sehr ähnlich sind. Inzwischen wurden auch im Süden Argentiniens in gleicher Fazies ähnliche Saurier gefunden. Wieder sind die großen Sauropoden das auffälligste Glied der Lebewelt. Eines der massivsten Landtiere aller Zeiten wurde am Tendagurudelta gefunden, ein 23 m langer, 12 m hoher und etwa 50 t schwerer Saurischier, der seit 1937 (im letzten Krieg Auslagerung und Neuaufstellung 1952) Mittelpunkt des Sauriersaals und Wahrzeichen des Berliner Naturkundemuseums ist – *Brachiosaurus.* Inzwischen kennt man über 25 m lange Exemplare mit einer Masse bis 80 t. Das entspricht dem Gewicht von 20 bis 25 ausgewachsenen Elefanten. Die Knochen des im Berliner Naturkundemuseum montierten Skeletts gehören fast alle zu einem Individuum, nur der Schwanz stammt von einem anderen Tier, jedoch von der gleichen Fundstelle.

Das Hauptmerkmal von *Brachiosaurus* ist eine im Verhältnis zu anderen Sauropoden seltsam veränderte Proportion der Gliedmaßen, indem die vorderen erheblich länger als die hinteren sind. Dadurch bekommt dieser Saurier eine giraffenartige Haltung bei natürlich erheblich größerer Massigkeit. Auf einem langen Hals sitzt ein kleiner Kopf mit einem aufgewölbten, dünnen Knochenkamm und mit stumpf-kegelförmigen Zähnen, die nur zum Aufnehmen und Festhalten vorwiegend pflanzlicher Nahrung geeignet gewesen sein können. Neben Blattwerk wurden Cycadeenzapfen und auch Zweige von Koniferen gefressen. Die Nahrung wurde unzerkaut verschlungen und im Magen zwischen Magensteinen zerrieben. Das Gehirn ist winzig (200 g) und gewiß funktionsarm gewesen. Im Bereich der Beckenregion stellte eine etwa zehnmal größere Anschwellung des Rückenmarks ein Steuerorgan des Bewegungsapparates dar. Das Verhältnis von Gehirn zur gesamten Körpermasse betrug 1:250 000 bis 1:400 000!

Zu den Atlantosauriden gehört ein dem nordamerikanischen *Diplodocus* ähnlicher Sauropode, mit 13 m Länge und nur 3 m

Höhe allerdings erheblich kleiner als dieser. *Dicraeosaurus* ist ein konservativer Vertreter. Mit einem Stiftzahngebiß im kleinen Schädel, das als »Reuse« benutzt wurde, seihte das Tier Fische und Pflanzen aus dem Wasser.

Wo große Pflanzen- und Allesfresser lebten, fehlten natürlich auch die Räuber und Aasfresser nicht. Unter den verschiedenen fleischfressenden Carnosauriern der jurazeitlichen Tendagururegion ragte der ausgesprochen bipede, 6 bis 7 m lange *Megalosaurus ingens* mit über 14 cm langen Raubtierzähnen heraus. Ein Pendant zum nordamerikanischen *Ornitholestes* stellt der bis zu 6 m lange Coelurosaurier *Elaphrosaurus* dar.

Seltsame Formen fanden sich auch hier unter den Ornithischiern mit Vogelbecken. Neben schnellen zweibeinigen Formen wie dem 2,5 m langen und 1,10 m hohen, langschwänzigen Vogelfüßer *Dysalotosaurus* war beispielsweise ein Vertreter der Stegosaurier, die uns bereits in Nordamerika begegneten, unübersehbar. *Kentrurosaurus (Kentrosaurus) aethiopicus* besaß mit 5 m Länge und 1,60 m Höhe zwar beachtliche Körpermaße, war aber ein recht konservativer Vertreter. Hals und Nacken waren von reihig abstehenden, trapezoedrischen Knochenplatten bedeckt, während über Rücken, Hüfte und Schwanz eindrucksvolle Knochenstacheln aufragten. Das besonders kräftig ausgebildete achte Stachelpaar am Schwanzende war eine wirkungsvolle Verteidigungswaffe. Mit einem Hornschnabel zupfte *Kentrurosaurus* Pflanzen ab, die er mit den Backzähnen gut zerkaute. Ein entsprechendes Tier, der *Chialingosaurus*, existierte zur gleichen Zeit in China.

Neben diesem berühmten Fundplatz Tendaguru in Tansania sind auch an anderen Stellen Afrikas jurassische Saurier ausgegraben worden. So ist beispielsweise in der Republik Simbabwe, dem ehemaligen Südrhodesien, der Bau eines Stauwerkes am Sambesifluß geplant. Dabei wird der Naturpark Mana Puls überflutet werden, aus dem inzwischen zahlreiche Überreste von Dinosauriern geborgen wurden. Auf einer der Inseln des Karibasees wurden Becken- und Fußknochen gefunden, die vermutlich einem relativ alten *Brontosaurus* angehören. Die Ausgrabungen sollen jetzt verstärkt vorangetrieben werden.

Lebensgroße Sauriernachbildungen

Solange man die großen Saurier des Erdmittelalters kennt, versucht man, sie möglichst lebensgroß nachzuformen. Es liegt der berechtigte Gedanke zugrunde, daß nur durch diese Nachbildungen ein wirklich anschauliches Bild von der wahren Körpergröße und Massigkeit dieser größten Tiere entstehen könne. Die Erfindung des Portlandzementes sowie weiterer moderner Baustoffe gestattete die eindrucksvolle Realisierung.

1851 fand in London eine Weltausstellung statt. Der Bildhauer und Naturmaler BENJAMIN WATERHOUSE HAWKINS schuf unter großer Anteilnahme der Öffentlichkeit einige lebensgroße Modelle der kurz zuvor auf englischem Boden entdeckten Schreckensechsen der Jura- und der nachfolgenden Kreidezeit. Nach der Ausstellung wurden diese »stone monsters« nicht vernichtet wie andere Ausstellungsobjekte, sondern auf Inseln umgesetzt, die sich in einem Park im Londoner Vorort Sydenham befinden. Bei der Einweihung dieses Freilichtmuseums war sogar die englische Köngin VICTORIA zugegen. Noch heute sind diese nach modernen Erkenntnissen zwar fehlerhaften, als Zeugnisse der Wissenschaftsgeschichte aber höchst bedeutsamen Saurierstandbilder eine gern besuchte Kuriosität.

Der Mittelwesten Nordamerikas war eine der ergiebigen Saurierfundstellen der Welt. Nur zu berechtigt war deshalb die Errichtung des bereits genannten National Dinosaur Monument im Staate Utah. 1909 wurde die Fundstelle von dem Paläontologen EARE DOUGLASS vom Carnegie-Museum entdeckt. 13 Jahre grub er. Es entstand ein Steinbruch, der 1958 mit einer Stahl-Glas-Konstruktion überbaut wurde, nachdem bereits 1915 das National Dinosaur Monument begründet wurde. 350 t Fossilien wurden hier ausgegraben, zwei Dutzend Skelette montiert. Zwei Techniker des nationalen Parkdienstes sind seit über 20 Jahren damit beschäftigt, die Saurierknochen im anstehenden Gestein unter dem Museumsdach freizulegen.

In der benachbarten Stadt Vernal entstanden Lebendrekonstruktionen der ausgegrabenen Saurier. In 15 Jahren schuf der Bildhauer ELBERT PORTES 14 lebensgroße Saurierkörper aus Plaste.

Darstellungsmethodisch weiterentwickelt wurden Saurierrekonstruktionen in der 1982 eröffneten WALT-DISNEYschen-Zukunftsstadt Epcot (Experimental Prototyp Community of Tomorrow) in Florida/USA. An Methoden der Filmindustrie anknüpfend, werden in der fixen Landschaft lebensgroße Dermoplastiken pneumatisch bewegt. Dabei kommt man der Zielstellung, Erdgeschichte unmittelbar nacherlebbar zu machen, einen weiteren, wenngleich fragwürdigen Schritt näher.

Ähnlich dem nordamerikanischen Mittelwesten gehört die westkanadische Provinz Alberta, insbesonders das Gebiet des Red-Deer-Rivers, zu den berühmten Saurierfundstellen der Welt. In dem nur 6000 Einwohner zählenden Ort Drumheller werden zur Zeit ein Dinosauriermuseum und ein Saurierforschungsinstitut errichtet, an das sich ein Dinosaurierpark an-

Über einem Steinbruch am Green River an der Staatengrenze Utah und Colorado, der saurierführende Jurasandsteine der Morrison-Formation freilegte, wurde 1958 das Dinosaur National Monument in der Nähe der Stadt Vernal errichtet.

Mitarbeiter des nationalen Parkdienstes im Dinosaur National Monument in Utah legen die gewaltigen Knochenreste des bis 18 m langen Camarasaurus (= Morosaurus) *und anderer Saurier im Jurasandstein unter dem Museumsdach frei.*

schließen wird. Er wurde inzwischen in die UNESCO-Liste bedeutender Kultur- und Naturdenkmale aufgenommen. Ein etwa 50 km langer Dinosaurierpfad erschließt die bedeutenden Fundstellen am Rotwildfluß. Am Eingang dieses Saurierparks von Drumheller steht eine lebensgroße Nachbildung eines *Tyrannosaurus.*

Nicht weniger bekannt als die nordamerikanischen Fundstellen sind die Dinosaurierfunde aus der Südgobi in der Mongolischen Volksrepublik. Von 1963 bis 1971 führte die polnische Akademie der Wissenschaften zusammen mit dem Institut für geologische Wissenschaften der Mongolischen Akademie der Wissenschaften zu Ulan-Bator acht paläontologische Ausgrabungsexpeditionen in den Wüstengebieten der Südgobi (mong.: Omnogov) durch, während der zahlreiche Saurierreste des Erdmittelalters und besonders der Kreidezeit entdeckt und geborgen wurden. Als das bedeutende Fundmaterial wissenschaftlich bearbeitet war, entstand der Gedanke, in Polen im Park für Kultur in Chorzow in einem rekultivierten ehemaligen Tagebau einige dieser Tiere in wissenschaftlich fundierten, lebensgroßen Nachbildungen aus einer Betonhaut auf Stahlnetzen aufzustellen. 1974 waren zwei Großsaurier, 1976 bereits acht zu sehen. Heute bestaunen die Besuche insgesamt 18 Rekonstruktionen. Der im Juli 1975 eröffnete Dinosaurierzoo von Chorzow zählt zu den naturwissenschaftlichen Sehenswürdigkeiten der Volksrepublik Polen und Europas.

Eine ähnliche Freilandausstellung lebensgroßer Saurier und früher Vögel findet sich im Queensland-Park in Australien. Zur Zeit laufen Vorbereitungen in der Hauptstadt der Mongolischen Volksrepublik Ulan-Bator, eine ganze Saurierherde aus Beton in Lebensgröße aufzustellen.

1980 fand in Bern die Weltausstellung »Umwelt 1980« statt. Der dort aufgestellte lebensgroße *Brontosaurus* sollte symbolisch jedermann sichtbar machen, daß diese größten Tiere aller Zeiten in einem hohen Maße von einer intakten Umwelt abhängig waren – und zugrunde gingen, als diese Lebensbedingungen gegen Ende der Kreidezeit sich ganz erheblich veränderten und zu einem Naturkreislaufkollaps geführt hatten. Der *Brontosaurus* von Bern sollte daran erinnern, daß auch der Mensch seine natürliche Umwelt wird behüten müssen, um seine Existenzperspektive zu bewahren.

Inzwischen gibt es auch in Mitteleuropa lebensgroße Sauriernachbildungen. Abseits großer Museen hatte vor Jahren im oberlausitzer Dorf Kleinwelka wenige Kilometer nördlich von Bautzen der Dekorationsmaler Franz Gruss begonnen, Saurier in Beton nachzubilden. Die Gemeinde stellte einen zwei Hektar großen Park zur Verfügung – und in ihm entstanden etwa 30 Saurier in Lebensstellung und in Lebensgröße inmitten hoher Bäume. Ein naturwissenschaftliches Schauobjekt mit äußerst hohem Bildungswert war entstanden.

Originalgroße Sauriernachbildungen aus Stahlbeton im Sauriergarten von Kleinwelka bei Bautzen, 1982 entworfen und modelliert von Franz Gruß. Ein Camptosaurus *ist flankiert von zwei Karnosauriern der Gattung* Allosaurus (Antrodemus) *– ein Lebensbild aus der oberjurrassischen Morrison-Formation Nordamerikas.*

Ein weißer Kalkschlamm gab den Namen

Die Zeit der Kreide

Es sind landschaftlich sehr schöne und exponierte Stellen, an denen in Europa Gesteine der letzten Periode des Erdmittelalters, der Kreidezeit, an die Oberfläche treten. Das Elbsandsteingebirge südlich von Dresden kennen Freunde des Bergsteigens in der ganzen Welt. Im nördlichen Harzvorland geben eigenwillig geformte Berge und Felsen der Landschaft ein interessantes Gepräge. Auf der Insel Rügen wird am weißen Schreibkreidesteilufer mit der anbrandenden Ostsee symbolisch erlebbar, daß auch die Kreidezeit für Europa und weite Bereiche der heute kontinentalen Erde eine Periode der Meeresvorherrschaft war. Gleichartige weiße mürbe Kreidekalke treten im westlichen und nördlichen Mitteleuropa, im Ostseeraum, in Nordfrankreich und an der englischen Küste zutage. Sie gaben der Formation den Namen. 1815 benutzte der deutsche Geologe KARL VON RAUMER die Bezeichnung Kreide erstmals in diesem Sinne. Diese Kreidezeit begann vor etwa 130 Millionen Jahren und endete vor 65 Millionen Jahren. Die absolute Dauer betrug also 65 Millionen Jahre.

Die Landkarte der Kreidezeit war durch fortwährende Veränderungen in der Position von Meeren und Festländern gekennzeichnet. Der Superkontinent Pangäa, der schon während der Juraperiode durch gewaltige Risse die Konturen der heutigen Kontinente sichtbar werden ließ, »zerfiel« jetzt mehr und mehr durch Auseinanderdriften einzelner Kontinentalschollen.

Vor 130 Millionen Jahren, zu Beginn der Kreidezeit, begann die Trennung der südamerikanischen von der afrikanischen Scholle. Es entstanden durch stetige Erweiterung einer solchen Rißfuge der Mittel- und Südatlantik. Süd- und Nordamerika waren noch getrennt. Nordamerika und Grönland hingen noch an Europa. Das äquatorial orientierte Meer der Tethys zwischen großen Landblöcken im Norden und im Süden erstreckte sich vom Mittelatlantik bis zum heutigen Indischen Ozean, gelegentlich durch Landriegel gegliedert. Mitteleuropa lag zur Kreidezeit also inmitten der Eurasiatisch-Nordamerikanischen Landmasse, unmittelbar nördlich der Tethys. So verwundert es nicht, daß weite Teile dieses Festlandes buchtenartig und sundförmig von Randmeeren überschwemmt und überdeckt wurden, und zwar zu verschiedenen Zeiten der Kreideperiode in unterschiedlicher Ausdehnung und Position. Dadurch wurde die Kreidezeit für Europa eine Zeit der Meere mit besonders großer Ausdehnung in der oberen Kreide, und zwar zur Zeit der Cenoman und des Senon. Durch eine große Insel, die das Ergebnis einer Veschmelzung der Ardennisch-Rheinischen Insel mit der Böhmischen Insel war, gliedert sich das mitteleuropäische Kreidemeer in ein Norddeutsch-Polnisches und ein Süddeutsch-Böhmisches Teilmeer. In beiden Meeren hatte es ganz gewiß weitere kleinere Inseln gegeben.

Küstenland und Meeresbuchten – Europa zur Kreidezeit

In diesen Meeren lebte eine reichhaltige marine Fauna aus Mikroorganismen (Nannoplankton, Foraminiferen), aus Kieselschwämmen, Muscheln, Seeigeln und Seelilien, aus Belemniten und Ammoniten, aber auch aus Meeressauriern. Über den Ozeanen schwebten gewaltige Flugsaurier. Auf schnelle Entwicklungstendenzen und manche Absonderlichkeiten folgte am Ende der Periode das Aussterben vieler Formen und Gruppen.

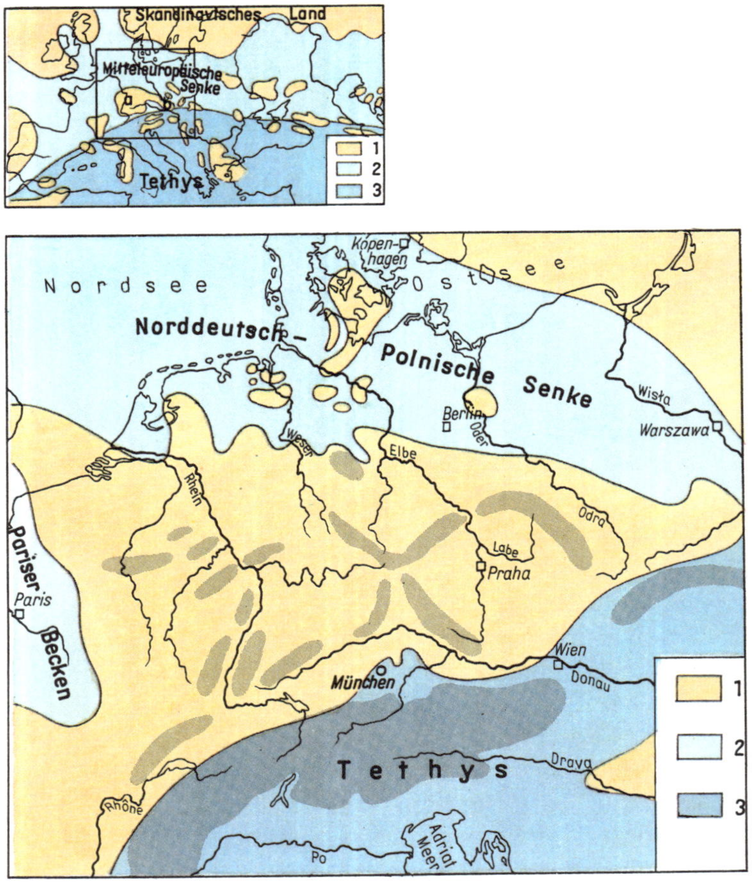

Das Kartenbild Europas zur Zeit der unteren Oberkreide (Cenoman)
Obere Karte:
1 Festland, 2 Flachmeer auf Epikontinentalrand (Plattformentwicklung), 3 Geosynklinalmeer mit mächtigen marinen Sedimenten, a Süddeutsche Kreideinsel, b Böhmische Insel
Untere Karte:
Die Verteilung von Land und Meer in Mitteleuropa zur Zeit der Unterkreide mit relativ geringer Meeresverbreitung
1 Festland (im Laufe der Unterkreide sich verändernd), randlich Küsten- und terrestrische Sedimentation, 2 Epikontinentalmeer mit marinen Sedimenten unterschiedlicher Mächtigkeit, 3 Geosynklinalmeer mit z. T. mächtiger mariner Sedimentation sehr unterschiedlicher Ausbreitung

Die angrenzenden Festländer dieser Meere boten günstige Lebensräume für die Landreptilien, in erster Linie für die noch immer in Lebensblüte stehenden Dinosaurier. Die Säuger entwickelten sich langsam weiter. Sie erreichten die Größe opossumartiger Beuteltiere. Gegen Ende der Kreidezeit traten insektenfressende plazentale Säuger auf den Plan. Auf den gleichen Festländern vollzog sich innerhalb der Pflanzenwelt inmitten der Kreidezeit ein durchgreifender Wandel. Dies war während der Kreidezeit das gewiß bedeutsamste Ereignis in der Entwicklung der Lebewelt. Die im Zechstein begonnene mesophytische Entwicklung der Pflanzenwelt endete mit einem langsamen Rückgang der Palmfarne Cycadales und Bennettitales. An ihre Stelle traten die ersten bedecktsamigen Pflanzen, die Angiospermen, die der Pflanzenwelt bis heute ihre Gepräge geben. Mit der oberen Kreidezeit wuchsen auf der Erde weitverbreitet Blütenpflanzen mit ihren sowohl wirkungsvollen wie prächtigen und duftenden Fortpflanzungsorganen, den namengebenden Blüten. Es kam zu einer explosionsartigen Ausbreitung und einer schnellen Entwicklung von kleinen »Unkrautpflanzen« bis zu den neuzeitlichen Bäumen, wie Weiden, Pappeln, Linden, Eichen und Platanen. Es gab erstmals Wiesen mit Gräsern und Blumen. Die uns heute vertrauten Florenbilder der Erde waren im wesentlichen entstanden. An einigen berühmten Fundstellen Europas und der übrigen Erde werden Lebewelt und Umwelt sowie das geologische Geschehen der Kreidezeit vorgestellt.

So etwa werden Wälder zur Jura- und Unterkreidezeit ausgesehen haben. Cycas revoluta *im Botanischen Garten von Osaka/Japan*

1822 wurden von Frau Mantell in einem Schotterhaufen diese beiden Zähne eines Iguanodon *entdeckt und von Dr. Gideon Mantell richtig gedeutet. Das Fundgestein ist ein etwa 130 Millionen Jahre alter unterkreidezeitlicher konglomeratischer Sandstein aus einem Steinbruch bei Cuckfield (Sussex) in England. Die Fundstücke befinden sich im British Museum in London.*

Waldmoore zwischen Binnenland und Meer

Zur Zeit der unteren Kreide entstanden am Westrand des zerbuchteten zentraleuropäischen Landmassivs infolge erdinnerer Erdkrustenabsenkungen flache, sich wenig über dem Meer erhebende, küstennahe Landstriche, die sich von Südengland über Belgien bis nach Nordwestdeutschland erstreckten. Das Klima war feucht tropisch, das Wasserangebot groß und der Pflanzenwuchs zumindest in den Niederungen erheblich. Es entstanden lokal Verhältnisse wie zur Zeit der oberkarbonischen Steinkohlenformation, als sich die paralischen Steinkohlenlager bildeten, die wir anfangs vorgestellt hatten. Es kam also zur Zeit der unteren Kreide zur Bildung ausgedehnter Waldmoore mit deutlicher Gliederung in einzelne ökologische Bereiche. Gelegentliche Meeresvorstöße blieben nicht aus.

In diesen Waldmooren wuchsen als Charakterbäume Ginkgogewächse, wie *Baiera* und *Ginkgoides*, und Koniferen wie *Sphenolepis*, ein Baum von cypressenähnlichem Habitus. Auffällig war auch die palmähnliche *Williamsonia*, ein hochstämmiger Vertreter der Bennettitales (ein Seitenzweig der Cycadeen). Ein dichter Unterwuchs setzte sich in erster Linie aus den mit den Cycadeen verwandten Nilsonien, aus Bennettiteen und Farnen zusammen. Insgesamt ein typisches mesophytisches Florenbild. In diese Moore mündeten deltaartig verzweigte Flüsse.

Aus der Biomasse dieser üppigen Vegetation entstanden örtlich Torfhorizonte und später Kohlenflöze, wie beispielsweise in der Umbegung von Bückeburg oder in Südengland, woher

Eine »Herde« von 10 montierten Iguanodon-*Skeletten im Königlichen Museum für Naturkunde in Brüssel. Es sind die besten der 29 geborgenen Individuen aus den Unterkreidesedimenten (Wealden) der Kohlengrube von Bernissart (Belgien). Die Länge des größten Exemplars beträgt etwa 8 m. Das eindrucksvolle Schaubild ist zugleich ein Denkmal für den Paläontologen L. Dollo.*

auch die geologische Bezeichung für diese besondere unterkreidezeitliche Sedimentfolge kommt. Die Wissenschaft bezeichnet diese Ablagerungen als Wealden. Diese Wealdenkohlen sind im Gebiet des Hills Braunkohlen, bei Osnabrück aber Flammkohlen bis Anthrazite infolge unterirdischer »Hitzeveredlungen« durch einen kreidezeitlichen granitischen Tiefengesteinskörper. Im Liegenden dieser Wealdenflöze stößt man in der Regel auf eindeutig bodenständige Wurzelböden – eine weitere Übereinstimmung mit den oberkarbonischen Flözen. Als gleichartig kann die Beobachtung gewertet werden, daß sich landeinwärts Pflanzengesellschaften trockenerer Standorte mit einer Dominanz von Koniferen anschlossen.

In den Wealdensümpfen gab es eine individuenreiche Tierwelt. In den Gewässern lebten Sumpfschnecken der Gattung *Paludina*, die Brackwassermuschel *Cyrena* und Fische. Über den Wasserflächen schwebten Flugsaurier, wie Funde eines Pterodactylusartigen von etwa 5 m Spannweite und einem 0,50 m langen Schädel mit dem Namen *Ornithodesmus* aus dem Wealden von England und der Insel Wight belegen. Die europäischen Sumpfwälder des Wealden und die angrenzenden Landstriche boten in Analogie zu ähnlichen Biotopen aus der obersten Jurazeit Nordamerikas den pflanzenfressenden Großsauriern, den Sauropoden, einen idealen Lebensraum. Der bis 12 m große *Camarasaurus* Cope (*Morosaurus* Marsh) lebte in den europäischen Wealdenarealen offenbar als ein ausgesprochenes Sumpftier. Ein weltberühmter Fundplatz von landbewohnenden Dinosauriern wird diese erste Skizze aus der Unterkreidezeit Europas ganz beträchtlich erweitern können.

Der Iguanodonfriedhof von Bernissart

Im Jahre 1878 stießen Bergleute in dem unweit der französischen Grenze gelegenen Steinkohlenbergwerk Bernissart zwischen den Städten Mons und Tournai in Belgien beim Vortrieb eines Stollens in etwa 322 m Tiefe auf Knochenreste. Herbeigerufene Fachleute des Brüsseler Naturkundemuseums erkannten in den gefundenen Resten Saurierknochen. Ein den Naturwissenschaften verbundener und aufgeklärter Grubendirektor ließ die Schachtanlage Saint-Barbe auf drei Jahre stillegen. Es begannen wissenschaftliche Bergungsarbeiten großen Stils. Kubikmetergroße Gesteinsblöcke mit den dunklen Knochenresten wurden aus dem hellen Mergel herausgesägt, nach Übertage und weiter nach Brüssel gebracht. Die Fundhäufigkeit war ungewöhnlich. Über 600 derartige Blöcke gelangten nach Brüssel. Es zeigte sich, daß ein ganzes »Rudel« von 31 Dinosauriern mehr oder weniger komplett überliefert worden war. Die bei der Präparation geborgene Begleitfauna bestand aus fünf Krokodilen, fünf Schildkröten, einem Salamander, aus über 2 000 Fischen und aus etwa 4 000 Pflanzenresten. Der wissenschaftliche Wert des Fundmaterials wurde sofort erkannt.

Vom obersten Jura an, vor allem aber in der Unterkreidezeit, lebte der 5 m hohe und bis 10 m lange zweibeinig laufende Pflanzenfresser Iguanodon. *Der Schädel zeigte Kieferleisten mit insgesamt 92 Zähnen, die deutliche Abnutzungsspuren aufweisen. Die nicht bezahnte Schnauze trug im Leben sicher schnabelartige Hornscheiden.*
Unten links: dreizehige Iguanodon-*Fußabdrücke aus unterkreidezeitlichen Wealdensedimenten von Bückeburg*

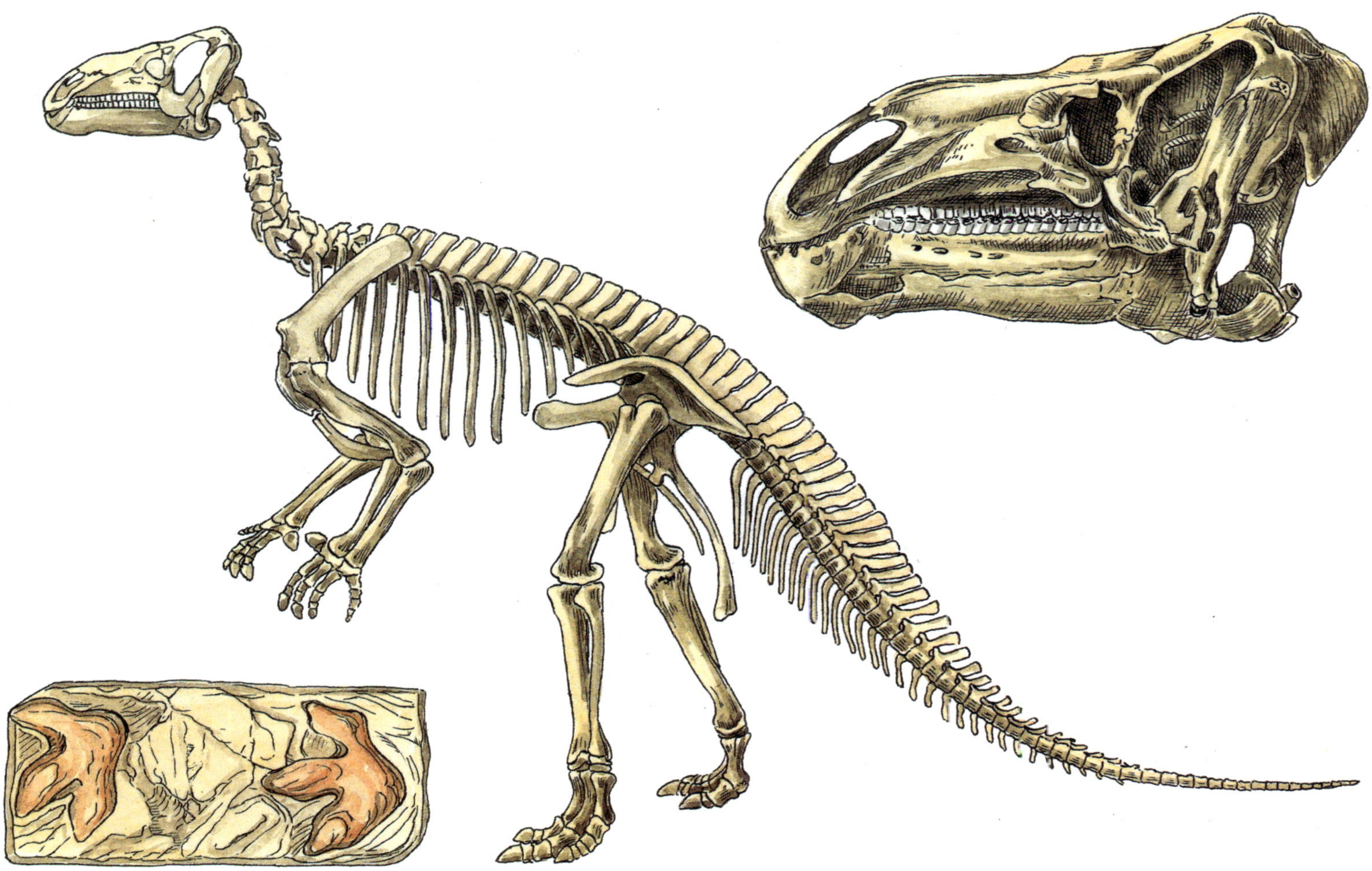

Während der Ausgrabungen wurden auch die Fundverhältnisse sorgfältig untersucht, so daß folgende Situation rekonstruiert werden konnte: Der Raum um Bernissart lag zur Jura-Kreide-Zeitwende am Rande eines aufsteigenden inselartigen Festlandes, das hier aus steinkohleführenden Sedimenten des Oberkarbons bestand. Der Kohle wegen waren auch die Schachtanlagen von Bernissart entstanden. In dieses aufsteigende Land nagten zur Zeit der unteren Kreide vom Landesinneren kommende Flüsse steilwandige Täler. Als die Hebungen schließlich ausklangen, füllten sie sich mit tonig-sandigen Sedimenten der Unterkreidezeit, die der Wealden-Fazies zuzurechnen sind.

Im höher gelegenen Einzugsbereich dieser Flüsse lebten Dinosaurier. Gerieten tote Tiere in den Fluß, trieben ihre Kadaver flußab. In dem steilwandigen Erosionstal war vermutlich über längere Zeit hinweg hinter einem Felssporn ein Raum mit relativ ruhigem und flachem Wasser entstanden. Hier blieben die Tierkörper liegen. Es bildete sich in der Mergelabfolge ein »Dinosaurierfriedhof«. 31 ausgewachsene Tiere legte man während der dreijährigen Rettungsgrabungen frei, darunter nicht ein einziges Jungtier. Die Dinosaurier in Bernissart stellen also eine Totengemeinschaft dar.

Die 25 Jahre dauernde Präparation und wissenschaftliche Bearbeitung der Funde erfolgten im Königlich Belgischen Museum für Naturkunde in Brüssel. Mit der Leitung dieser Aufgabe wurde der mittzwanzigjährige Louis Dollo (1857–1931) beauftragt, der damit lebenslang verwachsen blieb. Im Fortgang dieser Arbeiten wurde Dollo einer der führenden Paläontologen der Welt.

1883 konnte das erste Skelett aufgestellt werden. Bis 1900 wurden vier weitere Skelette in Lebensstellung im Brüsseler Museum montiert. Schließlich standen in der großen Schauhalle zehn Saurierskelette aufrecht in Schreitstellung als eine der imposantesten Dinosauriergruppen in den Museen der Welt. Dreizehn ebenfalls zu besichtigende Skelette wurden in ihrer originalen Fundlage belassen und stellen heute wissenschaftlich besonders wertvolle geologische Dokumente dar.

Über dieses Museum schrieb 1927 der Paläontologe Othenio Abel in einem Aufsatz zum 70. Geburtstag von Louis Dollo: »Beim Eintritt in die große Eisen-Glas-Halle des Musée royal d'Histoire naturelle de Belgique in Brüssel sieht man vor sich fünf breite Treppenabsätze über die ganze Breite des Raumes ansteigen. Auf der untersten Fläche sind die fossilen Säugetiere aus der Quartärzeit Belgiens zur Schau gestellt; auf dem nächsthöheren Treppenabsatz folgen die fossilen Bartenwale und Zahnwale aus dem Neogen von Antwerpen, die Seekühe aus dem Oligozän und Miozän Belgiens und die Schildkröten aus dem belgischen Tertiär. Die weiteren Stufen führen auf den Absatz hinauf, der die wundervoll erhaltenen Mosasaurier und die Schildkröten aus der Oberkreide Belgiens sowie die Reste der Plesiosaurier und Dinosaurier dieser Zeit zur Darstellung bringt. Die fünfte Terrasse aber enthält die unvergleichliche und in ihrer Gesamtheit eindrucksvollste Sammlung von neunundzwanzig Sauriern, die 1878 in einer Kohlengrube bei Bernissart gefunden worden sind.«

Um welche Dinosaurier handelte es sich? Die maximal 8 bis 9 m langen und bis 5 m hohen Tiere gehören zu der bereits 1825 vom englischen Arzt und Fossiliensammler Dr. Gideon Mantell aufgestellten Gattung *Iguanodon*. Seine Frau hatte in den frühkreidezeitlichen Wealdenschichten unweit Brightons Zähne eines Pflanzenfressers gefunden, die er G. Cuvier zur Begutachtung nach Paris schickte. Dieser bestimmte sie ohne Zögern als die oberen Schneidezähne eines Nashorns. Mantell glaubte dies nicht. Nach Besichtigung von Skelettmaterial im Chirurgischen College in London kam er selbst der Wahrheit erheblich näher. Ihm war die Ähnlichkeit der Zähne mit den Zähnen eines südamerikansichen Leguans aufgefallen. Er gab deshalb dem offenbar pflanzenfressenden Tier den zutreffenden Namen »Leguanzähner«, also *Iguanodon*. Zu dieser Tiergruppe gehörten auch alle 31 Dinosaurier der Zeche von Bernissart.

Die Iguanodonten sind heute in der Unterklasse der Archosauria einzuordnen, und zwar in die Ordnung der Ornithischia, der Vogelbeckensaurier. Es waren zweifüßige Tiere, wie eindeutig aus den Längenverhältnissen von Vorder- und Hintergliedmaßen, aus dem Bau des Beckens, der Form der Hinterfüße und endlich auch aus den bei Hannover und in England gefundenen dreizehigen Fährten hervorgeht. Die Tiere bewegten sich schreitend und laufend vorwärts. Die vorderen Gliedmaßen waren wesentlich kürzer als die hinteren. Die Hand hatte sich wie bei keinem anderen Dinosaurier stark spezialisiert und war zum Laufen auf dem Boden ganz und gar nicht geeignet. Ein besonders auffälliges Attribut von *Iguanodon* stellt der erste Finger dar. Dieser »Daumen« endigte mit einer kegelförmig-

Der zweibeinige Dinosaurier Iguanodon *lebte während der Unterkreidezeit inmitten von zypressenartigen Nadelbäumen, von Ginkgobäumen, von meterhohen palmenartigen Bennettiteen wie* Williamsonia *(rechts) und niedrigen, oft üppig blühenden Cycadeen. Die bis über 5 m hohen Iguanodonten weideten in erster Linie die Nadeln und Zapfen der Koniferen wie* Sphenolepis *ab.*

E. Tanger

Louis Dollo (1857–1931), der berühmte Paläontologe vom Königlichen Naturkundemuseum in Brüssel und Bearbeiter der Iguanodon-Funde aus dem Kohlenschacht Bernissart

zugespitzten Endphalange. Der abstehende »Daumenstachel« wurde zum Aufkratzen des Erdbodens oder zum Abschälen von Baumrinde ebenso benutzt wie zur Verteidigung im sicher seltenen Ernstfalle.

Immer wieder wurde eine auffällige Sehnenverknöcherung zu beiden Seiten der Dornfortsätz im Bereich der Wirbelsäule und des langen Schwanzes beobachtet. Die Bewegungsfähigkeit der Tiere war beeinträchtigt. Ebenso könnte die unbewehrte Haut von *Iguanodon* ohne Verknöcherung und Panzerplatten dafür sprechen, daß natürliche Feinde nicht eben häufig waren.

Der auf einem kräftigen Hals aufsitzende »Giraffenkopf« von *Iguanodon* besaß etwa 90 Zähne in mehreren dichten Reihen, die im Bedarfsfalle ersetzbar waren. Diese schmalen »Leguanzähne« mit Schmelzrippen, Schmelzleisten und sägerartiger Zähnelung dienten zum Zerschneiden der vorwiegend pflanzlichen Nahrung. Das Vorderende der Schnauze war vermutlich mit einem fossil nicht erhaltenen Hornschnabel ausgestattet. Da die Nahrung also aus Zweigen und Sprossen von Araukarien und anderen Koniferen (z. B. *Tritaenia*) bestand, könnte das Tier eine ähnlich lange zylindrische Greifzunge besessen haben wie die heutigen Giraffen. LOUIS DOLLO glaubte, zwei Arten von *Iguanodon* unterscheiden zu müssen. Die auf den legendären Saurierforscher Baron F. NOPCSA zurückgehende heutige Ansicht aus dem Jahre 1920 spricht von Größenunterschieden infolge Geschlechtsdimorphismus. Der größere und kräftigere *Iguanodon mantelli* sei das männliche Tier, der kleinere *Iguanodon bernissartensis* der weibliche Vertreter.

Die Iguanodonten gehörten zu einer biologisch offenbar erfolgreichen Dinosauriergruppe, die nach Funden aus Unterkreidesedimenten in Westeuropa (England, Belgien, Sauerland, Spanien und Portugal), in der Wüste Gobi und in China sowie in Nordafrika lebten, also sowohl weite Bereiche des Nordkontinents als auch Teile des ehemaligen Gondwanalandes erobert hatten. Auch im heutigen Nordamerika haben sie mit einiger Wahrscheinlichkeit gelebt, wie die Funde der 1937 durchgeführten Sinclairexpedition zu den Masaverdekohlenlagern von Wyoming und Colorado beweisen könnten. Es wurden kolossal große *Iguanodon*-Fährten gefunden. Jeder dreizehige Einzelabdruck war fast 90 cm lang und vom nächsten etwa 4,50 m entfernt – eine gewaltige Schrittlänge! Die Höhe dieses Iguanodonten schätzt man auf über 10 m. Knochenreste wurden in Nordamerika allerdings nicht gefunden.

Daß Iguanodon – inzwischen auch aus der Unterkreide Nordwestdeutschland bekannt – heute zu einem der bekanntesten Dinosaurier in Europa überhaupt gehört, ist der außergewöhnlichen Fundstelle Bernissart und der ausdauernden präzisen Bearbeitung durch LOUIS DOLLO zu verdanken.

Die 1980 erfolgte Neubearbeitung durch D. B. NORMAN konnte nur Ergänzungen im Detail bringen. Die ausgewachsenen Iguanodonten bewegten sich – entgegen der alten Darstellung – vierfüßig, nur juvenile Tiere standen vorwiegend auf zwei Füßen. Aber auch eine erschreckende Mitteilung enthielt diese moderne Monographie: Das gesamte weltbekannte Iguanodonten-Skelettmaterial von Bernissart ist von einem progressiven Pyritzerfall bedroht! Gewiß wird durch Abgüsse wenigstens der Schauwert dieser einmaligen Funde zu erhalten sein.

In den Küstendünen des Unterkreidemeeres bei Quedlinburg

Vegetationsbild aus der Zeit der Unterkreide (Barrême/Neokom) im Gebiet des nördlichen Harzvorlandes. An einem von Dünen versandeten Flußlauf, der nicht weit entfernt in eine unterkreidezeitliche Nordsee mündete, standen neben den kleinen Farnpflanzen Matonidium göpperti *die großen flachliegenden Blattschirme von* Weichselia reticulata *mit den sporangientragenden blattlosen Wedeln im Zentrum. Die bis 2 m aufragenden, oft dichtstehenden Stiehlerien aus Scheinstämmen parallelstreifiger Blätter, deren botanische Zuordnung noch unsicher ist, gehörten zu den auffälligsten Pflanzen dieses Biotopes.*

Zur Unterkreidezeit bestand ein großes mitteleuropäisches Land, das sich von Südpolen bis an die Nordseeküste und vom Alpenvorland bis nach Thüringen erstreckte. Nördlich davon bedeckte ein schmales inselreiches Flachmeer die sogenannte Norddeutsch-Polnische Senke.

Der heutige Harz bildete eine in das norddeutsche Kreidemeer vorspringenden Halbinsel wie auch die Flechtinger Halbinsel weiter im Norden. Zwischen diesen beiden Landspornen griff eine Meeresbucht nach Südosten vor. Die sicher insel- und buchtenreiche Meeresküste, eventuell weiter gegliedert durch Flußeinmündungen, verlief auch durch den Raum um Quedlinburg.

Ufernah wurden Sande abgelagert, die heute als helle, bankige Neokomsandsteine im nördlichen Harzvorland markante Höhen, wie den Hoppelberg bei Langenstein, die Kamelfelsen bei Westerhausen oder den Quedlinburger Schloßberg, bilden. Die historischen Höhlenwohnungen von Langenstein am Hoppelberg sind ebenfalls in dieses Gestein geschlagen worden.

Direkt an der unterkreidezeitlichen Meeresküste wurden aus diesen Küstensanden Dünen aufgeweht. Eine höchst eigentümliche Vegetation besiedelte bald diese meeresnahen Sandwälle. Der Quedlinburger Gymnasialprofessor P. B. RICHTER hatte um die Jahrhundertwende diese Dünenflora in teilweise aufrechter Einbettung gefunden, jahrzehntelang gesammelt und später dem Naturhistorischen Reichsmuseum in Stockholm verkauft. Seltsam ist allerdings, daß keinerlei Tierreste überliefert wurden, obwohl man mit großer Wahrscheinlichkeit annehmen darf, daß selbst größere Dinosaurier diesen Lebensraum zumindest während besuchsweiser Streifzüge berührt haben. Neben anderen haben sich die Paläobotaniker K. MÄGDEFRAU und R. DABER später um die moderne Erforschung dieser Flora verdient gemacht. Hauptsächlich drei interessante Pflanzen charakterisierten die Vegetation der Dünen und Umgebung: Die Isoetacee *Nathorstiana* und die Farne *Weichselia* und *Hausmannia.* Nur diese sollen vorgestellt werden.

Nathorstiana arborea war ein zwergenhafter Nachfahre der Sigillarien. Die fossile Pflanze wurde in Fachkreisen recht bekannt. Sie wuchs vermutlich auf periodisch wasserüberfluteten Sandflächen am Dünenfuß. Immer wieder fand man sie in den dokumentierten Sandsteinprofilen horizontweise übereinander. Diese Fundsituation ist folgendermaßen zu deuten: Wurden die lebenden Pflanzen vom Sand zugeweht oder eingeschwemmt, wuchsen sie durch das Bodensubstrat hindurch, um sich an der neuen Oberfläche erneut zu entfalten. Die oberirdischen Teile wurden 10 bis 20 cm hoch. Der bei oberkarbonischen Sigillarien mächtige und lange, vorwiegend aus Rinde bestehende Stamm hatte sich auf wenige Zentimeter verkürzt. An einem solchen kurzen *Nathorstiana*-Stämmchen öffnete sich ein dichter Blattschopf aus spiralig angeordneten, pfriemenförmigen Blättern. An der unterirdischen ungeteilten Stammbasis saßen bis 20 cm lange Wurzeln. Eine unterirdische Stammaufgabelung im Sinne der steinkohlenzeitlichen Stigmarien gab es nicht mehr. *Nathorstiana* kommt also eine Mittelstellung zwischen der buntsandsteinzeitlichen *Pleuromeia* und der rezenten *Isoetes* zu. Während aber *Pleuromeia* auf vielen Kontinenten verbreitet war, kennt man *Nathorstiana* bisher nur von Quedlinburg, dort allerdings in Massenvorkommen. 1959 überraschte die Nachricht, daß ein der *Nathorstiana* außerordentlich ähnliches Bärlappgewächs heute lebend auf ganz ähnlichem periodisch wasserüberflutetem Standort in den peruanischen Anden entdeckt worden sei. Vielleicht ist daraus der Schluß zu ziehen, daß das Verbreitungsgebiet der kreidezeitlichen *Nathorstiana* einst doch viel größer war. Benannt wurde diese seltsame unterkreidezeitliche Dünenfußpflanze nach dem schwedischen Paläobotaniker Professor A. G. NATHORST.

Direkt auf den Unterkreidedünen wuchs der kleine tropische Farn *Hausmannia*, der ebenfalls an Ort und Stelle durch Sandüberwehung in Lebensstellung einbebettet wurde. Von dünnen, weitkriechenden, verzweigten Rhizomen erhoben sich die verkehrt herzförmigen oder gabelig gelappten Wedelchen mit dichotom verzweigter Nervatur auf langen, dünnen Stielen. Die grubigen Blättchen waren offenbar von derbledriger Beschaffenheit. Heute sind Verwandte von *Hausmannia* auf ein Reliktareal im indomalayischen Südostasien beschränkt.

Wenige Meter über einem der *Hausmannia*-Fundhorizonte entdeckte man im Quedlinburger Neokomsandstein vier Wurzelhorizonte und unmittelbar über ihnen, aufrecht eingebettet, große Pflanzen der Unterkreidezeit. Es war der zu dieser Zeit weltweit verbreitete Farn *Weichselia.* Er besaß einen knollig-verdickten Stamm mit 1 bis 2 m langen, gegabelten und doppelt gefiederten Wedeln. Die dicken, lederartigen Fiederblättchen waren in Flügelhaltung eines sitzenden Tagschmetterlings winkelig angeordnet. Blattanatomische Besonderheiten verraten den Trockenheitsspezialisten, der aber auch kurzzeitig größere Feuchtigkeit vertragen konnte. Der Standort war flaches, trokkenes Sandland, das kurzzeitig von Wasser überschwemmt werden konnte.

Im gleichen Niveau gehörten senkrecht eingebettete, bis 2 m hohe Stämme, die im Querbruch bis zu 8 »Jahresringe« oder Blattauflagen auswiesen, zu besonders auffälligen Funden. Sie standen nämlich oft in dichten Beständen nur wenige Zentimeter auseinander und waren zudem meist nach Südwesten geneigt – gewiß die Folge einer schnellen Sandüberdeckung durch starke sandbeladene Nordost-Passatwinde. Diese Stämme erhielten den wissenschaftlichen Namen *Stiehleria.* Professor DABER hält es für wahrscheinlich, daß die dichtstehenden *Stiehleria*-Stämme nichts weiter als *Weichselia*-Farne sind, die während regenarmer Trockenzeiten ihre Wedel aufrichteten und zusammenrollten, auf solche Weise einen »Scheinstamm« bildeten und sich durch diesen Reaktionsmechanismus den lebensfeindlichen Bedingungen anzupassen suchten.

Die beschriebene Unterkreidevegetation stellt die zeitlich letzte mesophytische Flora Europas dar. Wir werden sehen, wie auffällig sich die Pflanzenwelt an gleicher Stelle und überall auf der festländischen Erde in verhältnismäßig kurzer Zeit verändert hat.

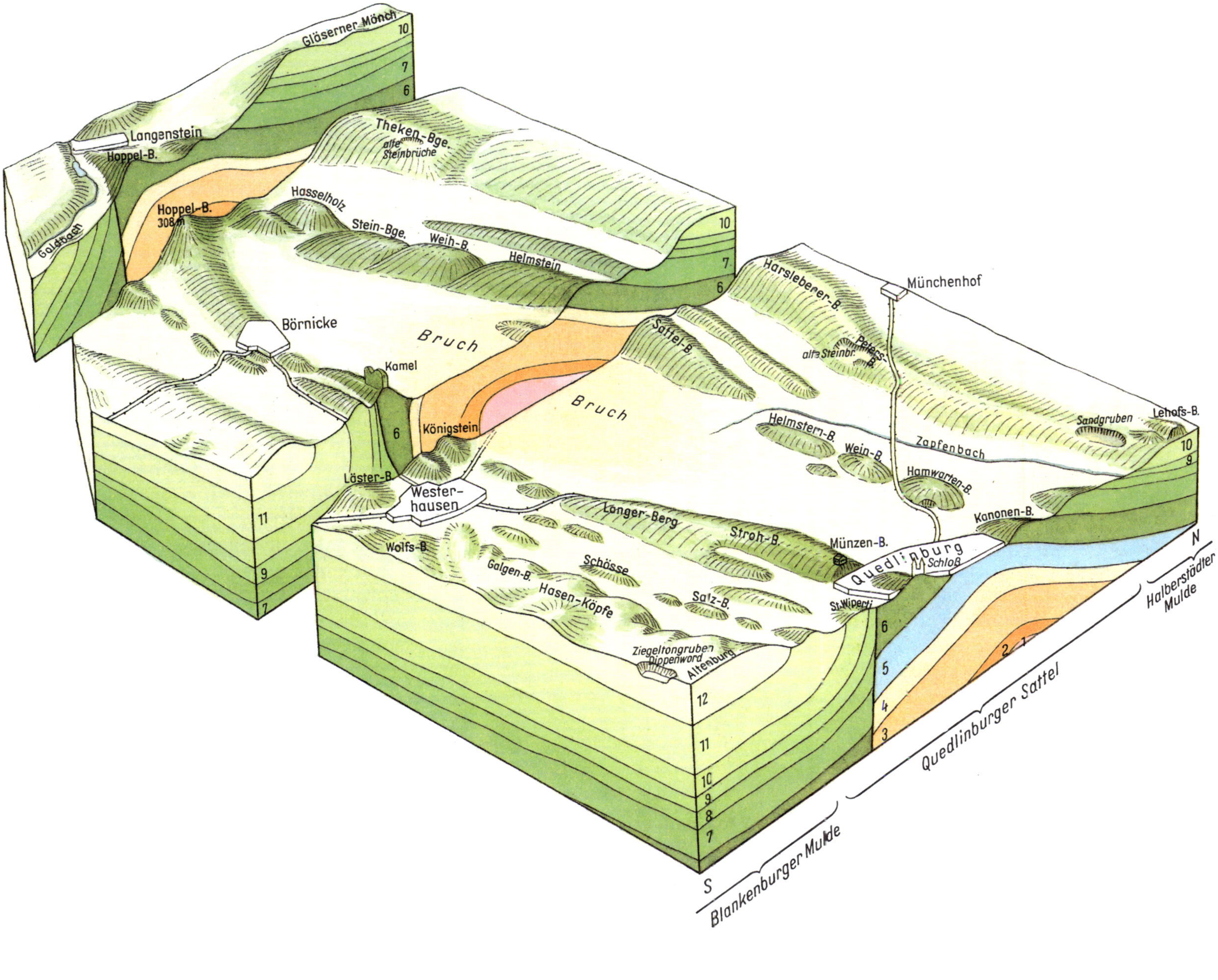

Die fossilführenden Kreidesedimente des nördlichen Harzvorlandes im Raum Quedlinburg – Halberstadt im geologischen Blockbild 1 oberer Muschelkalk, 2 unterer Keuper, 3 mittlerer Keuper, 4 oberer Keuper, 5 unterer Jura (Lias), 6 untere Kreide/Neokomsandstein, 7 bis 12 obere Kreide: 7 Cenoman und Turon – Kalke und Mergel, 8 unterster Emscher – Mergel, 9 Emscher – Feinsande mit Inoceramus koeneni, *10 Emscher – Involutus-Sandstein mit* Inoceramus involutus, *11 unteres Senon – Salzberg-Schichten: Mergel mit Kalksandsteinen, 12 oberes Senon – Heidelbergsandstein*

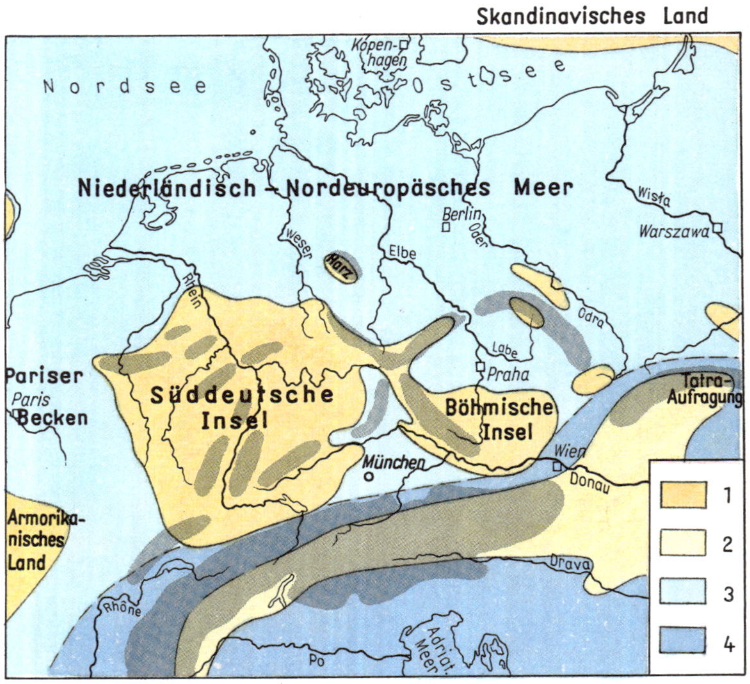

Land und Meer in Mitteleuropa zur Zeit der Oberkreide (ohne den obersten Abschnitt, dem Dan)
1 Festland mit sich im Zeitlauf verändernden Umrissen, 2 durch Auffaltung zeitweilig entstandene Festlandsbereiche, darin Einzelbecken mit marinen, brackischen und terrestrischen Sedimenten (z. B. Gosau-Schichten), 3 Epikontinentalmeer, z. T. inselreich, mit marinen Sedimenten unterschiedlicher Mächtigkeit, 4 Geosynklinalmeer mit mariner Sedimentation großer Mächtigkeit

Die Laubwälder der Oberkreidezeit

30 bis 35 Millionen Jahre nach Beginn der Unterkreidezeit hatte sich die Verteilung von Ländern und Meeren wenn auch nicht prinzipiell, so doch im Detail erheblich verändert. Die Oberkreidezeit hatte begonnen. Die inselartigen Kontinenttafeln wurden immer mehr von Randmeeren überflutet. Das mitteleuropäische Land der Unterkreidezeit verkleinerte sich und löste sich in zwei größere, gelegentlich verbundene Inseln auf – die Süddeutsche Kreideinsel und die Böhmische Insel mit ständig sich änderndem Küstenverlauf.

Auch der Harz war jetzt zu einer kleinen Insel geworden. Wenig südlich brandete das Nordeuropäische Kreidemeer an den Nordrand des Thüringer Waldes, der eventuell eine Ausbuchtung der Böhmischen Kreideinsel darstellte. Dieses nordeuropäische Meer war in Küstennähe flach und inselreich, auch im Gebiet des heutigen nördlichen Harzvorlandes um Blankenburg, Quedlinburg und Halberstadt.

Auf dem breiten Schelf entstand ein weites Sandwatt. Hier wurden vorwiegend Sande sedimentiert und umgelagert. Nur in geschützten Meeresbuchten setzten sich Tone ab. Die in diesen Sedimenten eingebettete Lebewelt verkörperte verschiedene Lebensbereiche. Marine Faunen vermischten sich mit brackischen und limnischen Elementen. Zu den Vertretern des Meeres gehörten die als Leitfossilien bedeutsamen Ammoniten, Muscheln (Inoceramen) und Stachelhäuter der Oberkreideperiode. Die Küste lag nicht weit entfernt. Deshalb drifteten auch Reste des festländischen Lebens in dieses küstennahe Meer. Flüsse transportierten Pflanzenreste, vor allem Blätter, gelegentlich auch weiter in marine Bereiche hinein. Heute legen sie Zeugnis ab von einer grundlegenden Wandlung im Pflanzenbild auf diesen Festländern. Die im Jura und noch in der Unterkreidezeit dominierenden Wälder aus Araukarien, Mammutbäumen, Ginkgobäumen, Cykadeen, Bennettiteen, Farnen und Schachtelhalmen waren zuvor durch neue Blütenpflanzen und durch Wälder aus großen Laubbäumen abgelöst worden. Es waren Bedecktsamer (Angiospermen). Zweikeimblättrige Pflanzen (Dikotyledonen) dominierten. Ein wenig merkwürdig und überraschend war dieses relativ plötzliche Erscheinen der neuen anpassungsfähigen Laubbäume. Direkt am Boden wuchsen erstmals Krautfluren und blumendurchsetzte Wiesen. Das neuentstandene Pflanzenbild ähnelte außerordentlich dem heutigen. Das Neophytikum hatte das Mesophytikum abgelöst. Mit den aufblühenden Angiospermen entwickelten sich die Vögel, die Säuger und die höheren Insekten, die mit der Blütenflora sofort eine wechselseitig wertvolle »Symbiose« eingingen.

Zwischen Thale und Blankenburg am nördlichen Harzrand ragen steilwandige Berge und Felsmauern in den Hinmmel, die aus hellgelblichen Sandsteinen bestehen. Am bekanntesten dürfte die bizarre Teufelsmauer bei Neinstedt sein. Hier und an anderen Stellen dieser Region liegen die Fundstellen jener Laubbaumreste, von denen die Rede war. Das Fundgestein ist der Heidelbergsandstein, der das sogenannte Campan der Oberkreidezeit repräsentiert.

Aus dem oberkreidezeitlichen »Teufelsmauersandstein«, dem Heidelbergsandstein des Senon, wurden guterhaltene Blattreste der neu entstandenen Laubwälder geborgen. Im Bild die Teufelsmauer bei Neinstedt in der Harzaufrichtungszone des nördlichen Harzvorlandes

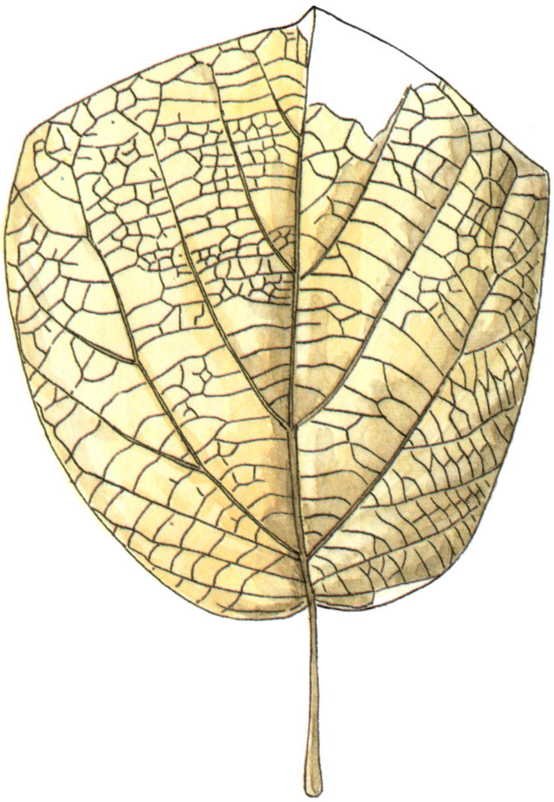

Eines der berühmten Credneria*-Blätter aus den neuartigen Laubwäldern der Oberkreidezeit, gefunden im senonzeitlichen Heidelbergsandstein bei Blankenburg am Harz*

Schon vor langer Zeit wurden die fossilen Laubbaumblätter bekannt. J. K. ZENKER beschrieb diese Oberkreideblätter bereits ein Jahr nach Goethes Tod, 1833, und benannte sie nach dem Bruder des bekannten Geologen HEINRICH CREDNER, dem Theologen KARL AUGUST CREDNER (1797–1857) in Gießen, der ihm besonders gute Funde zur Bearbeitung überlassen hatte. Die im Sandstein nicht substantiell, sondern immer als Abdruck sehr gut erhaltenen platanenartigen Blätter erhielten die Bezeichnung *Credneria.* Ihr paläontologischer Steckbrief lautet: bis 20 cm lang, von rundlicher bis ovaler Form bei schwacher bis deutlicher Dreispitzigkeit und ausgezeichneter Erhaltung der fiedrigen Nervatur. Gar nicht selten fanden sich eingerollte Blätter vom Typ des herbstlichen Fallaubes. Mit großer Wahrscheinlichkeit ist *Credneria* ein direkter Vorfahre der heutigen Platanen. Crednerienblätter sind aber auch mit Urticaceen (Brennesselgewächsen), Tiliaceen (Linden), Moraceen (Maulbeergewächsen) und Vitaceen (Weinreben) verglichen worden. Fossil sind Formarten des oberkreidezeitlichen *Credneria*-Blattes aus Alaska und dem Süden der USA (New Mexiko), von mehreren Stellen Europas und aus dem Süden der asiatischen UdSSR (Kasachstan) bekannt. Alle diese Funde belegen, wie erstaunlich schnell eine offenbar weltweite Ausbreitung dieser neuen Pflanzengruppen stattgefunden hat.

Neben diesen »Oberkreideplatanen« wuchs eine Reihe anderer moderner Laubbäume und Sträucher: Weiden *(Salix)*, Gagelsträucher *(Myrica)*, Buchen *(Fagus)*, Eichen *(Quercus)*, Kastanien *(Kastanea)* und Nieswurz *(Helleborus)*. Diese Aufzählung mag belegen, daß die Laubwälder am Rande des Oberkreidemeeres modernes Gepräge besaßen. Der Mensch hätte sich in ihnen heimisch gefühlt.

Wie die heutigen Wälder waren diese Oberkreidewälder keine reinen Laubwälder. Eingemischt standen Nadelhölzer modernen Baus. Es fanden sich Zweige, Zapfen und Stämme von Sumpfzypressen *(Sequoia)* und der ähnlichen Konifere *Geinitzia*, deren strukturerhaltene Stämme als *Dadoxylon subherzynicum* beschrieben wurden. Im Unterwuchs traten Farne und Schachtelhalme auf. Erstmals gab es die schon genannten Wiesenflächen – ganze Schichtflächen waren mit Gramineenblättern (Süßgräsern) bedeckt.

Diese Laub- und Mischwälder der senonen Oberkreidezeit im Harzvorland hatten Vorläufer, wie an anderen mitteleuropäischen Fundorten belegt wurde. Zu Beginn der Oberkreidezeit (Cenoman und Turon) drang in das Elbgebiet um Dresden ein Meeresarm von Südosten vor. Die dort abgelagerten Sedimente wurden die Bausteine einer der eindrucksvollsten Landschaften Mitteleuropas, des Elbsandsteingebirges. In den Sandsteinen und Tonen wurden ebenfalls Blattreste dieser neuartigen Laubbäume gefunden, die auf den nahen Festländern des Böhmische Massivs und der Lausitzer Insel wuchsen. Wieder fällt die Pflanzengattung *Credneria* besondes auf. Ihr zur Seite standen Buchen, Eichen, Maulbeerbäume, Magnolien, Lorbeergewächse, Ahorn, Ebenholzgewächse, Oleander und sogar Eukalyptusbäume. Die Flora hatte subtropischen Charakter. Inzwischen sind noch ältere Funde gleichartiger Angiospermenvegetationen aus der höheren Unterkreide (Alb) der UdSSR (Sibirien) und der USA bekannt geworden.

Die Lebewelt der europäischen Kreidemeere

Die fortwährende Ausbreitung des Oberkreidemeeres auf Randbereiche der mitteleuropäischen Insel führte zur Ablagerung von Flachmeersedimenten in Gebieten, die lange Festland gewesen waren. So wurde beispielsweise das gefaltete und von den exogenen Kräften »einplanierte« Oberkarbon des Ruhrgebietes vom Meer überflutet. Winkeldiskordant lagerten sich helle Meeressedimente über den Karbongesteinen ab. Im Raum Bochum und Essen kann in prachtvollen Aufschlüssen der Wechsel vom Festland zur Meeresüberdeckung direkt beobachtet werden.

Die Lebewelt in diesen lichtdurchfluteten Flachmeeren entwickelte sich reichhaltig, war aber durch Entwicklungen gekennzeichnet, die das Ende des Mesozoikums ankündigten. So schließen die Ammoniten zwar eng an die der Jurazeit an, machen dann aber eine deutlich »rückläufige« Entwicklung durch, gekennzeichnet durch einen dreifachen Abbau. Ein Gestaltabbau führte zu schneckenförmigen, hakenförmigen und geraden Gehäusen. Ein Abbau der Lobenlinie bedeutete Vereinfachung dieser Suturen bis zum ceratitischen oder gar zum ganz einfachen goniatitischen Typ. Auch die Schalenskulptur vereinfachte sich. Rippen wurden zu Knotenreihen, schließlich besaßen einige Formen wieder einfache glatte Schalen. In der Unterkreide gab es noch eine Fülle von Leitformen, in der Oberkreide werden sie seltener. Für das mitteleuropäische Cenoman beispielsweise sind die Formen *Schloenbachia varians* und *Acanthoceras rhotomagense* charakteristisch.

Zu den bemerkenswerten und eventuell nicht progressiven Entwicklungstendenzen hat man den extremen Größenwuchs einiger Ammonitenformen zu zählen. 1895 wurde aus der Oberkreide (Untersenon) von Seppenrade bei Münster (Westfalen) der bisher größte Ammonit der Erde gefunden – *Pachydiscus (Parapuzosia) seppenradensis* mit einem erhalten gebliebenen Durchmesser von 180 cm. Der ursprüngliche Durchmesser mit noch intakter Wohnkammer betrug sogar 250 cm. Der Umfang beträgt 6,67 m, die Masse des Steinkerns etwa 3 500 kg. In der Gesteinsausfüllung der Wohnkammer fanden sich mehrere sehr große Muscheln, nämlich Inoceramen, die eventuell als Nahrungsreste zu deuten sind. Es muß ein gespenstisches Bild gewesen sein, wenn diese Riesenammoniten aufrecht durch das Meerwasser schwebten. Aus der Wohnkammer traten die kräftigen, meterlangen Fangarme hervor, und mit zwei einfach gebauten, aber auffällig großen Augen versuchten sie Beute und Feinde zu lokalisieren.

So sind uns die Ammoniten insgesamt durch ihre große wissenschaftliche Bedeutung, durch ihr Aussterben am Ende der Kreidezeit und durch die ästhetische Schönheit ihrer fossilen Schalenreste besonders interessant. Das Interesse an den fossilen Meeresmuscheln der Kreidezeit ist dagegen erheblich geringer, obwohl auch sie wichtige Fazies- und Leitfossilien hervorgebracht haben. Häufig waren die Steckmuscheln (*Pinna*), noch viel häufiger aber die an Stelle der aussterbenden Gervilleien erscheinenden Inoceramen mit fast immer vorhandener kräftiger exzentrischer Berippung. Riesenformen bis mehrere

Drei typische Muscheln aus dem sächsischen Oberkreidemeer
Links die Steckmuschel Pinna *aus dem Cenoman und Turon mit einer Länge von 15 cm, rechts daneben zwei Vertreter der Gattung* Inoceramus, *unten die Leitform für das Unterturon* Inoceramus labiatus, *darüber die dickschalige Leitform für das Mittelturon* Inoceramus lamarcki

Der bisher größte Ammonit Pachydiscus (Parapuzosia) seppenradensis *mit etwa 2,50 m Durchmesser und großen Muscheln (Inoceramen) in der Wohnkammer aus Oberkreideschichten Westfalens. Der Steinkern wiegt etwa 3 500 kg.*

Aus der Schreibkreide Rügens (Unter-Maastricht/Oberkreide) stammt der prächtig erhaltene reguläre Seeigel Phymosoma taeniata *mit erhaltenem Kiefernapparat mit den Zähnen im Mundfeld, genannt die »Laterne des Aristoteles«.*

Dezimeter Größe waren nicht selten. Die Blütezeit der Gattung *Inoceramus* lag innerhalb der Kreidezeit, vor allem während der oberen Abschnitte, als zahlreiche kurzlebige »Arten« von großem stratigraphischem Leitwert existierten. Sandiger Meeresgrund scheint ihnen sehr gelegen zu haben. Am Ende der Kreidezeit starben auch die Inoceramen aus, obwohl die Tierklasse der Muscheln mit vielen anderen Formen bis heute weiterlebt.

Die Schreibkreide Rügens

Zu den bedeutenden Landschaften Europas kann man gewiß das Steilkliff Jasmunds auf der Ostseeinsel Rügen zählen. Bis 120 m steigen leuchtendweiße Klippen aus der Brandungszone der Ostsee empor, aufgebaut aus dem Gestein, das dem ganzen Zeitabschnitt den Namen gab – der Schreibkreide.

Vor 70 Millionen Jahren, zur Zeit der obersten Oberkreide (Maastricht – oberes Senon), befand sich der Ostseeraum im Bereich eines großen Meeres, das sich vom Ural über Europa bis nach dem damals mit Eurasien zusammenhängenden Nordamerika erstreckte. Dieses Meer besaß eine interne Gliederung. Nordeuropa war von der »Niederländisch-Nordeuropäischen Meeresstraße« überdeckt, die ein Kreidemeer im Raum England-Frankreich mit einem Kreidemeer auf der »Russischen Tafel« verband. Das Nordufer dieses nordeuropäischen Kreidemeeres befand sich in Südschweden, das Südufer am Harz und am Thüringer Wald. In einer etwa 100 km breiten »Rinne« entstand in etwa 100 bis 250 m Wassertiefe bei einem Salzgehalt bis 35‰ ein feinkörniges Kalkschlammsediment von etwa 100 m Mächtigkeit. Betrachtet man die aus 98% Calciumcarbonat bestehende Schreibkreide im Elektronenmikroskop, so wird die vorwiegend organogene Zusammensetzung sichtbar. Zu über 80% besteht sie aus winzig kleinen Organismenresten, und zwar zu etwa 75% aus Coccolithen, zu 2% aus Moostierchen und zu 1 bis 2% aus Foraminiferen.

Mit dem Schlamm aus winzigen Kalkgehäusen und Skelettelementen aus Calciumcarbonat sanken auch andere Kleinlebewesen zu Boden. Diatomeen und Radiolarien hatten Skelette aus Kieselsäure, die im noch weichen Bodensediment in Lösung gingen. Um verwesende Organismen schieden sich aus den wandernden SiO_2-Lösungen knollige Feuersteine aus, die sich nicht selten lagig anordneten. Auch dunkle Feuersteinbänder markierten gelegentlich die Schichtung. Das Kieselsäuregel fossilisiert die toten Organismen. Selbst Weichteile von Schwämmen und Brachiopoden blieben erhalten.

Alle diese Schreibkreidefossilien entstammen einer Grabgemeinschaft (Taphozönose), zusammengemischt aus Vertretern verschiedener Lebensbereiche. Jahrhundertelange Forschung war notwendig, um aus dieser Taphozönose (Thanatozönose) wieder die ursprünglichen Lebensgemeinschaften zu rekonstruieren.

In der Regel am Lebensort eingebettet wurden die Tiere des Meeresbodens, die man als Benthos bezeichnet. Die Beschaffenheit dieses Meeresgrundes bestimmte die Zusammensetzung der Lebensgemeinschaften. Im Oberkreidemeer war das Meerestiefste vorwiegend ein schlammiger Weichboden, der nur dünn besiedelt wurde. Wenige Lebewesen waren in der Lage, sich festzuhaften, also sessil zu werden. Neben wenigen porigen Schwämmen, wie dem spindelförmigen *Ventriculites* und der trichterförmigen *Aulaxinia*, hätte man einige gestielte Seelilien mit den Gattungen *Isselicrinus* und *Nielsenicrinus* betrachten können. Andere Tiere lagen frei auf dem Schlamm – Brachiopoden wie die mit fortschreitendem Alter den Stiel verlierenden *Cretirhynchia* oder einige Muscheln, wie große Inoceramen und einige Pectiniden. *Pinna*, die im Sediment versenkte Steckmuschel, wird fast immer zweiklappig gefunden.

An die beweglichen Bodentiere, an das sogenannte vagile Benthos, stellte der lockere Bodenschlamm hohe Anforderungen, die zu Anpassungserscheinungen führten. So entwickelten sich beispielsweise manche Seeigel, die zu den besonders häufig gefundenen Schreibkreidefossilien gehören. Die verbreiterten Stacheln verhindern das Einsinken im Schlamm. Hierzu gehörte der häufige reguläre Echinide *Stereocidaris*. Andere Seeigelformen waren *Temnocidaris*, *Salenia* und *Phymosoma*. Oft wurde die ganze Kapsel, die Corona, mit der Plattenfelderung und den Stacheln, mit der Mundöffnung und deren Bezahnung (»Laterne des Aristoteles«) fossil. Auch irreguläre Seeigel (Gattungen wie *Cardiaster* oder *Echinocorys*) kann man aus der Schreibkreide aufsammeln. Frei bewegliche Seelilien wie *Placometra* oder *Amphorometra* konnten schwimmen, bewegten sich aber auf den Armen und Cirren auch schreitend am Meeresboden fort.

Inmitten der verbreiteten Weichböden traten am Grunde des Oberkreidemeeres auch Hartböden auf, die immer dicht besiedelt waren. Foraminiferen kitteten sich am Boden an, und Bryocoen bildeten regelrechte Teppiche, die sich auf die Weichböden hinausschoben und diese »stabilisierten« und zu scheinbaren Hartböden machten. Weiter lebten hier Octokorallen, gestielte Brachiopoden, Seelilien mit Haftscheiben und besonders arten- wie individuenreiche koloniebildende Muscheln, in erster Linie dickschalige Austern. Die häufige Gattung *Pygnodonta* bildete je nach Bodenbeschaffenheit und gegenseitiger Wuchsbehinderung unterschiedliche Schalenformen.

Über dem Meeresboden mit seiner spezifischen Tierwelt lag der freie Meeresraum. Hier gab es eine vielfältige pelagische Lebewelt. Im »günstigsten« Falle konnten abgestorbene Lebewesen des Pelagials im Meeresboden unter ihrem Lebensraum eingebettet werden. Meist aber wurden diese unterschiedlich weit verdriftet.

Die Mikroorganismen des umhertreibenden Planktons spielten eine wichtige Rolle in der Nahrungskette und als Sedimentbildner. In der Schreibkreide lebten Vertreter des Mikroplanktons (50 bis 1 000 µm) und des Nannoplanktons (bis 50 µm). Man kann Phytoplankton (Schwebeflora) und Zooplankton (Schwebefauna) unterscheiden. Die Hauptsedimentbildner waren die phytoplanktonischen Coccolithophoriden, bis 25 µm große, einzellige, flagellatenartige Organismen, die zum Nannoplankton gehörten und in Ernährung wie Stoffwechsel pflanzliche und tierische Eigenschaften besaßen. In der Zellwand entstanden Zelluloseschuppen, die verkalkten. Diese meist rädchenartigen Coccolithen wurden fossil und bauten in geradezu unvorstellbaren Mengen die Schreibkreide auf.

Zum Zooplankton gehörten die einzelligen, in der Kreide sehr artenreichen Kammer- oder Lochtierchen, die Foraminiferen. In winzigen, 30 bis 1 000 µm großen, durchlöcherten Gehäusen aus Kalk oder Kieselsäure saßen die kleinen Wurzelfüßer, die Rhizopoda. Einkammerige Formen waren durch die flaschenförmige *Lagena* vertreten. Mehrkammerige Formen fanden sich sehr häufig in der Rügener Kreide – *Nodosaria, Dentalina, Neoflabellina, Rugoglobigerina* und viele andere. Auffällig ist das Fehlen von Radiolarien im heutigen Kreidesubstrat. Sie gehörten ganz gewiß zur planktonischen Lebewelt. Die Kieselsäureskelette der Strahlentierchen aber wurden chemisch gelöst. Ihre stoffliche Substanz liegt heute in Form der

Feuersteine vor. Löst man die Schreibkreide in verdünnter Salzsäure auf, so bleiben 10 bis 400 µm große Kugeln mit Stacheln, die sogenannten Hystrichosphaeriden, zurück. Es handelt sich vermutlich um planktonische Eier verschiedener Wirbelloser.

Nektonische Meeresbewohner sind die aktiven Schwimmer. Hierzu zählten im Oberkreidemeer die in großer Zahl gefundenen Belemniten, deren Lebensweise jener der heutigen Kalmare glich. Die Kalmare werden einer Unterordnung der Tintenfische zugeordnet, zu denen bekanntlich die größten wirbellosen Tiere bis zu 25 m Länge gehören. Die Belemniten waren gute bis sehr gute und schnelle Dauerschwimmer, die nur selten den Meeresgrund aufsuchten. Vom Endoskelett dieser Tiere blieb in der Regel nur das stabile zylindrisch-kegelförmige Kalkrostrum erhalten. Diese »Donnerkeile« gehören zu den volkstümlichsten Fossilien überhaupt. Die Bezeichnung geht auf alte Sagen zurück. Man sah in ihnen Wurfgeschosse, die der germanische Gott Donar bei Gewitter auf die Erde geschleudert haben soll. Fast alle in der Schreibkreide zu findenden Donnerkeile gehören einer Form an – *Bellemnella occidentalis occidentalis.* Für die Alterseinstufung der Schreibkreide hat diese Form Bedeutung. Die geringe Zahl gefundener Jugendformen ist wohl auf die sehr günstigen Lebensbedingungen im Kreidemeer zurückzuführen.

Frei schwimmend, aber auch am Boden lebten die Ammoniten, die allerdings infolge ungünstiger Bedingungen relativ selten fossil wurden. Die Aragonitgehäuse der Ammonshörner lösten sich unter speziellen geochemischen Verhältnissen im Meerwasser auf. Selten kamen in den am Meeresstrand ausgespülten Fossilien auch die bis 4 cm großen Steinkerne von *Scaphites* ans Tageslicht. Die kalzitischen Aptychen, vermutlich Gehäusedeckel der Ammoniten, sind häufiger.

Wie in den heutigen Meeren dominierten im Nekton der Kreidemeere die Fische. In vielen marinen Kreidesedimenten der Erde wurden sie hervorragend erhalten gefunden. In der Rügener Schreibkreide sind sie nur durch vereinzelte Skelett-

Die Maasechse Mosasaurus, *ein bis 12 m langer Meereswaran, lebte in den Meeren der oberen Kreidezeit (Maastricht bis Dan). Skelett und Lebensbild nach einer historischen Darstellung von H. F. Osborn aus dem Jahre 1899. Der über 1 m lange Schädel zeigt eine kräftige Bezahnung. Die Extremitäten sind zu paddelartigen Flossen umgestaltet. Der lange Schwanz besteht aus etwa 80 Schwanzwirbeln.*

elemente, wie einzelne Knochen, Schuppen oder Zähne, nachgewiesen. Die zu Boden gesunkenen Fischleichen waren vermutlich durch Verwesungsgase noch einmal emporgestiegen, um schließlich, im Wasser driftend, zu verwesen und in Einzelteile zu zerfallen.

Ganz gewiß gab es in der frei beweglichen nektonischen Tierwelt auch höhere Wirbeltiere. Sehr selten wurden isolierte Zähne des Meeresreptils *Mosasaurus* gefunden. Diese Saurier waren Bewohner küstennäherer Meeresbereiche, die hierher als Irrgäste oder als eingedriftete Leichen kamen. Im folgenden Kapitel werden wir mehr über dieses stattliche Tier und seine Fundgeschichte erfahren.

Die Maasechse Mosasaurus aus den Höhlen von Maastricht

In den europäischen Oberkreidemeeren lebten also auch große Wirbeltiere. Die Entdeckung der ersten fossilen Reste liegt lange zurück.

Bei dem holländischen Städtchen Maastricht wurden seit dem Mittelalter in unterirdischen »Steinbrüchen« Werksteine gebrochen. Das ganze 18. Jahrhundert über war der Maastrichter Untertageabbau von Kalkstein berühmt wegen des andauernden Auffindens von versteinerten marinen Schalentieren. Ammoniten und Belemniten sowie Seeigel gehörten zu dem begehrten Fundgut. Ein ganzes System von Stollen war in den Berg getrieben worden. Im Inneren waren große Hallen entstanden, die von hohen Pfeilern gestützt wurden.

Beim Abbau dieser Kalksteine stieß man im Juli 1770 in der Tiefe des Berges, fast 500 m vom Haupteingang entfernt, im kompakten Fels auf einen riesenhaften Kieferknochen von 1,20 m Länge. Herbeigerufen wurde ein ortsansässiger deutscher Militärchirurg in Ruhestand, Dr. HOFFMANN, der als Sammler von Versteinerungen für das Tyler-Museum in Haarlem bereits einen Namen hatte. Er erwarb das Fundstück. Zur zoologischen Einordnung der gefundenen Knochen zog Dr. HOFFMAN den holländischen Anatomen PIETER CAMPER hinzu. Dieser gab eine naheliegnde Diagnose: Es seien die Überreste eines altertümlichen Wals. CAMPERS Sohn ADRIAN bestritt die Ausführungen seines Vaters, also die Zuordnung des Fundstücks zu den Säugern. Der Kiefer gehöre zu einer großen Meerechse. Kurz danach wechselte das Fundstück seinen Besitzer. Nach Gerichtsbeschluß erhielt es der Besitzer jener Wiesen, die über der unterirdischen Fundstelle lagen. Der Kanonikus GODIN erlaubte gegen ein Entgeld die Besichtigung des Riesenkiefers.

1795 belagerte die Armee der Französischen Republik das holländische Maastricht. Als die Stadt eingenommen war, hatten die Soldaten einen besonderen Befehl auszuführen: Das berühmte, inzwischen aber versteckte Fossil aus den »Höhlen« des St. Petersbergs sollte nach Paris gebracht werden. Erst eine Belohnung von 600 Flaschen besten Weins brachte das Fossil schießlich ans Tageslicht.

Im Jardin des Plants in Paris kümmerte sich der junge GEORGES DE CUVIER, der an diesem Institut an der Seite JEANE-BAPTISTE LAMARCKS zu arbeiten begonnen hatte, um den Fund. CUVIER hatte gerade seine Theorie von katastrophalen Änderungen während der Entwicklung der Lebewelt im Laufe der Erdgeschichte erarbeitet. Er bestätigte den Befund des jungen CAMPERS: Das Fossil ist eine große Eidechse, eng verwandt mit den bis 3 m langen Waranen der tropischen Sundainsel Komodo, einem der interessantesten Vertreter unserer heutigen Tierwelt.

Kurz danach erhielt das fossile Tier seinen Namen. 1822 benannte der englische Geistliche WILLIAM CONYBEARE nach dem Fundort das Fossil *Mosasaurus*, was »Maasechse« bedeutet. Diese Maasechse war allerdings kein landbewohnender Waran, sondern dem Meere angepaßt. Der bis 12 m lange und mit dünnen Knochenplatten geschützte Körper besaß Gliedmaßen, die zu paddelartigen Flossen umgestaltet waren. Der abgeflachte, im Grundriß dreieckige Schädel hatte ein Gebiß aus kräftigen, spitzkonischen Fangzähnen, die sehr fest in den Alveolen verankert waren. Von besonderem Bau war der Unterkiefer. Er war in der Mitte durch ein zusätzliches Gelenk beweglich. Dieses Prinzip erlaubte das weite Aufreißen des Mauls und damit das Verschlingen sehr großer, unzerbissener Beutetiere. Sie waren Meeresräuber.

Die Mosasaurier hatten vermutlich in den Kreidemeeren den Platz der Meereskrokodile eingenommen, die gegen Ende des Jura ausgestorben waren. Mit schnellen, schlangenartigen Bewegungen glitten sie durch die Meere. Sie eroberten diese weltweit, weil sie einen »ökologischen Freiraum« ausfüllten. *Mosasaurus*-Reste wurden in Europa, in Asien und in Nordamerika gefunden, ebenso auf der jetzt auseinanderdriftenden Süderde in Randmeeren Südamerikas, Afrikas und Neuseelands. Vermutlich hatten die Mosasaurier wenig Feinde. Eventuell rivalisierten sie untereinander, wie verheilte Rippenbrüche, gebrochene Kiefer und beschädigte Wirbelknochen anzeigen könnten. Die Nahrung bestand aus Cephalopoden, Mollusken (vor allem Austern), Krebsen und Seeigeln, in erster Linie aber aus Fischen. Über letztere werden wir auf den nächsten Seiten mehr erfahren.

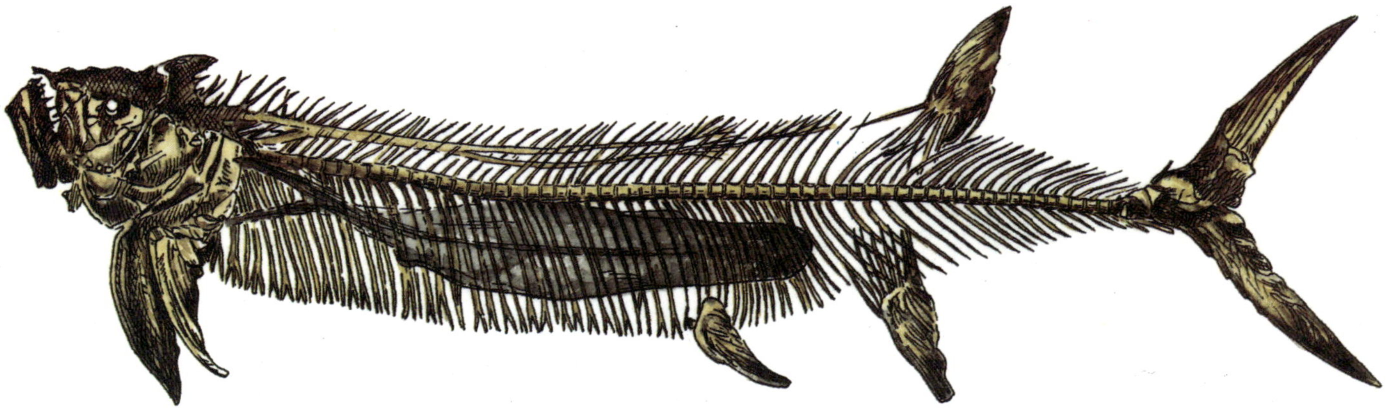

In den Kreidemeeren Nordamerikas lebten gewaltige Riesenfische. Ein bekanntes Fundstück ist der fast 5 m lange Knochenfisch Xiphactinus (Portheus) *von einem Fundort in Kansas (USA), der einen etwa 2 m langen Fisch der Gattung* Ichthyodectes (Gallicus) *als Ganzes verschluckt hat.*

Riesenschildkröten und Entenschnabelechsen – die Oberkreidezeit in Nordamerika

Baum- und graslose Badlands sowie tiefe Schluchten und Canyons beherrschen die Landschaft. Die Sommer sind unerträglich heiß. Bunte Sedimente haben Oberkreidealter. Es handelt sich hier um festländische Sedimente, dort um Meeresablagerungen. Letztere wurden in einer Meeresbucht abgelagert, die einem größeren Ozean zwischen dem Nördlichen Eismeer und dem Golf von Mexiko zugehörte. Dieser ehemalige Meeresraum ist heute etwa mit dem Einzugsbereich des oberen Missouri in Nordamerika identisch. Es handelt sich um Landschaften in Ostwyoming, Süddakota, Nebraska, Ostcolorado und Kansas (USA).

Austern, Riesenfische und Meeresreptilien im Niobrarameer

Diese marine Bucht im Gebiet des oberen Missouri war ein flaches und lichtdurchflutetes Meer. Am Grunde setzte sich feiner Kalkschlamm ab, der heutige Niobrarakalk, so benannt nach guten Aufschlüssen an einem Nebenfluß des Missouri, dem Niobrara River. Es muß zumindest lokal ein Austernmeer gewesen sein, denn die dickschaligen Muscheln sind außerordentlich häufig, oft sogar bankbildend, z. B. in Kansas. Bis 50 cm Durchmesser besaßen die dicken Schalen der Riesenauster *Haploscapha.*

Die frei bewegliche nektonische Meeresfauna bestand in erster Linie aus Fischen. Fast alle Oberkreidemeere waren auf Grund guter Lebensbedingungen und eines hohen Planktonaufkommens sehr fischreich. Schon in der ersten Fossilübersicht von E. D. Cope »The Vertebrates of the Cretaceous Formations of the West«, 1875, wurden etwa 50 Fischarten angegeben. Es gab große bodenbewohnende Elasmobranchier (Haiartige), wie den rochenartigen Muschelfresser *Ptychodus,* verschiedene Haie, wie *Lamna* oder *Oxyrhina,* und schließlich riesige Knochenfische, die späterhin nie wieder solch große Formen hervorbrachten. Ausgrabungen von Charles H. Sternberg förderten bei Robinsons Ranch im Logan County einen über 5 m langen Fisch ans Tageslicht, der entfernt mit dem Hering verwandt ist. Er wurde *Xiphactinus,* mit einer Synonymbezeichnung aber auch *Portheus* genannt. Ein vollständig erhaltenes Exemplar dieses Raubfisches aus Kansas enthielt im Bauchraum einen rund 2 m langen anderen Fisch, den er als Ganzes verschluckt hatte – eine fossil gewordene Mahlzeit!

Der Planktonreichtum und die große Zahl von Fischen rief weitere Konsumenten auf den Plan. Neben den genannten riesigen Raubfischen gehörten an das Wasserleben angepaßte Reptilien zu den Charaktertieren der Oberkreidemeere. Sie traten mit verschiedenen Formengruppen auf den Plan.

Da waren zunächst die konservativen Schildkröten, die in den Oberkreideozeanen elegante Hochseeformen nie wieder erreichter Größe hervorbrachten. Der ehemals geschlossene Panzer der Landschildkröten, von denen alle Meeresschildkröten abstammten, bekam Aussparungen und Lücken (Fontanellen),

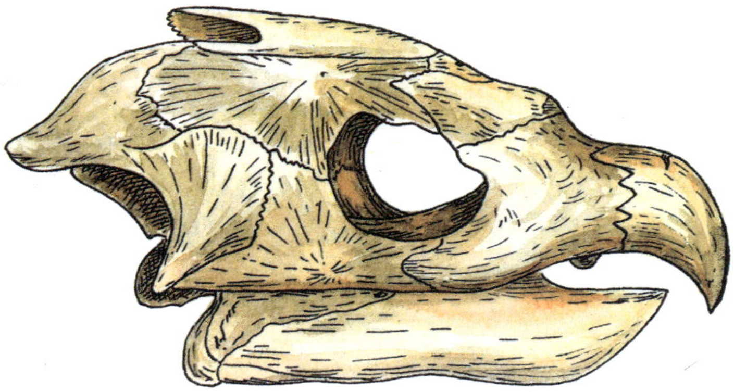

Riesige Meeresschildkröten lebten in den Ozeanen der obersten Kreidezeit. Skelett von Protostega gigas *aus Kansas/USA (von oben). Der Panzer des 3,50 m langen Tieres ist stark gegliedert und reduziert (unten).*

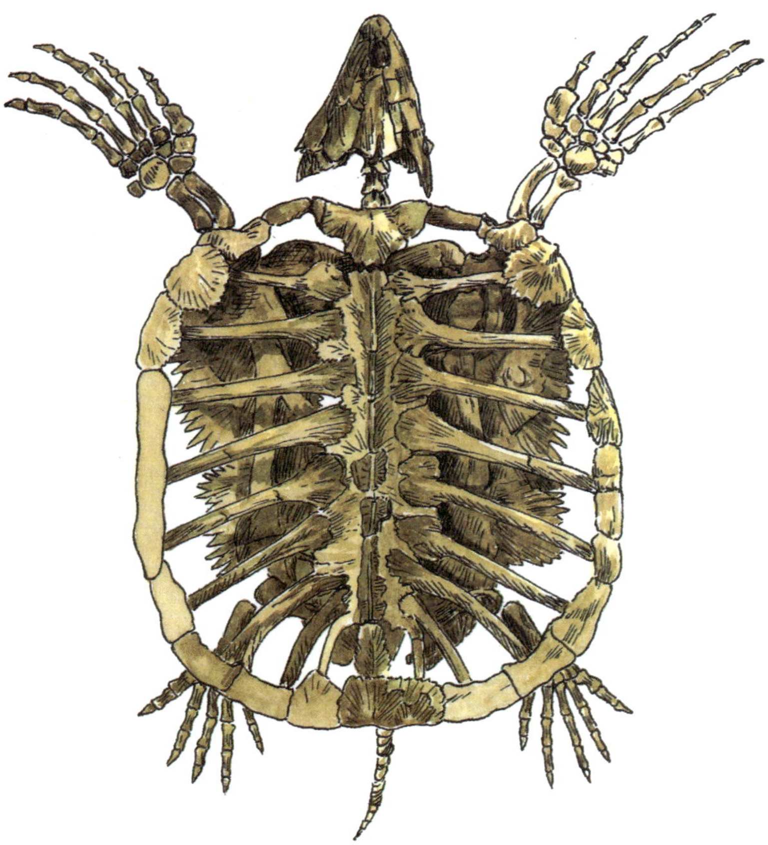

Die etwa 3,50 m lange Riesenschildkröte Archelon ischyros *aus den Meeren der späten Kreidezeit von Süddakota und Colorado (USA) mit dem gewichtsreduzierten »aufgelösten« Panzer. Diese Tiere waren die größten, bisher bekannt gewordenen Schildkröten aller Zeiten.*
Das Skelett in Rückenansicht (oben) und in Bauchansicht (unten); links der etwa 1 m lange Schädel in Seitenansicht (Fundstück aus den Fort-Pierre-Schichten, South Fork-Tal des Cheyenne-River, Süddakota, USA)

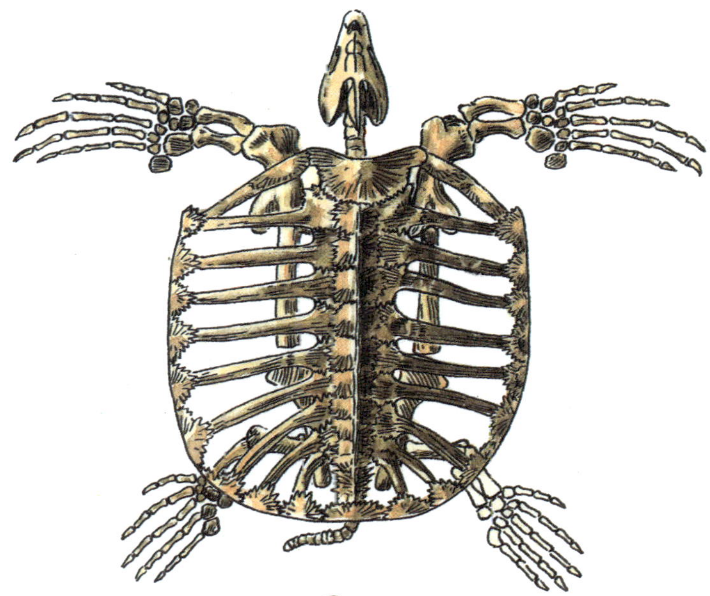

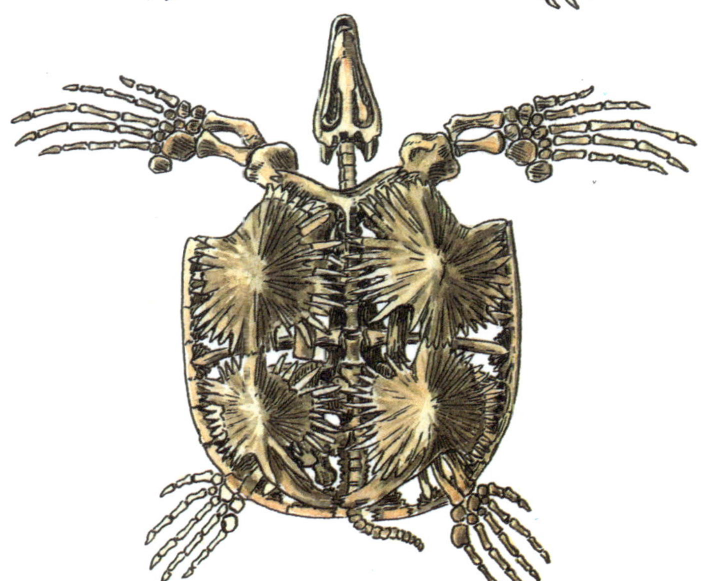

die immer größer wurden. Der Panzer dieser Fischfresser wurde immer mehr reduziert. Prächtige Exemplare der Gattungen *Protostega, Toxochelys* sowie *Archelon* zieren heute nicht wenige Museen der Welt. Letztere Form wurde bis 4,50 m lang. Allein ein in Süddakota gefundener Schädel erreichte eine Länge von etwa 1 m. *Archelon ischyros* galt bisher als die größte bekannte Schildkröte aller Zeiten. Inzwischen soll eine fossile Schildkröte einer anderen Gattung von 8 m Länge aufgefunden worden sein.

Im Durchschnitt größer als die Schildkröten wurden die Mosasaurier, bereits bekannt durch den berühmten Fund von Maastricht. In Kansas sind sie durch den bis 9 m langen *Tylosaurus* vertreten, der auch hier ein Fischräuber war.

Sehr auffällige Formen dieses marinen Lebensraumes gehörten zu den Plesiosauriern. EDUARD DRINKER COPE machte sich um ihre Entdeckung verdient. *Elasmosaurus* wurde 15 m lang, wovon 9 m auf den außerordentlich langen, extrem beweglichen Hals aus 76 Wirbeln entfielen. Mit ihm vor allem jagten die sonst nicht allzu beweglichen Tiere auf frei schwimmende nektonische Fische, aber auch nach Cephalopoden und Mollusken. Die Form des ganzen Tieres war eigentümlich. Auf einen langen Schwanz folgte ein tonnenförmiger Körper, der in den langen Hals mit dem kleinen Kopf überging. Andere Plesiosaurier lebten von Bodenbewohnern – und erwarben eine andere Körperform, nämlich einen kurzen Hals und eine erheblich längere Schnauze.

Die großen Flugsaurier der Kreidezeit

Über den Wellen dieses fischreichen Oberkreidemeeres mit den Schildkröten, den Plesiosauriern und den Mosasauriern schwebten die größten flugfähigen Tiere aller Zeiten und jagten nach Fischen.

1870 begab sich der Paläontologe OTHNIEL CHARLES MARSH mit einem Team der Yale-Universität aus New Haven in Begleitung des Oberst WILLIAM F. CODY, berühmt als Buffalo Bill, nach Westkansas in die Rocky Mountains. In einem Kalklager der Niobraraschichten am Smokey River fand er die bis 9 m langen Mosasaurier – und dann Reste von Flugsauriern (Pterosauriern), dazwischen auch Knochen und ganze Skelette von Vögeln – aber immer wieder Flugsaurier von bislang nicht bekannter Größe. Sie verkörperten neue »Schöpfungen«, denn am Ende der Jurazeit waren ja die meisten der älteren Pterosaurier ausgestorben. Diese neuen Flugtiere stellten außergewöhnliche Kreaturen dar. Allein das Kopfskelett war mehr als seltsam. Ein langer, zahnloser Schnabel hatte als »Gegengewicht« einen etwa gleich langen, zarten Knochenkamm am Hinterkopf. In erster Linie sollte er als Steuerorgan genutzt worden sein. Auf einen starken, beweglichen Hals folgte ein außerordentlich kleiner Rumpf, ein Körperchen ohne Flugmuskulatur von der Größe eines Truthahns. Um so länger erschienen die Vordergliedmaßen. Der Unterarm und ganz besonders der 4. Finger waren verlängert. Zwischen den Vorderextremitäten und dem Körper konnte eine ledrige Flughaut gespannt werden. Die Flugechse bestand buchstäblich nur aus Flügeln mit einer Spannweite von 8 m. Das war ein neuer Rekord – das größte Flugtier war gefunden! MARSH nannte es *Pteranodon*, was soviel wie »geflügelt« und »zahnlos« bedeutet. In der Folgezeit wurden von Paläontologen und Wissenschaftlern des Flugwesens Flugleistungsuntersuchungen angestellt. Das Ergebnis war bemerkenswert: Ein aktiver Flug wird ausgeschlossen. *Pteranodon* war kein Flattertier, sondern ein Gleitflieger besonders günstiger Tragflächenbelastung. Das Flugtier lebte vermutlich die meiste Zeit in der Luft, und zwar im Gleitflug mit sehr geringen Geschwindigkeiten (25 bis 30 km/h, Höchstgeschwindigkeit 50 km/h). Es entfernte sich dabei weit von der Küste, fischte an der Meeresoberfläche, indem *Pteranodon* mit einem vermutlich vorhandenen Kehlsack Fische und Weichtiere »aufsammelte«. Der englische Saurierexperte A. D. DESMOND glaubt, daß das Tier weiß bepelzt war, damit die gewaltigen Schwingen auf der Wasseroberfläche in Analogie zu rezenten Seevögeln nicht allzu dunkle Schatten werfen konnten. *Pteranodon* nistete möglicherweise auf dem Erdboden küstennaher Inseln. Der Start erfolgte dort auf einfache Weise. Das Tier stellte sich gegen den Wind, und bei Luftströmungen von etwa 20 km/h wurde es wie ein Blatt Papier in die Höhe getragen.

In neuerer Zeit aber wurden die Rekorde der Flügelspannweiten von Pterosauriern überboten. Aus der Oberkreide Jordaniens grub man einen bislang wenig bekannten Flugsaurier aus. *Titanopteryx* soll erheblich größer gewesen sein. 1972 bis 1976 forschte ein Team der Universität Kaliforniens unter DOUGLAS A. LAWSON im Big Bend National Park im texanischen Brewster County. In festländischen Kreidesedimenten, die etwa 300 km landeinwärts der kreidezeitlichen Küste abgelagert wurden,

Der vermutlich hellbepelzte Flugsaurier Pteranodon *aus der späten Kreidezeit der USA besaß bis 8 m Flügelspannweite*
Oben: Skelett und Körperrekonstruktion. Der Schädel mit zahnlosem pelikanartigem Schnabel wird bis 1,80 m lang
Unten: Lebensbild über dem Niobrarameer Nordamerikas

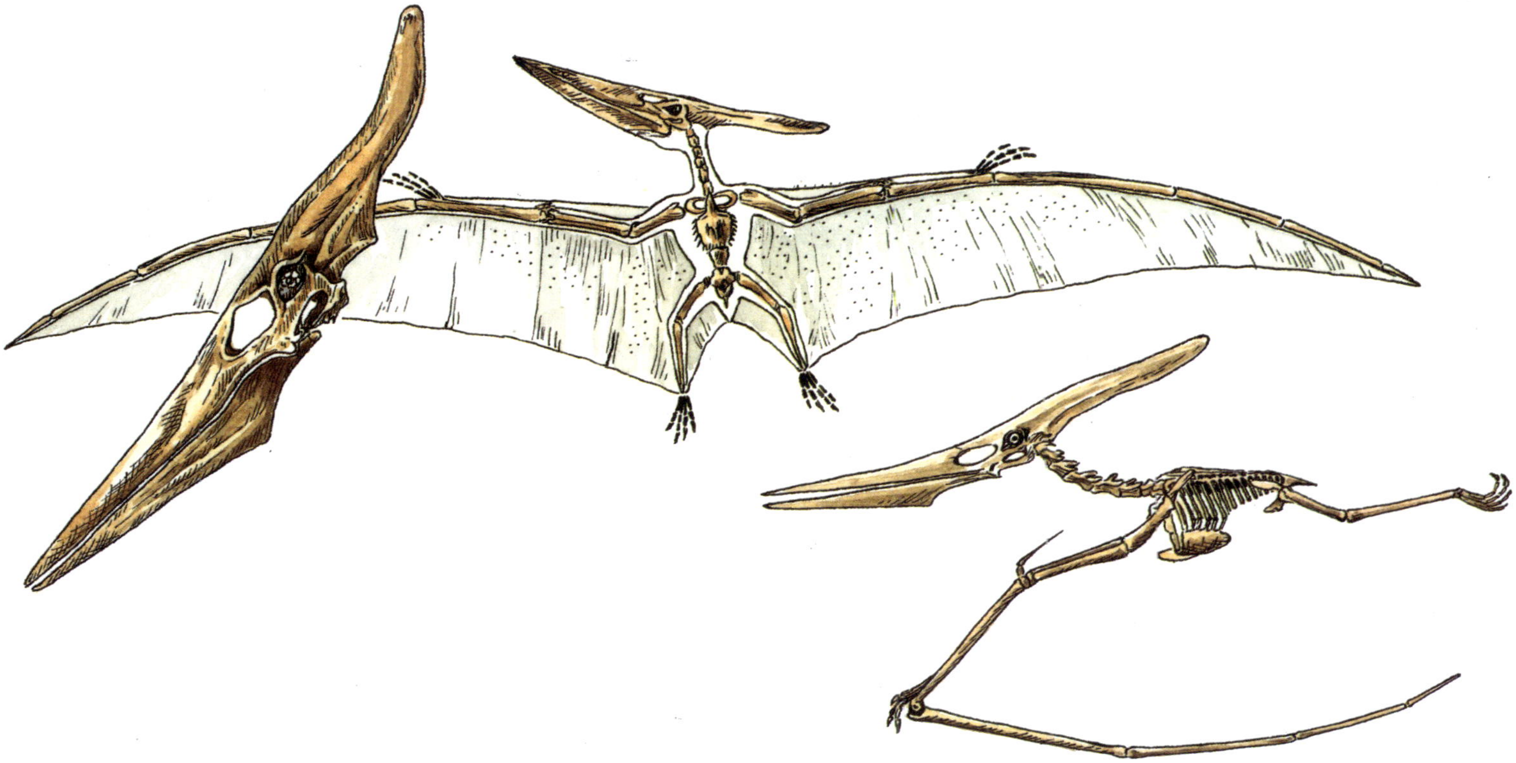

fand man zur großen Überraschung Flugsaurier. Pterosaurier traten bislang nur in marinen Gesteinen auf. Die neu gefundenen Knochenreste besaßen eine solche Größe, daß die Reste von Pteranodonen daneben klein erschienen. Den 10 bis 15 kg schweren *Quetzalcoatlus* zeichnete eine Flügelspannweite bis zu 15 m aus. Diese bislang größten Flugsaurier jagten mit Gewißheit keine Fische, sondern fraßen vermutlich Aas.

Skelett des wasserbewohnenden Schwimmvogels Hesperornis. *Die etwa 1 m großen Vögel mit bezahntem Kiefer, fast völlig verkümmerten Flügeln und mächtigen schwimmhautbespannten Tretfüßen lebten in den Uferbereichen von Meeren der späten Oberkreidezeit Nordamerikas (Kansas, USA).*

Oberkreidezeitliche Seevögel

MARSH, der große Dinosaurierentdecker, hatte in den Rockys neben den Flugsauriern auch Vogelreste gefunden, die eindeutig anzeigten, daß diese Gruppe sich durch rasch voranschreitende Entwicklungen auszeichnete. In der Unterkreide Europas hatte man bereits den flamingoartigen *Gallornis* und den seetaubenähnlichen *Enaliornis* gefunden – und das waren echte Vögel. Aus den marinen Oberkreidesedimenten der Rocky Mountains in Westkansas brachte nun MARSH einen etwa 1 m großen, neuzeitlich aussehenden, aber flugunfähigen Vogel ans Tageslicht, der ganz offensichtlich Seite an Seite mit den Flugsauriern gelebt hatte. Dieser »Vogel des Westens« wurde *Hesperonis* genannt. Er konnte nicht fliegen, schwamm aber elegant wie ein Pinguin und besaß noch immer Zähne wie der legendäre *Archaeopteryx* aus dem Oberjura. *Hesperornis* war ein wasserbewohnender Schwimm- und Tauchvogel mit großen, schwimmhauttragenden Tretfüßen, aber mit verkümmerten Flügeln. Als man schließlich *Hesperonis* auch aus der Oberkreide Kanadas fand, vermutete man, daß diese Vögel ihre Bruträume im Norden hatten.

MARSH grub noch einen weiteren Vogel aus, viel kleiner zwar, nur taubengroß, aber mit intakten Flügeln und einem kräftigen Brustskelett. *Ichthyornis victor* MARSH besaß kräftige Schwingen und konnte aktiv fliegen. Nach Aussehen und Lebensart war er ein möwenartiger Vogel. An den Kieferbögen trug er oben wie unten zahlreiche Zähne. Er jagte nach Fischen. *Hesperornis* wie *Ichthyornis* lebten vermutlich gesellig, zusammen mit anderen See- und Sumpfvögeln vorwiegend in Ufernähe oder inselreichen Buchten des Oberkreidemeeres.

Der letzte Auftritt der Dinosaurier auf dem Lande

An das buchtenreiche Oberkreidemeer mit seinen Austern, den Riesenschildkröten und Meeressauriern und den darüber schwebenden Flugsauriern und den Vögeln grenzte ein weites Festland. Am Horizont erhoben sich die Urrocky Mountains. Durch tektonische Bewegungen stiegen sie immer höher auf. Gewaltige Schuttfächer schoben sich in östliche Richtungen vor. Ein riesiges »Delta« von Alberta in Kanada bis Neumexiko im Süden bildete das Uferland des nordamerikanischen Oberkreidemeeres. Flüsse strömten aus dem Hinterland heraus und mündeten mit weitverzweigten, deltaartigen Aufspaltungen. Hinter den Küstenwäldern aus Pappeln, Buchen und Kiefern stieg das flache Land sanft zu trockneren, warmen Savannen und Steppen empor. In diesen Gegenden lebten in einer letzten Periode noch einmal große Dinosaurier. In den Kreidesedimenten der Laramieformation und anderer Abteilungen in den Regionen von Montana, Wyoming, Colorado und auch in Kanada hatten sich diese Lebensreste teilweise vorzüglich erhalten.

Pflanzenfressende Ornithischier und kleine Säuger

Die späte Oberkreidezeit wurde eine Blütezeit der zweifüßigen blattfressenden Dinosaurier. Es waren Tiere mit einem vogelartigen Becken, Ornithischier also, die einzeln und in Gruppen lebten und sich in Waldungen satt fraßen. Zur gleichen Zeit durchstreiften weitverstreute Gruppen kleiner Säuger die gleiche Landschaft. Die einen erreichten die letzte Lebensblüte, die anderen befanden sich trotz deutlicher Entwicklungsfortschritte noch immer in »Warteposition«, um dann am Ende der Kreidezeit in die frei gewordenen Lebensräume einzudringen und sich reich zu entfalten.

In oberkreidezeitlichen Flußsandsteinen der Laramie-Schichten aus dem USA-Bundesstaat Wyoming wurden vier vollständige Skelette des Schnabeldrachens Anatosaurus (= Trachodon) *in typisch verkrümmter Mumienaustrocknung geborgen. Das einzige in Europa aufgestellte Exemplar (im Senckenberg-Museum in Frankfurt am Main) ist gekennzeichnet durch die gute Erhaltung des breiten Hornschnabels, des aus etwa 2300 kleinen Zähnen bestehenden Gebisses und von Teilen der Haut (z. B. der Schwimmhäute an den Vorderfüßen). Die Länge des* Anatosaurus-*Skeletts beträgt etwa 8 m.*

Aus den im Jura erstmals aufgetretenen Pantotherien hatten sich während der Unterkreidezeit die ersten eindeutigen Placentalier, die Plazentatiere, entwickelt. Wir wissen wenig über diese frühen Formen, da nur sehr fragmentarische Funde, beispielsweise mit *Endotherium* aus Ostasien, vorliegen. Die ersten Theria aus der Unterkreidezeit von England wie der Mongolei sind mit der Gattung *Aegialodon* gefunden worden. Ein wenig mehr werden wir aus den Oberkreideschichten der Mongolei erfahren (s. S. 208). Hier in der nordamerikanischen Kreidelandschaft lebten zudem die ersten kleinen Beuteltiere mit den Gattungen *Eodelphis* und *Boreodon*. Sie sahen dem heutigen Opossum recht ähnlich. Viele dieser neuen Säuger waren Insektenfresser, weil es Insekten reichlich gab. Die Entfaltung der Blütenpflanzen in der Oberkreide hatte eine Entwicklungsexplosion der Insektenwelt ausgelöst. So setzten sich also die Säugerfaunen der Oberkreidezeit aus relativ einfachen Formen der neuentstandenen insektenfressenden Beuteltiere und der Plazentatiere zusammen. Man kann vermuten, daß neue, zukünftige Fossilfunde den Nachweis von Urhuftieren, von frühen Rüsseltieren und vom ersten primitiven Primaten – bislang nur aus dem älteren Tertiär bekannt – auch aus der höheren Kreidezeit ermöglichen werden.

Straußdinosaurier

Viel auffälliger als diese kleinen Säuger waren flinke, intelligente Dinosaurier, sogenannte Coelurosaurier. Sie lebten in der Campanperiode der Oberkreidezeit beispielsweise in der Provinz Alberta (Kanada), wo man sie als Fossilien finden konnte. Sie ahmten die Gestalt flugunfähiger Vögel nach, oder genauer – sie nahmen diese vorweg. Der Straußdinosaurier *Struthiomimus* wurde bis 2 m hoch und etwa 4 m lang. Er besaß viele Merkmale der heutigen großen Laufvögel. Auf den langen Hals folgte ein kleiner, zahnloser Schädel mit Hornschnabel. Die sehr langen Beine bestanden aus Hohlknochen. Bei genauerer Betrachtung gab es natürlich Unterschiede. Das Tier besaß einen langen Balancierschwanz, lange Arme und dreifingerige Hände. *Struthiomimus* war ein Schnelläufer. Das große Gehirn führte zu einer vergleichsweise hohen Intelligenz. Mit den riesigen Augen vermochte er gewiß auch beim Lauf am Boden die Nahrung auszumachen und sicher aufzulesen. Vorwiegend ein Pflanzenfresser, verschmähte er aber kleine Eidechsen und Säugetiere sowie Eigelege anderer Saurier nicht.

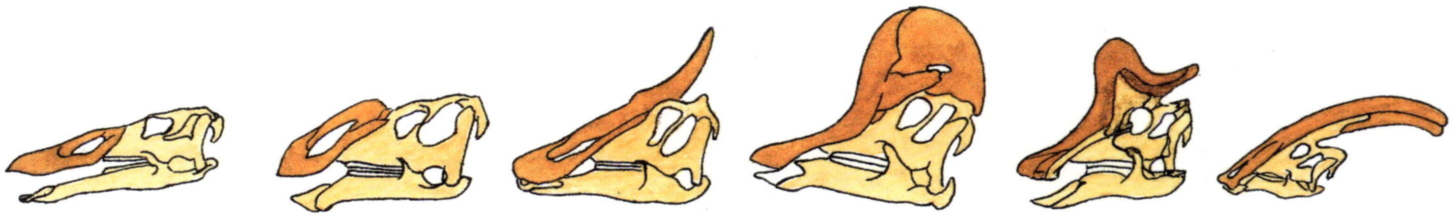

Ein sehr spezialisierter Endzweig der vogelfüßigen Dinosaurier, der Ornithopoden, sind die Entenschnabelsaurier, die Hadrosaurier der oberen Kreidezeit. Ihre Nasenknochen im Schädel (dunkelbraun) bilden »Auswüchse«, die wie Hörner und Helme aussehen. Von links: Anatosaurus, Kritosaurus, Saurolophus, Corythosaurus, Lambeosaurus, Parasaurolophus

Entenschnabelechsen

Auf einer Sandbank im heutigen Wyoming war in der späten Kreidezeit der Leichnam eines Dinosauriers angeschwemmt worden. Die intensive Sonnenbestrahlung hatte den Tierkörper bald zu einer harten, faltigen Mumie zusammentrocknen lassen, die schließlich vom Sand überweht wurde. Im Laufe der Jahrmillionen wurde auch die organische Substanz zu Stein.

Im Jahre 1908 stieß der bekannte Paläontologe CHARLES STERNBERG bei Grabungen auf diese »Steinmumie«, die großes Aufsehen erregte, war doch erstmals ein Saurier körperlich erhalten geblieben. Später folgte dann ein gleichartiger zweiter Fund – beide heute Glanzstücke im New Yorker Naturkundemuseum und im Senckenberg-Museum in Frankfurt am Main.

Das Tier ähnelte bis auf den Kopf dem schon bekannten *Iguanodon.* Durch einen schlanken Körperbau gekennzeichnet, maß dieser Dinosaurier etwa 9 m im Durchschnitt. Er konnte sich aufrecht auf zwei Beinen, aber auch vierbeinig fortbewegen. Aufgerichtet erreichte er eine Höhe bis 4 m. Das Körpergewicht betrug mehr als zwei Tonnen. Vieles deutet auf eine Anpassung ans Wasserleben hin – die entenartigen Vorderbeine funktionierten gewiß als Schwimmfüße, der seitlich zusammengedrückte Schwanz stellte ein Antriebsorgan beim Schwimmen dar, die Haut war panzer- und schuppenlos und trug lediglich Warzen am Rücken. Der Kopf von *Anatosaurus,* wie dieser ursprünglich als *»Trochodon«* bezeichnete Dinosaurier schließlich benannt wurde, besaß allerdings einen gänzlich neuartigen Bau. Die übliche Reptilschnauze hatte sich zu einem Entenschnabel umgeformt. *Anatosaurus* heißt wörtlich übersetzt die »Entenechse«, wobei die innere Anatomie des Schädels natürlich nichts mit einem Entenschädel gemein hatte. Hinter dem hornigen Schnabel folgten in dichter Reihung Zahnbatterien, die nach Abnützung immer wieder ersetzt werden konnten. Die aus etwa 1 000 Zähnen bestehenden Mahlplatten, die oft starke Abnutzungserscheinungen zeigen, belegen eine große Vertilgungsmenge an Pflanzensubstrat und Holz. Eine Untersuchung des Mageninhalts der Frankfurter Mumie brachte Aufklärung über die Nahrungspalette. Außer einer Unmenge Koniferennadeln fanden sich Früchte, wie Feigen, Samen und kleine Zweige. Zumindest zeitweilig muß *Anatosaurus* Landbewohner gewesen sein. Vermutlich herdenweise weidete er in den ausgedehnten Küstenwäldern die Kiefern, Pappeln und Feigenbäume ab. Fossilfunde dieses Tieres stammen ausschließlich aus Nordamerika, und zwar aus Wyoming, Süddakota, Montana und der kanadischen Provinz Alberta.

Neuere Ausgrabungen von JOHN HORNER in der Two-Medicine-Formation (Campan-Oberkreide) im Bundesstaat Montana führten 1978 zu dem sicheren Nachweis einer Brutpflege bei Entenschnabeldinosauriern, die man mit wissenschaftlichem Namen Hadrosaurier nennt. Es wurden zahlreiche kreisförmige Erdnester mit Gelegen von 2 bis 24 länglichen Eiern in etwa 10 m Abstand aufgefunden. In einem dieser Nester lagen 15 Dinosaurierjunge der Gattung *Maiasaurus,* bereits viermal schwerer als beim Ausschlüpfen aus den Eiern. Bei einem geschätzten Lebensalter von 3 bis 6 Monaten waren sie knapp 1 m lang. Da sie aber trotzdem alle in einem Nest hockten, muß man annehmen, daß die Elterntiere die Jungen beisammenhielten. Die Zähne der Jungen zeigten bereits Abnutzungsspuren. Also brachten die Eltern die Nahrung ans Nest, oder die Jungtiere gingen mit den Eltern auf Futtersuche, um dann in geschlossener Familienformation ans Nest zurückzukehren.

In allerjüngster Zeit hat man in der Oberkreide Montanas in der Nähe von Choteau in einem 10 cm langen Ei ein gut erhaltenes Saurierembryo gefunden – ein wertvoller Fund hinsichtlich der Erhaltungsmöglichkeit aller Stufen des Lebens.

Hauben- oder Helmdinosaurier

Der uns schon bekannte, 1981 im Alter von 96 Jahren verstorbene kanadische Paläontologe Dr. CHARLES STERNBERG untersuchte im Jahre 1913 Oberkreideablagerungen in der Red-Deer-Region der westkanadischen Provinz Alberta (Belly-River-Schichten) – und wieder war das Ergebnis eine wissenschaftliche Sensation. Neben den normalen entengeschnäbelten Hadrosauriern hatten dort erheblich skurrilere Tiere der gleichen Gruppe gelebt. Jetzt hatte man Formen mit mehr als seltsamen Kopfaufbauten aufgefunden. Die ersten haubentragenden Hadrosaurier waren entdeckt worden.

Bald häuften sich die Funde, als das kanadische Geologische Landesamt und das Amerikanische Museum für Naturgeschichte die Ausgrabungen unter der Leitung von LAWRENCE GEORGE LAMBE bis in die zwanziger Jahre fortsetzten. Immer neue »Zierformen« wurden bekannt. Die ganze Gruppe war durch eine schnelle und vielseitige Entwicklung gekennzeichnet. Die Größe der Hauben nahm im Laufe der Zeit zu. Der erste Fund gehörte zu *Lambeosaurus* (zunächst *Stephanosaurus* genannt). Der Schädel trug einen Zylinderhut aus Knochen. Im Field-Museum in Chicago ist *Lambeosaurus* als Beutetier eines räuberischen *Gorgosaurus* dargestellt. *Corythosaurus* zierte ein »korinthischer Helm« und *Parasaurolophus* eine Knochenhaube, die sich nach hinten bog wie der Federschmuck einer Trachtenhaube.

Sofort wurde natürlich die Frage nach dem Sinn dieser »Hauben«, die man bei lebenden Tieren nicht kennt, aufgeworfen. Viele prominente Saurierforscher gaben ihre Stimme ab. Der Saurierbaron und Diplomat F. NOPCSA sah in den »Helmen« männliche Attribute, also Sexualdimorphismus im Sinne von maskulinen Rangsymbolen. Aber bereits L. G. LAMBE hatte nachgewiesen, daß diese Schmuckhauben meist hohl und vom windungsreichen Nasenkanal vollständig durchzogen waren. Professor JOHN OSTROM vom Peabody-Museum der Yale-Universität zog daraus den Schluß, daß diese schutzlosen Tiere durch einen enorm verfeinerten Geruchssinn drohende Gefahren frühzeitig wittern konnten. Ebenso wahrscheinlich ist die Deutung der Knochenauswüchse als schallverstärkende Resonatoren. Bestimmte Frequenzbereiche sollen in den Schallkanälen verstärkt worden sein. Nach dieser Theorie haben also Saurier in stimmlichem Kontakt gestanden, eventuell nur oder verstärkt zur Zeit sexueller Potenz (»Brunft«). Scheinbar groteske, in Wahrheit aber durchaus sinnvolle und nützliche Spezialisierungen scheinen diese Endphase der Dinosaurier zu charakterisieren. Es sind Anpassungen, die sowohl in körperlichen Besonderheiten wie in ihrem Sozialverhalten zum Ausdruck kommen.

Der Dreihorndinosaurier Triceratops

In den an die weiten Flußlandschaften angrenzenden walddurchzogenen Savannen und Steppen der Oberkreidezeit im heutigen Nordamerika waren einige Vogelbeckensaurier (Ornithischier) zu vierbeiniger Laufweise zurückgekehrt, frühe Formen bereits zur Zeit der Unterkreide. Es entstanden Dinosaurier, die in Aussehen, Gangart und Lebensweise an Großsäuger erinnerten, wie sie heute in etwa gleichen Lebensräumen vorkommen. Eine große Formengruppe ähnelte den Nashörnern. Der Schädel war mit einem oder mehreren spitzen Hörnern und Knochenstacheln bewehrt. Größere Herden derartiger Horndinosaurier (Ceratopsier) durchstreiften den großen Nordkontinent von der Mongolei bis Nordamerika. Die Knochenreste dieser großen Tiere sind in erster Linie typisch für die allerobersten Schichtenfolgen der oberen Kreidezeit. Auffällig ist, daß sich die Funde mit Annäherung an die Kreide-Tertiär-Grenze deutlich verringern – um schließlich ganz zu fehlen. Das ist dann das Ende der Kreidezeit, das Ende der Dinosaurier überhaupt und auch das Ende des Mesozoikums.

In Europa fehlten bisher Ceratopsierfunde – ein verwunderlicher Umstand! Alte Knochenfunde aus Unterkreidesedimenten lagen in der Sammlung des Gymnasiums Adolfinum in Bückeburg, wurden dort 1969 »ausgegraben« und 1982 wissenschaftlich bearbeitet. Neben Iguanodonten fand sich hier der geologisch älteste Horndinosaurier der Erde. Er erhielt den wissenschaftlichen Namen *Stenopelix*. Mit dieser Form gelang zugleich der erste Nachweis der Ceratopsier auf europäischem Boden.

Diese Horndinosaurier erfuhren während der jüngeren Oberkreide eine ständige Abwandlung ihrer Formen. In den kanadischen Badlands am Red-Deer-River erschien in den Belly-River-Schichten in Alberta und auch in Montana der bis 5 m große, einhörnige *Monoclonius* sowie *Chasmosaurus* mit kräftigem Nasenhorn, zwei spitzen Überaugenhörnern und langgestrecktem und fontanellenreichem Nackenschild. Jeder Horizont lieferte seine typischen Vertreter – die Lance-Stufe der späten Oberkreide im östlichen Wyoming, in Colorado und Montana den größten Vertreter der Ceratopsiden von 7 bis 10 m Länge und etwa 4 bis 6, maximal vielleicht sogar über 10 Tonnen Gewicht. Allein der Kopf mit hornüberzogenem Schnabelmaul, mit drei ebenfalls hornbedeckten Knochenhör-

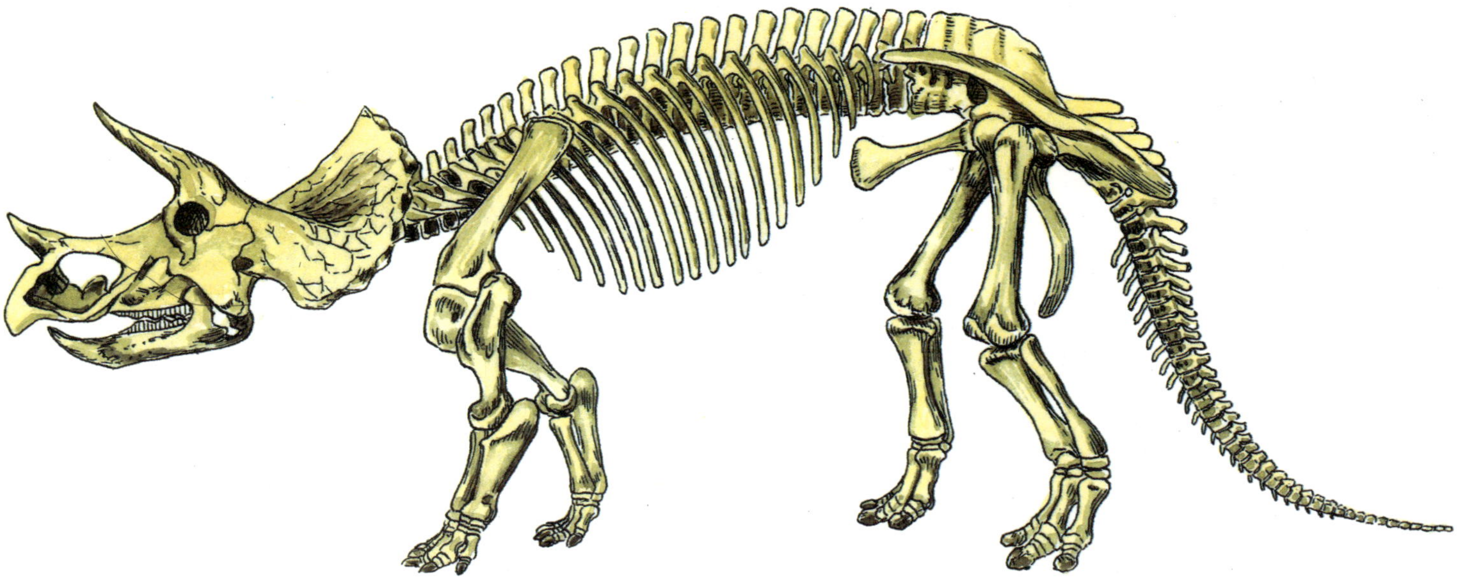

Gegen Ende der Kreidezeit war der pflanzenfressende Horndinosaurier Triceratops *ein häufiges Tier. Der bis 2 m große Schädel besaß ein Nasenhorn, zwei Augenhörner und einen gewölbten Nackenkragen. Im Bild eine historische Skelettrekonstruktion von O. Ch. Marsh der bis 7 m langen Form* Triceratops prorsus *nach Funden aus Wyoming*

nern, zwei langen, spitzen über den Augen und einem dritten kleinen in der Nasengegend, maß über 2 m. Sehr auffällig war der kompakte Nackenschild aus Knochen. MARSH nannte dieses schnelle gesellige Tier 1889 *Triceratops.* Es stellt ein »Leitfossil« der späten Kreidezeit dar. Der skurrilste Vertreter einer anderen Entwicklungslinie war *Styracosaurus* aus den Judith-River-Schichten von Montana und den Belly-River-Schichten von Alberta (Kanada) mit einem stacheligen Hörnerkranz zwischen Augen und Nackenschild und einem spitzen Nasenhorn – eine angsteinflößende Erscheinung! Die Horndinosaurier der oberen Kreidezeit durchliefen in mehreren Entwicklungslinien eine schnelle Evolution – zuletzt lebte nur noch *Triceratops.*

Riesenkrokodile und bipede Karnosaurier der oberen Kreidezeit

Pflanzenfresser wie die beschriebenen, noch dazu herdenbildende, mußten zwangsläufig zur Aufrechterhaltung intakter Biotope Raubtiere auf den Plan rufen – ein altes Lebensgesetz, das während der langen Erd- und Lebensgeschichte immer Gültigkeit besaß.

Die an Flußläufen und an Seen vorbeiziehenden und in ihnen badenden und Nahrung suchenden Entenschnabeldinosaurier mußten ständig auf der Hut sein. In den Gewässern hausten riesenhafte gefräßige Krokodile. Der größte Vertreter, in Nordamerika wie in Europa gefunden, erreichte bis 18 m Länge. Allein sein Schädel maß bis 2 m. Er trug eine spitze, kräftige Bezahnung. Dieser *Deinosuchus* (auch *Phobosuchus*) ähnelte in Form und Lebensweise den Nilkrokodilen. In Nordafrika fand man in etwas älteren Schichten den nur wenig kleineren *Sacrosuchus*, der dem indischen Gavial ähnlich war.

Auf den angrenzenden Landstrichen, in den Wäldern und Savannen, lebten zweibeinige Karnosaurier unterschiedlicher Größe, waren ja auch ihre zu »jagenden Partner« unter den Pflanzenfressern unterschiedlich groß. Bis 9 m Länge und 3,50 m Höhe erreichte der in Montana und Kanada sowie in Südostasien gefundene *Gorgosaurus*, aufrecht auf schlanken, aber kräftigen Hinterfüßen laufend, während die Vorderfüße fast völlig verkümmerten. Er ernährte sich vermutlich von großen Pflanzenfressern. Nach den Untersuchungen von LAWRENCE GEORGE LAMBE aber könnte er vorwiegend Aasfresser gewesen sein, denn die Spitzen der Reißzähne waren auch bei Alttieren völlig unabgenutzt und unversehrt.

Aus der Gruppe kleinerer Raubtiere soll ein spezialisierter Vertreter aus der frühen Kreidezeit vorgestellt werden, der 1964 durch John H. Ostrom in Montana und dann in Wyoming ans Tageslicht kam. *Deinonychus* war ein nur 2,50 bis maximal 3 m langer und etwa 75 kg schwerer, schnellfüßiger und intelligenter Räuber, der mehrere seltsame Spezialisierungen besaß. Der Fuß hatte nur zwei Zehen, die den Boden berührten, während die dritte Zehe zu einer sichelförmigen Kralle von 13 cm Länge verlängert war, eine todbringende Waffe, die das Beutetier aufreißen konnte. Die Handhabung dieses »Reißapparates« erforderte ein überdurchschnittliches Gleichgewichtsvermögen, denn *Deinonychus* riß kleine pflanzenfressende Dinosaurier und Säugetiere, auf einem Bein stehend. Der lange Schwanz diente als Balancierstange, und vermutlich deshalb besaß dieser auch eine eigentümliche Knochenversteifung. Die Gehirngröße war so bedeutend geworden, daß manche Forscher glauben, sie habe den Funktionsumfang primitiver Primatengehirne erreicht.

Einer der größten Karnosaurier – Tyrannosaurus

Henry Fairfield Osborn hatte vom Amerikanischen Museum für Naturkunde in New York aus mehrere Expeditionen in die Rocky Mountains geschickt, um den Saurierschichten der oberen Kreidezeit neue Funde zu entreißen. 1902 stieß eine Grabungsmannschaft unter Barnum Brown und Richard Swann Lull am Hell Creek in Montana in hartem Oberkreidesandstein auf eine Anhäufung großer, rotbrauner Knochen. Mehrere

Die Horndinosaurier (Ceratopsier) bildeten das Ende der Sauriergeschichte. Zur Zeit der obersten Kreide lebte in Nordamerika der bis 10 m lange Triceratops *mit zwei mächtigen Stirnhörnern und einem kräftigen Nasenhorn sowie einem breiten gewölbten Nackenschild. In Herden weideten diese Tiere die im warmen Oberkreideklima gut gedeihenden Palmfarne und Laubbäume ab. Es waren friedliche Pflanzenfresser.*

Der oberkreidezeitliche Karnosaurier Tyrannosaurus rex *aus Montana wurde bis 12 m lang und etwa 6 m hoch. Das Bild zeigt ein montiertes Skelett im Museum of Natural History in New York, rechts daneben ein etwa 6 m langes* Triceratops-*Skelett aus der höchsten Kreidezeit Nordamerikas von vorn.*

Sommer nacheinander mußten sie zurückkehren, um den Fund vollständig zu bergen – aber es lohnte sich. Nach der Präparation montierte RICHARD SWANN LULL das Skelett, und WILLIAM DILLER MATTHEW lieferte eine zeichnerische Rekonstruktion. OSBORN selbst gab dem gewaltigen Fleischfresser 1905 seinen wissenschaftlichen Namen: *Tyrannosaurus rex*, der »Herrscher der Tyrannenechsen«.

Der Fund entsprach einer wissenschaftlichen Sensation. 1902 glaubte man sicher zu wissen, daß der in den späten Juraschichten am Medicin-Bow-River gefundene *Allosaurus* der größte fleischfressende Dinosaurier aller Zeiten sei. Jetzt aber stand ein noch größerer Raubsaurier im New Yorker Naturkundemuseum, im Carnegie-Museum in Pittsburgh und bald auch im British Museum in London. Die Körpermaße waren verblüffend. Fast 12 m Länge und bei aufrechtem Gang gegen 6 m Höhe erreichte *Tyrannosaurus*. Der 1,25 m lange Schädel besaß trotz zahlreicher Öffnungen (Foramina) eine große Stabilität. Die großen Kiefer waren mit 15 cm langen, leicht nach innen gebogenen, dolchartigen Raubtierzähnen besetzt. Das Tier konnte große Stücke ins Maul nehmen und erfolgreich zerbeißen. Man glaubte, daß *Tyrannosaurus* vor allem größere Pflanzenfresser wie die Entenschnabeldinosaurier und die Horndinosaurier angriff und jagte. Dabei lief er mit 4 m langen Riesenschritten und großer Geschwindigkeit auf den kräftigen, dreizehigen Hinterbeinen. Die Vordergliedmaßen waren zu winzigen, bekrallten »Ärmchen« reduziert, die kaum in der Lage waren, größere sich wehrende Beutetiere wirklich festzuhalten. Es kommt der Gedanke auf, daß der gewaltige *Tyrannosaurus* gar kein aktiver Räuber, sondern vorwiegend ein Vertilger von altersschwachen und kranken Tieren und vor allem von Saurierkadavern gewesen war.

Echsenknochen und Eigelege im Wüstensand – sowjetische und mongolische Saurierfunde

Ganz ähnliche Landschaften wie die beschriebenen in Nordamerika hat es vor 80 bis 100 Millionen Jahren im Raum der mittelasiatischen Unionsrepubliken der Sowjetunion gegeben. Weite ebene Terrains wurden von sich aufspaltenden Flüssen durchströmt. Am Rande der seenreichen Talauen dehnten sich weitläufige Waldungen aus, an die sich große, hügelige Hochflächen anschlossen. Es hatten sich günstige Lebensbedingungen für eine festländische Lebewelt herausgebildet.

So wundert es nicht, daß auch aus den Oberkreidesedimenten Mittelasiens, und zwar aus Usbekistan, Tadshikistan und Kirgisien, eine terrestrische Lebewelt und in dieser vielfältige Saurierformen ans Tageslicht kamen. Besondere Aufmerksamkeit erfuhr die Auffindung von Skelettresten tyrannosaurusartiger Karnosaurier in fast gleicher Ausbildung wie in Nordamerika. Da sie Funden aus der Mongolei besonders ähnlich sind, werden wir sie dort näher kennenlernen. Durch die Raubsaurierfunde ist eine weite regionale Verbreitung dieser Karnosaurier der Oberkreidezeit zumindest für die Nordhalbkugel sicher belegt.

Der ausgewachsene Karnosaurier Tyrannosaurus rex *aus den Oberkreidelandschaften Nordamerikas als Aasfresser an der Leiche eines Entenschnabeldinosauriers*

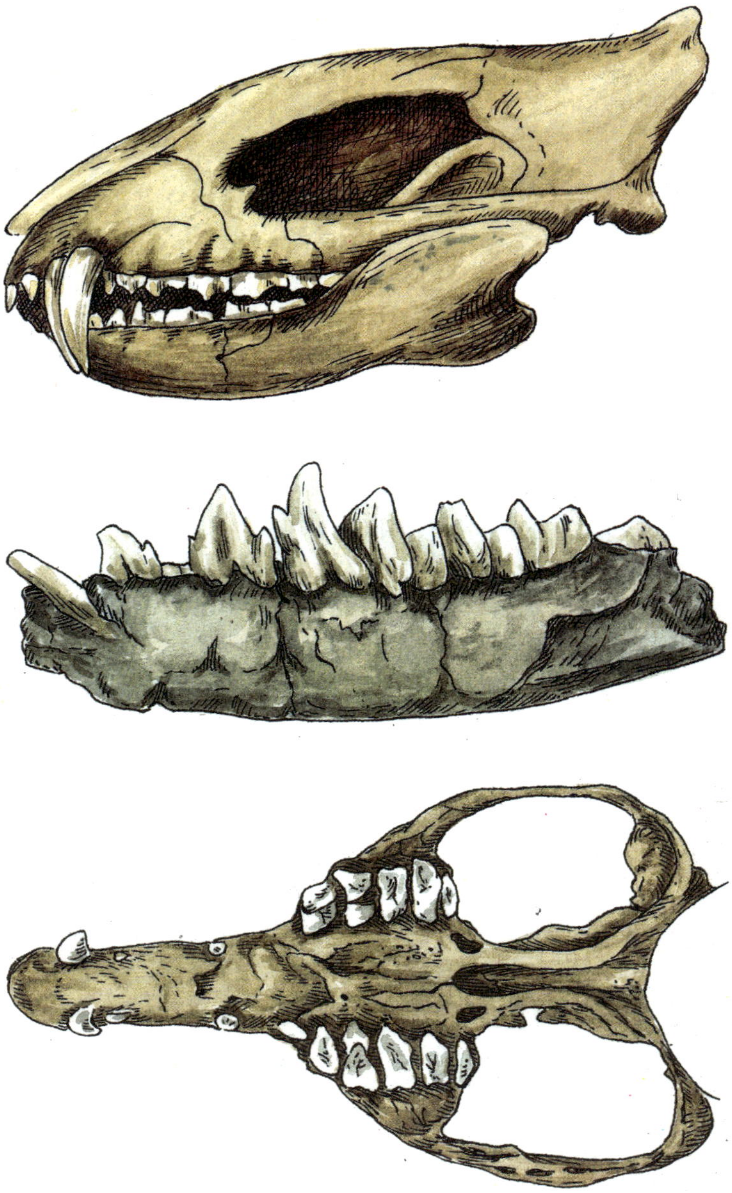

Säugetierfunde aus den saurierführenden Oberkreidesedimenten der Südgobi (Mongolische Volksrepublik)
Oben: Ein 9 cm langer Schädel des Urraubtiers Deltatheridium *von Bajn Dzak*
Mitte: Etwa 2,5 cm langer Unterkiefer von Kennalestes gobiensis
Unten: Etwa 4 cm langer Schädel des spitzmausartigen Insektivoren Zalambdalestes grangeri *(von unten)*

Ebenso sicher wußte man, daß in gleicher Verbreitung größere Lebensgemeinschaften von Pflanzenfressern den Räubern zur Seite gestanden haben müssen. Aus der Vielzahl der Formen mittelasiatischer Fundplätze erscheinen die Entenschnabeldinosaurier, mit *Anatosaurus* aus Nordamerika bekannt, als besonders erwähnenswert. Der relativ kleine *Procheneosaurus* mit hohem, kurzem, dichtbezahntem Schädel besaß als typischer bipeder Ornithopode lange, kräftige Hinterextremitäten. Er wurde in den Oberkreidesedimenten der Usbekischen Sowjetrepublik gefunden.

Viele dieser sowjetischen Dinosaurierfunde waren im alten Paläontologischen Museum der Akademie der Wissenschaften der UdSSR in Moskau als montierte Skelette in Fundlage oder als besonders gut erhaltene Skeletteile ausgestellt. Das Paläontologische Institut der Akademie, zu dem dieses Museum gehört, erhält gegenwärtig ein neues Haus. Während des Internationalen Geologenkongresses 1984 in Moskau waren einige der neuen Fossilsäle mit moderner musealer Gestaltung bereits zugänglich.

Auch im Süden der Mongolischen Volksrepublik hatten sich Landschaften und Milieu zur Oberkreidezeit ähnlich den geschilderten Fundgebieten Amerikas und der Sowjetunion ausgebildet. Der sowjetische Paläontologe I. A. Jefremow schrieb bereits 1949 über die Oberkreide der Südgobi: »Fundstellen wie die von Nemeget, Siregin-Gashun, Charachutu-Ula u. a. konnten nur dann entstehen, wenn große Wassermassen in großen seeartigen Becken vorhanden waren, wo sich große Mengen treibender Kadaver von Dinosauriern ansammelten. Davon zeugt unbestreitbar auch die Fülle von Schildkröten, die durch im Wasser lebende Formen vertreten sind ... Die Überreste von Fischen und Krokodilen und die große Anzahl von Süßwassermollusken zeugen ebenfalls von großen Flüssen und Seen. Gigantische Pflanzenfresser, Sauropoden und Trachodonten belegen das Vorhandensein reicher pflanzlicher Nahrung, was ebenfalls unter Wüstenverhältnissen nicht möglich wäre.« An die Feuchträume grenzten allerdings steppenartige Trockengebiete. Sie lagen auf gewaltigen Sedimentfächern, die von aufsteigenden Gebirgen in Richtung dieser Tiefgebiete geschüttet worden waren.

In diesen Landschaften Ostasiens nahm eine der letzten Entwicklungsperioden in der Dinosaurierevolution ihren Ausgang. Aus der Frühzeit der Oberkreide, dem Cenoman der Ostgobi, stammen Karnosaurier, Ornithopoden und Ankylosaurier (Panzerdinosaurier), wie *Talarurus, Scolosaurus* und *Pinacosaurus.* In den folgenden jüngeren Abschnitten der Oberkreide wimmelte es von hochspezialisierten Vertretern der Dinosaurier. Dazwi-

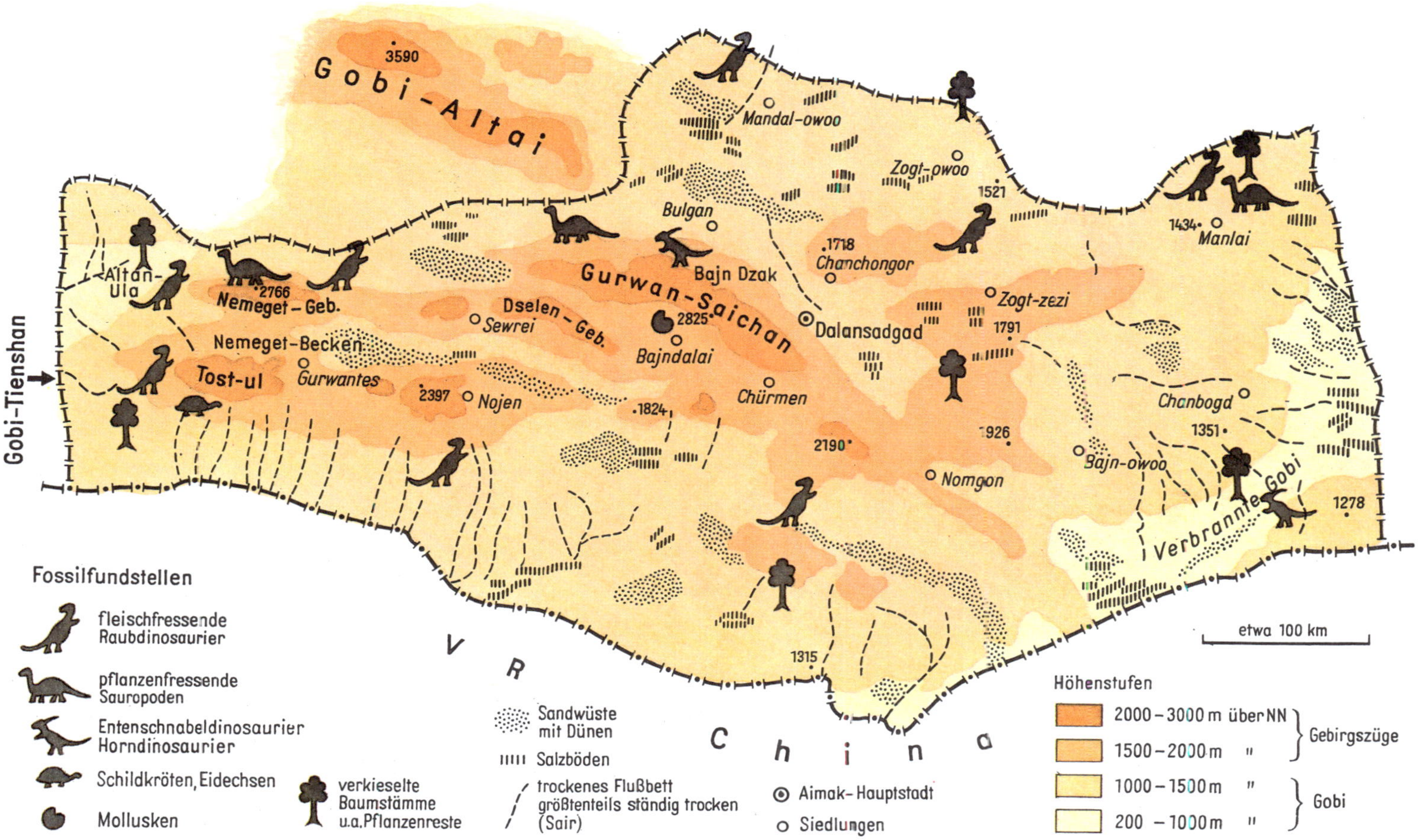

Die berühmten Fundstellen von Saurierknochen und Eigelegen sowie anderen Lebensresten aus den zu Tage anstehenden Oberkreidesedimenten der Südgobi (Mongolische Volksrepublik/Aimak Omnogow)

schen tummelten sich kleine Säugetiere, die ersten Placentalier (siehe S. 201). Der rattengroße *Zalambdalestes* hatte spitzmausartiges Aussehen und ernährte sich in erster Linie von Insekten. Erst in neuester Zeit wurden Schädel verschiedener *Eutheria* wie *Kennalestes* und *Asioryctes* beschrieben. Eine fleischfressende Lebensweise kennzeichnete das Urraubtier *Deltatheridium.* Gegen Ende dieser Zeit wurden insektenfressende plazentale Säuger immer häufiger.

Schildern wir zunächst die Entdeckungsgeschichte. 1922 kam eine erste Expedition des Amerikanischen Naturkundemuseums New York unter der Leitung des Zoologen Roy Chapman Andrews von China aus in die mongolische Gobi – und fand auf Anhieb in rotbraunen Oberkreidesedimenten Reste von Dinosauriern. Fundgebiet war die Südgobi westlich der Aimakhauptstadt Dalansadgad, dort, wo das Gobi-Altai-Gebirge im Südosten in den Wüstensteppen und Wüsten versinkt. Die mongolische Bezeichnung einer der berühmten Fundstellen lautet »Bajn Dsak«, was soviel wie »die an Saxaul reiche Gegend« bedeutet. Benachbart findet sich noch heute ein eindrucksvoller niedriger Wald aus altem Saxaul, einem dort baumartigen sukkulenten Wüstenstrauch.

Dinosauriereier in der Gobi

Ein wadiartiges Trockental in der Nähe dieser Saxaulwälder und unweit umfangreicher Dünenfelder hatte bräunliche bis orangerote Oberkreidesandsteine freigelegt. An den Felswänden, die im versinkenden schrägen Sonnenlicht allabendlich flammendrot aufleuchteten, wurden von dem bekannten ameri-

Die »Flammenden Klippen« in der Südgobi bei Dalansadgad – 1922 wurden hier von einer Expedition des Amerikanischen Naturkundemuseums die ersten Dinosaurier und Dinosauriereier in den Oberkreideschichten der Mongolischen Volksrepublik gefunden.

kanischen Paläontologen WALTER GRANGER und seinen Expeditionskameraden fossile Eigelege aufgefunden, die man noch an Ort und Stelle als Saurierеier identifizierte. Expeditionsleiter ANDREWS berichtete: »Der Ort war mit Knochen fast gepflastert. Alle gehörten Tieren an, die uns unbekannt waren. GRANGER las ein paar Stückchen Eierschalen auf, die wir für eine Ablagerung aus dem Spättertiär hielten. Später stellten sie sich als Stückchen von Dinosaurierschalen heraus. Der große Kessel mit den prächtig ausgemeißelten Wänden war der ergiebigste paläontologische Fundort der Welt. Wir nannten ihn die ›Flammenden Klippen‹.«

Bis 1930 kehrten die amerikanischen Wissenschaftler mehrfach in die Südgobi zurück. Ein umfangreiches Fundmaterial kam zusammen, das nach dem zweiten Weltkrieg durch sowjetische Grabungen und von 1963 bis 1971 durch mongolisch-polnische Expeditionen unter der Leitung von ZOFIA KIELAN-JAWOROWSKA beträchtlich vermehrt wurde.

Die Dinosauriereier der Gobi sind seit dieser Zeit weltberühmt. Die Eigelege – zum Ausbrüten durch die Sonne einst in den warmen Sand gelegt – bestehen aus verschiedenen Eitypen. Einmal gibt es bis 30 cm große, kanonenkugelartige, runde Eier, bis 16 Stück je Nest. Sie gehören vermutlich zu großen Sauropoden. In der Regel aber sind die Eier länglich oval. In den Gelegen sind sie ringförmig bis zu drei Etagen übereinander aufgeschichtet. Maximal 22 Eier in einem Gelege wurden gezählt. Gelegentlich steckten die länglichen Eier auch senkrecht im Sande. Sofort mit der Auffindung der Eigelege stand die Frage nach den Erzeugertieren zur Diskussion. Glückliche Fundumstände brachten in den Klippen von Bain Dzak Einester zusammen mit Skelettresten ans Tageslicht. Für eine Eiform jedenfalls gelang es, das zugehörige Tier zu ermitteln.

Horndinosaurier ohne Hörner

Die an den Eigelegen gefundenen Knochen gehörten zu einem auch anderwärts freigelegten plumpen Ornithischier, der am

Zwei Skelette des etwa 1,80 m langen »Papageienschnabeldinosauriers« Protoceratops *und eines seiner Nester aus den Oberkreidesedimenten der Südgobi (Mongolische Volksrepublik), aufgestellt im Museum of Natural History in New York*

Anfang einer neuen Entwicklungslinie stand. Es war ein massiver Vierbeiner von 0,5 bis 2 m Länge und 10 bis 75 kg Masse, der bereits in der tieferen Oberkreide (Djadochtaformation), eventuell sogar zur späten Jurazeit gefunden wurde. Das Tier bekam von den Paläontologen GRANGER und GREGORY 1923 den Namen *Protoceratops*, was soviel wie »Erster der Horndinosaurier« bedeutete. Der im Verhältnis zum Körper zu große Schädel bis 60 cm Länge erhielt ein ganz seltsames Gepräge durch einen großen Papageienschnabel, der vorn zahnlos war, und durch einen stark durchbrochenen, insgesamt aber hautüberzogenen Knochenkragen in der Nackenregion. Über die Funktion dieses »Kragens« wird gestritten – zwischen einer Schutzvorrichtung der Nackenregion und einer Einrichtung der Innentemperaturregelung wird man sich zu entscheiden haben. Hörner trug dieses Tier allerdings nicht. Der mongolische *Protoceratops* war trotzdem eine der Ausgangsformen der später größeren und behörnten Horndinosaurier, der Ceratopsier, deren Endformen aus der höchsten Kreide Nordamerikas mit den Gattungen *Styracosaurus* und *Triceratops* bereits beschrieben wurden. In Wyoming und Alberta lebte zur gleichen Zeit ein weiterer Vertreter dieser Horndinosaurier-Vorfahren, ein primitiver »Vetter« des mongolischen *Protoceratops*, der 2 bis 3 m große urwüchsige *Leptoceratops* mit einem extrem kleinen Nackenschild und fehlendem Nasenhorn.

Protoceratops wurde in der Mongolei in allen individuellen Altersstufen gefunden. Nach dem Ausschlüpfen aus dem Ei besaß *Protoceratops* eine Länge von etwa 30 cm – so groß konnten auch die Eier werden, überdurchschnittlich groß im Verhältnis zur Eigröße anderer Dinosaurier. Im Paläontologischen Museum in Ulan-Bator ist das Modell eines *Protoceratops*-Eigeleges mit Jungtieren in verschiedenen Stadien des Schlüpfens ausgestellt.

Schnelle Räuber und große Sauropoden

Diese Protoceratopsier hatten Feinde, direkte und indirekte. 1971 fand eine mongolisch-polnische Paläontologengruppe im

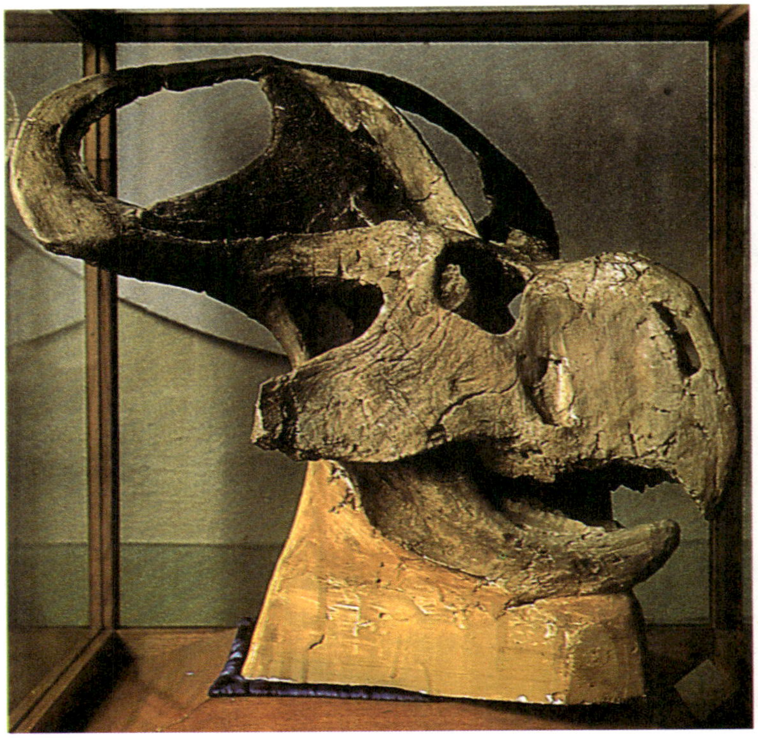

Etwa 60 cm langer Schädel und Unterkiefer von Protoceratops andrewsi *aus Oberkreidesedimenten der Südgobi (Mongolische Volksrepublik), ausgestellt im Zentralmuseum Ulan-Bator*

Gelege von Sauriereiern in den Oberkreidesedimenten der Südgobi (Mongolische Volksrepublik)

Oberkreidesandstein der Südgobi das Skelett eines kleinen *Protoceratops andrewsi*, das innig umklammert wurde von einem Raubtier, einem mäßig großen, schnellen *Velociraptor mongoliensis* mit schlanken Beinen und riesigen, bekrallten Greifhänden. Die Vordergliedmaßen des *Velociraptor* liegen auf dem Schädel, die gewaltigen Krallen der hinteren Gliedmaßen sind in den Hals und in die Bauchregion des *Protoceratops* eingedrungen. Die Fundsituation könnte den gemeinsamen Tod der vor 70 Millionen Jahren miteinander kämpfenden Tiere anzeigen, eine Sauriertragödie in Stein. Die Auslegung als »fossil gewordener Todeskampf« ist eine vage Deutung, für die gewiß zwingende Beweise fehlen. Die Gesteinsplatte aber mit der Originallage der beiden Tiere ist eines der bemerkenswertesten Museumsexponate der Welt.

Ein anderer, mehr indirekter Feind des *Protoceratops* könnte der kleine, zierliche, zweibeinig laufende Coelurosaurier *Oviraptor* gewesen sein, ein Eierdieb mit großer Wahrscheinlichkeit. Skelettreste dieses Tieres wurden über den Eigelegen ausgegraben.

Schon 1923 fand die Expedition des Amerikanischen Museums eine andere biped-vogelfüßige Raubtierform. Es erhielt den wissenschaftlichen Namen *Saurornithoides*, weil es zu den Vogelnachahmern (Ornithomimidae), den Straußdinosauriern, gehörte. Erst in den sechziger Jahren wurde die entwicklungsgeschichtliche Bedeutung dieses Tieres erkannt: Große Greifhände und große Augen konnten nur funktionsfähig sein

Der oberkreidezeitliche Protoceratops *aus der mongolischen Südgobi ist mit knapp 2 m Körperlänge bei ausgewachsenen Tieren der kleinste der »Horndinosaurier« – ein entwicklungsgeschichtlich früher Vertreter ohne Horn. Im Vordergrund ein Gelege aus etwa 15 bis 30 cm langen länglichen Eiern, aus denen mehrere Jungtiere gerade geschlüpft sind.*

Der bis 4 m große zahnlose Coelurosaurier Ornithomimus (Struthiomimus) *frißt in einer Savannenlandschaft der Oberkreidezeit in Nordamerika oder in der Mongolei (Südgobi) die Früchte großwüchsiger Cycasgewächse. Die intelligenten und gewiß warmblütigen Tiere waren eventuell auch Eiräuber. Im Hintergrund einzelne Palmen und Feigenbäume*

in Verbindung mit einem großen Gehirn! *Saurornithoides* war ein flinkes Tier mit vogelhafter oder gar höherer Intelligenz. Gleichzeitig lebte ein weiterer Straußdinosaurier von 3 m Länge – *Gallimimus bullatus. Ornithomimus* wurde gar 4 bis 5 m lang bei einer Körperhöhe von 3 m. Auch sie besaßen ebenfalls riesige Augen.

In dieser oberkreidezeitlichen mongolischen Landschaft fehlten auch Laubbäume und Koniferen nicht. Es gab »Einzelgänger«, schütteren Bestand und dichtere Talwaldungen. Gelegentlich verkieselten solche Baumstämme. In den Museen von Ulan-Bator und Dalansadgad sind derartige verkieselte Baumstämme aus dem Nemegetbecken zu sehen.

In und von diesen Wäldern lebten große Pflanzenfresser. Am auffälligsten waren elefantenbeinige Sauropoden. Zu Beginn der Saurierentdeckungen nur durch wenige Knochenfunde bekannt, gelang vor allem den mongolisch-polnischen Expeditionen Ende der sechziger Jahre, die Kenntnisse über sie erheblich zu erweitern. Besonders der 23 m lange, vierfüßige *Nemegtosaurus* aus dem Nemegettal südlich des Gobi-Altais wurde inzwischen so gut bekannt, daß er im Saurierpark zu Chorzow-Katowice (VR Polen) in Lebensgröße rekonstruiert werden konnte. Im Museum zu Ulan-Bator liegt ein prachtvoller Schädel dieses großen Tieres.

Im benachbarten China wurde bereits aus Sedimenten des

oberen Jura ein 15 bis 25 m langer und 20 bis 30 t schwerer Sauropode gefunden (dieser *Mamenchisaurus* besaß einen überlangen Hals und Schwanz). Das Auftreten der Sauropoden in der Mongolei zur Zeit der Oberkreide ist also nicht weiter verwunderlich.

Eine andere Gruppe mongolischer Oberkreide-Pflanzenfresser gehört zu den vogelbeckigen Hadrosauriern. Neben dem 6 bis 10 m großen *Brachylophosaurus* ist besonders der 8 bis 13 m lange und 3 bis 7 t schwere *Saurolophus* mit einem nach hinten gerichteten Knochenkamm auf dem Schädel bekannt geworden. Allein der Schädel mit Horn wurde 1,25 m lang.

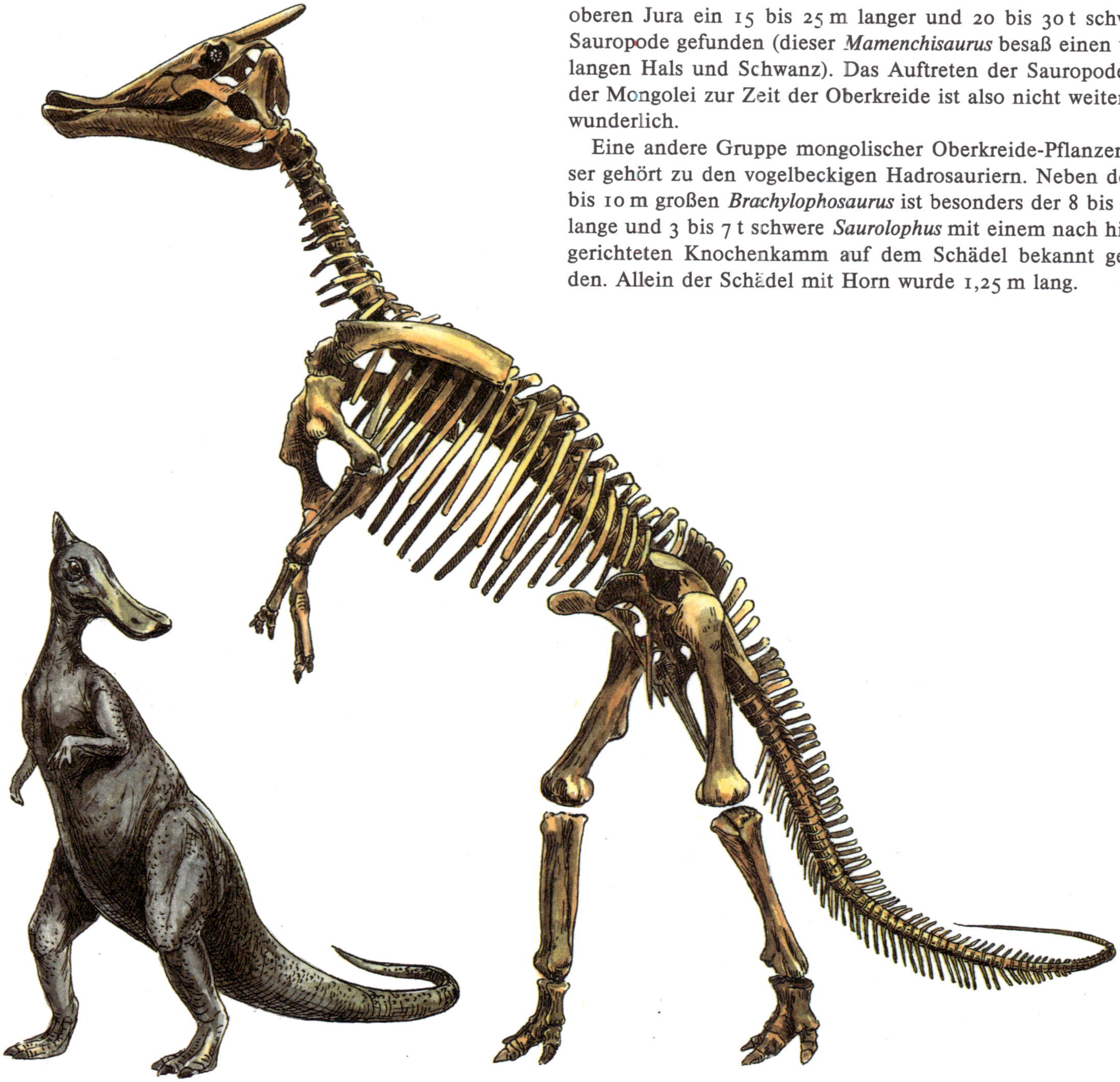

Der entenschnabelige, über 10 m lange Hadrosaurier Saurolophus angustirostris *aus den Oberkreidesedimenten der Südgobi (Mongolische Volksrepublik) ist ein hochspezialisierter Vertreter der Ornithopoden. Rechts ein vollständiges Skelett aus dem Paläontologischen Museum der Akademie der Wissenschaften der UdSSR in Moskau, links das rekonstruierte Lebensbild*

Zur Oberkreidezeit lebte in den flußdurchströmten Trockensteppen der Südgobi (Mongolische Volksrepublik) der bis 5 m lange Panzerdinosaurier Pinacosaurus. *Durch plattige Stacheln ähnelt er äußerlich den Stegosauriern. Der durch Knochenringe geschützte Schwanz trug am Ende kräftige Knochenkeulen. Die Bezahnung war schwach oder überhaupt fehlend.*

Im gleichen Biotop lebten gar nicht selten verschiedene Panzerdinosaurier (Ankylosaurier) mit bestachelten Schädeln, gepanzerten Körpern und keulenbewaffneten Schwänzen, wie z. B. *Saichania, Tarcia, Talarurus, Scolosaurus* und *Pinacosaurus.* Letzterer trug am hinteren Schädelrand zwei Hörner.

Tarbosaurus – der größte Fleischfresser aller Zeiten

Alle diese Pflanzenfresser unter den Dinosauriern bildeten in den kreidezeitlichen Lebensräumen der Mongolei die Nahrungsgrundlage für große Fleischfresser, die Karnosaurier. An erster Stelle ist der mongolische »Tyrannosaurus« zu nennen – *Tarbosaurus.* Er wurde mit der bislang bekannten Länge von etwa 8 m etwas kleiner als der nordamerikanische Vertreter geschätzt, war diesem aber sehr ähnlich. Man könnte an regionale Varianten einer Gattung denken. Hierzu gehören mit großer Wahrscheinlichkeit auch die Funde aus den mittelasiatischen Regionen der Sowjetunion. Der schmale, kräftige Schädel von etwa 1 m Länge besitzt große Öffnungen, so daß er teilweise nur aus Knochenspangen besteht. Die Zähne sind dolchartig. Im Oberkiefer erreichen die 35 Zähne eine maximale Länge von 30 cm. Der etwa 5 m hohe *Tarbosaurus* besaß wie *Tyrannosaurus* statt Vorderfüßen winzige Extremitätenstummel. Die gewaltigen Hintergliedmaßen von über 2 m Länge endeten in großen Füßen, die im weichen Boden dreizehige Abdrücke hinterließen. In allerneuster Zeit wurden *Tarbosaurus*-Skelette ausgegraben, die größer als der nordamerikanische *Tyrannosaurus* und größer als die ägyptischen Karnosaurier *Spinosaurus* und *Carcharodonsaurus* waren. So ist *Tarbosaurus* der größte bislang bekannte Fleischfresser unter den Landtieren aller Zeiten.

Seite 217:
Der bislang größte Karnosaurier der Oberkreidezeit wurde in der Südgobi gefunden – Tarbosaurus. *Ein etwa 1,50 m langer Schädel mit 25 cm langen Zähnen im Zentralmuseum Ulan-Bator*

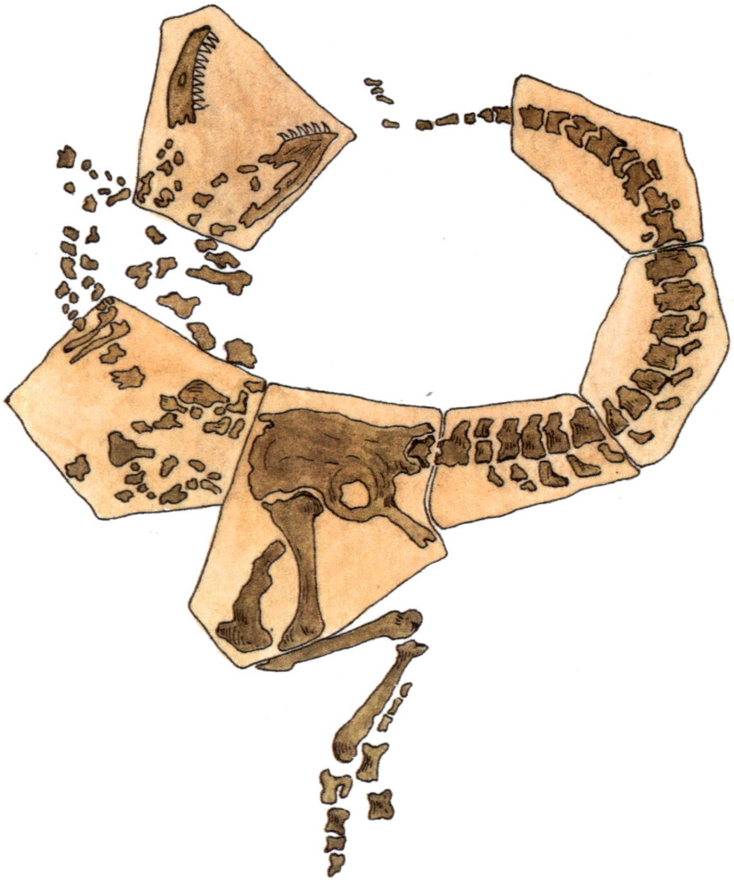

Ein 1964 von der polnisch-mongolischen Gobiexpedition ausgegrabenes, typisch rückenverkrümmtes Tarbosaurus-*Skelett aus den Oberkreidesedimenten der Südgobi (Fundort Zagan Chuszu im Nemeget-Tal/Mongolische Volksrepublik)*

Die Gobisaurier

Nach Nordamerika ist die mongolische Südgobi nach der Fülle der Funde und ihrer wissenschaftlichen Bedeutung als das Saurierland der Erde zu bezeichnen. Durch die vielen Forschungsexpeditionen seit 1922 wurde immer wieder bestätigt, daß die Lebewelt und das Lebensmilieu intakt waren. Die zuvor dargestellten Lebensreste belegen einen Lebensraum mit ökologischem Gleichgewicht. Es gab Nahrungsketten ähnlich heutigen Verhältnissen. Eine gut entwickelte Pflanzenwelt stellte die Nahrungsbasis für zahlreiche Pflanzenfresser dar. Schwache und kranke Vertreter von ihnen fielen Fleischfressern zum Opfer. Es fanden Entwicklungen statt, wie wir sie im Laufe der Erdgeschichte immer wieder kennenlernen konnten. Während der Oberkreide starben wie immerfort zuvor Formen aus, andere entwickelten sich neu und weiter. Nichts wies darauf hin, daß gravierende »katastrophenartige« Veränderungen unmittelbar bevorstanden. Erst während der allerobersten Kreidezeit, mit Annäherung an die Zeitgrenze Oberkreide/Tertiär, sind gehäufte Formenänderungen und Faunenverarmungen unverkennbar. Welches Ausmaß sie erreichten und welche Ereignisse auf der Erde sie ausgelöst haben könnten, werden wir in einem abschließenden Kapitel kennenlernen.

Der Untergang der Saurier

Das Ende der Kreidezeit

Spezielle paläontologische Untersuchungen in kanadischen, amerikanischen und asiatischen Sedimenten der späten Kreidezeit ergaben einen bemerkenswerten Tatbestand. Mit Annäherung an das Ende dieser Erdgeschichtsperiode vor rund 70 bis 65 Millionen Jahren verschwanden nacheinander die Arten all jener Saurier, die diese Periode charakterisierten – die Horndinosaurier und die Entenschnabeldinosaurier, aber auch die letzten der großen Sauropoden und Karnosaurier. Es gab noch Herden des Entenschnabeldrachens *Anatosaurus* und einzelne Rudel von Fleischfressern, wie *Tyrannosaurus* oder *Tarbosaurus*. Bald aber verloschen offenbar auch diese, denn kein Knochenrest von ihnen ist in jüngeren Gesteinen mehr zu finden. Ganz zuletzt existierte in den nordamerikanischen Fundprofilen allein der Dreihorndinosaurier *Triceratops*, und als auch diese Form ausstarb, war die über 150 Millionen Jahre währende Lebensgeschichte der Dinosaurier am Ende angelangt. Der Dichter Victor von Scheffel gab in seinem bekannten Geologenlied eine einfache Erklärung dieser bemerkenswerten Tatsache: »Sie kamen zu tief in die Kreide, da war es mit ihnen vorbei ...«

Fortpflanzungsunlust oder zu späte Reaktion auf die veränderte Pflanzenwelt?

Hätte dieses Schicksal am Ende der Kreidezeit nur allein die Dinosaurier betroffen, so wären jene Ursachen anzuführen, die von der Wissenschaft immer wieder ernsthaft diskutiert werden. Eine tödliche Epidemie habe gewütet, eine sexuelle Senilität und Fortpflanzungsunlust habe die Dinosaurier befallen, oder die sich vermehrenden kleinen Säuger hätten die Saurierеier aufgefressen. Mehr Gewicht hatte da schon der Hinweis, daß die am Anfang der Kreidezeit stattgefundene, also vorangegangene große Veränderung in der Pflanzenwelt starken Einfluß auf die Ernährungsart und die weitere Existenz der Saurier gehabt habe. Es gab in der Tat einen deutlich sichtbaren Wechsel von der mesophytischen Vegetation mit Farnen, Koniferen, Cycadeen, Bennettiteen und Ginkgogewächsen und einer fehlenden Gliederung der Erde in Florenbereiche. Es entstand die moderne Pflanzenwelt mit den Blütenpflanzen und den Laubbäumen und einer Landschaftsgliederung in tropischen Regenwald, subtropischen Monsunwald, Mangroven, Steppen, Savannen und Wiesen. Die Population der Saurier habe sich dieser veränderten Umwelt nicht schnell genug mit neuen Entwicklungen und Spezialisierungen angepaßt. Auch wäre die Kost mit Alkaloiden für die Saurier unverträglich gewesen. Aber ausgerechnet in dieser Oberkreidezeit entwickelten sich auch neue Pflanzenfresser unter den Sauriern, gar nicht wenige sogar. Sie fühlten sich offenbar wohl in dieser Zeit – die Argumente verlieren an Gewicht!

Bei der Erörterung der speziellen Geschehnisse entstanden sehr seltsame Theorien. So seien beispielsweise die Vorzeitdrachen an Hartleibigkeit zugrunde gegangen, weil bestimmte Farne mit ihren ätherischen Ölen zur Stuhlgangregulierung gefehlt hätten. Eine andere Lesart: Schmetterlinge hätten auf indirekte Weise die Saurier beseitigt. Mit der Entwicklung der Blütenpflanzen in der oberen Kreide hätten sich die Schmetterlinge vermehrt. Die gefräßigen Raupen wiederum hätten den vegetarischen Sauriern mehr und mehr die Nahrungsbasis geraubt.

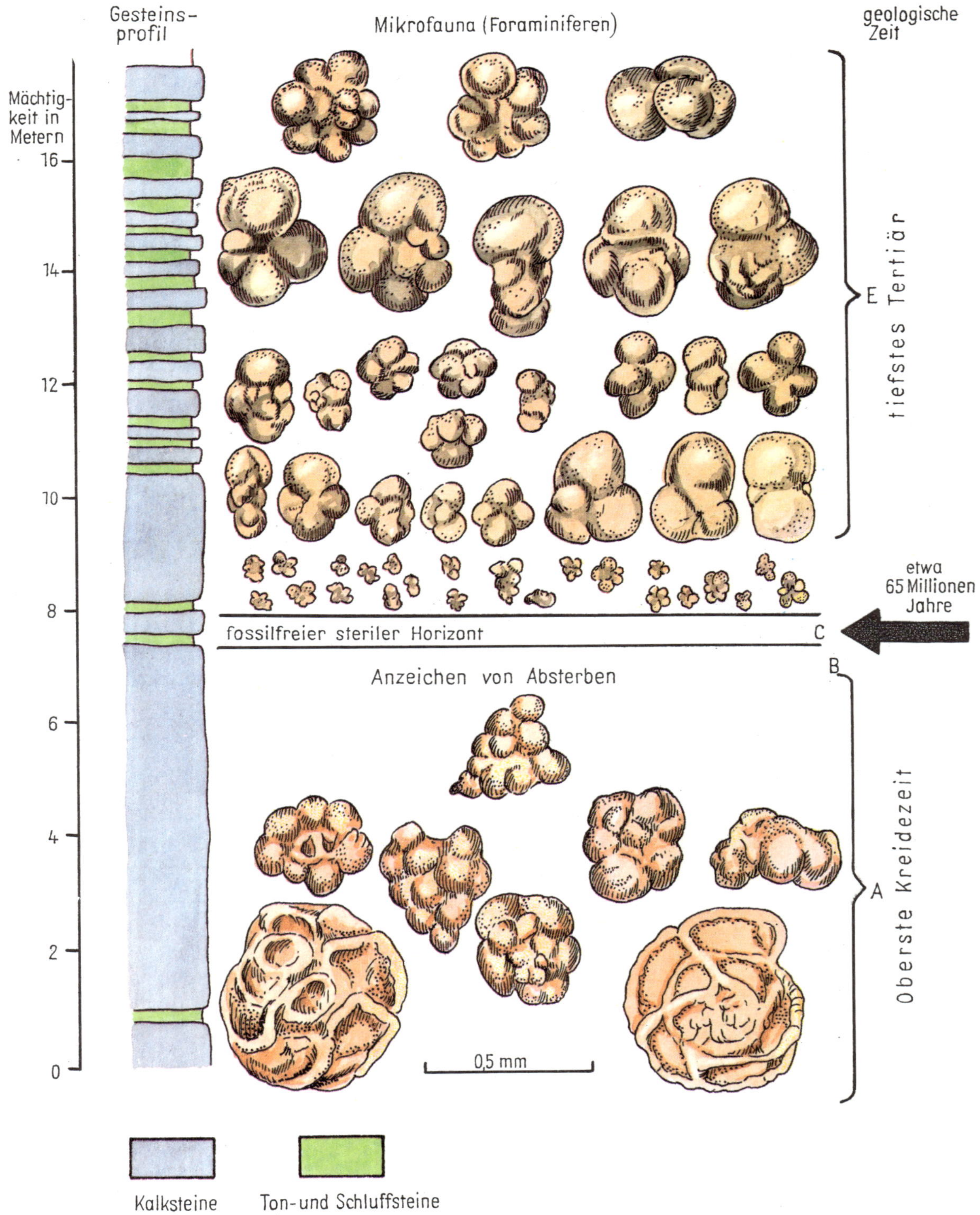
Gesteins-profil
Mikrofauna (Foraminiferen)
geologische Zeit
Mächtig-keit in Metern
16
14
12
10
8
6
4
2
0
E
tiefstes Tertiär
etwa 65 Millionen Jahre
fossilfreier steriler Horizont
C
B
Anzeichen von Absterben
A
Oberste Kreidezeit
0,5 mm
Kalksteine
Ton-und Schluffsteine

Seite 220:
15 m Meeressediment aus der italienischen Toskana zeigen an Veränderungen der Foraminiferenfauna die Zeitenwende Oberkreide – Tertiär an.
In Horizont A ist eine intakte Fauna vorhanden, die in Schicht B durch ein Massensterben erlischt. Schicht C ist deshalb völlig fossilleer – dies ist der »Grenzhorizont«! In Schicht D beginnt eine völlig neue Entwicklung mit sehr kleinen Formen, aus denen sich schnell die Formen entwickeln, die in unseren heutigen Ozeanen leben.

Die große Krise der Tierwelt

Aber sind nun am Ende der Kreidezeit die Saurier allein ausgestorben, oder trafen ähnliche Schicksale und Veränderungen auch andere Gruppen der Lebewelt? Die Erdforschung hat ein umfangreiches Tatsachenmaterial zur Entwicklung der Lebewelt an der Zeitgrenze Kreide/Tertiär vor etwa 63 Millionen Jahren zusammengetragen. Es kann deshalb behauptet werden, daß in einer Zeitspanne von vielleicht 5 bis 6 Millionen Jahren, nach neueren Meinungen in einer sehr viel kürzeren Zeit, eine große Krise die gesamte Tierwelt oder wenigstens große Teile davon befallen hat. Es muß ein Aussterben zahlloser Gruppen unterschiedlicher Entwicklungshöhe stattgefunden haben. Man spricht von einem »Arten-Kahlschlag«, wie er sich ähnlich vor rund 245 Millionen Jahren beim Übergang Perm zur Trias schon einmal ereignet hatte (s. S. 74). Einige Beispiele aus dem marinen Bereich sollen diese Aussage belegen. Ende der Kreidezeit verschwanden in den Meeren die Ichthyosaurier, die Mosasaurier und die Plesiosaurier, zeitparallel die Cephalopoden (Kopffüßer) und Belemniten, die den erstgenannten als Nahrung dienten. Es gab starke und auffällige Veränderungen in der Fischfauna. Die vorwiegend von Fischen lebenden Pterosaurier (Flugsaurier) starben ebenfalls aus. Die in der Nahrungspyramide eines Meeres an der Basis stehenden planktonischen Mikroorganismen wie Foraminiferen oder die kalkskelettbildenden Kokkolithen (Nannoplankton) erlitten ebenfalls gravierende Veränderungen. Brechen wir hier in der Aufzählung ab – die Veränderungen in der tierischen Lebewelt waren so grundlegend, daß mit dem Ende der Kreidezeit zugleich das Ende des Mesozoikums, des Erdmitelalters, festzulegen war.

Verdichtet man die Zeit in der Endphase der Oberkreide ein wenig (im Sinne eines Zeitraffers), so haben die Charaktersaurier der Oberkreide scheinbar zeitlich parallel, also als echte Zeit- und Lebensgenossen, gelebt, und es erscheint das Krisenereignis am Ende kurzfristig im Sinne einer Katastrophe. Genauso wichtig oder gar bedeutsamer ist aber die »entgegengesetzte« Betrachtungsweise im Sinne einer Zeitlupe. Jetzt wird die geologische Zeit ein wenig auseinandergezogen, und man erkennt, daß die Saurier in bestimmten Faunengemeinschaften kurzzeitig nacheinander lebten, daß sie nacheinander auf die Lebensbühne traten und auch nacheinander im Sinne biologischer Entwicklungsprozesse abtraten. Ganz zuletzt, am Ende der Kreidezeit aber, scheint es eine Beschleunigung der »Beseitigungsprozesse« im Sinne einer Katastrophe nach George de Cuvier (1812) gegeben zu haben – und dieses »Ende« in fast allen Lebensbereichen gilt es zu erklären.

Klima und Umwelt

Nach der Darlegung einiger Ereignisse am Ende des Mesozoikums ist erneut nach den Ursachen dieses globalen Schadens in der Evolution zu fragen. Die Wissenschaftler sind sich heute einig, daß sich eine Reihe von Umweltfaktoren auf der spätkreidezeitlichen Erde verändert und für die Lebewelt verschlechtert hatte, so daß auf diese ein massiver Umweltdruck eingewirkt haben muß. Für die Dinosaurier scheint das durch Untersuchungen an Schalen von Dinosauriereiern durch Professor H. Erben direkt belegbar zu sein. Es gibt Fälle, bei denen die Eierschalendicke gegen Ende der Periode rapide abnimmt. Die Schale wird schließlich so dünn, daß das Kalkangebot nicht ausgereicht haben kann, lebensfähige Embryonen hervorzubringen. Zudem war der Schutz vor Austrocknung zu gering geworden. Die Embryonen vertrockneten im Ei. Es gibt aber auch »entgegengesetzte« Beispiele, bei denen die Eischale zu dick geworden war, indem sich mehrere Schalen übereinander gebildet hatten. Die kleinen Dinosaurier erstickten in ihren ersten »Wohnungen«. Rezente Vögel reagieren heute auf lokalen Umweltstreß durch hormonelle Reaktionen recht ähnlich.

Planetoidentreffer und andere Ursachen des Tiersterbens

Die Umweltveränderungen hatten ihre Ursachen mit großer Wahrscheinlichkeit in einer Verschlechterung des Klimas. Sauerstoff-Isotopen-Untersuchungen von Professor Wedepohl und anderen belegen für nicht wenige Gesteinshorizonte und weltweit verstreute Fundorte eine merkliche Abnahme der Wassertemperaturen. Die Abkühlung des Meerwassers korrespondierte mit einer Klimaverschlechterung auf den Festländern. Hinzu kamen die fast überall feststellbaren Meeresrückzüge. Es gab also auch Veränderungen in der Verteilung der Lebensräume. Die Folge war die große Krise der Lebewelt am Ende der Kreidezeit.

Auf dem Lande überlebten die kleinen primitiven kaltblütigen Reptilien infolge besserer Anpassungsfähigkeit. Es überlebten die Vögel – sie hatten Federn als Wärmeschutz. Die warmblütigen kleinen Säuger waren mit einer wärmeisolierenden Fellbedeckung ausgerüstet. Zudem krochen sie in ihre warmen Erdhöhlen und Nester. Die großen Saurier aber, im Laufe der Entwicklung mit großer Wahrscheinlichkeit warmblütig geworden, besaßen keine Federn, keine Haare und keine isolierenden Fettschichten. Mit ihrer nackten Haut und anderer fehlender »Kälteisolierung« waren sie auf der Erdoberfläche den neuen Verhältnissen erbarmungslos ausgesetzt. Das könnte schließlich zu ihrem Ende geführt haben.

Eine ganz neue Theorie fußt auf Untersuchungen an rezenten Reptilien. Man hat festgestellt, daß bei Alligatoren, einigen Eidechsen und Schildkröten die Geschlechtsbestimmung durch die Bruttemperatur erfolgt. So könnte es sein, daß die ausgestorbenen Saurier eine von den Vögeln und den Säugern abweichende Gemeinsamkeit auszeichnete, nämlich keine Geschlechtschromosomen zu besitzen. Da dann die Geschlechtsfestlegung durch die Bruttemperatur erfolgt, bestand eine starke Abhängigkeit der Fortpflanzung von der Umwelttemperatur. Dies könnte der entscheidende »tödliche« Nachteil am Ende der Kreidezeit gewesen sein. Daß wenige Eidechsen und Schildkröten doch überlebten, könnte mit ihrer hohen individuellen Lebenserwartung und der Chance zusammenhängen, bei gelegentlich günstigen Temperaturen doch zu zweigeschlechtlichem Nachwuchs gelangt zu sein.

Bleibt zuletzt die Frage unbeantwortet nach den Ursachen für diese so folgenreiche Klimaverschlechterung. Immer wieder wurden und werden verstärkt außerirdische Ereignisse als Erklärungsargumente herbeigeholt. Die Explosion einer erdnahen Supernova, einer Sonne des Milchstraßensystems also, habe mit ihren Röntgen- und Gammastrahlen die Erde, insbesondere aber die Ozonschicht und die Ionosphäre, beeinflußt. Es sei zur Eiskristallbildung in der höheren Atmosphäre gekommen, und als Folge habe sich die Sonneneinstrahlung auf die Erde über längere Zeit erheblich verringert. Eine Kaltzeit wäre die Folge gewesen.

Andere Forscher sprechen von einem Planetoidentreffer. Dies ist nach dem heutigen Kenntnisstand um vieles wahrscheinlicher. Die bei einem derartigen Aufprall entstandenen

Ein Planetoidenschwarm näherte sich am Ende der Kreidezeit der Erde. Ein etwa 10 km großer Planetoid kollidierte mit ihr. Der Impakt und seine Folgen veränderte die Bedingungen für das Leben erheblich. Das Leben der Saurier wurde ausgelöscht. Das nachempfundene Bild zeigt den Tag der Katastrophe vor etwa 65 Millionen Jahren unmittelbar vor dem Aufschlag des Planetoiden.

Gesteinsstaubwolken umkreisten und umhüllten jahrelang die Erde. Sie mußten schließlich auf die Erde niederfallen und deshalb in den spätkreidezeitlichen Sedimenten sogar nachweisbar sein. In der Tat haben der Physiknobelpreisträger Luis Alvarez und sein Sohn, der Geologe Walter Alvarez von der Berkeley-University in Kalifornien und später andere Wissenschaftler weltweit in 65 Millionen Jahre alten Tonen außergewöhnlichhohe Anteile von Iridium und Osmium festgestellt – und beide Elemente sind charakteristische Bestandteile von außerirdischen Gesteinen.

Über die Auswirkungen dieser »Erdverdunkelung« gibt es allerdings verschiedene Deutungen. Eine Theorie besagt, daß das weggefilterte Sonnenlicht zu einer direkten längeren Abkühlung der Erdoberfläche führte. Andere Forscher rekonstruierten einen komplizierteren Prozeßablauf. Das fehlende Sonnenlicht führte zu einem Absterben aller Grünpflanzen und des Nannoplanktons und nachfolgend jener Tiere, die von ihnen gelebt hatten. Die Temperatur der Ozeane ging für Jahrhunderte um etwa 8 °C zurück. Durch das Absterben der Grünpflanzen nahm der Kohlendioxidgehalt der Lufthülle infolge fehlender Photosynthese rasch zu. Nachdem die Gesteinsstaubwolke sich abgesetzt hatte, drang das Sonnenlicht wieder ungehindert bis zur Erdoberfläche durch, nicht aber die von der Erde reflektierte Infrarotstrahlung nach außen. Infolge eines Treibhauseffektes kam es jetzt zu einer Erwärmung. Die Temperaturveränderungen führten zu Streßerscheinungen und zu Ernährungs- und anderen Lebensproblemen, denen die Saurier und andere Lebewesen auf die Dauer nicht gewachsen waren.

Es gab natürlich auch Kritik an den geschilderten Lesarten der Planetoidhypothese. Da sollen Pflanzen überlebt haben, weil ihre Samen konserviert blieben, und gleichzeitig haben Säuger deshalb überdauert, weil sie diese Samen fressen konnten. Sind die Foraminiferen in den Meeren nun am Kälte- oder am Wärmetod zugrunde gegangen? Eine neue »Weltuntergangstheorie« gibt auch dafür eine Erklärung. Der außerirdische Himmelskörper, man denkt an einen Asteroiden, sei in ein Weltmeer gestürzt, und seine »eingefrorenen« Gase hätten das verbleibende Meerwasser vergiftet.

Trotz aller dieser im einzelnen überzeugenden Argumente und angesichts der wenigen echten Beweise für eine derartige kosmische Katastrophe erscheint doch naheliegend der Versuch, die Tatsache der Klimaänderung am Ende der Kreidezeit mit irdischen Ursachen zu klären.

So kann man statt Planetoideneinschlag einen verstärkten irdischen Vulkanismus im Gefolge plattentektonischer Prozesse ins Feld führen, um die Himmelsverfinsterung und den erhöhten Kohlendioxidgehalt der Lufthülle mit ihren verheerenden Folgen zu erklären. Es gibt nicht wenige Hinweise auch hierfür. Man glaubt weiterhin an eine Umkehrung und einen zeitweiligen Ausfall des Magnetfeldes der Erde, das allein einen Schutz vor den Korpuskularstrahlen der Sonne bietet. Mißbildungen und mutative Entartungserscheinungen an überlieferten Saurierresten könnten auch dies belegen.

Wir wissen auch, daß scheinbar geringfügige Ereignisse das Klima der Erde verändern können. Typisch für die Erde ist offenbar eine Konstanz der Temperatur an der Erdoberfläche. Schwankungen sind die Ausnahme, wobei bereits Änderungen weniger Grade enorme Folgen haben können. Man glaubt zu wissen, daß diese Klimaänderungen meist vielseitiger (»multilateraler«) Entstehung sind, beispielsweise bedingt durch Schwankungen der primären Sonneneinstrahlung infolge von Schwankungen der Erdbahnelemente, Schwankungen der Durchlässigkeit für Wärmestrahlung durch vulkanische Aschenwolken oder veränderten Kohlendioxidgehalt in der Gashülle der Erde oder auch durch die sich verändernde Verteilung von Land und Meer durch die Drift der Kontinente und andere tektonische Prozesse.

Am Ende der Kreidezeit bildet sich das heutige Erdbild heraus. Die großen Kontinentblöcke brachen endgültig auseinander. Aus gewaltigen Weltmeeren entstanden unsere heutigen kleinen Ozeane mit inselartigen Landblöcken dazwischen. Änderungen im Wäremespeichervermögen der Meeresflächen müssen klimatische Folgen für die ganze Erde gehabt haben. Es erscheint also bei aller modernen Zuneigung zu den »außerirdischen« katastrophenartigen Einflüssen und Ereignissen durchaus vorstellbar, die Klimaverschlechterung und das Verlöschen zahlreicher Lebensformen auf der Erde auch mit irdischen Ursachen zu erklären. Zukünftige Forschungen werden alle diese Fragestellungen und Antwortvarianten immer aufs neue zu beantworten und zu analysieren haben. Es wird in erster Linie darum gehen, die Ursachenverflechtungen in dieser Krisenzeit, die heute noch weitgehend ungeklärt sind, aufzuhellen. Die Geologen haben interessante Aufgaben vor sich.

Die kleinen Säuger erben die Erde

Eine Tatsache aber verbleibt am Ende unseres langen erdgeschichtlichen Streifzuges. Die Saurier starben zusammen mit anderen Lebensformen aus. Keine großwüchsigen Tiere überlebten das Ende der Kreidezeit vor etwa 65 oder gar nur 60 Millionen Jahren. Alle diese Lebewesen starben nicht, weil sie biologische »Versager« waren. Sie waren lediglich einer ökologischen Krisensituation nicht gewachsen. Die größten weiterlebenden Tiere waren Schildkröten, Krokodile und vorwiegend flugunfähige Vögel.

Kleine Lebewesen aber wurden die neuen Besitzer der Erde. Die seit ihrer Entstehung in der Trias kleinen und seltenen, bisher meist übersehenen Säugetiere standen vor einer gewaltigen Entfaltung. Sie erbten die Lebensräume. Damit begann die Erdneuzeit.

Anhang

Weiterführende Literatur

ABEL, O.: Lebensbilder aus der Tierwelt der Vorzeit. Jena (Fischer) 1927

AUGUSTA, J., und BURIAN, Z.: Saurier der Urmeere. Prag (Artia) 1964

AUTORENKOLLEKTIV: Die Geheimnisse der Urzeit. Bd. 3 Amphibien und Riesensaurier, Bd. 4 Säugetiere und Urmenschen. – Mannheim–Wien–Zürich (Bibliographisches Institut) 1977

AUTORENKOLLEKTIV: Die Entwicklungsgeschichte der Erde. Brockhaus-Taschenbuch der Geologie. Leipzig (Brockhaus) 1955, 1959, 1970, 1981

BAKKER, R. T.: The Dinosaur Heresies. A Revolutionary View of Dinosaur. – Harlow (Longman) 1987

BARTHEL, M.: Die Rotliegendflora Sachsens. – Abh. Staatl. Mus. Mineral. Geol. Dresden, 24, 190 S., 97 Taf., Dresden 1976

BARTHEL, W.: Solnhofen. – Ein Blick in die Erdgeschichte. Stuttgart u. Thun 1977

BEATTY, J. K., B. O'LEARY u. A. CHAINKIN (Hsg.): The new Solar System. Cambridge (University Press) 1981

BRINKMANN, R., und KRÖMMELBEIN, K.: Abriß der Geologie Bd. 2 Historische Geologie, 10.–11. Aufl. – Stuttgart (Enke) 1977

CHARIG, A. J.: Dinosaurier. Rätselhafte Riesen der Urzeit. – Hamburg (Hoffmann u. Campe) 1982

CHARIG, A. J.: A new look at the dinosaurs. – London (British Museum/Natural History) 1983

COLBERT, E. H.: Dinosaurs. An Illustrated History. – New Jersey (Hammond) 1983

COLBERT, E. H.: Man and Dinosaurs. New York (Dutton) 1968

COLBERT, E. H.: Wandering Lands and Animals. London (Hutchinson) 1974

CROFT, L. R.: The Last Dinosaurs. A new Look at the Extinction of the Dinosaurs. Lancashire (Elmwood Books) 1982

DABER, R., und HELMS, J.: Das große Fossilienbuch, Leipzig–Jena–Berlin (Urania) 1978

DABER, R., und HELMS, J.: Fossile Schätze. Leipzig (Edition) 1981, 2. Aufl. 1983

DESMOND, A. J.: Das Rätsel der Dinosaurier. Köln (Kiepenheuer & Witsch) 1978

GALL, J. C.: Sedimentationsräume und Lebensbereiche der Erdgeschichte. Eine Einführung in die Paläoökologie. Berlin, Heidelberg, New York (Springer) 1983

HAUBOLD, H.: Die fossilen Saurierfährten. – Die Neue Brehm-Bücherei. H. 479, Lutherstadt Wittenberg (Ziemsen) 1974, 1984.

HAUBOLD, H., u. a.: Die Lebewelt des Rotliegenden. – Die Neue Brehm-Bücherei, H. 154, Lutherstadt Wittenberg (Ziemsen) 1982

HAUBOLD, H., und KUHN, O.: Lebensbilder und Evolution fossiler Saurier. – Die Neue Brehm-Bücherei Nr. 509, Lutherstadt Wittenberg (Ziemsen) 1977, 2. Aufl. 1982

HAUFF, B.: Das Holzmadenbuch. Öhringen 1953

HOHL, R. (Hrsg.): Unsere Erde – Eine moderne Geologie. Leipzig–Jena–Berlin (Urania) 1974, 2. Aufl. 1977, 3. Aufl. 1983

KIELAN-JAWOROWSKA, Z.: Polowanie na dinozaury. – 100 S., Katowice (Wydawnictwa Geologiczne) 1969

KRUMBIEGEL, G.: Tiere und Pflanzen der Vorzeit. Leipzig–Jena–Berlin (Urania) 4. Aufl. 1983

KRUMBIEGEL, G., und B.: Fossilien der Erdgeschichte. Leipzig (VEB Deutscher Verlag für Grundstoffindustrie) 1980

KRUMBIEGEL, G., und WALTHER, H.: Fossilien – sammeln, präparieren, bestimmen, auswerten. Leipzig (VEB Deutscher Verlag für Grundstoffindustrie) 1977, 2. Aufl. 1980

KUHN, O.: Die Tierwelt des Mansfelder Kupferschiefers. – Die Neue Brehm-Bücherei H. 333, Lutherstadt Wittenberg (Ziemsen) 1964

KUHN, O.: Die urzeitlichen Fischartigen und Fische. – Die Neue Brehm-Bücherei H. 384, Lutherstadt Wittenberg (Ziemsen) 1967

KUHN, O.: Die säugetierähnlichen Reptilien. – Die Neue Brehm-Bücherei H. 423, Lutherstadt Wittenberg (Ziemsen) 1970

KUHN, O.: Die Tierwelt des Solnhofener Schiefers. – Die Neue Brehm-Bücherei H. 318, 4. Aufl., Lutherstadt Wittenberg (Ziemsen) 1973

LEHMANN, U.: Ammoniten. Ihr Leben und ihre Umwelt. Stuttgart (Enke) 1976

MADER, D.: Stratigraphische, paläogeographische und palökologische Signifikanz der Fossilien im mitteleuropäischen Buntsandstein – ein Literaturbericht. – Zentralblatt Geol. u. Paläontol. 1983, T. I, 9/10, S. 1165–1217, Stuttgart 1984

MÄGDEFRAU, K.: Vegetationsbilder der Vorzeit. Jena (Fischer), 3. Aufl. 1959

MÄGDEFRAU, K.: Paläobiologie der Pflanzen. Jena (Fischer) 4. Aufl. 1968

MC KERROW, W. S. (Hrsg.): Palökologie. Lebensräume, Vergesellschaftungen. Lebensweise und Funktion ausgestorbener Tiere und ihre Veränderungen im Laufe der Erdgeschichte. Stuttgart (Kosmos, Franckh) 1981

MÜLLER, A. H.: Lehrbuch der Paläozoologie, Bd. 1–3 (7 Teile). Jena 1957–1970 (und Nachauflagen)

MÜLLER, A. H., und ZIMMERMANN, H.: Aus Jahrmillionen – Tiere der Vorzeit. Jena (Fischer) 1962

MUNDLOS, R.: Wunderwelt in Stein. Fossilfunde – Zeugen der Urzeit. München (Mosaik-Verlag) 1979

NESTLER, H.: Die Fossilien der Rügener Schreibkreide. – Die Neue Brehm-Bücherei H. 486, Lutherstadt Wittenberg (Ziemsen) 1975, 2. Aufl. 1982

NORMAN, D. B.: On the ornithischian dinosaur Iguanodon bernissartensis from the Lower Cretaceous of Bernissart (Belgium). Verh. Konik. Belg. Inst. Naturwetensch. 178, Brüssel 1980

NORMAN, D. B., K.-H. Hilpert u. H. Hölder: Die Wirbeltierfauna von Nehden (Sauerland). – Geologie u. Paläontologie in Westfalen 8. Münster 1987

OSTROM, J. H. u. J. S. McIutosh: Marsh's dinosaurs. The collections from Como Bluff. – New Haven (Yale Univ. Press) 1966

PHILIPPI, E.: Die Ceratiten des oberen deutschen Muschelkalkes. Paläont. Abh., N. F. H. 4, 1901

PLATE, R.: The dinosaur hunters Marsh and Cope. New York (D. McKay) 1964

PROBST, E.: Deutschland in der Urzeit. Von der Entstehung des Lebens bis zum Ende der Eiszeit. München (Bertelsmann) 1986

RAST, H.: Aus dem Tagebuch der Erde. – Akzent Nr. 6, Leipzig–Jena–Berlin (Urania) 1974, 3. Aufl. 1978

REICHSTEIN, M.: Die Erde – Planet unter Planeten. Berlin (Verlag Neues Leben) 1979, 2. Aufl. 1982

REMY, W., u. R.: Pflanzenfossilien. Ein Führer durch die Flora des limnisch entwickelten Paläozoikums. Berlin 1959

SCHAUMBERG, G.: Der Richelsdorfer Kupferschiefer und seine Fossilien. Teil 1–4, Aufschluß Jg. 28, S. 81–104, 189–198, 297–352, 427–442. Heidelberg 1977

SCHMIDT, M.: Die Lebewelt unserer Trias. Öhringen 1928 (Nachtrag 1938)

SCHWARZBACH, M.: Berühmte Stätten geologischer Forschung. Stuttgart (Wiss. Verlagsgesellschaft) 1. Aufl. 1970, 2. Aufl. 1981

SCHWARZBACH, M.: Das Klima der Vorzeit. Eine Einführung in die Paläoklimatologie, 3. Aufl. Stuttgart (Enke) 1974

SPINAR, Z. V., und BURIAN, Z.: Leben in der Urzeit. Leipzig–Jena–Berlin (Urania) 1975

STEEL, R., und HAUBOLD, H.: Die Dinosaurier. – Die Neue Brehm-Bücherei H. 432, Lutherstadt Wittenberg (Ziemsen) 1979

STEPHAN, B.: Urvögel. – Die Neue Brehm-Bücherei H. 465, Lutherstadt Wittenberg (Ziemsen) 2. Aufl. 1978

THENIUS, E.: Versteinerte Urkunden. Die Paläontologie als Wissenschaft vom Leben in der Vorzeit. Berlin, Heidelberg, New York (Springer) 3. Aufl. 1981

WAGENBRETH, O., und STEINER, W.: Geologische Streifzüge. Landschaft und Erdgeschichte zwischen Kap Arkona und Fichtelberg. Leipzig (VEB Deutscher Verlag für Grundstoffindustrie) 1982

WEISHAMPEL, D. B. u. F. Westphal: Die Plateosaurier von Trossingen. Tübingen (Attempto) 1986

WELLNHOFER, P.: Flugsaurier Pterosauria. – Die Neue Brehm-Bücherei H. 534, Lutherstadt Wittenberg (Ziemsen) 1980

WUNDERLICH, H. G.: Das neue Bild der Erde. Faszinierende Entdeckungen der modernen Geologie. Hamburg 1975

ZIEGLER, B.: Der Schwäbische Lindwurm. Funde aus der Urzeit. Stuttgart (Theiss) 1986

Dank

Dieses Buch über »Die große Zeit der Saurier« hat zwei ganz persönliche Wurzeln. Die eine liegt zeitlich fern, als sich jugendliches Interesse am Leben der Vorzeit zu dem Beruf des Geologen ausweitete und beim Studium der Erdwissenschaften an der Universität erstmals ein beglückender Überblick über die Geschichte der Erde und des Lebens entstand. Der andere Anstoß dazu ist fast gegenwärtig. Nach fünfundzwanzigjähriger Arbeit an speziellen Problemen der Geologie entstand der Wunsch, diese Überschau von einst zu erneuern auf der Grundlage der neuesten Forschungsergebnisse. Daß schließlich ein Buch daraus wurde, verdanke ich den Vermittlungen und Ermutigungen durch meinen Freund Dr. habil. DIETRICH MANIA und Herrn B. SCHEIBA vom Urania-Verlag.

Dem Urania-Verlag, Herrn Lektoratsleiter SCHEIBA und dem Künstlerischen Leiter, Herrn SELLE, sei für die vorzügliche Ausstattung des Buches und die außerordentlich gute mehrjährige Zusammenarbeit gedankt. Die Herren Prof. Dr. MANFRED BARTHEL, Direktor des Naturkundemuseums der Humboldt-Universität Berlin, und Dr. GÜNTHER KRUMBIEGEL, Kustos am Geiseltalmuseum der Martin-Luther-Universität Halle–Wittenberg, legten ihren Gutachten zahlreiche wertvolle Hinweise und Ergänzungen bei. Herr HEINZ KUTSCHKE (Baalsdorf bei Leipzig) zeichnete in bewährter Weise die Karten und Blockbilder. Der größte Dank allerdings gilt Frau Graphikerin EUGENIE TANGER (Berlin), die aus den Entwürfen des Autors und der übergebenen umfangreichen Literatur jene farbigen Lebensbilder und Fossilzeichnungen gestaltete, die das Nacherleben der Erdgeschichte in erster Linie ermöglichen werden.

Einer großen Zahl von Institutionen und Fachkollegen habe ich zu danken, ohne deren Zuarbeit ein solches Buch nicht hätte entstehen können:

American Museum of Natural History New York/USA
British Museum of Natural History London/England
Dinosaur National Monument Vernal, Utah/USA
Geiseltalmuseum und Paläontologische Sammlungen der Martin-Luther-Universität Halle–Wittenberg in Halle/S.
Hochschule für Architektur und Bauwesen Weimar
Institut für Paläontologie der Akademie der Wissenschaften der UdSSR Moskau
Institut und Museum für Geologie und Paläontologie Tübingen
Institut Royal des Sciences Naturelles de Belgique Brüssel
Museum Dalansadgad/Südgobi-Aimak, Mongolische Volksrepublik
Museum der Natur Gotha
Museum für Naturkunde an der Humboldt-Universität Berlin
Museum für Naturkunde Sterzeleanum Karl-Marx-Stadt
Museum Heineanum Halberstadt
Museum of Northern Arizona Flagstaff, Arizona/USA
Sektion Geowissenschaften der E.-M.-Arndt-Universität Greifswald
Sektion Geologische Wissenschaften der Bergakademie Freiberg/Sachsen
Staatliches Museum für Mineralogie und Geologie Dresden
Staatliches Zentralmuseum für Naturkunde Ulan-Bator/Mongolische Volksrepublik
Staatliches Museum für Naturkunde Stuttgart

Prof. Dr. M. BARTHEL, Berlin, Lichtbildner K. G. BEYER, Weimar, Dr. G. BÖHME, Berlin, Prof. Dr. P. BULTYNCK, Brüssel/Belgien, Prof. Dr. E. H. COLBERT, Flagstaff Arizona/USA, Dr. J. DORSCHNER, Jena, Dr. W. ERNST, Greifswald, Prof. Dr. H. A. FREYE, Halle/S., Frau D. GENSEL, Weimar, Dipl. Ing. W. GUDERNATSCH, Stuttgart, Dr. H. HAUBOLDT, Halle/S., Dr. J. HELMS, Berlin, K. J. HOFER, Halle/S., Dr. K. KERKMANN, Gotha, Frau Dipl.-Biol. B. KRUMBIEGEL, Dr. G. KRUMBIEGEL, Halle/S., Dr. JURI KURSANOW, Moskau/UdSSR, Graphiker H. KUTSCHKE, Baalsdorf b. Leipzig, Dr. P. LANGE, Orlamünde, Frau Dipl.-Geol. N. LEONIDOWA-RENNER, Moskau/UdSSR, Prof. Dr. K. MÄGDEFRAU, Deisenhofen b. München, Dr. D. MANIA, Jena, Dr. Th. MARTENS, Gotha, Herrn Dipl.-Biol. L. MAUL, Weimar, Dr. R. MUNDLOS, Bad Friedrichshall, Prof. Dr. H. NESTLER, Greifswald, Prof. Dr. J. POSSELT, Wien/Österreich, Doz. Dr. H. PRESCHER, Dresden, Doz. Dr. M. REICHSTEIN, Halle/S., Dr. W. RIEDEL, Erfurt, G. SCHAUMBERG, Eschwege, Doz. Dr. J. SCHNEIDER, Freiberg/Sa., Prof. Dr. M. SCHWAB, Halle/S., Prof. Dr. M. SCHWARZBACH, Bensberg b. Köln, Prof. Dr. G. SEIDEL, Weimar, Geol. Ing. G. URBAN, Karl-Marx-Stadt, Doz. Dr. O. WAGENBRETH, Freiberg/Sa., Prof. Dr. G. A. WELLS, London/England, Prof. Dr. F. WESTPHAL, Tübingen, Dr. B. WERSCHEK, New York/USA, Dr. W. ZESSIN, Schwerin, Prof. Dr. W. ZIEGLER, Stuttgart.

Fachworterklärung

Alpidisches Gebirge
das vorwiegend während Jura, Kreidezeit und Tertiär durch intensive Faltung geformte Gebirge, das durch Hebung an vielen Stellen zu bedeutenden Hochgebirgen aufstieg (Alpen, Kaukasus, Himalaja u. a.) Die wichtigsten Gesteine dieser Gebirge entstanden in der Tethys

Ammoniten
Ammonshörner. Ausgestorbene Kopffüßer (Cephalopoden) mit meist skulpturierter, spiralig aufgerollter gekammerter Schale, einfacher oder gezähnter Lobenlinie und einem fast immer auf der Außenseite liegenden Sipho. Hinter der großen Wohnkammer liegen Gaskammern. Wichtige Leitfossilien von Devon bis Kreidezeit

Anapsida
Unterklasse der Reptilien mit einem Schädeldach ohne Schläfenfenster, dazu Cotylosaurier (»Stammreptilien«), Mosasaurier und Testudinata (Schildkröten)

Ankylosaurier
Panzerdinosaurier. Flache breite vierfüßige Dinosaurier mit Rückenpanzer aus Knochenplatten, zu den Ornithischiern gehörend; Kreidezeit

Archosauria
Sammelbezeichnung für höhere Wirbeltiere (Reptilien) mit gemeinsamen Skelettmerkmalen, umfaßt Dinosaurier (Saurischia, Ornithischia), Pterosaurier, Krokodilier und Thecodontier. Nach BAKKER, DESMOND u. a. gehören auch die Vögel hierher.

Araucarien
Verwandte der »Zimmertanne« Araucaria excelsa, seit Trias

arid
Klima, in dem die mögliche jährliche Verdunstung größer ist als die Summe der jährlichen Niederschläge. Für vollaride Gebiete sind Wüsten typisch

Asteroid
siehe Planetoid

Badlands
wörtlich »schlechtes Land«, vegetationslose Landschaft ohne Bodendecke mit Gewirr von Schluchten und Kämmen als Folge intensiver Abspülung, vorwiegend in ariden bis semiariden Gebieten, z. B. im NW der USA (Montana, Dakota)

Belemniten
ausgestorbene zweikiemige Cephalopoden (Kopffüßer), oft nur der massive Teil ihrer kalkigen Gehäuse, das Rostrum, so bezeichnet, diese auch Donnerkeile genannt. Karbon bis Eozän

Benthos
Lebewelt des Meeresbodens. Es wird sessiles (festgewachsenes) und vagiles (frei bewegliches) Benthos unterschieden

Biotop
Lebensraum, der von einer Biozönose (Lebensgemeinschaft) bewohnte Raum

Biozönose
Lebensgemeinschaft, eine Gemeinschaft von Organismen im Gleichgewicht mit ihrer anorganischen Umwelt

Bonebed
durch bewegtes Wasser entstandene Anreicherung von Wirbeltierknochen in einer begrenzten Schicht, wörtlich »Knochenschicht«

Brachiopoden
Armfüßer, muschelähnliche Tiere mit ungleichen, meist kalkigen oder chitinigen Außenschalen. Spiralige Kiemenarme im Inneren oft durch kalkige Armgerüste gestützt. Ab Kambrium

Bryozoen
Moostierchen. Kleine polypenartige, vorwiegend marine kolonienbildende Tiere mit meist kalkigem, seltener chitinösem Außenskelett, seit Kambrium

Calamiten
fossile Schachtelhalmgewächse von z. T. beträchtlicher Größe. Mitteldevon bis Perm

Cephalopoden
Kopffüßer, höchstentwickelte Weichtiere (Mollusken) mit kräftigem, fangarmbewehrtem Kopf, einer tiefen Mantelhöhle und einem zum Trichter umgewandelten Fuß. Die Tiere besitzen ein gekammertes äußeres oder inneres Gehäuse. Viele Leitfossilien. Heute Tintenfische, Kraken (sehr groß) und Nautilus. Kambrium bis heute

Ceratiten
formen- und individuenreiche Unterordnung der Ammoniten mit ceratitischer Lobenlinie (Sättel ganzrandig, Lobengrund zerschlitzt) des Perm und vor allem der Trias (Muschelkalk)

Ceratopsia
vierfüßige Horndinosaurier mit einem Nackenkragen aus Knochenwucherungen des Hinterhauptes, zu den Ornithischiern

Chondrichthyes
siehe Knorpelfische

Chromosomen
gedrungene stäbchenförmige Gebilde im Zellkern, die sich durch basische Farbstoffe gut färben lassen (Name!). Bestimmte Abschnitte, die Gene, sind Träger der Erbinformation und zugleich die chemischen Regulatoren für den Zellstoffwechsel

Coccolithen
0,002 bis 0,01 mm Durchmesser betragende kleine Kalkplättchen, die von marinen, planktonischen Flagellaten mit gallertartigem Körper allein fossil erhalten blieben, gelegentlich gesteinsbildend (Schreibkreide). Seit dem Jura

Coelurosaurier
zweifüßige, zartknochige, fleischfressende Raubdinosaurier mit überdurchschnittlich großem Gehirn. Ahnenreihe der Vögel

Konchostraken
kleine primitive Krebse (Branchiopoden – Phyllopoden) mit zweiklappigem muschelartigem Gehäuse aus Chitin mit konzentrischen Anwachsstreifen. Seit dem Kambrium

Cordaiten
Nacktsamer (Gymnospermen), Bäume von 20 bis 30 m Höhe mit starkem Holzkörper (Dadoxylon) und langen bandartigen Blättern. Karbon bis Perm

Cotylosaurier
sog. »Stammreptilien«. Zusammenfassung von anapsiden Reptilien des Oberkarbons und Perms. Keine genetische Einheit

Cycadeen
Palmfarne (Sagopalmen), zu den Nacktsamern gehörend, mit säulenartigen oder knollenförmigen unverzweigten Stämmen und palmgefiederten Kronen, zapfenförmige eingeschlechtliche Blüten. Seit Obertrias (Keuper)

Dadoxylon
fossiles Holz mit araucaroider Anordnung der Hoftüpfel (Aussparung in den verholzten Gefäßwänden). Seit dem Jungpaläozoikum, vorherrschend bis etwa zum Keuper, danach die abietoide Hoftüpfelung

Diapsida
gleich Sauromorpha. Reptilien mit doppelten Schläfenöffnungen

Dicynodontia
säugerartige Reptilien der Unterklasse Synapsida, zur Ordnung Therapsida gehörend. Pflanzenfresser, möglicherweise herdenbildend. Oberperm bis Obertrias

Dinosaurier
wörtlich »Schreckenechsen«. Allgemeine Bezeichnung für die großen Reptilien des Erdmittelalters mit zwei Schläfenöffnungen. Sie bilden zwei deutlich unterscheidbare Gruppen: Saurischia und Ornithischia

Diskordanz
winkeliges Aneinandergrenzen von Gesteinen. Winkeldiskordanzen gibt es bei Sedimentgesteinen (Tektonische D., Erosionsd.), Durchdringungsdiskordanzen bei Magmatiten und an Salzstöcken

endotherm
innenerwärmte Tiere, die eine konstante Innenwärme produzieren. Die Körpertemperatur ist von der Temperatur ihrer Umgebung unabhängig. Hierzu gehören: Vögel und Säugetiere, mit großer Wahrscheinlichkeit die Pterosaurier, einige Thecodontier und mit Unsicherheit auch die Dinosaurier

ektotherm
außenerwärmte Tiere, nicht exakt auch Kaltblütler genannt. Die Körpertemperatur ist von der Temperatur der Umgebung abhängig

Epikontinentalmeere
Flachmeere, die Teile von Festländern zeitweilig überflutet haben

Eutheria
höchstentwickelte Säuger, die Placentalia

Farnsamer
Pteridospermales, Übergangsformen zwischen Gefäßsporenpflanzen (Pteridophyten) und Nacktsamern (Gymnospermen), samentragende Gewächse mit farnartigen Wedeln. Karbon bis Perm

Fazies
Gesamtheit der petrographischen und paläontologischen Merkmale einer Ablagerung, die von den Ablagerungsbedingungen (marin, limnisch, terrestrisch) bestimmt wird

Foraminiferen
Lochtiere, Kammertiere, überwiegend marine einzellige Urtiere (Wurzelfüßer) mit ein- oder mehrkammerigen Gehäusen aus Kieselsäure, Kalk oder angeklebten Fremdkörpern. Gehäusegröße 0,05 bis 150 mm, meist Mikrofossilien. Seit Kambrium

Formationen (im geologischen Sinne)
genetisch zusammenhängende Gesteinskomplexe

Ganoidfische
Ganoidea, Schmelzschupper, Knochenfische (Actinopterygier = Strahlenflosser) mit dicken rhombischen glänzenden Schuppen mit basalem Knochensubstrat. Devon bis heute (z. B. rezent Polypterus, der afrikanische Flösselhecht)

Gebirge (im geologischen Sinne)
(1) Bezeichnung für einen Gesteinsverband gleicher geologischer Geschichte, ohne daß unbedingt ein Gebirge im geographisch-orographischen Sinne erkennbar wäre.
(2) Großschollen der Erde mit gleichartigem Bau, z. B. Deckengebirge, Faltengebirge, Bruchfaltengebirge, Blockgebirge. Von einem Orogen spricht man, wenn eine solche Gebirgseinheit deutlich umgrenzt ist und Falten- und Deckentektonik einen charakteristischen zweiseitig symmetrischen Bauplan hervorgerufen haben.

Geode
Konkretion (Mineralzusammenballung) in Sedimentgesteinen

Geosynklinale
sehr großer, oft langgestreckter meeresbedeckter Erdkrustenbereich mit lange andauernder, langsamer Senkung und einhergehender Sedimentakkumulation erheblicher Mächtigkeit (oft viele 1000 m), gelegentlich mit lebhaftem untermeerischem (submarinem) Vulkanismus verknüpft. Die Entwicklung endet meist mit Faltung der Sedimente.

Ginkgo
auch Gingko (chin. gin-kyo). Nacktsamer (Gymnospermen), hohe Bäume mit langgestielten keilförmigen zerschlitzten Blättern. Perm bis heute. Die rezente Ginkgo biloba gilt als »lebendes Fossil«

Gondwana
zusammenhängende Landmasse aus alten Teilen Südamerikas, Afrikas, Vorderindiens, Australiens und Antarktika mit charakteristischen Faunen und Floren. Ab ausgehenden Mesozoikum Zerfall und Auseinanderdriften zu den heutigen Landmassen der Südhalbkugel

Goniatiten
älteste und primitive Ammoniten mit einfachen winkel- und wellenförmigen Lobenlinien. Devon bis Perm

Hadrosaurier
Entenschnabeldinosaurier, große pflanzenfressende Dinosaurier der Kreidezeit, zu den Ornithopoden gehörend, mit komplizierten Zahnbatterien (bis zu 2000 Zähne)

herbivor
pflanzenfressend

humid
Klima, in dem die Niederschläge während eines Jahres größer sind als die mögliche Verdunstung. Der nicht verdunstete Teil der Niederschläge fließt oberflächlich ab oder tritt in das Grundwasser ein. Typisch sind dauernd fließende Wasserläufe, ergiebige Grundwasserhorizonte und eine intensive Bodenbildung

Ichthyosaurier
Fischsaurier, meeresbewohnende Reptilien mit Delphin- bzw. Fischgestalt (Trias bis Kreidezeit)

Karnosaurier
fleischfressende Saurier, speziell spitzzähnige Räuber oder Aasfresser, zu den Saurischia gehörend. Hierzu die größten Vertreter wie *Megalosaurus, Allosaurus, Tyrannosaurus* und *Tarbosaurus.* Ihre vorjurassische Geschichte ist außerordentlich schlecht belegt.

Knochenfische
Osteichthyes, alle Fische mit Kiefergebiß, Zungenbeinbogen und mehr oder weniger verknöchertem Innenskelett. Unterdevon bis heute

Knorpelfische
Chondrichthyes, rezente Haie und Rochen und ihre fossilen Verwandten. Höheres Devon bis heute

Koprolith
Kotstein, versteinertes tierisches Exkrement

Kosmopolit
Organismus, der in dem ihm zusagenden Biotop über die ganze Erde verbreitet ist

Kristalline Schiefer
zusammenfassende Bezeichnung für alle metamorphen Gesteine (Metamorphite)

Labyrinthodontia
(siehe Stegocephalia). Vierfüßige gepanzerte Lurche (Amphibien) mit typischem internem Zahnbau (labyrinthische Schmelzfältelung). Ausgangsformen der Reptilien. Ab Devon, vorwiegend aus Perm und Trias

Lapilli
Zentimeter große Lavabrocken, die ein Vulkan ausschleudert

Lepidodendron
Schuppenbäume. Am Stamm rhombische bis spindelförmige Blattpolster wie Fischschuppen in schrägen Zeilen. Lange bandförmige Blätter. Karbon

Lobenlinie
Charakteristische Verwachsungslinien von Kammerscheidewänden und Außenwand des Gehäuses von Cephalopoden. Sie ist am Steinkern unmittelbar sichtbar, sonst nach Entfernung der Schale. Wichtiges Gattungs- und Artmerkmal

Mammalia
Säugetiere. Warmblütige, meist behaarte, lebende Junge gebärende (Ausnahme: Kloakentiere – Monotremata) Vierfüßer, deren Unterkiefer aus nur einem Knochen (Dentale) besteht (einziges durchgehendes osteologisches Unterscheidungsmerkmal zu den Reptilien)

Melaphyr
geologisch altes, dunkles, oft dichtes basaltähnliches Ergußgestein (Vulkanit) mit nur wenig über 50 % SiO_2. Minerale sind Plagioklas, Augit und Olivin. Oft blasig als Mandelstein

Mesosaurier
schlanke kleine, fischfressende Süßwasserreptilien mit reusenartiger Schnauze. Wende Karbon/Perm in Südafrika und Südamerika; wichtiger Beleg für die ehemalige Zusammengehörigkeit der beiden Kontinente

Monotremata
Kloakentiere, drei nur rezent bzw. subfossil bekannte australische Gattungen. Eierlegende Säuger mit unterdrücktem Gebiß. Vermutlich unabhängig von den übrigen Säugern aus Säugerreptilien entwickelt
Morphogen
ein zum Gebirge im morphologischen Sinne aufsteigendes oder aufgestiegenes Tektogen
Multituberculata
sehr langlebige Ordnung primitiver Säuger mit vielhöckerigen Molaren. Jura bis Eozän
Nannofossilien
sehr kleine Mikrofossilien, deren Untersuchung mehrhundertfache Vergrößerung notwendig macht (z. B. im Rasterelektronenmikroskop). Hierzu Coccolithen, Hytrichosphaerideen und Radiolarien
Nekton
im Wasser aktiv schwimmende Lebewelt (Arthropoden, Mollusken, Wirbeltiere)
Ooid
kugelförmiger Körper aus Kalk, FeO(OH) und anderen Stoffen
Oolith
aus Ooiden zusammengesetztes Gestein
Ornithischier
Vogelbeckendinosaurier, eine der zwei Dinosaurier-Ordnungen, hierzu Ornithopoden, Stegosaurier, Ankylosaurier und Ceratopsier. Vierstrahliges Becken, bei dem das Pubis (Schambein) rückwärts zeigt und parallel zum Ischium (Sitzbein) liegt. Obere Trias bis obere Kreide
Ornithopoden
»Vogelfußdinosaurier«, vorwiegend zweibeinig laufende, ungepanzerte Vogelfuß-Dinosaurier, zu den Ornithischiern gehörend. Hierzu zählen z. B. die Iguanodonten und die eigentümlichen Helmdinosaurier (Hadrosaurier). Obere Trias bis obere Kreide
Osteichthyes
siehe Knochenfische
ovipar
eierlegend
Paläogeographie
Wissenschaft von den geographischen Verhältnissen der geologischen Vergangenheit. Die Ergebnisse werden in paläogeographischen Karten festgehalten.
Paläomagnetik
Wissenschaft von den magnetischen Veränderungen im Laufe der Erdgeschichte
Palichnologie
Lehre von den fossilen Lebensspuren
Palmfarne
siehe Cycadeen
Panthotheria
Mittel- bis Oberjura-Säugetiere mit dreieckigen Kanten auf den Backenzähnen (= Trituberculata)
Panzerfische
Placodermi, vorwiegend altpaläozoische Fische mit knöchernem Außenpanzer, ab Silur, Blütezeit Devon, nur die Acanthodier (»Stachelhaie«) bis ins Perm
Pelagial
Region des freien Meeres
pelagisch
Milieu der landfernen Hochseeregion mit typischer Lebewelt
Pelycosaurier
vorwiegend kleine, langschwänzige Reptilien, oft eidechsenartig, Oberkarbon bis tiefste Trias, Nordamerika, Europa und Südafrika. Aus ihnen entwickelten sich die säugerähnlichen Reptilien
Placentalia
Bezeichnung für höchstentwickelte Säugetiere. Das Junge bleibt während seiner Entwicklung im Uterus mit der Mutter durch eine Placenta (Mutterkuchen) verbunden.
Placodermi
siehe Panzerfische
Placodontia
Pflasterzahnsaurier, in marinen Sedimenten der germanischen und alpinen Trias (Alpen)
Planetoid
kleiner Himmelskörper des Sonnensystems, auch Asteroid genannt; häufig von irregulärer Gestalt aus Silikatgestein
Plesiosaurier
langhalsige Meeres- und Süßwasserreptilien aus dem Erdmittelalter (Mesozoikum) mit paddelartig umgeformten Gliedmaßen
Präorbitalfenster
vor der Augenöffnung gelegener Durchbruch im Schädeldach von Wirbeltieren
Prosauropoden
»Urriesendinosaurier«, primitive zwei- und vierfüßige Dinosaurier (Saurischier) aus der Trias. Die bekanntesten Vertreter gehören zu den Plateosauriden.
Protorosaurier
kleine Reptilien mit oberem Schläfenfenster. Oberkarbon bis Mitteltrias

Pseudosuchia
meist leichtgebaute eidechsenähnliche, bereits bipede kleine Reptilien der Trias, Unterordnung der Thecodontia, erste aufrecht gehende Wirbeltiere und Vorfahren der Dinosaurier
Psilophyten
Nacktpflanzen, auch Nacktfarne, primitive Gefäßsporenpflanzen (Pteridophyta), vermutlich die ersten Landpflanzen. Obersilur und Devon
Pteridophyta
alle farnartigen Pflanzen, Gefäßsporenpflanzen, hierzu gehören Psilophyten, Bärlappgewächse, Schachtelhalme, Farne (Filicinae)
Pteridospermales
siehe Farnsamer
Pterosaurier
Flugsaurier, eine Ordnung der Sauromorpha bzw. der Archosauria. Sie stammen von kleineren bipeden Thecodontia der Trias ab. Vierter Finger der Vorderextremität stark verlängert zum Aufspannen einer Flughaut. Skelett leicht und feingliedrig. Haare deuten auf Warmblütigkeit. Fischfänger. Zwei Unterordnungen: die kleinen Rhamphorhynchoidea im Jura mit langem Schwanz und Pterodactyloidea mit kurzem Stummelschwanz, von Sperlingsgröße bis über 10 m Spannweite. Malm bis Oberkreide
Radiolarien
einzellige marine Wurzelfüßer (Rhizopoden) mit einem fossil erhaltungsfähigen Skelett unterschiedlichster Form aus Kieselsäure oder Strontiumsulfat. Größe 0,1 bis 0,5 mm, selten bis 4 mm. Seit dem Präkambrium
Red beds
Schichtenfolgen von meist intensiv roter Färbung, vorwiegend unter aridem bis semiaridem Klima entstanden
Relative geologische Altersbestimmung
Ermittlung der zeitlichen Übereinanderfolge von Gesteinsschichten aus den Lagerungsverhältnissen sowie dem Fossil- und Gesteinsinhalt
Rhachitomi
Dachschädellurche (Stegocephalen) mit charakteristischen rhachitomen Wirbeln, die Mehrzahl der Formen lebte im Perm
Rhizome
unterirdische, nicht grüne, als Speicher dienende Sproßachse von Pflanzen,
Riff
untermeerische Erhebung mit steilen Hängen aus kolonienbildenden Organismen (Korallen, Schwämmen, Algen, Bryozoen)
Rift
Grabenbruch großer Länge mit vulkanischer und seismischer Aktivität
Rostrum
siehe Belemniten
Saurischia
Echsenbeckendinosaurier, eine der zwei Dinosaurierordnungen, hierzu Coelurosaurier, Theropoda und die Sauropoda. Normales dreistrahliges Becken, dessen Pubis (Schambein) nach vorn und unten gerichtet ist. Obere Trias bis obere Kreide
Sauromorpha
siehe Diapsida
Sauropoda
wörtlich Echsenfüßer (Riesendinosaurier). Große vierfüßige Saurischier, pflanzenfressend, mit elefantenartigen Beinen, langem Hals, kleinem Kopf und sehr langem Schwanz. Größte Landwirbeltiere aller Zeiten. Jura und Kreide
Sauropterygia
im Wasser lebende Reptilien mit deutlicher Skelettanpassung an das Wasserleben, z. B. Nothosauriden (ganze Trias) und Plesiosauriden (Rät bis obere Kreide)
Savanne
tropische Grassteppe mit eingestreuter Busch- und Baumvegetation. Vegetationstyp der wechselfeuchten Tropen mit deutlicher Regenzeit (dann üppiges Wachstum) und ausgeprägter Trockenzeit (dann völlige Austrocknung)
Schulp
länglicher blattförmiger innenliegender Gehäuserest der Tintenfische, selten mit Kammerresten
semiarid
halbarid. Die Verdunstung übersteigt die Niederschläge im Jahresdurchschnitt, in einigen Monaten aber kann die Niederschlagsmenge größer sein. Typisch sind Steppen, Wüstensteppen und Dornsavannen
Sigillarien
Siegelbäume. Am Stamm sechseckige Blattnarben in Längsreihen. Längliche bandförmige Blätter. Unterkarbon bis Perm
Sipho
charakteristisches Organ der Cephalopoden. Eine von einer kalkigen Hülle umgebene häutige Röhre, welche von der Wohnkammer rückwärts durch alle Gaskammern führt
Sporangium
das Sporen (kleine ungeschlechtliche Fortpflanzungskörper) erzeugende Organ bei Bryophyten (Moosen) und Pteridophyten (Bärlappe, Schachtelhalme, Farne)

Sporophyll
das sporangientragende Blatt
Stegocephalia
Dachschädler, da stark verknöchertes Schädeldach ohne Schläfenöffnungen vorhanden, zusammenfassende Bezeichnung für meist große, überwiegend amphibisch lebende Tetrapoden des jüngeren Paläozoikums und der Trias (Amphibien). Nach dem Bau der Zähne nennt man sie auch Labyrinthodontia, obwohl beide Begriffe nicht ganz identisch sind.
Stegosaurier
vierfüßige Rückenplattendinosaurier, auch Stacheldinosaurier, zu den Ornithischiern gehörend. Oberjura bis Unterkreide
Stratigraphie
Teilgebiet der Geologie, welches sich mit der Schichtaufeinanderfolge, dem Gesteins- und Fossilinhalt (Litho- und Biostratigraphie) und der zeitlichen Datierung befaßt. Grundlage für die Erschließung der Erd- und Lebensgeschichte. Eine der wichtigsten Teildisziplinen der Geowissenschaften
Supernova
massereicher Stern, der am Ende seiner Existenz explodiert und dabei Helligkeiten von einer Milliarde Sonnen erreichen kann. Die dabei entstehende Strahlung kann die Erde erreichen
Synapsida
Reptilien mit synapsidem unterem Schläfenfenster, dazu die Mesosauria, Pelycosauria, und Therapsida
System (im geologischen Sinne)
stratigraphischer Begriff für längere Erdgeschichtsperioden, die weltweit gewisse gleiche Besonderheiten (Klima, Gesteine, Lebensreste) aufweisen (z. B. Karbon, Perm usw.). In Europa lange als Formation bezeichnet
Taphozönose
eine im Sediment eingebettete Thanatozönose mit ihren Lebensspuren und weiteren Lebensprodukten (z. B. Koprolithen)
Tektogen
Abschnitt der Erdkunde, der von tektonischen Prozessen (Faltung, Schieferung, Brüchen u. a.) einheitlich geprägt worden ist
Thanatozönose
Begriff für eine Toten- bzw. Begräbnisgemeinschaft, also eine Gesellschaft abgestorbener Organismen
Thecodontia
formenreiche Gruppe (Ordnung) der diapsiden Sauromorpha in der Trias, mit den leichtgebauten eidechsenähnlichen bipeden Pseudosuchia, den krokodilartigen Parasuchia (= Phytosauria) und den Aetosauria
Therapsida
formenreiche säugerähnliche Reptilien mit unterem synapsiden Schläfenfenster. Skelettbau säugerähnlich: Aufrichtung der Extremitäten, Gebißdifferenzierung und eventuell warmblütig. Aus ihnen sind die Säuger entstanden. Vorherrschende Landtiere des späten Perm und der frühen Trias. Von den Thecodontiern verdrängt
Theria
zusammenfassende Bezeichnung für die Mehrzahl der Säuger, und zwar der Marsupialia (Beuteltiere) und Placentalia (Plazentatiere)
Theromorpha
Zusammenfassung unterschiedlich organisierter Tetrapoden, hierzu folgende Ordnungen: Mesosauria, Pelycosauria, Therapsida, Placodontia, Sauropterygia, Protorosauria
Theropoda
»Raubtierfußdinosaurier«, fleischfressende Dinosaurier der Ordnung Saurischia mit den Karnosauriern (z. B. Tarbosaurus), den Coelurosauriern (z. B. Ornithomimus) und den Dromaeosauriern (z. B. Deinonychus)
Transgression
Vorrücken des Meeres in Landgebiete. Die Ablagerungen dieses Meeres liegen diskordant auf den älteren Gesteinen
Triconodonta
mesozoische Säuger mit dreihöckerigen Zähnen
Trilobiten
Dreilappkrebse, ausgestorbene, ausschließlich marine Arthropoden (Gliederfüßler) mit segmentierten Außenpanzern, Rückenpanzer in Kopfschild, Rumpf und Schwanzschild dreigegliedert. Kambrium bis Perm, Blütezeit Mittelkambrium bis Devon (Leitfossilien)
tropisches Klima
Wechsel von warmen Regenzeiten und unterschiedlich langen, durch Passatwinde entstehende Trockenzeiten. Siehe Savanne
Tuff
(1) vulkanischer Tuff – Pyroklastit: lockere und verfestigte vulkanische Auswurfprodukte verschiedenster Korngröße
(2) Kalktuff: lockere bis feste Süßwasserkalke (Quellen, Rieselfelder, Seen)
Tuffit
vulkanischer Tuff mit beigemengten Sedimentmaterialien
Wadi
nur episodisch wasserführendes Flußbett in ariden und semiariden Gebieten (Wüsten, Halbwüsten) mit oft steilen Felswänden
Xerophyt
trockenheitsliebende Pflanze

Bildquellen

Fotos

Schutzumschlag vorn: Landschaft – W. STEINER, Weimar, Fossil-Dr. J. KURSANOW, Moskau
Schutzumschlag hinten: Dinosaur National Monument, Utah, USA

Vorsatz:	KLAUS G. BEYER, Weimar
2	Museum für Naturkunde der Humboldt-Universität Berlin – Paläontologisches Museum
10	W. STEINER, Weimar
18	W. STEINER, Weimar
19a	W. STEINER, Weimar
19b	KLAUS G. BEYER, Weimar
24	W. ZESSIN, Schwerin
33	KLAUS G. BEYER, Weimar
35a	Prof. Dr. M. BARTHEL, Berlin – Sammlung Kreisser
35b	Prof. Dr. M. BARTHEL, Berlin –Sammlung Gimm
44	KLAUS G. BEYER, Weimar
45	Prof. Dr. M. BARTHEL, Berlin – Sammlung Staatl. Museum für Mineralogie und Geologie Dresden
48a	W. STEINER, Weimar
48b	Kien, Karl-Marx-Stadt, Museum für Naturkunde
48c	»Sterzeleanum« Karl-Marx-Stadt
51	W. STEINER, Weimar
52	KLAUS G. BEYER, Weimar – Sammlung des Bereichs Geologie der Hochschule für Architektur und Bauwesen Weimar
53	W. STEINER, Weimar
59	GÜNTHER SCHAUMBERG, Eschwege – Sammlung Schaumberg
62	KLAUS G. BEYER, Weimar
68	Prof. Dr. M. SCHWARZBACH, Bensberg b. Köln
70	By courtesy of the Trustees British Museum (Natural History) London P/457/350
74	Prof. Dr. M. BARTHEL, Berlin – Naturkundemuseum der Humboldt-Universität Berlin
78	W. STEINER, Weimar
82/83	Reproduktion KLAUS G. BEYER, Weimar aus W. P. SCHIMPER und A. MOUGERT 1844
93	Staatliches Museum für Naturkunde Stuttgart
94	W. STEINER, Weimar
95 links	KLAUS G. BEYER, Weimar – Sammlung des Bereichs Geologie der Hochschule für Architektur und Bauwesen Weimar
95 rechts	KLAUS G. BEYER, Weimar – Sammlung W. STEINER
101	KLAUS G. BEYER, Weimar – Sammlung W. STEINER
106	Dr. R. MUNDLOS, Bad Friedrichshall
108 links	KLAUS G. BEYER, Weimar – Sammlung H. NEYE, Weimar
108 rechts	W. STEINER, Weimar
116/117	ehem. Museum Bedheim/Meffert, Hildburghausen
118	Institut für Geologie und Paläontologie Univ. Tübingen – Prof. Dr. F. WESTPHAL
123	Reproduktion KLAUS G. BEYER, Weimar aus O. FRAAS 1896
124	Staatliches Museum für Naturkunde Stuttgart
128	By courtesy of the Trustees British Museum (Natural History) London – Sammlung des British Museum P/457/350
130	Dr. ALFRED SELMEIER – Prof. Dr. K. MÄGDEFRAU Deisenhofen bei München
	Dr. SIEGRID SCHOCH – Prof. Dr. K. MÄGDEFRAU Deisenhofen bei München
135	Dr. W. ERNST und M. JANTZEN – Sammlung der Sektion Geowissenschaften der Ernst-Moritz-Arndt-Universität Greifswald
138	KLAUS G. BEYER, Weimar – Museum »Heineanum« in Halberstadt
139 oben	
139 unten	KLAUS G. BEYER, Weimar
140	Institut für Geologie und Paläontologie der Universität Tübingen, Prof. Dr. F. WESTPAHL
145	By courtesy of the Trustees British Museum (Natural History) London – Sammlung des British Museum P/457/350
152	KLAUS G. BEYER, Weimar
158 links	By courtesy of the Trustees British Museum (Natural History) London – Sammlung des British Museum P/457/350
158 rechts	Museum für Naturkunde der Humboldt-Universität Berlin – Paläontologisches Museum – Dr. J. HELMS
164	Archiv Dr. H. HAUBOLD, Halle/S.
165	American Museum of Natural History New York
166	American Museum of Natural History New York
169	American Museum of Natural History New York
172	W. STEINER, Weimar
175	Dinosaur National Monument, Utah, USA
176	W. STEINER, Weimar
178	Prof. Dr. M. BARTHEL, Berlin
179	By courtesy of the Trustees British Museum (Natu-

ral History) London – Sammlung des British Museum P/457/350
180 Institut Royal des Science Naturelles de Belgique Bruxelles – Prof. Dr. P. Bultynck
184 Sammlung W. Steiner, Weimar
189 W. Steiner, Weimar
192 links W. Steiner, Weimar – Gipsguß im Bergbaumuseum Bochum
192 rechts Dr. W. Ernst, Greifswald und M. Jantzen – Sammlung der Sektion Geowissenschaften der Ernst-Moritz-Arndt-Universität Greifswald
201 Naturmuseum und Forschungsanstalt Senckenberg Frankfurt am Main
206 Prof. Dr. I. Posselt, Wien
210 W. Steiner, Weimar
211 Prof. Dr. I. Posselt, Wien
212 links K. J. Hofer, Halle/S. und W. Steiner, Weimar
212 rechts Dr. J. Kursanow, Moskau – Paläontologisches Museum der Akademie der Wissenschaften der UdSSR in Moskau
217 K. J. Hofer, Halle/S. und W. Steiner, Weimar
222 Reproduktion Dr. M. Reichstein, Halle/S. – Zeichnung von Don Davis aus E. M. Shoemaker in J. Kelly Beathy, B. O'Leary und A. Chaikin 1981

Zeichnungen

Die von Frau E. Tanger (außer Karten) gezeichneten Bilder wurden größtenteils neu entworfen. Im folgenden werden die Literaturquellen angegeben, die den Entwürfen zu Grunde lagen:

8 S. Goodenough 1978
11 P. Hupé 1953, A. H. Müller 1960
13 links R. Kräusel & H. Weyland 1930
13 rechts Ch. R. Knight aus A. H. Müller 1966
A. Heintz 1932, E. H. Colbert 1965
14 G. Säve-Södergergh 1932, E. Jarvik 1955, H. Haubold 1977
16 A. H. Müller 1958
17 H. Potonie 1901
20/21 K. Mägdefrau 1958 und 1969, M. und R. Teichmüller
22 R. Teichmüller 1954
23 A. Handlirsch 1925
25 M. Andreose 1977
28 R. S. Dietz und J. C. Holden 1970
31 H. Falke, G. Richter – Bernburg, G. Katzung
32 U. Rast und A. Schäfer 1978
34 H. Meyer 1856
36/37 K. Mägdefrau 1959
38 W. Gothan und O. Gimm 1930
40 G. Gürich 1923
41 links D. M. S. Watson & Miles
41 rechts H. Credner 1893, J. A. Boy 1972–1978
42 H. Haubold 1982
43 S. W. Williston 1913, P. O. Vaughn 1955, A. H. Müller 1968, H. Haubold 1974
46 oben F. v. Huene 1925, K. Pietzsch 1962
46 unten H. Credner 1893, R. L. Carroll & P. Gaskill 1978
47 J. Augusta & Z. Burian 1956, Z. Špinar & Z. Burian 1975, A. S. Romer & L. W. Price 1940
50 G. Katzung 1975
52 H. Haubold 1974
56 oben H. Pfeiffer 1954
57 G. Schaumberg 1977
58 links K. A. Zittel 1887–1890, G. Schaumberg 1980
58 rechts T. S. Westoll 1941, L. S. Berg 1958, G. Schaumberg 1977
60 S. E. Evans 1982, R. L. Carroll 1978, E. H. Colbert 1970, A. G. Sharow 1971, H. Haubold & O. Kuhn 1977
61 M. Andreose 1977
63 J. Weigelt 1928, K. Mägdefrau 1968, G. Schaumberg 1977
65 links K. A. Zittel 1887–1890, H. Schmidt 1935
65 rechts G. Gürich 1927, K. Kerkmann 1969
66 nach K. Mägdefrau 1959
67 K. Th. Liebe und E. Zimmermann, K. Kerkmann 1969
69 S. W. Williston 1916, M. Andreose 1977
71 C. W. Gilmore aus A. H. Müller 1968, A. S. Romer und L. W. Price 1940
72 S. W. Williston 1916
73 links Z. Špinar & Z. Burian 1975, M. Andreose 1977
73 rechts P. A. Pravoslavlew 1927, A. P. Bystrow 1935, H. Haubold & O. Kuhn 1977
75 G. Gürich 1927
80 L. Grauvogel-Stamm 1978
81 K. Mägdefrau 1931 und 1968
85, 86 H. Schroeder 1913
88 Bornemann aus K. Willruth 1918

89	W. Soergel 1925, H. Haubold 1971
90	W. Soergel 1925, K. Mägdefrau 1959, H. Haubold 1984
91	H. Kozur & G. Seidel 1983
96/97	R. Wild 1974, E. Kuhn-Schnyder 1974
99	K. Walther 1906
102	R. Wild 1974
103	H. v. Meyer 1863, F. Drevermann 1928
104	H. Schroeder 1914
105	E. Philippi 1901, A. Riedel 1916, R. Wenger 1957
106	H. Schmidt 1935, G. u. B. Krumbiegel 1980
107	B. Peyer 1944, R. Wild 1973, M. Andreose 1977
110	H. R. v. Lilienstern und C. Reimer in R. Daber & Helms 1978, K. Mägdefrau 1959 und Z. Špinar & Z. Burian 1975
112	H. Haubold & O. Kuhn 1977, E. Kuhn-Schnyder 1974, M. Andreose 1977
114 oben	M. Schmidt 1928, G. Gürich & C. Diener 1925
114 unten	J. Augusta & Z. Burian 1964, R. und M. Wild 1974, O. Jaekel 1916
115	F. v. Huene 1926
119	R. Wild 1974
120 oben	R. und M. Wild 1974
120/121	M. Wild 1974, M. Wild in Mundlos 1982
122	O. Fraas
126 oben	A. Desmond 1978, K. A. Kermack 1965
127	R. Broom 1913, A. S. Romer 1956
129	E. Hitchcock 1836, H. Haubold 1973
131	Z. Špinar & Z. Burian 1975, A. H. Müller 1968, M. Andreose 1977
132 links	A. G. Sharow 1970 u. 1971, R. T. Bakker 1975, H. Haubold & O. Kuhn 1977, Ausstellungskatalog »Lebewelt vergangener Epochen« Paläont. Ausstellung der Akad. Wiss. UdSSR Moskau 1981
132 unten	R. Wild 1978, P. Wellnhofer 1975
136/137	B. Hauff 1953, Z. Špinar & Z. Burian 1975
141	E. D'Alton & H. Burmeister 1854
142	Z. Špinar & Z. Burian 1975
144	B. Hauff, P. Wellnhofer 1978/1980
146	R. Owen 1849–1884, H. Haubold & O. Kuhn 1977
148, 149	H. Keupp 1977
150	O. Jaekel 1918
151	A. Handlirsch 1911, O. Kuhn 1966
152	J. Walther 1904, A. Handlirsch 1925
153	O. Abel 1925 in Abel 1927, M. Andreose 1977, H. Haubold & O. Kuhn 1977
154	P. Wellnhofer 1975
155 oben	P. Wellnhofer 1978
155 unten	O. Ch. Marsh 1882, P. Wellnhofer 1975 und 1978
156/157	nach einer Zusammenstellung von P. Wellnhofer 1974 nach H. v. Meyer 1862, G. R. de Beer 1954, F. Heller 1959 u. a.
159	G. Heilmann 1927, A. J. Desmond 1978
160/161	Z. Špinar & Z. Burian 1975, A. Desmond 1978, M. Andreose 1977, H. Haubold & O. Kuhn 1977
167	R. Steel 1968, S. Goodenough 1978
169	O. Ch. Marsh
171	O. Ch. Marsh
181	L. Dollo 1883, D. O. Marsh, Struckmann nach K. A. Zittel 1887–90
183	K. Mägdefrau 1958, Z. V. Špinar u. Z. Burian 1973
185	R. Daber und E. Tanger 1970 in R. Daber & J. Helms 1978
187	H. Schroeder 1927
190	H. Potonié 1900
191	K. Wanderer 1909, E. Fraas 1910
194	H. F. Osborn 1899, A. Desmond 1978
196	nach einem Museumsprospekt, S. Goodenough 1978
197	G. R. Wieland 1900, H. F. Osborn 1930, A. H. Müller 1968
199	Eaton 1910, O. Abel 1916, A. Desmond 1978, P. Wellnhofer 1980
200	O. Ch. Marsh
202	R. Steel 1968, 1975 und R. Steel & H. Haubold 1979
204	O. Ch. Marsh
205	Z. Špinar & Z. Burian 1975, M. Andreose 1977, H. Haubold & O. Kuhn 1977
207	M. Andreose 1977, R. Steel 1968
208	Z. Kielan-Jaworowska 1969
209	Museum Dalansadgad, Mongolische Volksrepublik
213	nach Dermoplastik im Zentralmuseum Ulan-Bator, Mongolische Volksrepublik
214	G. Heilmann 1926
215	Ausstellungskatalog »Lebewelt vergangener Epochen«. Paläontologische Ausstellung der Akad. Wiss. UdSSR Moskau 1981; R. Steel & H. Haubold 1979
216	R. Steel 1975, R. Steel & H. Haubold 1979, W. Stout 1982
218	Z. Kielan-Jaworowska 1969
220	H. P. Luterbacher & J. Premoli-Silva 1961

Register

Die kursiv gesetzten Ziffern verweisen auf die Seite mit der entsprechenden Abbildung.